Sylwester Kabat

Brandschutz in Baudenkmälern und historischen Bauten

Meinen Enkelinnen:

Lea Amelie und

Luisa Flora

Brandschutz in Baudenkmälern und historischen Bauten

Brandgefährdungen, Einsatzerkenntnisse, Brandschutzmaßnahmen

2., aktualisierte Auflage

mit 380 Abbildungen und 31 Tabellen

Dipl.-Ing. Sylwester Kabat

Studium an der Offiziershochschule für Feuerwehrwesen in Warschau (WOSP), verheiratet, zwei erwachsene Töchter. Tätigkeiten bei Berufsfeuerwehren und als Brandschutzingenieur in der Industrie und Kommunalverwaltung in Toruń/Thorn. Von 1985 bis 2000 Feuerwehrtechnischer Bediensteter bei der Stadt Worms, von 2000 bis 2018 Brandschutzingenieur beim Kreis Gütersloh. Autor und Brandschutzsachverständiger – Brandschutz in Baudenkmälern, Kirchen, Altbauten und für Kulturgut.

Weitere Informationen unter:
www.kirchenbrandschutz.info

FeuerTrutz

RM Rudolf Müller

Bibliografische Information der Deutschen Nationalbibliothek
Die Deutsche Nationalbibliothek verzeichnet diese Publikation in der Deutschen Nationalbibliografie; detaillierte bibliografische Daten sind im Internet über http://dnb.dnb.de abrufbar.

2. Auflage 2025

Wir freuen uns, Ihre Meinung über dieses Fachbuch zu erfahren. Bitte teilen Sie uns Ihre Anregungen, Hinweise oder Fragen per E-Mail: fachmedien.brandschutz@rudolf-mueller.de mit.

Satz: Hardy Kettlitz, Berlin
Umschlaggestaltung: Satz+Layout Werkstatt Kluth GmbH, Erftstadt
Lektorat: Dr. Carolina Pasamonik, Köln
Druck und Bindearbeiten: Westermann Druck Zwickau GmbH, Zwickau
Printed in Germany

ISBN 978-3-481-04909-6 (Buch-Ausgabe), Produktionscharge *001
ISBN 978-3-481-04910-2 (E-Book als PDF)
ISBN 978-3-481-04911-9 (Buch-Ausgabe + E-Book als PDF), Produktionscharge *001

PEFC
PEFC/04-31-3513

PEFC-zertifiziert

Dieses Produkt stammt aus nachhaltig bewirtschafteten Wäldern, Recycling und kontrollierten Quellen

www.pefc.co.uk

Inhaltsverzeichnis

Einführung

Historische Bauten, die meist unter Denkmalschutz stehen, bedürfen der Pflege. Zu dieser Denkmalpflege gehört auch die Gefahrenabwehr inkl. der Abwehr von Brandgefahren, die sich aus dem Zustand des Baudenkmals und seiner Nutzung ergeben und vor denen vor allem Menschen geschützt werden müssen.

Brandschutz in Baudenkmälern ist in der Praxis oft ein Streitpunkt. Der Grund dafür liegt meistens darin, dass der Denkmalschutz nicht alle aus der Sicht des Brandschutzes erforderlichen Brandschutzmaßnahmen akzeptieren kann. Gleichzeitig jedoch verlangen die Lage, der bautechnische Zustand sowie insbesondere die gewünschte Nutzung des Baudenkmals diese vorbeugenden Brandschutzmaßnahmen.

In Baudenkmälern ist der Brandschutz auch deshalb besonders wichtig, weil die in einem Brandfall durch Feuer, Ruß und Löschwasser zerstörten Kulturgüter für immer verloren sind. Sie können in ihrer Originalsubstanz nie mehr wiederhergestellt werden. Dabei ist es geradezu typisch für Baudenkmäler, dass ihre Originalbausubstanz die Brandentstehung und vor allem die Brandausbreitung begünstigt und einen Rettungs- und Löscheinsatz sehr erschwert. An Baudenkmälern, die nicht mit Brandschutzeinrichtungen ausgestattet sind, hat selbst die moderne und schlagkräftige Feuerwehr oft geringe Chancen: Lösch-, Rettungs- und Bergungserfolge sind nämlich nur dann möglich, wenn der Brandherd schnell erreichbar ist und sich nicht weit ausdehnen kann.

In Deutschland erfolgt mit der Sanierung und Restaurierung von Baudenkmälern nicht selten eine vollständige oder teilweise Nutzungsänderung. In der heutigen Gesellschaft steigen gleichzeitig die Ansprüche an die Ausstattung eines Wohn- oder Arbeitsraumes, aber auch an das Brandschutzbewusstsein. Man ist nicht mehr bereit, unnötige Risiken einzugehen, und erwartet den gleichen Sicherheitsstandard sowohl in neuen wie auch in alten Gebäuden. Man denkt besorgt an die Brandsicherheit und erkundigt sich beim zuständigen oder einem bekannten Brandschutzfachmann, nachdem man eine große Veranstaltung in einem Schloss besucht hat, das augenscheinlich keine gesicherten Rettungswege hatte, oder wenn Kinder ein denkmalgeschütztes Schulgebäude besuchen, das nur eine Holztreppe besitzt.

Allgemein gültige Vorschriften für den Brandschutz in Baudenkmälern kann es allerdings nicht geben. Jedes von diesen schützenswerten Bauwerken sollte nämlich so erhalten bleiben, wie es uns überliefert wurde. Einige Grundsatzprinzipien des Brandschutzes müssen jedoch auch Baudenkmäler erfüllen, um überhaupt genutzt und im Brandfall gerettet werden zu können. So ist es heute durch bau- und anlagentechnische Maßnahmen möglich,

Baudenkmäler vor Bränden zu schützen, ohne sie durch Schutzmaßnahmen unnötig zu zerstören.

In diesem Buch werden die Grundsätze des Brandschutzes in historischen Bauten erläutert, neueste Entwicklungen und Erkenntnisse bei den geeigneten Brandschutzmaßnahmen dargestellt und aktuelle Beispiele verschiedener brandschutztechnisch ertüchtigter Baudenkmäler beschrieben und mit Bildern und Plänen veranschaulicht. Die einzelnen Kapitel des Buches sind so angelegt und aufeinander abgestimmt, dass konkrete Einzelthemen nur in einem Kapitel ausführlich beschrieben werden. Dazu gehören z. B. historische Holztreppen als Rettungswege, die Sicherstellung des zweiten Rettungsweges oder die Auswirkung der Hilfsfrist auf die Brandschutzertüchtigung, die fast bei jedem Typ historischer Bauten relevant sind.

Das Buch ist für Architekten, Bauplaner, Denkmaleigentümer, Brandschutzplaner, Feuerwehren sowie Denkmal-, Bau- und Brandschutzbehörden bei der Planung und Beurteilung von historischen Bauten nützlich. Es entstand aus zahlreichen bundesweit gehaltenen Vorträgen zum Brandschutz in Baudenkmälern, insbesondere bei der Ingenieurakademie West e. V. Düsseldorf (Kabat, 2013) (Kabat, 2011), sowie der Tätigkeit als Brandschutzingenieur und Brandschutzplaner in historischen Bauten und ist zudem die Fortschreibung und Aktualisierung früherer Veröffentlichungen (Kabat, 1996). Der leitende Gedanke ist dabei: Schutzzielorientierter Brandschutz ist Denkmalschutz!

Sylwester Kabat

Herzebrock-Clarholz, 2017

Einführung 2., aktualisierte Auflage

Nach dem Erscheinen dieses Buches im Jahr 2017 ereigneten sich wieder katastrophale Großbrände, aber auch kleinere Brände mit schmerzhaften Verlusten in Baudenkmälern und historischen Bauten – welt- und europaweit ebenso wie in Deutschland. Um hier nur einige spektakuläre Beispiele von fast Totalverlusten oder schweren Brandzerstörungen aus den letzten Jahren zu nennen: Nationalmuseum in Rio de Janeiro (2018), Kunsthochschule in Glasgow (2018), Notre-Dame-Kathedrale in Paris (2019), Ev. Christuskirche in Utting am Ammersee (Oberbayern, 2021), Kloster Hosios Lukas in Stiris (Griechenland, 2023), Ev. Stadtkirche in Großröhrsdorf (Sachsen, 2023), Börsen-Gebäude in Kopenhagen (2024). Vor Brandschäden werden in Deutschland auch Bauten aus dem UNESCO-Weltkulturerbe nicht verschont, mehrere Kirchen und Baudenkmäler wurden als Brandruinen abgerissen – während die Notre-Dame-Kathedrale in Paris wiederaufgebaut ist, diesmal mit wirksamen Brandschutzeinrichtungen.

In den Medien wurden, anlässlich der Jahrestage, die Brandkatastrophen in historischen Bauten der letzten Jahrzehnte in Erinnerung gerufen: Am 21. Oktober 1961 auf der Burg Trausnitz in Landshut, am 20. März 1973 im Schloss in Dahlen, am 14. März 1982 im Frauentorturm in Ravensburg, am 7. April 1982 auf der Veste in Heldburg, am 18. Mai 1984 im Blauen Turm in Bad Wimpfen, am 7. August 1984 im Schloss Philippsruhe in Hanau, am 19. Juni 2000 vom Schloss Merode in Langerwehe oder am 2. September 2004 in der Herzogin-Anna-Amalia-Bibliothek in Weimar. Sogar an noch frühere Großbrände wurde nachdrücklich erinnert, wie etwa an den Brand des Turms der St. Michaeliskirche in Hamburg 1906 oder des Alten Schlosses in Stuttgart im Jahr 1931.

Die schlechte Wirtschaftslage in Deutschland heute und die ständige Zunahme von Kirchenaustritten, verbunden mit der wachsenden Zahl von aufgegebenen Kirchengebäuden, machen die Sorge um und den Brandschutz in historischen Bauten und Baudenkmälern nicht leichter. Nichtdestotrotz bleibt die Aufgabe bestehen: Baudenkmäler und historische Bauten sind und können denkmalverträglich und brandschutztechnisch geschützt und ertüchtigt werden.

In der neuen Auflage dieses Buches wurden in erster Linie die Brandereignisse sowie die Rechtsgrundlagen in Wort und Bild aktualisiert: In den Auflistungen von Bränden wurden Brände vor 2015/16 gestrichen und die Listen und Tabellen um aktuelle Brände bis einschließlich 2024 ergänzt. Die Rechtsgrundlagen wurden auf den neuen Stand gebracht, insbesondere aufgrund der 2016 und später novellierten Musterbauordnung und geänderten Landesbauordnungen. Diese haben z.B. die Anforderungen an die Feuerwiderstandsdauer sowie die Brennbarkeit tragender Bauteile, Treppenraumwände und notwendiger Treppen und somit auch der Rettungswege bei Neubauten heruntergesetzt, was auch den historischen Bauten und Baudenkmälern bei Umbau und Nutzungsänderung zugutekommt und sie schont. Da insbesondere zunehmend Wassernebel-Löschanlagen und automatische Brandmeldeanlagen in Baudenkmälern und historischen Bauten installiert wurden, nicht zuletzt animiert durch das Feuerdrama in der Notre-Dame-Kathedrale in Paris, werden sie in dieser zweiten Auflage verstärkt dargestellt.

Sylwester Kabat

Rosbach vor der Höhe, 2025

1 Historische Bauten und Baudenkmäler

Historische Bauten sind Bauwerke, die ihre ursprüngliche Bausubstanz durch die Jahrhunderte hindurch weitestgehend erhalten haben. Aus denkmalpflegerischer Sicht sind historische Bauten meist Baudenkmäler.

Baudenkmäler sind Gebäude und sonstige bauliche Anlagen, an deren teilweisen oder vollständigen Erhaltung und Nutzung ein öffentliches Interesse besteht. Dies ist der Fall, wenn die Bauten bedeutend für die Geschichte des Menschen, für Städte und Siedlungen oder für die Entwicklung der Arbeits- und Produktionsverhältnisse sind und für die Erhaltung und Nutzung künstlerische, wissenschaftliche, volkskundliche oder städtebauliche Gründe vorliegen [1]. Das schutzwürdige Objekt muss zwar aus einer abgeschlossenen, historisch gewordenen Epoche stammen, kann aber Schöpfung der jüngsten Vergangenheit sein, sodass zu Baudenkmälern inzwischen auch Gebäude der 1950er Jahre des 20. Jahrhunderts gehören. Nicht nur das Alter oder die Schönheit, sondern auch sein Denkmalwert bestimmen also, ob es sich bei einem Objekt um ein Denkmal handelt.

Unter Denkmalschutz werden nicht nur die typischen historischen Bauten wie Burgen, Schlösser und Kirchen gestellt, sondern auch Verwaltungsbauten, Schulen und Krankenanstalten sowie Fachwerkhäuser, Hochhäuser, Fabrikhallen, technische Kulturdenkmäler und Türme. In Westfalen-Lippe sind z. B. mit rund 28.000 eingetragenen Denkmälern bisher weniger als 1 % der gesamten Bausubstanz des Landesteiles unter Schutz gestellt. Das zeitliche Spektrum umfasst über 1100 Jahre: Vom karolingischen Westwerk der Abteikirche Corvey aus dem 9. Jahrhundert bis zum Fernsehturm Florian im Dortmunder Westfalenpark, erbaut 1956 bis 1959. Mit seiner Höhe von 140 m ist er nicht nur das höchste Denkmal in Westfalen-Lippe, er beherbergt auch das erste drehbare Restaurant [2].

Die erste Schutzbestimmung für historische Bauten („vaterländische Altertümer") wurde 1818 im Großherzogtum Hessen (Darmstadt) erlassen. Hier entstand 1902 auch das erste kodifizierte Denkmalschutzgesetz Deutschlands, *Das Gesetz, den Denkmalschutz betreffend vom 16. Juli 1902* [2a]. Heute gibt es in Hessen etwa 60.000 Baudenkmäler, bekannte wie der St. Bartholomäus- und Kaiserdom zu Frankfurt am Main, und weniger bekannte, aber nicht weniger bedeutende und bewundernswerte wie etwa die Altstadt der Dom- und Kaiserstadt Fritzlar.

In Nordrhein-Westfalen (NRW) stehen beispielsweise mehr als 81.000 Sakralbauten, historische Wohn- und Geschäftshäuser, imposante Adelsbauten und alte Industrieanlagen unter Denkmalschutz. In Brandenburg etwa gibt es rund 14.000 und die Denkmalliste des Freistaates Bayer enthält mehr als 109.000 Objekte. In Bayern und Sachsen gibt es bundesweit die meisten

Baudenkmäler. Insgesamt gab es in Deutschland im Jahr 2018 laut Statistischen Bundesamtes 657.300 Baudenkmäler [2b].

Oft etwas abseits der Ballungszentren und üblichen Touristenstraßen gelegen, haben zahlreiche, meist kleinere Orte einen besonderen Charme rund um ihre Denkmäler und historischen Straßen und Plätze bewahrt. Als Beispiele können hier drei historische Objekte aus Ostwestfalen (NRW) und Hessen dienen (Abb. 1.1-1.3): Die Burg Ravensberg in Borgholzhausen und die ehemalige Klosteranlage in Herzebrock (beide in NRW) sowie die evangelische Stadtkirche Unserer Lieben Frau aus Friedberg in der Wetterau (Hessen).

Abb. 1.1: Burg Ravensberg in Borgholzhausen (Teutoburger Wald), Reste der im 11./12. Jh. erbauten Burg der Grafen von Ravensberg; Nutzung heute: Wehr-/Aussichtsturm, Gaststätte, Wohnung, Klassenzimmer, Freilichttheater

Abb. 1.2: Klosteranlage Herzebrock in Herzebrock-Clarholz (Ostwestfalen), ehem. Benediktinerinnenkloster 860 bis 1803; Nutzung heute: Kirche, Pfarrhaus, Pfarrheim, Wohnungen, Museum, Veranstaltungsräume, Bücherei, Jugendräume

Abb. 1.3: Ev. Stadtkirche Unserer Lieben Frau in Friedberg (Wetterau), vom Adolfsturm in der Burganlage Friedberg; imposante gotische Hallenkirche, *„ein Bau voller Harmonie"*, *„von Ausmaßen einer Kathedrale"* (Förderverein Stadtkirche Friedberg e.V., https://www.stadtkirche-friedberg.de/die-kirche/) zwischen 1260 und 1410 erbaut, Glasmalereien aus drei Epochen, spätromanischer Lettner (Quelle: Cb 01.24, CC BY-SA 4.0, via Wikimedia Commons)

Um das historische Erbe sichtbar zu machen, können eingetragene Baudenkmäler mit einer Denkmalplakette versehen werden (einige Beispiele von Denkmalplaketten in Abb. 1.4-1.6). Es ist seitens des jeweiligen Bundeslandes eine Art Anerkennung für den Denkmaleigentümer, der sich verpflichtet, das Denkmal im Interesse der Allgemeinheit zu erhalten und so zur Wahrung des kulturellen Erbes beizutragen [3].

Abb. 1.4: Denkmalplakette des Landes Nordrhein-Westfalen (Quelle: Ministerium für Bauen, Wohnen, Stadtentwicklung und Verkehr des Landes Nordrhein-Westfalen)

Abb. 1.5: Denkmalplakette des Landes Hessen

Abb. 1.6: Denkmalplakette des Landes Brandenburg

An historischen Bauten wird auch das sogenannte „Blue Shield" (bzw. Blaues Schild) angebracht (Abb. 1.7-1.8). Das Blaue Schild hat zwei unterschiedliche Bedeutungen [4]:

- Im engeren Sinn bezieht sich der Begriff auf die kleinen blauweißen Schilder an besonders geschützten Baudenkmälern, die 1954 in der Haager Konvention als völkerrechtlich verbindliches Schutzzeichen definiert worden sind.
- Im weiteren Sinn bezeichnet man damit umfassende Bemühungen zum Schutz des kulturellen Erbes bei Naturkatastrophen und bewaffneten Konflikten.

In der Haager „Konvention zum Schutz von Kulturgut bei bewaffneten Konflikten" vom 14. Mai 1954 [5], die von der Bundesrepublik Deutschland neben mehr als 120 anderen Staaten ratifiziert worden ist, verpflichten sich die Hohen Vertragsparteien zur Sicherung und Respektierung von *„beweglichem oder unbeweglichem Gut, das für das kulturelle Erbe aller Völker von großer Bedeutung ist"*.

Außerdem verpflichten sich die Vertragsparteien, schon in Friedenszeiten die Sicherung des Kulturguts auf ihrem Gebiet gegen die absehbaren Folgen eines bewaffneten Konflikts vorzubereiten, indem sie alle Maßnahmen treffen, die sie für geeignet erachten [6]. Nach dieser Konvention umfasst das kulturelle Erbe eines Volkes

- unbewegliche Baudenkmäler, archäologische Stätten und Gebäudegruppen,
- Werke der bildenden Kunst und des Kunsthandwerks aller Epochen, die im Allgemeinen in Museen aufbewahrt werden,
- Schöpfungen und Werke von Dichtern, Denkern, Komponisten und Wissenschaftlern, die von und in Bibliotheken gesammelt werden,
- schriftliche Überlieferungen, handgezeichnete Karten und Pläne, die in Archiven verwahrt werden und
- Museen, Bibliotheken, Archive, Bergungsorte für bewegliches Kulturgut sowie Denkmalorte.

Abb. 1.7: „Blue Shield" (Blaues Schild) nach der Haager Konvention

Abb. 1.8: Blue Shield (Blaues Schild) mit zusätzlichen Informationen am „Haus Stein" in Adenau (Hocheifel)

Der Begriff „Kulturgut" – und damit auch der Begriff „Kulturgutschutz" – ist in Deutschland weder im allgemeinen Sprachgebrauch noch juristisch hinreichend klar umrissen. Weder die gesetzlichen Regelungen noch die Rechtslehre kennen daher einen einheitlichen Begriff des „Kulturgüterschutzes" bzw. des „Kulturgutschutzes" (BMK, 2015). Zu differenzieren ist zunächst zwischen beweglichem (Gemälde etc.) und unbeweglichem (Gebäude, Gebäudeeinbauten etc.) Kulturgut. Der Denkmalschutz, der kompetenzrechtlich in Deutschland den Ländern obliegt, kann sowohl bewegliches als auch unbewegliches Kulturgut (Denkmäler) umfassen. Der Schutz nach der Haager Konvention umfasst bewegliches wie unbewegliches Kulturgut, das für das kulturelle Erbe aller Völker von großer Bedeutung ist, und Orte, die der Aufbewahrung und Bergung von beweglichen Kulturgütern dienen (Museen, Archive, Bibliotheken). Wohingegen das UNESCO-Übereinkommen von 1970 ausschließlich den Schutz beweglichen Kulturgutes vor unrechtmäßiger Ein- und Ausfuhr umfasst, bezieht sich die UNESCO-Welterbe-Konvention von 1972 auf unbewegliches Kulturgut (Kultur- und Naturerbestätte). Schließlich umfasst der Begriff des Kulturgutschutzes im weitesten Sinne auch den Schutz des immateriellen Erbes nach dem UNESCO-Übereinkommen zur Erhaltung des immateriellen Kulturerbes von 2003.

Bei einer sehr weiten Auslegung des Begriffs „Kulturgüterschutz" können auch vielfältige Regelungen und Maßnahmen zum Substanzerhalt umfasst sein, die von Länderregelungen etwa im Denkmalschutz oder bundesrechtlichen Regelungen im Strafrecht bis hin zu Programmen zum Schutz von Kulturgütern vor schleichendem Verfall reichen.

In Deutschland sind verpflichtende anlagentechnische Brandschutzmaßnahmen in historischen Bauten rein aufgrund des Kulturgutschutzes nicht vorgesehen. Jahrelange Anregungen sind noch nicht umgesetzt (Kabat, 1998) [6a], was u. a. an der Zuständigkeit des Bundes für den Kulturgutschutz, verstanden als Schutz der Kulturgüter im Militärkonflikt, auf der einen Seite und der Länder für den Bau, Brandschutz- und Denkmalschutz auf der anderen liegt. Immerhin wird inzwischen ausgesprochen, dass Kulturgutschutz auch für die Feuerwehr und die Katastrophenschutzbehörden im Rahmen ihres Aufgabenspektrums Pflicht ist. Sie haben die Erfüllung ihrer brand- und katastrophenschutzrechtlichen Aufgaben auch an kulturgutspezifischen Erfordernissen auszurichten [6b].

Herausragende Zeugnisse der Geschichte der Menschheit werden durch die UNESCO auf die Liste des Weltkulturerbes aufgenommen. In Deutschland befinden sich zurzeit folgende 54 Güter UNESCO-Welterbestätten (Tabelle 1.1):

Tabelle 1.1: UNESCO-Welterbestätten in Deutschland [7] mit Datum der Aufnahme (bei den grau geschriebenen Welterbestätten handelt es sich nicht um Gebäude)

1	Aachener Dom (1978)
2	Speyerer Dom (1981)
3	Würzburger Residenz (1981)
4	Wallfahrtskirche „Die Wies" (Steingaden) (1983)
5	Schlösser Augustusburg und Falkenlust in Brühl (1984)
6	Dom und Michaeliskirche von Hildesheim (1985)
7	Römische Baudenkmäler, Dom und Liebfrauenkirche in Trier (1986)
8	Hansestadt Lübeck (1987)
9	Schlösser und Parks von Potsdam und Berlin (1990)
10	Kloster Lorsch mit ehemaligem Kloster Altenmünster (1991)
11	Bergwerk Rammelsberg und Altstadt von Goslar (1992)
12	Altstadt von Bamberg (1993)
13	Kloster Maulbronn (1993)
14	Stiftskirche, Schloss und Altstadt von Quedlinburg (1994)
15	Völklinger Eisenhütte (1994)

16	Fossilienlagerstätte Grube Messel (1995)
17	Kölner Dom (1996)
18	Das Bauhaus und seine Stätten in Weimar und Dessau (1996)
19	Luthergedenkstätten in Eisleben und Wittenberg (1996)
20	Klassisches Weimar (1998)
21	Wartburg (Eisenach) (1999)
22	Museumsinsel (Berlin) (1999)
23	Gartenreich Dessau-Wörlitz (2000)
24	Klosterinsel Reichenau (2000)
25	Industriekomplex Zeche Zollverein (Essen) (2001)
26	Altstädte Stralsund und Wismar (2002)
27	Kulturlandschaft Oberes Mittelrheintal (2002)
28	Rathaus und Rolandstatue in Bremen (2004)
29	Muskauer Park (2004)
30	Grenzen des Römischen Reiches: Der Obergermanisch-Rätische Limes (2005)
31	Altstadt von Regensburg mit Stadtamhof (2006)
32	Siedlungen der Berliner Moderne (2008)
33	Wattenmeer (2009)
34	Buchenwälder der Karpaten und Alte Buchenwälder Deutschlands (2011)
35	Fagus-Werk in Alfeld (2011)
36	Prähistorische Pfahlbauten um die Alpen (2011)
37	Markgräfliches Opernhaus Bayreuth (2012)
38	Bergpark Wilhelmshöhe (Kassel) (2013)
39	Karolingisches Westwerk und Civitas Corvey (Höxter) (2014)

40	Hamburger Speicherstadt und Kontorhausviertel mit Chilehaus (2015)
41	Häuser der Weißenhofsiedlung (Stuttgart) (2016)
42	Höhlen und Eiszeitkunst im Schwäbischen Jura (2017)
43	Naumburger Dom (2018)
44	Montanregion Erzgebirge / Krušnohoří (2019)
45	Augsburger Wassermanagement-System (2019)
46	Die bedeutenden Kurstädte Europas (Baden-Baden, Bad Kissingen, Bad Ems) (2021)
47	Mathildenhöhe Darmstadt (2021)
48	Grenzen des Römischen Reiches – Niedergermanischer Limes (2021)
49	SchUM-Städte (Speyer, Worms, Mainz) (2021)
50	Grenzen des Römischen Reiches – Donaulimes (westlicher Abschnitt) (2021)
51	Grenzen des Römischen Reiches – Niedergermanischer Limes (2021)
52	Jüdisch-Mittelalterliches Erbe in Erfurt (2023)
53	Siedlungen der Herrnhuter Brüdergemeine (2024)
54	Residenzensemble Schwerin (2024)

In jeder Welterbestätte wird eine Tafel zum Gedenken an die Eintragung in die Liste des Welterbes sichtbar angebracht. Das Welterbestätten-Logo setzt sich zusammen aus dem Logo der UNESCO (Tempel mit Erläuterung) und dem Emblem der Welterbekonvention (inkl. Nennung des offiziellen Namens der Welterbestätte und des Jahres der Anerkennung, Abb. 1.9). Die exakt festgelegten Textbausteine dienen dazu, die Verbindung zwischen der jeweiligen Welterbestätte und der UNESCO präzise zu definieren. Dieser Logoverbund ist zwingend, es ist nicht möglich, das Emblem der Welterbekonvention ohne das Logo der UNESCO (oder umgekehrt) zu verwenden. Zwei herausragende Beispiele von UNESCO-Welterbestätten unterschiedlicher Art sind in den Abbildungen 1.10-1.14 veranschaulicht.

UNESCO

WELTERBE · WORLD HERITAGE · PATRIMOINE MONDIAL

unesco

Welterbe in Deutschland

Abb. 1.9: UNESCO-Welterbestättenlogo (Quelle: Deutsche UNESCO-Kommission e.V.)

Abb. 1.10: Schloss Corvey in Höxter-Corvey (Weserbergland); ehem. Benediktinerabtei und Fürstbistum, 822 gegründet, karolingisches Westwerk, Schloss Herzog von Ratibor und Fürst von Corvey, UNESCO-Welterbestätte seit 2014; Nutzung heute: Wohnen, Museum, Veranstaltungen, Archiv, Bibliothek, Pfarrkirche (Quelle: Peter Knaup / Kulturkreis Höxter-Corvey gGmbH)

Abb. 1.11: Das gewölbte Quadrum in der Eingangshalle des karolingischen Westwerks (Quelle: Peter Knaup / Kulturkreis Höxter-Corvey gGmbH)

Abb. 1.12: Zeche Zollverein in Essen (Ruhrgebiet); 1834 durch Franz Haniel gegründet, 1986 stillgelegt, Doppelbockfördergerüst, Kokerei 1993 stillgelegt, UNESCO-Welterbestätte seit 2001; Nutzung heute: Ruhr-Museum in der Kohlenwäsche, Besucherzentrum, Ausstellungsräume für Gegenwartskunst, Gastronomie, Konzerte (Quelle: Reinhard Stutz)

Abb. 1.13: Kurhaus in Bad Ems; 1715 als Nassauer Badehaus erbaut, heute Hotel und Konferenzzentrum; mit Kursaal, Theatersaal, Konzertsaal. Teil des UNESCO-Welterbes „Bedeutende Kurstädte Europas" (Quelle: W. Bulach, CC BY-SA 4.0, via Wikimedia Commons)

Abb. 1.14: Residenzensemble Schwerin; Insel im Schweriner See mit über 1000-jähriger Geschichte, Spuren einer slawischen Burganlage der Obotriten aus dem 9. Jh., Schloss Schwerin ist die ehemalige Hauptresidenz der Herzöge und Großherzöge von Mecklenburg-Schwerin; Fünfflügelanlage 1560 begonnen und 1857 im Neurenaissancestil vollendet; heute Schlossmuseum, Landtag von Mecklenburg-Vorpommern, Café & Restaurant (Quelle: Harald Hoyer, CC BY-SA 3.0, via Wikimedia Commons)

2 Brandgefahren in Baudenkmälern

2.1 Brandgefahren

Zu Bränden in Baudenkmälern führen spezifische Zustände, die als Gefahrenquellen meist verborgen sind oder plötzlich entstehen. Besondere Situationen und die Beschaffenheiten tragen dazu bei, dass sich Schadenfeuer und Brandrauch mehr oder weniger ungehindert in Räumen und anderen Bereichen eines Baudenkmals ausbreiten können. Es kann unterschieden werden zwischen der Brandentstehungsgefahr und der Brandausbreitungsgefahr (Kabat, 2012a).

2.1.1 Brandentstehungsgefahr

Die Brandentstehungsgefahr in einem Gebäude geht zum einen vom vorliegenden Zustand technischer Anlagen, Gegenstände und Baustoffe aus, zum anderen vom momentanen Verhalten von Menschen. Sie wird mit hinreichender Wahrscheinlichkeit zu einem Brand führen. Obwohl meist Massivbauten, sind Baudenkmäler unter maßgeblicher Verwendung von Holz errichtet worden. Dazu zählen oft ausgedehnte, hohe und ausgetrocknete Dachstühle, Holzbalkendecken (verkleidet mit Brettern und mit unzugänglichen Hohlräumen), Wandflächen mit Holzvertäfelung, hängende Holzgewölbe und -tonnen sowie offene und ausgedehnte Holztreppen.

Die Zündenergie kommt an diesen Stellen insbesondere aus zwei Quellen:

- veraltete und schadhafte elektrische Leitungen und
- Brandstiftung.

Aus mehreren Bränden ist bekannt, dass **elektrische Leitungen** in Zwischendecken und Fehlböden eine erhebliche Gefahr der Brandentstehung darstellen. Defekte an elektrischen Anlagen können in den nicht kontrollierbaren Zwischenböden Schwelbrände verursachen, die sogar zu Verpuffungen und anschließendem Totalverlust des Baudenkmals führen können (Abb. 2.1-2.2).

Abb. 2.1-2.2: Elektrische Leitungen in historischen Bauten, die ertüchtigt bzw. ausgetauscht werden sollten (Quelle Abb. 2.2: Rudolpho Duba / pixelio.de)

Das Stromeinspeisungsgesetz (StromEinspG) und das Erneuerbare-Energien-Gesetz (EEG) haben in den letzten Jahren zu einem Boom bei der Errichtung von Photovoltaikanlagen (PV-Anlagen) geführt. Auch an historischen Bauten werden PV-Anlagen montiert. Von diesen kann jedoch eine Brandgefahr ausgehen: Wie jede elektrische Anlage setzt eine PV-Anlage bei einer Fehlfunktion punktuell große Hitze frei. Bei Langzeituntersuchungen von PV-Anlagen wurden Brand- und Überhitzungsspuren an verschiedenen Komponenten festgestellt [8]: PV-Anlagen können infolge solcher Überhitzungen mit Verschmorungen oder Lichtbögen an defekten Kontaktstellen in den Modulen Brände auslösen. Da verschiedene Komponenten zudem brennbar sind, können Brände sich an diesen Anlagen auch ausbreiten.

Brandstiftungen bedürfen besonderer Beachtung in Baudenkmälern, vor allem, da diese Gefahr sich zu erhöhen scheint. Unter der hohen Zahl der unbekannten Brandursachen sind wahrscheinlich viele vorsätzliche Brandlegungen. Brände werden an allen leicht zugänglichen Stellen wie Eingängen, Treppenräumen und öffentlich zugänglichen Räumen gelegt. In historischen Fachwerkhäusern werden Brände oft an Holztreppen gelegt, um damit gleichzeitig und absichtlich den Bewohnern den Rettungsweg von oben abzuschneiden. Auch an Treppen abgestellte Gegenstände wie z. B. Mülltonnen, Möbel oder Kartons bieten Brandstiftern vielfältige Möglichkeiten.

In Kirchen stellen eher Brandstiftungen, elektrische Anlagen und fahrlässig und unvorsichtig durchgeführte Dacharbeiten Brandentstehungsgefahren dar. Brandstiftungen werden meist direkt in den Kirchenschiffen bzw. auf und in Türmen verübt. In Hinblick auf elektrische Gefahren lauern diese besonders an Altären, auf Orgelemporen, in Beichtstühlen, an Glockenstühlen und Uhrwerken. Zudem wird gelegentlich vergessen, Heizkissen und andere elektrische Heizgeräte auszuschalten. Veraltete und an Holzbalken verlegte Kabel in Dachböden werden nicht ausgetauscht, Elektromotoren an Glockenantriebswerken nicht gewartet. Bei Kurzschlüssen oder Überhitzung können sich die brennbaren Polster, Bilder, Möbel, Holzbalken sowie Staubablagerungen und Schmieröle entzünden.

Nicht weniger gefährlich sind in Kirchen die Dacharbeiten. Wie aus Einsatzberichten bekannt ist, entstehen Brände an Kirchendächern beim unvorsichtigen Schweißen, Schneiden, Heißkleben, Löten und Abflämmen. Es erhitzen sich dabei Metallteile wie Rohre und entzünden, manchmal über lange Wege, Holzlatten und brennbare Dämmstoffe, oder die Holzteile der Dacheindeckung werden direkt von der offenen Flamme angezündet und entwickeln sehr schnell starke Hitze.

An Rauchrohren und alten Kaminen, die manchmal selbst unter Denkmalschutz stehen, entstehen ebenfalls Brände – erstens wegen der Wärmeübertragung auf die Holzbalken und zweitens wegen Mängeln an den Kaminen selbst. In die Kamine hineinragende Balkenköpfe, an überhitzten Rauch-, Warmwasser- und Wasserdampfrohren verlaufende Holzbalken, brennbare Decken oder Fachwerkfüllungen entzünden sich erst nach langer Erwärmungszeit, werden spät entdeckt und führen zu ausgedehnten Bränden. Bis in die 1970er Jahre waren z. B. auf Holzbalken aufgesetzte, von Rissen durchzogene und im Dachraum geschleifte Kamine wahrscheinlich Hauptursache von Bränden in Schlössern.

Schließlich ist in Baudenkmälern die Brandentstehungsgefahr durch unmittelbares menschliches Versagen und Unvorsichtigkeit gegeben, insbesondere durch

- unvorsichtiger Umgang mit offenem Feuer und Glut, z. B. mit Kerzen oder Weihrauchkesseln in Kirchen,
- fahrlässiges Spielen mit Feuer an Krippen in Kirchen, in unbewachten und frei zugänglichen Baudenkmälern oder auf den Dachböden,
- Fahrlässigkeit bei feuergefährlichen Arbeiten an Dachstühlen oder bei der Modernisierung von Heizungsanlagen in Klöstern und Schlössern,
- Rauchen und Wegwerfen von Zigarettenresten auf brennbare Stoffe z. B. in Gasthäusern oder Wohnheimen.

Das Ausmaß dieser Gefahr hängt vom Brandschutzbewusstsein der Betreiber von Baudenkmälern, der Besucher und der Mitarbeiter von Fremdfirmen in diesen Bauwerken ab.

2.1.2 Brandausbreitungsgefahr

In Baudenkmälern ist die Gefahr der schnellen Ausbreitung eines Brandes höher einzuschätzen als die Gefahr der Brandentstehung. Die Brandausbreitungsgefahr hängt zusammen mit dem Zustand des Gebäudes in Bezug auf:

- räumliche Ausdehnung,
- bauliche Ausführung,
- technische Ausrüstung,
- Verteilung der Brandlasten und
- Brandverhalten der Baustoffe, Bauteile und Ausstattungsgegenstände.

All dies kann die Fortpflanzung von Flammen, die Weiterleitung von Wärme und die Ausbreitung von Rauch ermöglichen und begünstigen. Die Ausbreitung von Bränden einschließlich der Parallelerscheinungen erfolgt in Baudenkmälern durch:

- Wärmestrahlung,
- Flugfeuer,
- Luftbewegung.

Die Heftigkeit der Brandausbreitung, die sogar zu einer explosionsartigen Ausdehnung führen kann, ist zunächst auf die schnelle Wärmeübertragung auf die ausgetrockneten Holzteile zurückzuführen. Es ist eben eines der Merkmale vieler Baudenkmäler, dass ihr innerer Ausbau aus Holz besteht. Dazu zählen vor allem offene Holztreppen und Treppenanlagen, die dazu noch nicht einmal in einem abgeschlossenen Treppenraum liegen und gerade deshalb unter Denkmalschutz stehen. Selbst wenn starke Holztreppen während eines Brandes statisch gesehen noch begehbar sind, brennen sie weiter und tragen entscheidend zu einer Brandausbreitung über alle Geschosse bis zum Dach bei (Abb. 2.3).

Abb. 2.3: Nach einem Brand in einem historischen Gebäude: Abgebrannte und eingestürzt Holztreppe, Brandzerrungen an Fachwerkwänden, zerstörte Treppenraum- bzw. Trennwand in Trockenbau

Abb. 2.4: Brandschaden an einer historischen Holzbalkendecke in einem ehem. Abteigebäude

Eine weitere Gefahrenquelle sind Holzbalkendecken. Das Feuer breitet sich hier nach Durchbrennen der Holzbalken senkrecht ins Dachgeschoss und in die unteren Geschosse sowie waagerecht oberhalb der Trennwände auf das gesamte Baudenkmal aus (Abb. 2.4). In Brandberichten wird immer wieder auf die Ausbreitung der Brände innerhalb von Fehlböden hingewiesen. Vor allem Schlösser sind von dieser Gefahr betroffen. In Hohlräumen von Decken entstehen noch nach längerer Zeit Brandnester, die – nicht gelöscht – zur Brandausbreitung führen können. Die Schwelprozesse in den Hohlräumen können unkontrolliert ablaufen und sich explosionsartig zu Flammenbränden entwickeln. Die Brandausbreitung erfolgt an Decken auch durch unverschlossene Deckendurchbrüche, was oft in Baudenkmälern nach Verlegungen und Einbauten von Heizungsrohren, Sanitäranlagen oder elektrischen Kabeln der Fall ist. Obwohl historische Holzbalkendecken eine Feuerwiderstandsdauer bis zu 60 Minuten aufweisen können, kann man sie nicht als ausreichende Raumabschlüsse für Brandabschnitte ansehen. Durch ihre Brennbarkeit ermöglichen die Decken das Überlaufen des Feuers über eventuelle Brandwände. Selbst wenn Verluste der Tragfähigkeit von Holzbalken dank der meistens großen Holzquerschnitte geringer zu bewerten sind, kann eine Brandweiterleitung nicht ausgeschlossen werden, zumal die Holzbalkendecken noch zusätzlich mit Holzkassetten oder Holztafeln verkleidet sind.

Außer dem eingebauten Baustoff Holz tragen in Baudenkmälern auch andere Stoffe und Gegenstände zur Brandausbreitung bei. Es sind vor allem Möbel, Ausstellungsstücke, Kabel- und Rohrisolierungen, die in den letzten Jahrzehnten in den Baudenkmälern nachträglich eingebaut wurden, sowie Staubablagerungen.

Wie sich Feuer bei einem Raumbrand zunächst entlang der Decke und dann der Wände und Möbel entwickeln kann, zeigen die mit einer Wärmebildkamera aufgenommenen Fotos (Abb. 2.5-2.6). Nach einer schnellen Aufheizung der Raumluft erreicht ein Raumbrand nach ca. 11 bis 13 Minuten den sogenannten Flashover, d. h. die Vollbrandphase mit Temperaturen um 1000 °C (Abb. 2.7).

Abb. 2.5-2.6: Brandversuch eines Zimmerbrandes; Feuerwehr Rheda-Wiedenbrück (Quelle: Löschzug Rheda)

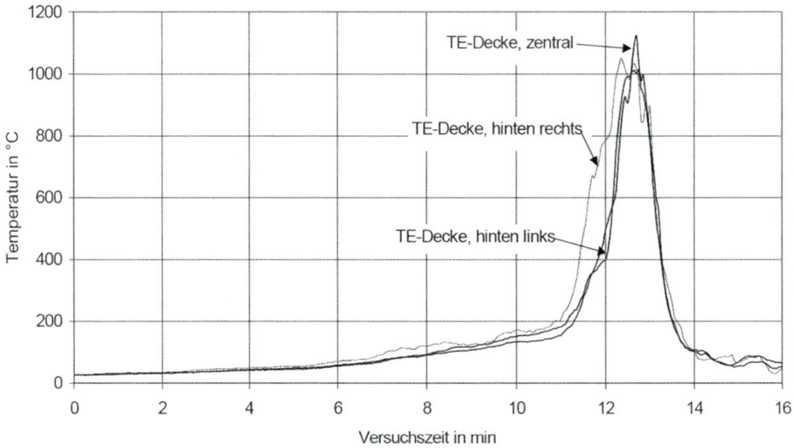

Abb. 2.7: Deckentemperaturen im Brandraum [9] (Quelle: Peter Basmer)

Ein Problem für sich stellen in Baudenkmälern die brennbaren Holzdachstühle dar. Sie bedürfen einer gesonderten Betrachtung. Ohne zusätzliche vorbeugende bauliche Brandschutzmaßnahmen ist ein kunsthistorisch wertvolles Gebäude bei einer Brandausbreitung über die Dächer meistens nicht zu retten. In Baudenkmälern ist grundsätzlich mit einer sehr schnellen Brandausbreitung am ausgetrockneten Holz der Dachstühle zu rechnen.

Abb. 2.8: Hohe Holzdachstühle: Blick vom Burgberg über Nürnbergs Altstadt (Quelle: Harald Schottner / pixelio.de)

Die innere Raumordnung und vertikale offene Verbindungen in Baudenkmälern wirken sich begünstigend auf eine Brandausbreitung aus. In erster Linie erhöht sich die Gefahr infolge fehlender Brandabschnitte und verschiedener Schächte. In sich abgeschlossene Burgen, Schlösser oder Kirchen sind meistens als ein einziger Brandabschnitt anzusehen, denn sie besitzen keine Brandwände. Sie weisen auch meist nur an wenigen Stellen brandschutztechnisch wirksame Unterteilungen auf, etwa feuerbeständige Decken oder Trennwände. Feuer und Rauch, der auch für Kunstwerke sehr schädlich ist, können sich deshalb über Holztüren, Holzdecken und verschiedene Öffnungen in Decken und Wänden schnell ausbreiten, sowohl waagerecht als auch senkrecht. Obwohl man sich bei historischen Gebäuden schon immer mit der Notwendigkeit von Brandwänden beschäftigt hat, sind in den meisten die Wände entweder gar nicht oder nicht konsequent ausgeführt worden. So findet man z. B. Holztüren anstelle von Feuerschutztüren oder nicht durchgehende Türen im Dachraum.

Verdeckte Lüftungskanäle und Warmluftschächte können sich besonders tückisch auswirken. Sie sind meistens aus Holz und oft in den Decken verdeckt verlegt. Ebenso können gemauerte vertikale Schächte und Lüftungskanäle in Wänden vorliegen, die als Warmluftheizungssystem dienten und im Dachraum enden. Diese finden sich z. B. in um die Jahrhundertwende (19./20. Jh.) in klassizistischen Stil erbauten Gebäuden. Die Schächte werden heute nicht mehr genutzt, aber auch nicht verschlossen, sodass sie im Brandfall alle Geschosse bis in den Holzdachstuhl verbinden. Ebenso ermöglichen vor allem in Schlössern Lichtschächte aus Holz eine schnelle Brandausbreitung, die vom Dach durch den Dachraum und die Decken bis zu den Fluren und Räumen in darunter gelegenen Geschossen führen. Hier ist die Brandausbreitungsgefahr als sehr hoch einzuschätzen, weil ein solcher Holzschacht der optimale Ausbreitungsweg für Flammen auf alle Geschosse ist.

Wegen der oben angeführten Mängel im vorbeugenden Brandschutz besteht bei vielen Baudenkmälern eine starke Brandausbreitungsgefahr für die Nachbarschaft. In erster Linie betrifft das eng bebaute Altstadtkerne, die zum Teil selbst Ensembles darstellen. Die Gefahr besteht im Wesentlichen darin, dass sich Brände über brennbare oder mit Holzschindeln verkleidete Außenwände, über Holzdächer und über verschiedene Anbauten auf die Nachbargebäude ausbreiten. Ein anderer Ausbreitungsweg sind sowohl Fenster von Wohnungen wie auch Schaufenster von Geschäften. Brände in Altstadtkernen breiten sich immer wieder auf mehrere benachbarte Häuser aus. Weitere Gefahren für die Nachbarschaft bestehen durch Funkenflug und Flugfeuer: Besonders brennende Kirchen und Schlösser erzeugen in der Vollbrandphase des Dachstuhles oder der Turmspitze sehr starkes Flugfeuer (Abb. 2.9-2.10).

Abb. 2.9-2.10: Enge Bebauung in historischen Altstädten mit erhöhter Brandausbreitungsgefahr; Abb. 2.9: Esslingen am Neckar (Quelle: Rainer Sturm / pixelio.de), Abb. 2.10: Limburg an der Lahn

2.1.3 Personengefährdung

Die Brandgefahren stellen eine Gefährdung für Menschen dar, die sich in einem Baudenkmal aufhalten, sowie für Sach- und Kulturgüter, die am oder im Baudenkmal eingebaut sind bzw. aufbewahrt oder ausgestellt werden. Eine Brandgefährdung für Personen und Kulturgut besteht in einem Gebäude dann, wenn es aufgrund des baulichen Zustands, der räumlichen Anordnung und der vorhandenen Brandlasten möglich ist, dass sich bei einem Brand Flammen, Wärme, Brandgase, Rauch und Ruß direkt auf diese auswirken.

Die Personengefährdung ergibt sich zunächst aus der Brandentstehung selbst – bei jedem Brand in einem Gebäude muss damit gerechnet werden. Diese Gefährdung erhöht sich in Baudenkmälern durch die größere Brandausbreitungsgefahr, die hier in besonderem Maße vorliegt: Je schlechter die baulichen Brandschutzeinrichtungen, desto höher die Brandgefährdung für

Bewohner, Besucher und besonders für Rettungskräfte. Im Einzelnen tragen in Baudenkmälern folgende Gegebenheiten zur Personengefährdung bei:

- **Brennbarer Ausbau** in Form von Holzverkleidungen und Einbauten; dieser kann in Verbindung mit verspäteter Brandentdeckung die Ursache dafür sein, dass sich im Baudenkmal aufhaltende und vor allem schlafende Menschen nicht mehr rechtzeitig auf das Feuer reagieren können (z. B. Schlösser, Burgen, Fachwerkbauten),
- **unzureichende Rettungswege** aufgrund der offenen Form repräsentativer Treppenanlagen oder Holztreppen bzw. nicht ins Freie führender Treppenausgänge (z. B. Fachwerkhäuser mit Holztreppen, Schlösser und Residenzen mit barocken Treppenanlagen),
- **kein zweiter Rettungsweg** aufgrund fehlender Nebentreppen oder zu kleiner Fenster bzw. Fenster, die nicht angeleitert werden können (z. B. Jugendräume und Meditationsräume in Kirchtürmen, Herbergen in Burgen, Stadt-, Wasser- und Brückentürme, Gasträume in Obergeschossen von Fachwerkhäusern),
- zu wenige **Ausgänge** als Rettungswege; nach innen öffnende, als Ausgänge zu schwere oder abgeschlossene Türen (z. B. Kirchenschiffe, Scheunen als Konzertsäle, Museen),
- moderne **brennbare Ausstattung** von Baudenkmälern wie Polster, Kunststoffisolierungen, Elektrogeräte, brennbare Baustoffe und Dekorationsstoffe (z. B. Beherbergungsbetriebe, Gasthäuser, Tanzlokale),
- **offene Verbindungen zwischen Geschossen**, die eine ungehinderte Ausbreitung von Brandgasen und Rauch in nicht direkt von Flammen betroffene Aufenthaltsräume ermöglichen (z. B. Rathäuser, Schlösser).

Diese Zustände führen dazu, dass sich sowohl die Reaktionszeit auf einen Brandausbruch als auch die Expositionszeit für Menschen in Brandwärme und toxischen Brandgasen verlängern. Gleichzeitig wird die zur Verfügung stehende Zeit, in der die Selbstrettung erfolgen könnte, durch ungünstige Rettungswege wesentlich verkürzt. Für die Flucht aus Obergeschossen bestehen kaum Möglichkeiten, besonders, wenn nach Brandstiftungen, z. B. in Fachwerkhäusern, der Fluchtweg durch die brennende Treppe abgeschnitten ist und die Fenster der Wohnungen in eng bebauten Ensembles oft nur schwer anleiterbar sind.

Die Personengefährdung durch toxische Brandgase ist in Baudenkmälern zum einen dadurch erhöht, dass repräsentative Treppenanlagen zur schnellen Ausbreitung der Brandgase beitragen. Zum anderen können die Brandgase oft nicht abziehen, z. B. in Turmtreppen, auf Orgelemporen, in innenliegenden Treppenräumen, oder sie werden an undichten Holztüren und Glaswänden nicht aufgehalten. Die moderne Ausstattung von Baudenkmälern wird die Toxizität der Brandgase zudem genauso erhöhen wie in allen anderen Gebäuden.

Abb. 2.11-2.12: Unzureichender Rettungsweg: Abgeschlossene Ausgangstür auf einer Burg

2.1.4 Kulturgutgefährdung

Da es bei Baudenkmälern um die Pflege und den Schutz kultureller Werte geht, muss der Kulturgutgefährdung durch Brände besondere Aufmerksamkeit geschenkt werden. Die „Schmerzgrenze“ für den Schutz von Kulturgütern liegt dabei sehr viel niedriger als bei sonstigen zwar hohen, aber gewöhnlichen Sachwerten. Daraus sollte sich allerdings die Verpflichtung ergeben, zur Behebung der zu hohen Brandgefährdung entsprechende Schutzmaßnahmen durchzuführen.

Bedingt durch den brennbaren Ausbau, die offene und häufig auch verwinkelte Bauweise und die unzureichende Brandschutzausrüstung sind Brände in Baudenkmälern häufig langwierig. Dadurch werden die zu schützenden Kunstgegenstände und Sachwerte länger der schädlichen Einwirkung des Brandes ausgesetzt – und verlieren eben die Kriterien, die sie zu einem Kulturgut machen. Das ist in erster Linie die Originalität: Vollständig zerstörte Kunstwerke sind für immer verloren, denn selbst durch eine Rekonstruktion wird der Wert des Originals nicht erreicht. Auch nur teilweise durch Brand zerstörte Kulturgüter können in so einem Zustand wertlos werden.

Die größten Gefahren sind:

- **Wärme:** Nach unmittelbarer Erfassung durch Flammen oder durch Wärmeübertragung über Bauteile bzw. Hitzestauungen verbrennen brennbare und zerspringen nichtbrennbare Kunstgegenstände und Bauteile.
- **Ruß und Rauch:** Sie beaufschlagen als fettige und zersetzende Ablagerungen die Oberflächen der Kunstschätze, Wände und Decken, dringen in ihre Substanz ein und zerstören sie.

- **Löschmittel:** In erster Linie ist es Löschwasser, das durch Decken in die unteren Geschosse eindringt und z. B. wertvolle Stuckdecken sowie vom Brand nicht erfasste Räume durchnässt.
- **Abbruch:** Es können sich direkt während des Lösch- und Bergungseinsatzes oder bei Aufräumarbeiten der Brandstelle aus Sicherheitsgründen notwendige Teilabbrüche ergeben; auch vollständige Abrisse von Mauerresten nach dem Brand können vorkommen.

Für Baudenkmäler ist es charakteristisch, dass auch kleinere, räumlich oder flächenmäßig begrenzte Brände großen Schaden anrichten. Dies liegt im Wesentlichen an ihrer Bauweise: Vor allem die oft fast unbegrenzte Rauch- und Wärmeausbreitungsmöglichkeit etwa in Kirchenschiffen, ausgedehnten Dachräumen, Türmen und Turmspitzen, Repräsentationsgeschossen oder Museen verursacht die Beschädigung von Gegenständen, die weit vom eigentlichen Brandgeschehen entfernt liegen. Es schmelzen z. B. historische Orgelpfeifen auf der Westempore einer Kirche, obwohl der Brand auf den Altarraum im Ostchor begrenzt ist. Die Wandbemalungen in Kirchenschiffen werden stark verrußt, auch wenn Brände im Dachstuhl oder an der Krippe schnell gelöscht sind. Weil es in Baudenkmälern meistens keine wirksamen Rauch- und Wärmeabzugsöffnungen gibt, kommt es auch sehr schnell zu Hitzestauungen in Brandräumen und benachbarten Räumen. Solche Hitzestauungen, verbunden mit der Ansammlung von nichtverbrannten Brandgasen haben schon öfters zu explosionsartiger Ausbreitung von Bränden geführt, vor allem in Dachstühlen von Kirchen, Schlössern und Burgen. Fenster, oft von hohem kunsthistorischen Wert, können nicht immer geöffnet werden. In nicht seltenen Fällen sind Fenster von Baudenkmälern von innen oder von außen verschalt und können dadurch erst nach längerer Zeit, nach dem Entfernen oder meistens nach Durchbrennen der Verkleidung als Abzugsöffnungen dienen.

Brandgefährdung besteht natürlich in erster Linie für solche Kulturgüter, die aus brennbaren Stoffen bestehen, z. B. aus Holz (u. a. Dachstühle, Holztonnen, Flachdecken, Holzvertäfelungen, Holzbilder, Figuren, Emporen, Altäre, Turmspitzen und -kuppeln, Möbel, Gestühl), Textilien (u. a. Messgewänder, Gemälde, Wandbespannungen, Wirkteppiche), Papier und Leder (u. a. Urkunden, Bücher, Akten) sowie Farben. Es muss jedoch bei Baudenkmälern besonders hervorgehoben werden, dass die Brandgefährdung dort nicht nur für brennbare Ausstellungsstücke oder Holzteile besteht, sondern auch für nichtbrennbare. Dazu zählen Gegenstände und Bauteile aus Stein, Keramik und Gips (u. a. Dacheindeckungen, Stützen, Pfeiler, Grabdenkmäler, Bauplastiken, Kapitelle, Zwerggalerien, Wände, Kuppeln, Stuckdecken), aus Metall (u. a. Stahlstützen, Dachtragwerke aus Stahl und Gusseisen, Gusseisenstützen, Bleieindeckungen, Kupferdächer, Werkzeuge, Silbergeräte, Orgelpfeifen) sowie aus Glas (u. a. Farbfenster, historische Gläser). Bei hohen Temperaturen, die im Brandfall innen und außen herrschen, schmelzen die Bleieindeckungen, Orgelpfeifen und Silbergeräte, verformen sich die Stahlstützen und Stahldachstühle, zerspringen die Farbfenster, Schieferdächer und Grabdenkmäler und platzen Steine der Stützen und Pfeiler, der Kapitelle, Innenwände und Bauplastiken ab (Abb. 2.14).

Die Brandgefährdung in Baudenkmälern steigt im Laufe der Zeit. Abgesehen von den sich ändernden Nutzungen, die immer neue Gefahren einbringen, trocknet das Holz stetig weiter aus, sammelt sich Staub, wird die Originalsubstanz älter (und damit wertvoller oder seltener) und die Ausstattung reichhaltiger. Aber Schutzmaßnahmen gegen die Brandgefahren werden nicht immer ausgeführt und die Baudenkmäler brandschutztechnisch nicht nachgerüstet. Die Schäden an Kulturgütern bei Bränden sind aufgrund solcher fehlender vorbeugender Schutzeinrichtungen beträchtlich.

Charakteristisch ist dabei, dass die Hauptbrandschäden in den ersten Stunden nach der Brandentdeckung entstehen. Daraus folgt: In einem Baudenkmal entwickeln sich in der Regel hohe Temperaturen und erfolgt eine schnelle Brandausbreitung infolge der hohen Brandgefahren und Brandlasten. Bei hinzukommender verspäteter Brandentdeckung ist ein Baudenkmal nicht wirksam geschützt.

Abb. 2.13: Nach einem Brand zerstörte und dann restaurierte Muttergottes-Figur. Die Spuren des Brandes ließ man als sichtbares Zeichen (Gnadenbild der „Glorreichen Jungfrau von Warendorf", Kirche St. Laurentius in Warendorf, Münsterland).

Abb. 2.14: Durch Feuer zerstörte historische Bauteile

In Baudenkmälern ist die Brandgefährdung über Dächer besonders hoch:

- Verhängnisvoll für die Ausstattung, Stuckdecken und Hängekuppeln in Kirchen und Schlössern sind eine Brandausbreitung durch Dach und Decken und der in der Folge mögliche (Gewölbe-)Einsturz.
- Lang andauernde und unentdeckte Brandentwicklung in Dachräumen begünstigt eine schlagartige Brandausbreitung an mit hohen Brandlasten eingedeckten Dachstühlen und Dachböden; dadurch geht eine Vielzahl von historischen Dächern verloren.

- Selbst bei nicht brennbaren Dachstühlen sorgen unzugängliche Hohlräume in der Dacheindeckung und in Dachböden infolge langandauernder Erwärmung für Einsturzgefahren und Zerstörungen im Inneren.
- Die brennenden hohen Dachstühle, Turmspitzen und Kuppeln können nicht wirksam und schnell gelöscht werden; sie stürzen ein und verursachen eine weitere Brandausdehnung.
- Entwickelt sich ein Brand in einem historischen Gebäude zum Vollbrand und erfasst er das Dach, so ist der historische Dachstuhl im Original verloren (Abb. 2.15-2.16).
- Besonders hohe Brandgefahr über die Dächer – sowohl für die Entstehung wie auch Ausbreitung von Feuer – besteht in den Altstadtkernen, wenn dort Feuerwerkskörper an Silvester gezündet werden: Die Silvesterraketen verfangen sich in den holzreichen Dachkonstruktionen, bleiben dort brennend liegen und verursachen Brände.

Abb. 2.15: Schloss Ehrenstein in Ohrdruf (Thüringen) nach dem Brand vom 26.11.2013 (Quelle: picture alliance / dpa / Michael Reichel)

Abb. 2.16: Historischer Dachstuhl in einem Renaissanceschloss (Quelle: Laurentius Mayrhofer / pixelio.de)

2.2 Brandgefährdungsbild

Die Analyse der Brände in Baudenkmälern sowie ihrer baulichen Zustände ergibt zusammenfassend ein Brandgefährdungsbild, das aktuell für viele historische Bauten gilt (Abb. 2.17-2.18):

- Brände sind keine Seltenheit [10],
- sie entwickeln sich in historischen Gebäuden öfter zu Großbränden als in sonstigen Bauten,
- schon kleinere, örtlich begrenzte Brände können zu unverhältnismäßig großen Verlusten insbesondere durch die Beaufschlagung der Kulturgüter durch Ruß und Wärme führen,
- in nicht sanierten Baudenkmälern fehlen fast gänzlich automatische Einrichtungen für die Brandfrüherkennung und Brandmeldung,
- Flucht- und Rettungswege sind in Baudenkmälern, die nicht modernisiert wurden, meist nicht ausreichend gesichert,
- hölzerne Dachstühle und Turmdächer sind mit einem wirksamen Löschstrahl der Feuerwehr nicht erreichbar,

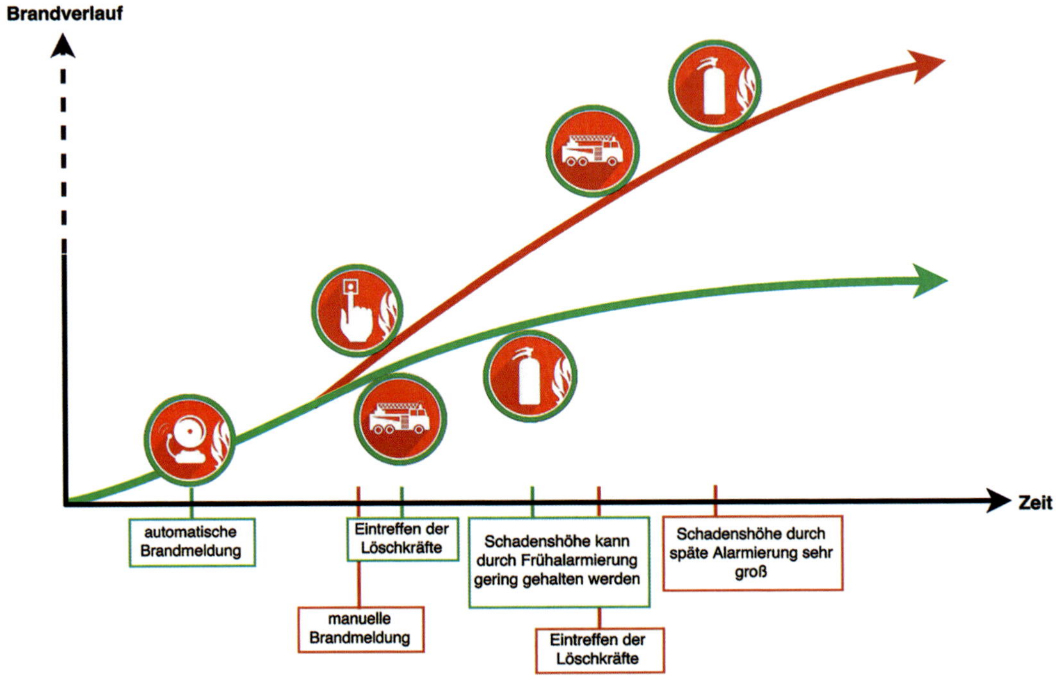

Abb. 2.17: Aus der Brandverlaufskurve wird schnell erkennbar, wie lange Baudenkmäler welchen Temperaturen ausgesetzt werden, wenn ein Brand nicht automatisch über eine Brandmeldeanlage entdeckt und gemeldet wird.

- Brandschutzausrüstungen der historischen Bauten, die in den letzten Jahren brandschutztechnisch nicht ertüchtigt wurden, sind oft äußerst mangelhaft,
- die Bauten erfahren nicht selten eine intensive und die Brandgefährdung erhöhende Nutzung,
- die Notfallplanung und das Brandschutzmanagement werden häufig vernachlässigt.

Ob im konkreten Fall eines historischen Gebäudes oder sogar des gesamten Immobilienbestandes einer Einrichtung oder eines Eigentümers von Baudenkmälern das Brandgefährdungsbild positiv oder negativ ausfällt, lässt sich durch eine Brandschutzanalyse feststellen. Als Beispiel kann hier die Brandsicherheitsanalyse der Staatliche Schlösser, Burgen und Gärten Sachsen GmbH angeführt werden (Geburtig, 2009a).

Abb. 2.18: Nach einem Brand einer Hofanlage (Quelle: Andreas Morlok / pixelio.de)

2.3 Brandursachen

In Deutschland werden keine Statistiken über Brände speziell in historischen Bauten geführt. Aus bisherigen Recherchen in der Fachliteratur und im Internet ergeben sich die folgenden häufigsten Brandursachen:

- Vorsätzliche Brandstiftung (ca. 25 %),
- elektrische Anlagen (ca. 25 %),
- gefolgt von Feuerungsanlagen, Fahrlässigkeit mit offenem Feuer, Dach- und Reparaturarbeiten sowie Blitzschlag.

Im Verlauf der letzten 200 Jahre sind als eine der häufigsten Brandursachen schadhafte elektrische Anlagen anstelle von Kerzen und Lampen getreten. Deutlich zugenommen haben zudem vorsätzliche Brandstiftungen. Schmerzhafte Verluste erleiden Kulturdenkmäler zudem immer wieder infolge von Dach- und Reparaturarbeiten.

Bei der Nutzung wie auch bei der denkmalpflegerischen Behandlung ergeben sich mehrere Möglichkeiten, Zustände zu eliminieren, die unweigerlich zu Bränden führen und somit die Brandsicherheit erhöhen. Es geht in erster Linie darum, so weit wie organisatorisch und technisch möglich brandgefährliche Situationen zu vermeiden und Vorsorge zumindest gegen die typischen Brandursachen zu treffen.

2.4 Beispiele von Großbränden

In den letzten Jahren gab es immer wieder Großbrände in historischen Bauten und Baudenkmälern, wie die Beispiele in Tabelle 2.1 zeigen:

Tabelle 2.1: Beispiele von Großbränden in Baudenkmälern in Deutschland (der letzten Jahre) [10]

Brandobjekt	Datum	Brandursache	Verluste
Kath. St. Martin-Kirche, Altmannstein-Steinsdorf (Oberbayern)	03.03.2017	technischer Defekt	Dachstühle, Orgel, Kirchenbänke zerstört
Kath. St. Jodok-Kirche, Ravensburg (Oberschwaben)	10.03.2018	Brandstiftung	Holzdecke und Dachstuhl im nördlichen Seitenschiff verbrannt, Seitenschiff ausgebrannt
Altstadt, Wismar (Mecklenburg) (UNESCO-Weltkulturerbe)	29.04.2018	Brandstiftung (?)	zwei hist. Gebäude ausgebrannt
Historischer Krug, Oeversee (Schleswig)	30.07.2018	Kurzschluss	hist. Reetdach-Gebäude (*„Kulturstätte und Teil der deutsch-dänischen Geschichte“*) bis auf die Grundmauer niedergebrannt und abgerissen
Deutsches Museum München, Depot Ingolstadt	11.10.2018	Verpuffung	Ruß- und Löschwasserschäden, u.a. Mikroskop von Chemie-Nobelpreisträger Manfred Eigen, historische Autos und Flugzeuge

Thermalbadehaus, Bad Neuenahr (Rheinland)	21.09.2019	Dacharbeiten	Teile der Bäderarchitektur zerstört
Ev. Maria-Magdalenen-Kirche, Eberswalde (Brandenburg)	02.12.2019	technischer Defekt	Teile der Chorempore verbrannt, starke Rußablagerungen im gesamten Innenraum (Altaraufsatz aus dem 17. Jh., Wandmalereien aus dem 16. Jh., Orgel aus dem 18. Jh.)
Ortskern, Markt Hohenburg (Oberpfalz)	25.05.2020	technischer Defekt	Dachstühle von drei hist. Gebäuden und die obersten Geschosse ausgebrannt
Bohrturm der Saline, Einbeck-Salzderhelden (Südniedersachsen)	03.07.2020	Brandstiftung	hist. Holzbohrturm vollständig niedergebrannt
Scheffelhalle, Singen (Bodensee)	17.11.2020	Brandstiftung	hist. Veranstaltungshalle vollständig ausgebrannt
Altstadt (Wallstr. / Aegidiiplatz), Hann. Münden (Südniedersachsen)	23.01.2021	technischer Defekt (?)	drei hist. Fachwerkhäuser zerstört und abgerissen
Ehem. Färberhaus („Hasenfärbe"), Kaufbeuren (Allgäu)	24.01.2021	unbekannt	Dachstuhl des Gebäudes von 1766 abgebrannt und abgetragen, erhebliche Löschwasserschäden
Wertacher Mühle, Wertach (Allgäu)	22.03.2021	Fahrlässigkeit mit Feuer (?)	Dachstuhl abgebrannt, Gebäude ausgebrannt und niedergerissen
Museumsdorf Cloppenburg, Varrelbusch (Oldenburger Münsterland)	20.07.2021	unbekannt	Maschinenhalle mit hist. Trecker niedergebrannt, Verluste *„von immensem kulturhistorischem Ausmaß"*
Ev. Christuskirche, Utting am Ammersee (Oberbayern)	25.08.2021	unbekannt	Holzknüppelkirche ausgebrannt und weitgehend zerstört, Dachstuhl eingestürzt
Schloss Oberköllnbach, Postau (Niederbayern)	04.02.2022	unbekannt	ein Brandtoter, ehem. Verwaltungsgebäude der barocken Schlossanlage vollständig niedergebrannt
Bremsdorfer Mühle, Schlaubetal (Niederlausitz)	19.05.2022	technischer Defekt	Mühlengebäude aus dem 16. Jh. ausgebrannt, Dachstuhl und Decken eingestürzt, abgetragen
Hist. Hörsaal im Liebig-Museum, Gießen (Hessen)	05.12.2022	technischer Defekt	hist. Auditorium des Liebig-Laboratoriums zerstört, Experimentiertisch verbrannt
Kath. Kreuzerhöhungskirche, Wissen (Westerwald)	10.02.2023	Brandstiftung	barocker Hochaltar, Bänke und Kunstwerke verbrannt, Fresken zerstört, starke Rußschäden

Wohn- und Geschäftshaus Karolinenstraße, Augsburg	26.02.2023	Defekt E-Roller-Akku	Gebäude aus dem 16. Jh. ausgebrannt, Fassade im Zopfstil aus dem 18. Jh. zerstört, Hausmadonna aus dem 18. Jh. von der Fassade verrußt gerettet, Haus abgerissen
Suck'sche Kate, Glinde (Metropolregion Hamburg)	11.07.2023	Brandstiftung (?)	Reetdachhaus aus dem 18. Jh. bis auf die Grundmauer abgebrannt
Eisenbahn- und Technikmuseum, Schwerin	21.07.2023	technischer Defekt	große Teile des Daches niedergebrannt, viele Museumsstücke verloren, hist. Archiv verbrannt
Wendorfsche Mühle, Wolgast (Vorpommern)	04.08.2023	Brandstiftung	hist. Backsteingebäude vollständig ausgebrannt
Ev. Stadtkirche, Großröhrsdorf (Sachsen)	04.08.2023	Brandstiftung	barocke Kirche einschließlich Kirchturm bis auf die Grundmauer abgebrannt
Turm Nördlinger Tor, Dinkelsbühl (Mittelfranken)	09.08.2023	technischer Defekt	zwei Turm-/Museumsgeschosse aus dem 15. Jh. ausgebrannt, mittelalterliche Exponate zerstört, großer Löschwasserschaden
Neutorturm, Arnstadt (Thüringen)	14.04.2024	Brandstiftung	Turmdach niedergebrannt und abgetragen, Löschwasserschäden
Landschaftsmuseum Angeln / Unewatt, Langballig (Schleswig)	29.06.2024	Brandstiftung (?)	hist. Reetdachhäuser zerstört: Marxen-Bauernhaus von 1626 vollständig ausgebrannt und eingestürzt, Museumshauptgebäude bis auf die Grundmauer niedergebrannt
Karlsburg („Haus der vier Türme"), Bad Ems (Teil des UNESCO-Welterbes „Great Spa Towns of Europe") (Lahn)	03.07.2024	noch unbekannt	Dachstuhl aus dem 17. Jh. niedergebrannt, zwei Zwischengeschosse eingestürzt, starke Löschwasserschäden
Altstadt / Stadlerhaus, Konstanz (Bodensee)	25.07.2024	technischer Defekt (Elektrokabel)	Wohn- und Geschäftshaus in den Geschossen ausgebrannt, Giebel einsturzgefährdet, teilweise abgerissen
Gasthaus Vogl auf der Ries (Passau-Ries)	19.08.2024	technischer Defekt	500 Jahre altes Traditionswirtshaus zum größten Teil zerstört (Veranstaltungsraum, Wirtshaus, Wohnhaus, Blockheizkraftwerk, Wirtschaftsgebäude)

Die meisten Großbrände entstehen im Bereich der Dächer und Turmspitzen bzw. in intensiv genutzten Räumen; hier am Beispiel von Kirchen (Abb. 2.19-2.20):

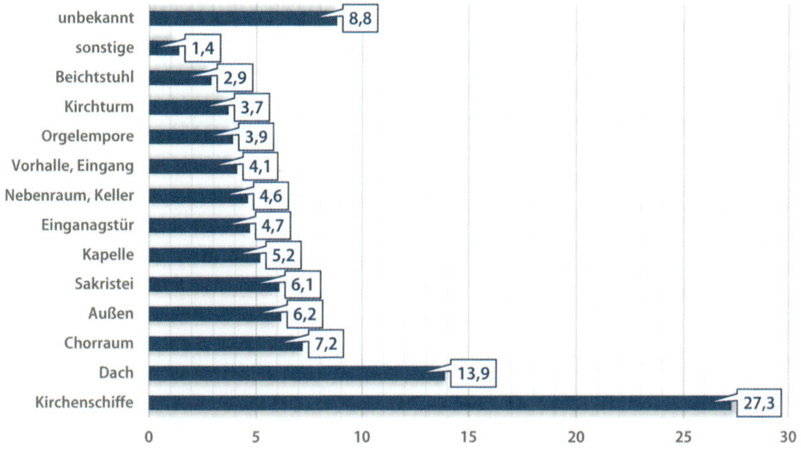

Abb. 2.19: Brandausbruchstellen von Kirchenbränden in Deutschland (725 Kirchenbrände, 1949-2020) (Kabat, 2023b)

Abb. 2.20: Fachwerkhaus nach einem Brand (Quelle: Thomas Max Müller / pixelio.de)

2.5 Einsatzgrenzen der Feuerwehr

Im Gefahrenfall wird die Brandsicherheit von Menschen in einem Baudenkmal nicht nur von seinem baulichen Zustand abhängen, sondern auch von den Möglichkeiten der Rettungsmannschaften, einen wirksamen Einsatz durchführen zu können. Daher müssen bei der Beurteilung der Brandsicherheit die Einsatzgrenzen der örtlichen Feuerwehr – insbesondere in Bezug auf die Rettung von Menschen – beachtet werden. Jeder Feuerwehr – auch der größten und schlagkräftigsten – sind bei ihrem Rettungs- und Löscheinsatz Grenzen gesetzt. Für die Menschenrettung sind dies folgende:

- **Hilfsfrist:** Es gilt in Deutschland als Standard, dass eine bauliche Anlage von der Feuerwehr im Brandfall innerhalb von 8 bis 12 Min. erreicht werden sollte. In manchen Bundesländern wurde diese Hilfsfrist gesetzlich verpflichtend eingeführt. Dabei ist innerhalb dieser Hilfsfrist die so genannte Eintreffzeit der ersten Feuerwehreinheit auf 8 bis 10 Min. festgelegt.

  Bei Baudenkmälern ist damit zu rechnen, dass viele von ihnen in dieser Zeit nicht erreicht werden können. Insbesondere bei weit abgelegenen Burgen und Schlössern oder landwirtschaftlichen Anwesen muss mit einer wesentlichen Überschreitung der Hilfsfrist und somit einem verspäteten Einsatz der Feuerwehr gerechnet werden.

- **Rettungshöhe:** Die Feuerwehr kann bedingt durch die Einsatzmöglichkeiten der Feuerwehrleitern nicht aus jeder Höhe Menschen retten. Es gibt dabei zwei Einsatzgrenzen: 8 m Rettungshöhe für tragbare Leitern und 22 m Rettungshöhe für die Kraftfahrleiter (Drehleiter). Je höher ein Aufenthaltsort der zu rettenden Personen, desto komplizierter und zeitraubender der Einsatz der Feuerwehr.

  In Baudenkmälern überschreiten schon aufgrund ihrer Lage und Geschosshöhe manche Ebenen die Grenze von 22 m. Die Rettungshöhe von 8 m ist in Türmen, Burgen oder Schlössern – bedingt durch die hohen Geschosse – schon ab dem zweiten Obergeschoss überschritten. Bei den heutigen Neubauten ist dies meist ab dem dritten Obergeschoss der Fall.

- **Rettungsgeräte**: Aus dem gerade genannten Faktor ergibt sich, dass die für ein bestimmtes Gebäude örtlich zuständige Feuerwehr über die erforderlichen Rettungsgeräte verfügen muss, um den Rettungseinsatz durchführen zu können. Da heute jede Feuerwehr beim Ersteinsatz die vierteilige Steckleiter mit sich führt und somit auch den Rettungseinsatz bis zu 8 m Höhe durchführen kann, stellt sich in der Praxis die kritische Frage, ob die zuständige Feuerwehr eine Drehleiter hat, mit der sie die Rettungseinsätze über 8 m (bis 22 m) durchführen kann.

  Die für viele historische Bauwerke zuständigen Feuerwehren in kleineren Orten haben meist keine Drehleiter und können mit eigenen Einsatzmitteln eine wirksame Rettung aus Höhen über 8 m nicht durchführen.

- **Personenzahl:** Bei alldem bleibt zu beachten, dass im Brandfall die Rettung von Menschen über die Feuerwehrleitern nur für eine begrenzte Anzahl von Personen (eine Familie bis 10 bzw. 15 Personen) mit Erfolg durchgeführt werden kann, weil die Rettung einer Person ca. 3 Min. dauert.

  Versammlungsräume, Ausstellungsräume, Konzertsäle oder Schulklassen in Obergeschossen der Baudenkmäler schließen schon von vorneherein die Menschenrettung über die Feuerwehrleitern aus.

- **Personenzustand:** Letztendlich ist es nicht unerheblich, welche Personen – z. B. Kinder und Alte – und im welchen Zustand – z. B. Kranke und Pflegebedürftige – im Brandfall die Rettungswege finden oder gerettet werden müssen. Diese besonderen Personengruppen können nicht über die Leitern der Feuerwehr gerettet werden.

In historischen Bauten eingerichtete Pflege- und Krankenanstalten, Schulen und Kindergärten kommen mit einem Treppenhaus als Rettungsweg nicht aus.

Liegen Geschosse und Räume außerhalb der genannten Grenzen, so müssen für die Menschenrettung bauliche Maßnahmen vorgesehen werden. Als solche müssen **zusätzliche Rettungswege** in Form von Treppen, Treppenräumen und Außentreppen verstanden werden.

Jeder Feuerwehreinsatz birgt auch Gefahren für die Einsatzkräfte. Insbesondere in historischen Gebäuden dürfen sie nicht außer Acht gelassen werden, weil sie einen direkten Einfluss auf die Wirksamkeit des Brandschutzes haben können. In historischen Gebäuden ist insbesondere mit Einstürzen von Bauteilen wie Holzdachstühlen, Holzbalkendecken, Stahlkonstruktionen, Holz- und Eisentreppen oder Doppelwänden zu rechnen. Alle diese Gefahren können Verletzungen bei den Einsatzkräften bewirken. Außerdem haben auf die Brandsicherheit verschiedene Hindernisse Einfluss, die die Rettungsmaßnahmen und Brandbekämpfung beeinträchtigen:

- unerreichbare Höhen von Geschossen, Dächern, Türmen, Installationen, Turmspitzen,
- versperrte Türen und Tore,
- unzugängliche Räume,
- schnelle Brandausbreitung insbesondere an brennbaren Baustoffen und Bauteilen wie auch an der Ausstattung,
- Notwendigkeit der Bergung von Kulturgut,
- erschwerende schmale, kurvenreiche, lange oder niedrige Durch- und Zufahrten,
- aussichtsloser direkter Löschangriff,
- mangelhafte Alarmierung,
- lange Löschzeiten,
- nicht immer sofort sichtbare PV-Anlage auf Dächern.

Diese möglichen Hindernisse sollten untersucht und beurteilt und je nach Bedarf und Möglichkeit durch vorbeugende Brandschutzmaßnahmen beseitigt bzw. kompensiert werden.

Neben den spezifischen Konstruktionen sowie der Raumordnung und Lage ist die mangelnde Brandschutzausrüstung eine der Hauptursachen, dass Baudenkmäler besonders brandgefährdet sind. Es kann sogar angenommen werden, dass diese Brandgefährdung heute durch folgende Faktoren gestiegen ist:

- Instandsetzungsarbeiten mit modernen Baustoffen,
- intensivere Nutzung der Bauwerke und infolgedessen zusätzlich eingebrachte Gefahrenquellen,
- beengte Verhältnisse in den Städten,
- ausbleibende nachträgliche Brandschutzmaßnahmen.

Erfahrene Feuerwehr-Führungskräfte sprechen bei Bränden in Kirchen, Schlössern oder Altstädten und Fachwerkbauten von *„mittelalterlichen Zuständen“* und *„nie da gewesenen Gefahren“*.

Einige Beispiele von Einsatzgrenzen der Feuerwehr an historischen Bauten zeigen nachfolgende Bilder (Abb. 2.21-2.25):

Abb. 2.21-2.22: Zu enge Durchfahrt für die Feuerwehr (2,50 m); ehem. Abteigebäude, Durchfahrtsbreite nachträglich vergrößert

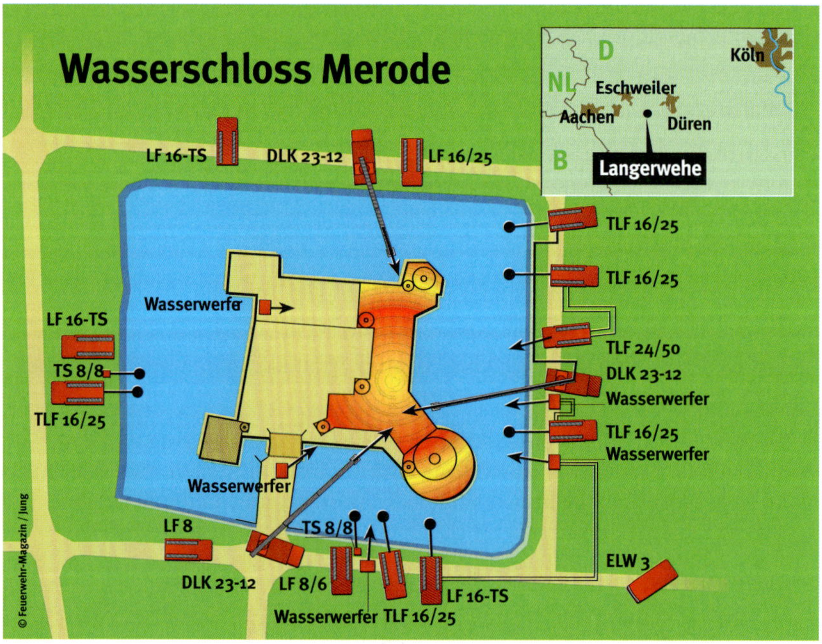

Abb. 2.23: Brand des Schlosses Merode; nicht befahrbare Brücke, trotz ausreichender Löschwassermenge unwirksame Löschstrahlen (LF: Löschgruppenfahrzeug, DLK: Drehleiter, TLK: Tanklöschfahrzeug, TS: Tragkraftspritze) (Quelle: Feuerwehr-Magazin / Jung)

Abb. 2.24-2.25: Einsatzgrenzen für die Feuerwehr in Altstädten: Enge Straßen, Treppen, schmale Gebäudeabstände (Quelle Abb. 2.24: Ute Bibow / pixelio.de; Abb. 2.25: Reinhard Stutz)

2.6 Zusätzliche Gefahren durch Sanierung

Zur Änderung des Brandgefährdungsbildes können in historischen Bauten auch Sanierungen und Modernisierungen beitragen:

- Neu eingebaute, bis jetzt im Bestand nicht vorhandene, brennbare Baustoffe beeinflussen die Brandentstehung,
- für die Installation moderner Haustechnik werden Decken und Wände durchbrochen; die unverschlossenen Durchbrüche begünstigen die Feuer- und Rauchausbreitung,
- durch die Neuaufteilung der Geschossfläche – mehr kleinere Einheiten – können der erste und der zweite Rettungsweg erheblich beeinträchtigt und erschwert werden,
- die in der Planungsphase nicht abgestimmte Verträglichkeit der neuen Nutzung mit dem Bestand kann die Brandgefährdung erhöhen,
- der Ausbau von Dachgeschossen sowie die Aufstockung von Gebäuden können zur Erhöhung der Gebäudeklasse und Beeinträchtigung der Rettungs- und Löschmöglichkeiten führen,
- auch die Baudurchführung selbst birgt viele Gefahren der Entstehung und zunächst unbemerkten Ausbreitung von Feuer. Die schon angesprochenen unvorsichtig durchgeführten Dacharbeiten sind hier ein bezeichnendes Beispiel.

Die Sanierung und Modernisierung von historischen Bauten ist in den meisten Fällen geboten und aus der Sicht des Brandschutzes sogar erforderlich. Deswegen sollte die Wahl der Baustoffe und der Technik sowie die gewünschte Nutzung sehr wohlüberlegt und aufeinander sowie auf das historische Gebäude bezogen abgestimmt werden. Nicht jedes historische

Gebäude verträgt jede Nutzung, und nicht jede Brandschutzmaßnahme, die in einem Neubau problemlos vorgenommen werden kann, lässt sich ohne zusätzliche Beeinträchtigung des historischen Bauwerks umsetzen.

Abb. 2.26: Nachträglich unterhalb einer Holzbalkendecke verlegte Leitungen ohne Abschottungen

Abb. 2.27-2.28: Beispiel eines Wasserschlosses, das zu einem Hotel umgenutzt wurde; ungewöhnliche Sicherstellung des zweiten Rettungsweges über Notleiter und Laufstege

3 Rechtlicher Rahmen

3.1 Bauordnungsrecht

3.1.1 Typische Abweichungen vom heutigen Bauordnungsrecht

Baudenkmäler sind Bestandsbauten, die oft vor Jahrhunderten erbaut wurden. Sie tragen die Bausubstanz und den baulichen Zustand aus der Erbauungszeit ebenso wie die Änderungen, die im Laufe der Jahre vorgenommen wurden. Zudem sind historische Feuerschutzmaßnahmen in solchen Bauten vorzufinden. Diese Maßnahmen müssen heute nicht pauschal verworfen, sondern in das aktuelle Konzept des Brandschutzes eingefügt werden. Ein Beispiel stellt der Durchbruch in der Gewölbedecke der Wasserburg Vischering in Lüdinghausen dar: Dieser diente dazu, im Brandfall wertvolle Gegenstände in den brandsicheren gemauerten Raum nach unten zu werfen. Er wurde mit einer massiven Holzklappe abgeschlossen und hat sich im Brandfall bewährt.

Ausdruck eines bestimmten Sicherheitsniveaus, das in Gebäuden – auch in Bestandsbauten – eingehalten werden sollte, ist heutzutage die jeweilige Landesbauordnung (LBO). In diesen Bauordnungen und den Durchführungsverordnungen ist der bauliche und technische sowie teilweise der betriebliche Brandschutz verankert. Es werden dort Anforderungen an die Lage des Bauwerkes, seine Rettungswege und Bauteile sowie an die Nutzung festgelegt. Von diesen Anforderungen weichen historische Bauten in vielen Bereichen ab. In Tabelle 3.1 sind die typischen Abweichungen vom heutigen Baurecht zusammengefasst.

Tabelle 3.1: Typische Abweichungen vom heutigen Baurecht in historischen Bauten

Forderung des Baurechts	**Bestand in Baudenkmälern**
Generalklausel Brandsicherheit	
• Die Entstehung eines Brandes muss mit gewisser Wahrscheinlichkeit ausgeschlossen werden können. • Die Ausbreitung von Feuer und Rauch muss weitgehend verhindert werden können. • Wirksame Rettung, Bergung und Brandbekämpfung müssen möglich sein.	• Brandausbreitung kann oft nicht verhindert werden (fehlende Abschnittsbildung). • Die Höhen der Baudenkmäler (Stadt-, Wasser- und Kirchtürme, Dachstühle) schließen eine wirksame Brandbekämpfung aus. • Wirksame Rettung wird behindert (fehlende Feuerwehrflächen, unzureichende Rettungswege). • Unzureichende Löschwasserversorgung behindert wirksame Brandbekämpfung.
Zufahrt und Aufstellfläche für die Feuerwehr	
Bei Gebäuden mit mehr als 7 m Fußbodenhöhe: • Zufahrt 3 m breit • Aufstellfläche 3 m bis 9 m Abstand vom Gebäude und 5 m breit • Durchfahrtshöhe mind. 3,5 m	• zu niedrige Durchfahrtshöhe und zu schmale -breite von Toren • keine Aufstell- und Bewegungsflächen bei Wasserschlössern • fehlende Aufstellflächen für den zweiten Rettungsweg • unbefestigte Grünflächen und/oder umgeben von Bäumen • schmale und/oder zugebaute Zufahrtsstraßen und Altstadtgassen • keine ausreichenden Aufstellflächen
Gebäudeabstand/-abschlusswand	
Gebäudeabstand: • Abstandstiefe mind. 3,5 m Gebäudeabschlusswand: • Brandwand (F 90-A) bzw. feuerbeständige Wand (F 90-AB) • keine Fenster, evtl. Brandschutzverglasung	In den Altstädten insbesondere Abstand zwischen Fachwerkhäusern (Abb. 3.1): Gebäudeabstand: • meist 0,5 m bis 1 m Gebäudeabschlusswände (in Altstädten): • keine Brandwand • Fachwerkwand (F 30-B, nach Ertüchtigung bis F 90-B) • Fenster ohne Brandschutzverglasung
Brandwände/-abschnitte	
Brandwände in Abständen von 40/60 m: • zum Abschluss von aneinandergereihten Gebäuden • innerhalb ausgedehnter Gebäude • feuerbeständig und aus nichtbrennbaren Baustoffen (F 90-A) • Öffnungen feuerbeständig verschlossen (T 90)	• Brandmauer zum Teil vorhanden, jedoch nicht mehr konsequent hochgeführt • Durchbrüche und Durchgänge in den Brandmauern nicht ausreichend verschlossen • keine Brandabschnittsbildung

Tragende Wände/Stützen/Trennwände/Decken	
Bei Gebäuden der Gebäudeklasse 5: • feuerbeständig (F 90-AB) In Gebäuden der Gebäudeklasse 4: • hochfeuerhemmend (F 60-B) In Gebäuden der Gebäudeklassen 2 und 3: • feuerhemmend (F 30-B)	• Fachwerkwände (F 30-B) • Einschubdecken (F 30-B) • Holzstützen (F 30-B) • Stahlstützen (ohne Feuerwiderstand) • Gusseisenstützen (F 30)
Notwendige Treppe (erster Rettungsweg)	
In Gebäuden der Gebäudeklasse 5: • feuerhemmend und aus nichtbrennbaren Baustoffen (F 30-A) In Gebäuden der Gebäudeklasse 4: • aus nichtbrennbaren Baustoffen (A) In Gebäuden der Gebäudeklasse 3: • aus nichtbrennbaren Baustoffen (A) oder feuerhemmend (F 30-B)	Oft die einzige Treppe (Abb. 3.2): • aus brennbaren Baustoffen (Holz) • manchmal feuerhemmend (F 30-B) • Steintreppe
Treppenraum	
Wände des notwendigen Treppenraumes: • In Gebäuden der Gebäudeklasse 5 in der Bauart der Brandwände (F 90-A) • In Gebäuden der Gebäudeklasse 4 unter zusätzlicher mechanischer Beanspruchung hochfeuerhemmend (F 60-B) • in Gebäuden der Gebäudeklasse 3 feuerhemmend (F 30-B) Ausgang ins Freie: • Wände wie die Wände des Treppenraumes • Rauchschutztüren zu notwendigen Fluren • keine Öffnungen zu anderen Räumen (mit Abweichung T 30 RS-Türen) Türen: • feuerhemmende und rauchdichte/rauchdichte/dichtschließende	• Wände des Treppenraumes: Fachwerkwände in den tragenden Teilen aus brennbaren Baustoffen (F 30-B) • gemauerte Treppenraumwände Als Ausgang ins Freie: • Fachwerkwände in den tragenden Teilen aus brennbaren Baustoffen (F 30-B) • gemauerte Wände • Holztüren zu Fluren bzw. Nutzungseinheiten Bestehende Türen: • undichte Holztüren • offene repräsentative Treppen ohne Abschottung zu den Geschossen

Zusammenfassend lässt sich feststellen, dass sich aus dem Vergleich der Baudenkmäler mit dem heute geltenden Baurecht meistens folgende Abweichungen ergeben:

- Niedrigere Feuerwiderstandsdauer tragender Bauteile, insbesondere bei Decken,
- brennbare Baustoffe tragender Bauteile,
- unzureichend gesicherte Rettungswege und Flächen für die Feuerwehr,
- fehlende Brandabschnitte und Trennwände,
- offene Leitungsdurchbrüche und Durchgänge,
- kleine Grenz- und Gebäudeabstände,
- erschwerte Brandbekämpfungsmöglichkeiten.

Zwei Umstände können sich für die Brandsicherheit besonders negativ auswirken:

- Unzureichend gesicherte Rettungswege und Flächen für die Feuerwehr – hier insbesondere: Nicht abgeschottete Treppenräume, fehlender zweiter Rettungsweg, unbefestigte bzw. zugebaute Außenanlagen und Wege,
- offene Durchbrüche als Durchgang oder Leitungsdurchführung in Decken und Trennwänden, überlange Gebäudeflügel ohne Rauch- bzw. Brandabschottung.

Abb. 3.1: Typische Abweichung: Geringe Abstände zwischen Gebäuden (Quelle: Thomas Max Müller / pixelio.de)

Abb. 3.2: Typische Abweichung: Historische Holztreppen in höheren Gebäuden (Quelle: C. Nöhren / pixelio.de)

3.1.2 Baurechtlicher Bestandschutz und nachträglicher Brandschutz

Der Brandschutz in Baudenkmälern ist immer ein nachträglicher. Baudenkmäler bestehen eben seit vielen Jahren und alle heutigen Brandschutzmaßnahmen werden dem Gebäude zusätzlich zugefügt. Bestehende Gebäude genießen jedoch den baurechtlich gesicherten Bestandschutz: Sie müssen die heutigen Vorschriften des baulichen Brandschutzes nicht erfüllen und schon deswegen den heute geltenden Bauvorschriften nicht angepasst werden, wenn sie

1. rechtmäßig bestehen (was bei den meisten Altbauten angenommen werden kann),
2. in ihrer Bausubstanz nicht wesentlich geändert wurden bzw. werden und
3. ihre Nutzung nicht ändern.

Ein Gebäude besteht rechtmäßig, wenn es in den folgenden Formen legal steht:

- materiell und formell legal: Es wurde zu irgendeinem Zeitpunkt genehmigt,
- materiell legal und formell illegal: Es war zum Zeitpunkt der Errichtung genehmigungsfähig,
- materiell illegal und formell legal: Eine Baugenehmigung wurde fälschlicherweise erteilt, jedoch nicht zurückgezogen.

Der Begriff „Bestandschutz“ ist allerdings gesetzlich nicht definiert. Der baurechtliche Bestandschutz leitet sich ab aus dem Art. 14 Abs. 1 GG, wonach das Eigentum gewährleistet wird. Andererseits ist deutlich geworden, dass in historischen Gebäuden gerade dadurch, dass sie den heutigen Standard der Brandsicherheit nicht einhalten, Brandgefährdungen insbesondere für Menschen bestehen. Es liegt daher auf der Hand, dass in Baudenkmälern vorbeugende Brandschutzmaßnahmen vorgenommen werden müssen, will man eine ausreichende Brandsicherheit für Personen und Kulturgut gewährleisten.

Ist eine der oben genannten drei Bedingungen für den Bestandschutz nicht erfüllt oder entfällt eine bei der Sanierung oder Modernisierung, können nachträgliche bauliche und anlagentechnische Maßnahmen verlangt werden. Der Bestand kann dann baurechtlich als Neubau betrachtet werden. Diese Problematik entsteht im Bestand insbesondere bei Nutzungsänderungen

- durch erhöhte Personenzahlen,
- durch eine Neuanordnung von mehreren voneinander unabhängigen Nutzungseinheiten und
- insbesondere durch den Ausbau von Geschossen und ihrer Nutzung, die die Anordnung zweier baulicher Rettungswege erfordern.

Solche Nutzungsänderungen ziehen zusätzliche Brandschutzmaßnahmen nach sich.

Das Gebäude muss jedoch nicht nur bei einer Nutzungsänderung nachträglich brandschutztechnisch ertüchtigt werden: Auch Baudenkmäler, die in keiner Weise baulich oder in ihrer Nutzung geändert werden, müssen nachträglich brandschutztechnisch ertüchtigt werden, wenn sie konkrete Gefahren für Leben oder Gesundheit in sich bergen. Dies ist in der Landesbauordnung im sogenannten „Anpassungsparagraphen" festgelegt – hier am Beispiel der Bauordnung Nordrhein-Westfalen:

„Entsprechen rechtmäßig bestehende bauliche Anlagen (...) nicht den Vorschriften dieses Gesetzes oder Vorschriften aufgrund dieses Gesetzes, so kann verlangt werden, dass die Anlagen diesen Vorschriften angepasst werden, wenn dies im Einzelfall wegen der Sicherheit für Leben oder Gesundheit erforderlich ist." [11]

Wird eine konkrete Gefahr festgestellt, so muss die zuständige Untere Bauaufsichtsbehörde auf Grundlage des Anpassungsparagrafen der jeweiligen Landesbauordnung einschreiten, die Beseitigung dieser Gefahr verlangen und durchsetzen. In Bundesländern, in denen die Bauordnung keinen Anpassungsparagraphen beinhaltet, müssen die Bauaufsichtsbehörden ihre Überwachungspflicht wahrnehmen, die erforderlichen Maßnahmen treffen und dafür Sorge tragen, dass die öffentlich-rechtlichen Vorschriften in diesen baulichen Anlagen eingehalten werden [12].

Die konkrete Gefahr muss hierbei nicht mit einer Zeitspanne verbunden sein, es genügt bereits die entfernte Wahrscheinlichkeit eines Schadenseintritts, auch wenn die Gefahr im Einzelfall keineswegs unmittelbar bevorsteht. Allerdings sind sich in dieser Hinsicht die Gerichte nicht ganz einig: Manche entscheiden, dass die nachträgliche Forderung von Brandschutzmaßnahmen nicht davon abhängig gemacht werden darf, dass eine konkrete Gefahr im Sinne der herkömmlichen allgemeinen polizeirechtlichen Definition besteht und ein Schadenseintritt in überschaubarer Zukunft hinreichend wahrscheinlich ist. Es genügt die fachkundige Feststellung, dass nach den örtlichen Gegebenheiten der Eintritt eines erheblichen Schadens nicht ganz unwahrscheinlich ist [13]. Es geht hier also nicht nur um die Frage, ob es in einem bestehenden Gebäude brennen kann, sondern, ob Gefahren für Leben und Gesundheit entstehen können, wenn es in diesem konkreten Fall zu einem Brandausbruch kommt. Dass in den meisten Baudenkmälern mit Gefahren für Menschen gerechnet werden muss, die sich in ihnen aufhalten, ist einleuchtend.

Konkrete Gefahren sind in erster Linie folgende Zustände:

- Holztreppen in von den Geschossen nicht wirksam abgetrennten Treppenräumen,
- fehlende Treppenräume,
- fehlende sichere Ausgänge aus notwendigen Treppenräumen ins Freie,
- fehlende Ausgänge aus Räumen,
- fehlende zweite Rettungswege,

- fehlende Rauchabzugsöffnungen in Treppenräumen mehrgeschossiger Wohnhäuser,
- fehlende notwendige Flure als Fluchtwege.

Hauptsächlich sind es also Zustände, die die Flucht von innen oder die Rettung von außen ausschließen.

Da jedoch Baudenkmäler viele individuelle Merkmale aufweisen, müssen die im Brandfall vorhandenen Gefahren durch die Ermittlung dieser individuellen Gegebenheiten in einer fachlichen brandschutztechnischen Bewertung konkret festgestellt werden:

„Im Hinblick auf die Feststellung bestehender Rettungsmöglichkeiten im Brandfall und die bei deren Fehlen gegebenen Gefahren für Leib und Leben der Bewohner und Besucher seien solche Altbauten einer typisierenden Betrachtung nicht zugänglich.“ [13]

Die Gefahr allein aus bauordnungsrechtlichen Mängeln zu begründen, reicht hier nicht aus. Allerdings muss die Anpassung nicht in jedem Einzelfall zu einer vollständigen Übereinstimmung mit dem geltenden Baurecht führen, sondern lediglich die jeweilige Gefahr beseitigen.

Abb. 3.3: Holzspindeltreppe, als Rettungsweg höchst bedenklich

3.2 Denkmalschutzrecht

3.2.1 Grundsätze

Den Status eines rechtskräftigen Denkmals erhält ein Objekt, indem es unter Denkmalschutz gestellt wird (Viebrock, 2010). Je nach Bundesland erfolgt die Unterschutzstellung als ein Verwaltungsakt einer Kommune oder eines Amtes für Denkmalpflege durch eine Eintragung in ein Denkmalverzeichnis (konstitutives System; Denkmalbuch, Denkmalliste) oder kraft Gesetzes aufgrund der Erfüllung der Kriterien eines Denkmals (nachrichtliches Denkmalverzeichnis). Der Denkmalwert muss anhand der Kriterien des Denkmalschutzgesetzes geprüft, beschrieben und begründet werden.

Hierbei gilt der Grundsatz der Reversibilität (Petzet et al., 1993): Alle im Zusammenhang mit einer Instandsetzungsmaßnahme notwendigen Maßnahmen in einem Baudenkmal – also auch einer brandschutztechnischen Ertüchtigung – müssen wieder rückgängig zu machen sein.

3.2.2 Denkmalpflegerische Zielsetzung

Aufgabe des Denkmalschutzes und der Denkmalpflege ist es,

„*(…) die Kulturdenkmäler zu erhalten und zu pflegen, insbesondere deren Zustand zu überwachen, Gefahren von ihnen abzuwehren und sie zu bergen (…)*“ [14]

Den eigentlichen Schutz bestimmt z. B. das Denkmalschutzgesetz Nordrhein-Westfalens (DSchG NRW), das grundsätzlich festlegt:

„*Die Eigentümer und sonstigen Nutzungsberechtigten haben ihre Denkmäler instand zu halten, instand zu setzen, sachgemäß zu behandeln und vor Gefährdung zu schützen, soweit ihnen das zumutbar ist.*“ [15]

Die Denkmalpflege hat die Erhaltung von Denkmälern und die Bewahrung des geschichtlichen Zeugnisses zum Ziel. Die Erhaltung erfordert ihre dauernde Pflege durch Instandsetzung und Wartung, und wird durch eine denkmalverträgliche Nutzung begünstigt. Aus dem Denkmalschutzgesetz und den fachlichen Grundlagen der Denkmalpflege ergeben sich folgende Grundsätze des Denkmalschutzes:

- Erhaltungsgebot,
- Nutzungsgebot,
- Veränderungsverbot.

Denkmalschutz bedeutet jedoch nicht, dass an einem Gebäude nichts mehr verändert werden darf oder ein bestimmter Zustand wiederhergestellt werden muss. Denkmäler dürfen verändert werden, um sie weiter erhalten und sinnvoll nutzen zu können. Bei Veränderungsabsichten ist eine Genehmigung durch die Untere Denkmalbehörde erforderlich, die wiederum mit dem Landesamt für Denkmalpflege in Kontakt tritt, bevor sie eine Entscheidung trifft. Dies hat den Vorteil, dass die Fachleute der Denkmalbehörden

Abb. 3.4: Eine denkmalverträgliche Brandschutzmaßnahme: Nachträgliche Rauchschutztüranlage in einem historischen Flur eines Hochschulgebäudes (Quelle: Architekturbüro PLAN-CARRÉ, Köln)

ihre Spezialkenntnisse in der Behandlung historischer Bausubstanzen einbringen können. Sie helfen, kostspielige Fehler bereits in der Planungsphase zu vermeiden und bautechnisch korrekte und denkmalverträgliche Lösungen anzuwenden.

Denkmalschutzrechtlich genehmigungspflichtig sind alle Maßnahmen, die auf die Gestalt, die schützenswerten Bestandteile und die Substanz des Gebäudes Auswirkungen haben. Abriss, Teilabriss, Anbau, Neuverputz und Neuanstrich, Fenstererneuerung und Dacheindeckung, Fassadenisolierung – diese und andere Arbeiten, die für ein Denkmal und sein Erscheinungsbild wichtig sein können, müssen mit den Denkmalbehörden vorab abgestimmt werden. Auch statische Eingriffe wie z. B. Grundrissveränderungen sind genehmigungspflichtig. Bei Veränderungen im Inneren des Gebäudes ist entscheidend, ob die Räume und ihre Ausstattung wie Türen, Intarsienböden, Vertäfelungen, Stuckdecken, Raumbemalungen etc. von Denkmalwert sind oder nicht. Auch unter abgehängten Decken oder Wandverputz können sich denkmalwerte Strukturen verbergen.

Brandschutz darf diese Grundsätze des Denkmalschutzes nicht außer Acht lassen. Andererseits ist zu beachten, dass der Brandschutz ebenso wie der Denkmalschutz der Gefahrenabwehr dient. Im Brandfall wirksame Brandschutzmaßnahmen können das Denkmal und seine Ausstattung vor

Zerstörung retten. Sie müssen dabei jedoch denkmalverträglich sein (Martin, 2010). D. h. insbesondere, sie sind

- geeignet für die Begegnung der Brandgefährdung und die Erhaltung der Denkmalsubstanz,
- notwendig für den Schutz vor Brandgefahr für die Menschen und
- verhältnismäßig, sodass das Baudenkmal so wenig wie möglich beeinträchtigt wird (Abb. 3.4).

Dabei wird es sich immer wieder ergeben, dass nachträgliche Brandschutzmaßnahmen in einem historischen Gebäude auch allein zum Schutz von Kulturgütern vor Feuer und Rauch erforderlich sind (Abb. 3.5-3.6).

Abb. 3.5-3.6: Aus Kulturgutschutz- und Denkmalschutzgründen eingebaute Brandschutzeinrichtungen in einer Holzkirche: Rauchansaugsystem und Sprinkleranlage

3.3 Brandschutzrecht

3.3.1 Schutzziele

Brände in Baudenkmälern sind mit an Sicherheit grenzender Wahrscheinlichkeit nicht vollständig zu verhindern. Es geht daher beim Brandschutz darum, der Entstehung von Bränden vorzubeugen und ihre Ausbreitung weitestgehend zu begrenzen. Unter dem Begriff Brandschutz wird daher die Gesamtheit aller Maßnahmen, Mittel und Methoden verstanden

- zur Verhütung von Bränden,
- zur Begrenzung der Brandausbreitung,
- zur Brandbekämpfung sowie
- zum Schutz von Menschen, Tieren und Sachwerten vor den von Bränden ausgehenden Gefahren.

Daraus ergibt sich die Brandsicherheit als ein Zustand eines Gebäudes, der

- die Entstehung eines Brandes mit gewisser Wahrscheinlichkeit ausschließt,
- die Ausbreitung von Feuer und Brandrauch weitgehend verhindert und
- die wirksame Rettung und Brandbekämpfung ermöglicht.

So verstandene Brandsicherheit in baulichen Anlagen ist in den Landesbauordnungen verankert [16]. Sie gilt sowohl bei der Errichtung von Gebäuden als auch bei der Gebäudeunterhaltung und muss entsprechend bei Instandsetzungen und Änderungen von historischen Gebäuden beachtet werden. Alle baulichen und technischen Maßnahmen in einem Gebäude müssen unter diesem Gesichtspunkt der Brandsicherheit durchgeführt werden.

Im Brandschutz nimmt der Schutz von Personen den ersten Rang ein. Der Brandschutz verfolgt insgesamt folgende Schutzziele:

1. **Personenschutz**: Schutz der Bewohner, Besucher, Beschäftigten und Rettungskräfte,
2. **Sachschutz**: Schutz der Sachgüter, vor allem hoher Sachwerte,
3. **Nachbarschutz**: Schutz der Nachbarn und ihrer Güter,
4. **Umweltschutz**: Schutz der natürlichen Lebensgrundlagen,
5. **Kulturgutschutz**: Schutz der Kulturgüter mit besonderem ideellen und materiellen Wert (Kabat, 1998).

Die Schutzziele des Brandschutzes ergeben sich aus der Bauordnung und anderen Vorschriften und müssen in jedem Gebäude erreicht werden. Bei Baudenkmälern, die oft gleich in mehreren Bereichen die Vorschriften des heutigen Baurechts nicht erfüllen, kommt es insbesondere darauf an, die Einhaltung des Personenschutzes und des Kulturgut-/Denkmalschutzes nachzuweisen (Kabat, 1996). Der Nachweis der Erreichung der angestrebten Schutzziele wird zurzeit entweder deskriptiv oder durch die materielle Einzelanforderung der entsprechenden Vorschrift ausgeführt. In zunehmendem Maße wird man jedoch auch in historischen Bauten zu den sogenannten Brandschutzingenieurmethoden übergehen, sobald sie bauaufsichtlich mehr Akzeptanz finden [17].

Seitens der Feuerwehren und Brandschutzfachleuten wird inzwischen postuliert: „*Kulturgutschutz muss Teil der täglichen Arbeit werden!*“ – wie das die Dachorganisation für den Brandschutz in Deutschland (vfdb) fordert [17a]. Immerhin bemühen sich die Feuerwehren um Informationen über die in ihrer Zuständigkeit vorhandenen Kulturdenkmäler und entwickeln einsatztaktische Maßnahmen durch Begehungen und Einsatzpläne für den Kulturgutschutz [17b].

3.3.2 Grundsätze des bautechnischen Brandschutzes

Die Brandsicherheit ist in einem Gebäude vor allem mit bautechnischen Mitteln zu realisieren. Aus Brandeinsätzen und dem politisch gewünschten Brandsicherheitsniveau ergeben sich für das Bauen und die Instandsetzung von Gebäuden bestimmte Grundsätze des bautechnischen Brandschutzes. Diese Grundsätze gelten auch für Baudenkmäler:

1. Der Grundsatz der **Brandrisikobegrenzung**: In einem Gebäude muss der Entstehung eines Brandes von technischen Anlagen und Baustoffen vorgebeugt werden.
2. Der Grundsatz der **Abschottung**: Der Brandwärmeentwicklung, Flammenausbreitung, Rauchentwicklung und Toxizitätsauswirkung von Brandgasen und Löschmitteln in einem Gebäude ist vorzubeugen. Räume mit erhöhter Brandgefahr sind von hohen Sachwerten, Kulturgütern, Aufenthaltsräumen sowie Geschossen abzutrennen; Gebäude sind in Brandabschnitte zu unterteilen.
3. Der Grundsatz der **Tragfähigkeit**: Die Standsicherheit des Gebäudes im Brandfall ist durch entsprechend bemessene Bauteile und Konstruktionen zu gewährleisten.
4. Der Grundsatz der **Rettungswege**: Jede Nutzungseinheit mit Aufenthaltsräumen muss in jedem Geschoss über mindestens zwei voneinander unabhängige Rettungswege verfügen; zumindest einer der Rettungswege muss bei mehrgeschossigen Gebäuden eine Treppe in einem abgeschlossenen Treppenraum oder außerhalb des Gebäudes sein.
5. Der Grundsatz der **Abstände**: Zwischen Gebäuden sind Mindestabstände einzuhalten; die Oberflächen der Außenwände dürfen die Brandausbreitung nicht begünstigen.
6. Der Grundsatz der **Brandbekämpfung**: Gebäude müssen so angeordnet, beschaffen und ausgestattet sein, dass wirksame Löscharbeiten und Bergungsarbeiten möglich sind; für die Feuerwehr sind Zugänge, Zufahrten, Aufstell- und Bewegungsflächen vorzusehen.

Zur Sicherstellung der Brandsicherheit in einem Gebäude sind vorbeugende Brandschutzmaßnahmen vorzunehmen. Baudenkmäler weisen bestimmte Gebäudemerkmale auf, die die erforderlichen Brandschutzmaßnahmen bestimmen:

- **Nutzungsart**: Vorbeugende Brandschutzmaßnahmen müssen intensiviert werden, wenn ein Gebäude für den Aufenthalt von Menschen bestimmt ist.
- **Bauart**: Brandschutzmaßnahmen richten sich in bestehenden Gebäuden danach, (1) ob und in welchem Umfang im Gebäude brennbare Baustoffe eingebaut sind und (2) welchen Feuerwiderstand die tragenden und raumabschließenden Bauteile aufweisen.
- **Höhe**: Eine bestimmte Abstufung von Brandschutzmaßnahmen erfolgt in Abhängigkeit von der Fußbodenhöhe der Aufenthaltsräume über der Geländeoberfläche (7 m und 22 m) (Abb. 3.7).

- **Ausdehnung**: Je länger und tiefer ein Raum oder ein Gebäude ist, desto intensiver müssen die abschottenden Brandschutzmaßnahmen sein, um die Brandausbreitung beherrschbar zu machen.
- **Gefährdungspotential**: Das Gefährdungspotential ergibt sich aus der Anzahl und dem Zustand der Menschen im Gebäude, aus der Brennbarkeit und Explosionsfähigkeit der Stoffe sowie aus dem Wert der Sach- und Kulturgüter (Abb. 3.8).

Bei der Instandsetzung von historischen Bauten ist insbesondere darauf zu achten, dass sich die Gebäudemerkmale durch Modernisierung und Sanierung ändern können. Daraus können sich besondere oder zusätzliche Brandschutzmaßnahmen ergeben.

Abb. 3.7: Hohe Fachwerkhäuser in Bernkastell-Kues (Mosel); besondere Gebäudemerkmale: Bauart und Höhe (Quelle: Achim Lückemeyer / pixelio.de)

Abb. 3.8: Ein imposantes, als Kuhstall geplantes und als Senioren- und Pflegeheim umgebautes und genutztes historisches Gebäude; besondere Gebäudemerkmale: Nutzungsart, Ausdehnung (LIA Pflege, Annette-Schlichte-Haus in Steinhagen/Ostwestfalen)

4 Denkmalgerechter Brandschutz

4.1 Grundsätze

Zwischen Brand- und Denkmalschutz entstehen manchmal Differenzen in Bezug auf Brandschutzmaßnahmen. Der Denkmalschutz will den Baubestand original erhalten, für den Brandschutz ist der Schutz von Menschen vor Brandeinwirkungen wichtiger. Interessenkonflikte entstehen dabei oft aus Missverständnissen: Die Denkmalpflege vernachlässigt die denkmalschützende Wirkung von Brandschutzmaßnahmen, während der Brandschutz sich zu wenig um bestandsverträgliche Schutzmaßnahmen bemüht (Kabat, 1999; Kabat, 2024c).

Die Realisierung des Brandschutzes in einem Baudenkmal erfolgt somit im Spannungsfeld von folgenden drei rechtlichen und praktischen Aspekten:

- Vorschriften des Bauordnungsrechts, besonders bezüglich der Standsicherheit, der Brandsicherheit und des Personenschutzes,
- Vorschriften und Regeln des Denkmalschutzes, insbesondere in Hinblick auf die Erhaltung der Originalsubstanz und des äußeren Erscheinungsbildes eines Baudenkmals,
- gewünschte oder tatsächliche Nutzung des Baudenkmals, insbesondere Art und Ausmaß der Nutzung für den Aufenthalt von Menschen.

In Deutschland gibt es keine gesonderten Bau- und Brandschutzvorschriften für historische Bauten. Der gesamte Prozess der Beurteilung der Brandsicherheit, der Erarbeitung eines Brandschutzkonzeptes und der Realisierung von vorbeugenden Brandschutzmaßnahmen beruht hierbei auf Verständigung und Kompromissen zwischen den Teilnehmern. Diese sind Denkmaleigentümer und Betreiber, Architekt, Sachbearbeiter der Unteren Bauaufsichtsbehörde, Sachbearbeiter der Denkmalbehörde und des Landesdenkmalamtes, Brandschutzingenieur und Brandschutzsachverständige.

Das Ziel von Brandschutzmaßnahmen ist zunächst der Schutz von Personen, die sich in dem Baudenkmal aufhalten und es im Brandfall verlassen müssen. Ein weiteres besonderes Schutzziel ist der Schutz von Kulturgut, das vor Feuerauswirkungen und Rußeinwirkungen geschützt werden soll.

In Baudenkmälern sollte es nicht darum gehen, einzelne Bau- und Brandschutzvorschriften zu erfüllen, sondern schutzzielorientierte Brandschutzmaßnahmen auszuarbeiten. Nach der Charta von Venedig (ICOMOS, 1964) können Hinzufügungen

„(...) nur geduldet werden, soweit sie alle interessanten Teile des Denkmals, seinen überlieferten Rahmen, die Ausgewogenheit seiner Komposition und sein Verhältnis zur Umgebung respektieren.“ (Art. 13)

Deswegen sollte man so vorgehen, dass die gewählten Brandschutzmaßnahmen praktisch umsetzbar und denkmalgerecht sind.

Eine Brandschutzmaßnahme ist in einem Baudenkmal praktisch umsetzbar, wenn sie

- technisch ausführbar ist und
- im Brandfall wirksam werden kann.

Denkmalgerecht oder denkmalschonend ist eine Brandschutzmaßnahme, wenn sie

- das Baudenkmal in seiner Originalsubstanz nicht zerstört und
- das Erscheinungsbild des Baudenkmals nicht wesentlich beeinträchtigt (Abb. 4.1-4.2).

Um den Schutzzielen zu dienen, hängt die Planung von Brandschutzmaßnahmen in Baudenkmälern in erster Linie von den Faktoren Nutzung und Ausstattung ab:

- **Nutzung des Baudenkmals:** Je intensiver die Nutzung, d. h. je mehr Menschen im Bauwerk und je höher das Gebäude, desto intensiver und umfangreicher die Brandschutzmaßnahmen,
- **Ausstattung des Baudenkmals mit Kulturgütern:** Je wertvoller und zahlreicher die Kulturgüter, desto intensiver die Brandschutzmaßnahmen (Abb. 4.3-4.4).

Dies kann zur Folge haben, dass Brandschutzmaßnahmen in manchen Fällen die Originalsubstanz oder das Erscheinungsbild des Baudenkmals verändern müssen, um die gesetzten Schutzziele zu erreichen.

Abb. 4.1: Das historische Rathaus von Paderborn (Ostwestfalen); ein herausragendes Beispiel der Weserrenaissance, 1613 bis 1620 errichtet, 1725/26 großer Saal im Obergeschoss, 1945 bis auf die Außenmauer zerstört, 1946 bis 1954 Wiederaufbau (Quelle: Rudolpho Duba / pixelio.de)

Abb. 4.2: Denkmalgerechte Brandschutzmaßnahme im historischen Rathaus von Paderborn (Ostwestfalen): Nachträgliche Außentreppe als Fluchtweg aus dem großen Saal (Quelle: Reinhard Stutz)

Die Anwendung der schutzzielorientierten Methode bei der Beurteilung und brandschutztechnischen Ertüchtigung von baurechtlich genehmigungspflichtigen Vorhaben bedeutet gleichzeitig die Zustimmung für die Abweichungen gegenüber dem heutigen Baurecht. Besonders bei Baudenkmälern besteht ein öffentliches Interesse daran, die vorhandenen Baukonstruktionen und Baustoffe nach Möglichkeit zu erhalten. In Nordrhein-Westfalen z. B. erteilt diese Zustimmung die Untere und nicht die Oberste Bauaufsichtsbehörde, was das gesamte Genehmigungsverfahren bei Baudenkmälern wesentlich vereinfacht und beschleunigt:

„Die Zustimmung für Bauprodukte nach Absatz 1, die in Baudenkmälern nach § 2 Abs. 2 des Gesetzes zum Schutz und zur Pflege der Denkmäler im Lande Nordrhein-Westfalen (Denkmalschutzgesetz – DSchG) (…) verwendet werden, erteilt die untere Bauaufsichtsbehörde.“ [18]

Abb. 4.3: Besonders zu schützendes Kulturgut: Ev. Gustav-Adolf-Stabkirche in Hahnenklee-Bockswiese (Oberharz); erbaut 1907/08 (Quelle: mojolo / fotolia.com)

Abb. 4.4: Zu schützende Kunstwerke in einem Museum: Peter-August-Böckstiegel-Haus in Werther-Arrode/Westfalen (Ostwestfalen); Eltern- und Wohnhaus des Expressionisten Peter-August Böckstiegel mit umfangreicher Sammlung seiner Werke, 1826 errichtet, 1926 und 1945 erweitert (Quelle: Peter-August-Böckstiegel-Stiftung)

4.2 Regeln der brandschutztechnischen Ertüchtigung

Wird die denkmalschonende Methode des Brandschutzes angewandt und schutzzielorientiert vorgegangen, so ergeben sich grundsätzliche Regeln für die brandschutztechnische Ertüchtigung von Baudenkmälern:

1. In erster Linie sind **Rettungswege** und **Flächen für die Feuerwehr** baulich zu sichern. Dabei müssen Holztreppen nicht ersetzt und historische Türen nicht immer ausgetauscht werden (Abb. 4.5).
2. Vorhandene **Durchbrüche** in historischen Decken und Wänden sind zu verschließen. Die höchsten Gefahren – die Personengefährdung durch Brandrauch und die Brandausbreitungsgefahr – werden damit weitgehend begrenzt.
3. Die brandschutztechnische Ertüchtigung von **tragenden Bauteilen** kann als zweitrangig betrachtet werden. Eine Nachbesserung von Holzbalkendecken, Kappendecken, Gusseisenstützen oder Fachwerkwänden ist nicht immer erforderlich.
4. Für vorgeschriebene, aber nicht umgesetzte Maßnahmen sind entsprechende **Kompensationsmaßnahmen** als Ersatz anzusetzen, sodass das Brandrisiko durch denkmalschonende Maßnahmen trotzdem reduziert wird.
5. Es sollten **Brandschutzeinrichtungen** insbesondere für die automatische Brandfrüherkennung eingebaut werden. Wassernebel- und Gaslöschanlagen oder Brandvermeidungsanlagen (Dauerinertisierung) sind für historische Räume und Bauten sehr gut geeignet (Abb. 4.6).
6. Das **Brandschutzmanagement** und die Notfallplanung spielen eine große Rolle in historischen Bauten und sind gewichtig zu planen und zu üben.

Die gewählte Reihenfolge der Regeln ist nicht ohne Bedeutung. In erster Linie sind unbedingt die Rettungswege zu beurteilen und ggf. nachträglich zu sichern, auch baulich. Es war langjährige Praxis der Genehmigungs- und Prüfungsbehörden, in Bestandsbauten und damit auch in Baudenkmälern mit den tragenden Bauteilen (3. Regel oben) anzufangen und Forderungen bezüglich Ertüchtigung und Anpassung an geltendes Recht zu verlangen. Dies ist unangemessen und zu vermeiden, zumal die vorhandene historische Bausubstanz bereits ein günstiges Brandverhalten und eine bestimmte Feuerwiderstandsdauer aufweisen kann (Geburtig, 2008). Außerdem ist es nicht möglich, genaue Aussagen zur Feuerwiderstandsdauer historischer Bauteile zu erarbeiten, weil wissenschaftliche Untersuchungen und Brandprüfungen nach heutigen Normen fehlen. Aufgrund der Erfahrungen mit vergleichbaren „neuen" Bauteilen lässt sich das Brandverhalten jedoch in der Regel abschätzen. So kann in Brandschutzkonzepten auch für historische Bauwerke nachgewiesen werden, dass die Schutzziele der aktuellen Bauordnungen erreicht werden können (Wesche, 2015).

Es sind heutzutage viele Kompensationsmaßnahmen möglich und anerkannt, die die vorgegebenen Schutzziele des Brandschutzes erreichen und gleichzeitig seitens der Denkmalpflege akzeptabel sind. Dazu gehören insbesondere Brandschutzeinrichtungen und Anlagen, die das Erscheinungsbild eines Baudenkmals und seine Originalsubstanz weder beeinträchtigen noch zerstören. Beinahe gleichzeitig mit allen anderen Maßnahmen ist die wachsende Bedeutung des abschließend genannten Brandschutzmanagements zu unterstreichen. Hierzu gehören die Aufgaben der Leitung einer Einrichtung oder des Baudenkmaleigentümers, den betrieblichen Brandschutz im Objekt fachgemäß zu organisieren und zu praktizieren.

Abb. 4.5: Die Sicherstellung der Rettungswege ist die erste Aufgabe: In bestimmten Fällen kann auch eine Notleiter als zweiter Rettungsweg helfen (Welcome Hotel Bad Arolsen).

Abb. 4.6: Fast in jedem historischen Gebäude geeignet und erforderlich: Rauchmelder und eine dezente Kennzeichnung der Rettungswege, hier im Schloss Stolberg (Harz) (Quelle: Wolfgang Zimpel, Deutsche Stiftung Denkmalschutz)

4.3 Prüf- und Genehmigungsverfahren in Baudenkmälern

Zur brandschutztechnischen Ertüchtigung von Baudenkmälern sind bauliche, technische und organisatorische Maßnahmen erforderlich, die in bestimmten Verfahren festgestellt werden können (Kabat, 2000b). Die meisten dieser baulichen und technischen Maßnahmen bedürfen ebenso einer Genehmigung wie Nutzungsänderungen von historischen Bauwerken.

4.3.1 Verfahrensarten

Für die brandschutztechnische Ertüchtigung können vier Verfahren zur Anwendung kommen:

- Denkmalrechtliches Erlaubnisverfahren oder
- Baugenehmigungsverfahren

als Überprüfungs- und Genehmigungsverfahren sowie

- Brandsicherheitsschauen oder
- Brandschutzgutachten (Machbarkeitsstudien)

als Prüfverfahren.

Die Genehmigungsverfahren, die Brandsicherheitsschau sowie Teile eines gutachterlichen Verfahrens sind gesetzlich geregelt.

Als Zwischenergebnis der Prüf- oder Genehmigungsverfahren sollte ein **Brandschutzkonzept** erstellt werden. Seine Ausführung steigert die brandschutztechnische Ertüchtigung sowie die Brandsicherheit in dem Objekt.

4.3.2 Durchführung

Die Durchführung aller vier Prüf- und Genehmigungsverfahren kann nach dem gleichen Muster wie in den Tabellen 4.1-4.4 dargestellt erfolgen:

Tabelle 4.1: Denkmalrechtliches Erlaubnisverfahren für ein Baudenkmal und seine Durchführung

Denkmalrechtliches Erlaubnisverfahren	Durchführung
Initiative	• Denkmaleigentümer • Denkmalschutzbehörde • Untere Bauaufsichtsbehörde
Verpflichtung	• Denkmaleigentümer
Rechtsgrundlage	• Landesdenkmalschutzgesetz
Durchführung	• Untere Denkmalschutzbehörde
Beteiligung	• Einvernehmen der Unteren Denkmalschutzbehörde mit der Fachbehörde (Landesamt für Denkmalpflege) • Abstimmung mit der Brandschutzdienststelle und ggf. mit einem Brandschutzgutachter
Aufgaben	• Prüfung der Vorhaben in Hinblick auf den Schutz und die Erhaltung der Originalsubstanz und des Erscheinungsbildes • Prüfung der Einhaltung der Grundregeln für den praktischen Umgang • Denkmalpflegerische Beratung des Denkmaleigentümers, der Planer und der Handwerker • Abstimmung der Vorhaben in Hinblick auf die Brandschutzmaßnahmen für das Kulturgut und die Vermeidung von Brandgefahren
Ergebnis	• Denkmalrechtliche Genehmigung durch die Untere Denkmalschutzbehörde in Form eines Bescheides mit evtl. Auflagen zu bestimmten Maßnahmen und unter Einbeziehung von Brandschutzmaßnahmen
Umsetzung	• Ausführung der geplanten Maßnahmen durch den Denkmaleigentümer, die Restauratoren und die Handwerker bei Einhaltung der denkmalpflegerischen Grundregeln und Erfüllung der erteilten Auflagen, darunter auch Ausführung von Brandschutzmaßnahmen
Bemerkungen	• setzt das Verständnis der Denkmalpflege für die Belange des Brandschutzes voraus • Ermöglicht dem Denkmaleigentümer steuerliche Abschreibung von Aufwendungen zur Wiederherstellung und Erhaltung von Kulturdenkmälern • für den denkmalpflegerisch begründeten Mehraufwand können Zuschussmittel beantragt werden
Beispiele von Vorhaben und Objekten	• Reparaturarbeiten, Restaurierungsmaßnahmen und Bauunterhaltungsmaßnahmen an: • Fenstern, Dachdeckung, Dachstuhl, Türen, Treppen, Fachwerkausfachung, Einzäunung, Stuck, Wandfresko

Tabelle 4.2: Baugenehmigungsverfahren für ein Baudenkmal und seine Durchführung

Baugenehmigungsverfahren für ein Baudenkmal	Durchführung
Initiative	• Denkmaleigentümer • Bauherr für geplante Bauvorhaben und Nutzungsänderungen • Museumsleitung, Archivleitung, Kirchengemeinde, Stadt/Gemeinde als Nutzer des Baudenkmals für geplante Bauvorhaben und Nutzungsänderungen • Bauaufsichtsbehörde für vorgenommene genehmigungspflichtige Änderungen
Verpflichtung	• Denkmaleigentümer (Bauantrag) • Entwurfsverfasser (Architekt) im Auftrag des Bauherrn/Denkmaleigentümers
Rechtsgrundlage	• Bauordnung
Durchführung	• Untere Bauaufsichtsbehörde nach Vorlage von Bauunterlagen und ggf. des Bauantrages (falls kein Baugenehmigungsverfahren erforderlich ist: Weiterleiten der Unterlagen an die Untere Denkmalschutzbehörde)
Beteiligung	• Untere Denkmalschutzbehörde, ggf. Landesamt für Denkmalpflege • Brandschutzdienststelle • ggf. Sachverständige für baulichen Brandschutz (durch den Bauherrn)
Aufgaben	• Prüfung der Bauunterlagen auf Einhaltung öffentlich-rechtlicher Vorschriften, darunter der Brandschutzbestimmungen, durch die Bauaufsicht und die beteiligten Stellen • Beratung des Bauherrn, des Entwurfsverfassers und der Fachplaner im baulichen Brandschutz • Genehmigung des Bauvorhabens bzw. Zustimmung zu den Abweichungen durch die Bauaufsicht
Ergebnis	• Baugenehmigung der Bauaufsicht mit evtl. Auflagen und Bedingungen den Brandschutz betreffend und unter Beachtung der Auflagen der Denkmalpflege
Umsetzung	• Ausführung des Bauvorhabens durch den Bauherrn einschließlich der Brandschutzmaßnahmen • Ausführung der genehmigten brandschutztechnischen Ertüchtigung des Baudenkmals • Bauzustandsbesichtigungen durch die Bauaufsicht mit Beteiligung der Brandschutzdienststelle • ggf. Überwachung durch den Sachverständigen für baulichen Brandschutz
Bemerkungen	• Abstimmung bei der Ausführung zwischen Bauherrn, Architekten, Unternehmen und Behörden erforderlich • geeignete Architekten mit Erfahrung beim Planen und Bauen im Bestand erforderlich
Beispiele von Objekten und Vorhaben	• Wohnhäuser, Fachwerkhäuser, Museen, Archive, Kirchen, Schlösser, Burgen, Industriedenkmäler, Bibliotheken, Schulgebäude • Nutzungsänderung, Änderung der Rettungswege, bauliche Änderung

Tabelle 4.3: Brandschutzgutachten (Machbarkeitsstudie) für ein Baudenkmal und seine Durchführung

Brandschutzgutachten (Machbarkeitsstudie) für ein Baudenkmal	**Durchführung**
Initiative	• Denkmaleigentümer • Museumsleitung, Archivleitung, Kirchengemeinde, Kloster • Denkmalschutzbehörde
Verpflichtung	• keine direkte Verpflichtung zur Erstellung eines Brandschutzgutachtens • Verpflichtung des Eigentümers und Betreibers zur Sicherstellung der öffentlichen Sicherheit und Ordnung und zur Bewahrung des Kulturguts
Rechtsgrundlage	• keine verpflichtende Rechtsgrundlage zur Erstellung eines Brandschutzgutachtens • Landesbauordnung: Sicherstellung der öffentlichen Sicherheit und Ordnung • Landesbrandschutz-/Feuerwehrgesetz: Brandsicheres Verhalten, organisatorische Brandschutzmaßnahmen • Landesdenkmalschutzgesetz: Erhaltung des Kulturdenkmals
Durchführung	• freie bzw. öffentlich bestellte und vereidigte Sachverständige für Brandschutz • staatlich anerkannte Sachverständige für baulichen Brandschutz • verantwortliche Sachverständige
Beteiligung	• Denkmaleigentümer • Architekt des Eigentümers • Abstimmung des Brandschutzgutachtens mit: • Brandschutzdienststelle • Denkmalschutzbehörde • Bauaufsicht
Aufgaben	• Erkennung der Brandgefahren für Menschen und Kulturgut, Brandgefährdungsanalyse • Beurteilung der Rettungs- und Brandbekämpfungsmöglichkeiten • Feststellung der Brandschutzmängel • Beratung des Denkmaleigentümers, des Bauherrn, des Planers • Erarbeiten eines Brandschutzkonzeptes mit Brandschutzmaßnahmen und Kompensationsmaßnahmen
Ergebnisse	• Brandschutzgutachten mit Brandschutzkonzept • Kulturgutschutzplan einschließlich des Feuerwehreinsatzplanes • Vorlage für ein Genehmigungsverfahren
Umsetzung	• Ausführung des Brandschutzkonzeptes zur Sicherstellung des Personenschutzes und des Kulturgutschutzes durch den Denkmaleigentümer und Betreiber • Überwachung der Ausführung durch den Brandschutzgutachter
Bemerkungen	• nur in Kulturdenkmälern erfahrene Brandschutzgutachter geeignet • Voraussetzung: Erhöhtes Brandschutz- und Kulturgutschutzbewusstsein des Denkmaleigentümers
Beispiele von Objekten und Vorhaben	• Fachwerkhäuser, Museen, Archive, Kirchen, Schlösser, Burgen, Industriedenkmäler, Bibliotheken, Wohnbauten, Klosteranlagen, Türme • Brandschutzsanierung, Sanierung und Modernisierung, Nutzungsänderung, Restaurierung, statische Sicherung

Tabelle 4.4: Brandsicherheitsschau in einem Baudenkmal und ihre Durchführung

Brandsicherheitsschau im Baudenkmal	Durchführung
Initiative	• Denkmaleigentümer • Museumsleitung, Archivleitung, Kirchengemeinde, Behörde • Kulturgutschutzbeauftragte der Einrichtung, des Landkreises, der Stadt • Brandschutzdienststelle des Landkreises/der Stadt (Brandschutzprüfer, Berufsfeuerwehr, Kreisfeuerwehrinspektor, Brandschutzingenieur) • Denkmalschutzbehörde
Verpflichtung	• Brandschutzdienststelle • Gemeinde
Rechtsgrundlage	• Landesbrandschutz-/Feuerwehrgesetz • Durchführungsverordnung bzw. Verwaltungsvorschrift
Durchführung	• Brandschutzdienststelle/Gemeinde
Beteiligung	• Denkmaleigentümer • Untere Denkmalschutzbehörde bzw. Landesamt für Denkmalpflege • Bauamt der Diözese (kath.) bzw. der Landeskirche (ev.) • übergeordnete Stelle der Einrichtung • Untere Bauaufsichtsbehörde • Staatsbauamt, städtisches Bauamt • Architekt des Eigentümers
Aufgaben	• Erkennung der Brandgefahren für Menschen und Kulturgut • Beurteilung der Rettungs- und Brandbekämpfungsmöglichkeiten • Feststellung der Brandschutzmängel • Aufklärung und Beratung des Eigentümers bzw. des Betreibers der Einrichtung über die Gefahren und erforderlichen Schutzmaßnahmen • Einleitung und ggf. Durchsetzung von Brandschutzmaßnahmen
Ergebnisse	• Niederschrift der Brandschutzdienststelle mit Mängelkatalog und Fristen mit Aufforderung zur Mängelbehebung • ggf. Aufforderung und Verfügung der Bauaufsicht
Umsetzung	• Beseitigung der Brandschutzmängel durch den Eigentümer bzw. Betreiber • Durchführung von Schutzmaßnahmen für Kulturgut • Nachschauen durch Brandschutzdienststelle bzw. Bauaufsicht über den Stand der Ausführung
Bemerkungen	• intensive Überzeugungsarbeit seitens der Brandschutzdienststelle nötig • Kompromissbereitschaft von allen Beteiligten erforderlich • Überprüfung des Baudenkmals muss komplex erfolgen • Beurteilung der Brandsicherheit erfolgt nach den heute geltenden Sicherheitsregeln unter Berücksichtigung der Originalsubstanz und eventuell vorhandener historischer Feuerschutzmaßnahmen
Beispiele von Objekten und Anlässen	• Museen, Archive, Kirchen, Schlösser, Burgen, Industriedenkmäler, Bibliotheken, Schulgebäude, Bahnhöfe, Festhäuser, Hochschulbauten • angeordnet, im Turnus von ca. 5 Jahren beantragt (aus gegebenem Anlass)

Die in den Tabellen 4.1-4.4 dargestellten Prüf- und Genehmigungsverfahren sind in einem Baudenkmal nicht austauschbar. Welche vorbeugenden Brandschutzmaßnahmen welches Prüf- bzw. Genehmigungsverfahrens bedürfen, hängt von der Art der Maßnahme ab. In dieser Darstellung geht es jedoch nicht um diese Zuordnung, sondern um den Überblick der Verfahren, die in Brandschutzmaßnahmen in Baudenkmälern durchgeführt werden können und sollen.

4.3.3 Vorgehensweise

Die Verfahren sind zwar nicht austauschbar, können sich aber ergänzen.

Sanierung

Wird ein historisches Gebäude saniert, empfiehlt sich folgende Vorgehensweise:

- Erfassung des baulichen Bestandes,
- Planung und Festlegung der Nutzung,
- Erstellen eines Brandschutzkonzeptes: Für ein Baudenkmal sollte dies ein in diesen Gebäuden erfahrener Sachverständiger erstellen. Denkmaleigentümern und Architekten stehen in diesem Stadium allerdings auch Brandschutzdienststelle, Bauaufsicht und Denkmalschutzbehörde beratend zur Verfügung,
- Zusammentragen von abgestimmtem Brandschutzkonzept und Bauantrag auf Nutzungsänderung oder bauliche Änderungen bzw. Sanierung des Baudenkmals,
- Auflagen bei Baugenehmigungserteilung: Brandschutz- und Kompensationsmaßnahmen aus dem Brandschutzkonzept (bzw. als Bauvorlage bereits Bestand des Bauantrages).

Brandsicherheitsschau

Wurde durch die Brandschutzdienststelle eine Brandsicherheitsschau durchgeführt, so sind folgende Schritte zu unternehmen:

- Der Denkmaleigentümer sollte die Niederschrift der Brandsicherheitsschau mit seinem Architekten durchgehen und unklare Punkte mit der Brandschutzdienststelle und ggf. auch mit der Bauaufsicht klären.
- Überzogene oder aus technischen und denkmalpflegerischen Gründen nicht ausführbare Forderungen des Brandschutzes müssen nicht realisiert werden. Dagegen kann Widerspruch eingelegt werden.
- Die Behebung der einzelnen Brandschutzmängel sollte in enger Abstimmung mit der Brandschutzdienststelle oder mit einem Sachverständigen erfolgen und mit der Denkmalpflege abgestimmt sein.

- Für die Ausführung der meisten baulichen und technischen Maßnahmen ist ein Bauantrag seitens des Denkmaleigentümers bei der Bauaufsicht erforderlich. Diese wiederum wird die Denkmalschutzbehörde beteiligen.
- Wurden konkrete Gefahren für Gesundheit und Leben festgestellt, so sind sie in erster Linie durch Brandschutzmaßnahmen zu beheben.

Restaurierung

Soll in einem Bauwerk eine reine denkmalpflegerische Maßnahme (Restaurierung) stattfinden, so sollte man in Hinblick auf den Brandschutz Folgendes mit einbeziehen:

- Die Restaurierung eines Raumes oder Gebäudes bietet die beste Möglichkeit, ein Brandschutzgutachten erstellen und die entsprechenden Maßnahmen durchführen zu lassen.
- Das Brandschutzgutachten sollte ein Brandschutzkonzept für das gesamte Denkmal beinhalten.
- In der ersten Phase können zunächst diejenigen Brandschutzmaßnahmen ausgeführt werden, die direkt mit der Restaurierung zusammenhängen.
- Manche im Rahmen von denkmalpflegerischen Maßnahmen ausgearbeitete bauliche und technische Brandschutzmaßnahmen bedürfen einer bauaufsichtlichen Genehmigung.

Letztendlich sollte eine **iterative Vorgehensweise** bei der Brandschutzplanung in einem Baudenkmal vorherrschen (VdL, 2014). Bei einer nicht verträglichen Brandschutzlösung sind die beabsichtigten Nutzungen zu ändern bzw. einzuschränken oder die geplanten Brandschutzmaßnahmen anzupassen, bis sowohl die brandschutztechnische als auch die denkmalfachliche Zustimmung erlangt werden können.

4.4 Brandschutzkonzept

Sinnvoll und denkmalverträglich lässt sich der Brandschutz meist nur mit einem Brandschutzkonzept planen. Dieses ist für Baudenkmäler nicht direkt vorgeschrieben. Baudenkmäler sind jedoch bei allen Gebäudearten zu finden, für die ein Brandschutzkonzept in den Landesbauordnungen vorgeschrieben ist [19]. Außerdem kann die Bauaufsicht bei allen anderen, kleineren Bauten Brandschutzkonzepte fordern, wenn es begründet ist. Die Begründung könnte hier auch im Denkmalschutz liegen, schließlich ist

„(...) eine zielorientierte Gesamtbewertung des baulichen und abwehrenden Brandschutzes bei Sonderbauten“ [20]

unbedingt vorzunehmen.

Das Erstellen eines Brandschutzkonzeptes ist Teil der Brandschutzplanung. Obwohl diese Tätigkeit Elemente eines gutachtlichen Handelns beinhaltet, ist sie dennoch eine planerische Tätigkeit. Gutachten sind eigentlich Prüfberichte, die bestimmte Fragestellungen betrachten sollen und auch Alternativen aufweisen können. Eine Fachplanung dagegen muss als Ergebnis ein fertiges Konzept, d. h. eine abgeschlossene Vorlage für den Nachweis des Brandschutzes beinhalten.

Bei der Erstellung von Brandschutzkonzepten für Baudenkmäler sollten neben den allgemeinen Regeln noch folgende Punkte beachtet werden:

- **Aufnahme des Ist-Zustandes**: Infrastruktur der Umgebung, Lage, Bausubstanz, Nutzung, Brandlasten, vorhandene Brandschutzmaßnahmen, zu schützendes Kulturgut; dies erfordert: Ortstermine, Gespräche, Studium der Pläne sowie der Literatur inkl. der baugeschichtlichen des konkreten Bauwerks,
- Analyse und **Beurteilung des Bestandes** und der geplanten Nutzung bzw. Sanierung; Festlegung der Schutzziele,
- **Gefahrenbeurteilung** der bestehenden bzw. geplanten Nutzung: Personengefährdung, Brandentstehungs- und Brandausbreitungsgefahr, Kulturgut- und Umweltgefährdung,
- **Soll-Ist-Vergleich** aufgrund der geltenden Bauordnung und sonstiger Vorschriften; Beurteilung des baurechtlichen Bestandschutzes und Ausarbeitung der sich daraus ergebenden Abweichungen vom geltenden Recht,
- Ausarbeitung von **denkmalgerechten Brandschutzmaßnahmen** und geeigneten Kompensationsmaßnahmen,
- **Abstimmung** des Entwurfs des Brandschutzkonzeptes mit der Denkmalschutzbehörde.

Bei der Gefahreneinschätzung und Risikoanalyse sollte insbesondere bei historischen Gebäuden die Schutzzielrealisierung beurteilt werden. Dabei ist das Risiko einer Schutzzielverletzung besonders herauszuarbeiten, z. B.:

- Gefährdung von Flucht- und Rettungswegen bei größerem Publikumsverkehr,
- erhöhtes Brandentstehungsrisiko,
- erhöhtes Risiko der Brand- und Rauchausbreitung,
- Verlust von besonders schützenswertem Inventar und Kulturgut.

Die Objektbeurteilung sollte mit der Feststellung abschließen, wann, in welchem Umfang und wie die festgestellten Gefahren beseitigt werden.

Die Praxis der Erstellung und Prüfung von Brandschutzkonzepten der letzten Jahre zeigt spezifische Probleme. Die Tätigkeit der Fachplaner und die Brandschutzkonzepte selbst weisen noch immer u. a. folgende formelle und fachliche Mängel auf:

- Fachplaner versuchen noch, den Behörden die Planung für das betroffene Bauvorhaben nach alten Mustern zu entlocken. So wird aus Bequemlichkeit, fehlendem Fachwissen oder eigener Unsicherheit erwartet, dass bei gemeinsamen Besprechungen alle relevanten Einzelmaßnahmen durchgesprochen und/oder zum Schluss Auflagen erteilt werden.
- Brandschutzkonzepte werden oft als bloße Beschreibung der Brandschutzanforderungen und -einrichtungen vorgelegt. Der erforderliche

Zusammenhang mit den angenommenen Schutzzielen wird nicht nachgewiesen, Abweichungen werden nicht untersucht.

- Nicht selten haben die Brandschutzkonzepte eher die Form eines Gutachtens als eines Realisierungskonzeptes. Oft werden dabei imperative Hilfsverben („müssen, sollen, können, sein") verwendet, ohne konkrete Aussagen über die Ausführung der einzelnen Maßnahme zu machen. Ferner werden Empfehlungen oder Alternativen formuliert, ohne anzugeben, welche im konkreten Fall zur Ausführung kommt. Als Bauvorlage ist so ein Brandschutzkonzept weder ausreichend bestimmt noch konkret genug.
- Die Erreichung des angenommenen Schutzziels wird nicht hinterfragt, logisch nachvollzogen oder gesichert. Meist werden fast alle denkbaren Abweichungen und Unzulänglichkeiten eines Gebäudes pauschal durch eine Sprinkleranlage oder eine Brandmeldeanlage kompensiert und die einzelnen Vorgaben der Gesetze umgesetzt.
- Der baurechtliche Bestandschutz wird falsch ausgelegt: Entweder zu weit, um zu begründen, dass keine nachträglichen Brandschutzmaßnahmen erforderlich sind, oder zu eng mit dem Ergebnis, dass die nachträglichen Maßnahmen weit überzogen sind. Beide Auslegungen sind allerdings auch von der Sichtweise der Behördenvertreter abhängig.

Ein Brandschutzkonzept für ein historisches Gebäude kann wie folgt aufgebaut sein:

- Muster-Inhalt eines Brandschutzkonzeptes für ein Baudenkmal (Maßnahmenkatalog nach § 9 Abs. 2 BauPrüfVO NRW) bzw.
- Muster-Inhalt eines Brandschutzkonzeptes für ein Baudenkmal (Maßnahmenkatalog nach vfdb-Richtlinie 01/01:2008-04) (vfdb, 2008)

Tabelle 4.5: Muster-Inhalt eines Brandschutzkonzeptes für ein Baudenkmal (Maßnahmenkatalog nach § 9 Abs. 2 BauPrüfVO NRW):

1.	Aufgabenstellung
	1.1. Anlass
	1.2. Aufgabe
	1.3. Auftrag
2.	Beurteilungsgrundlagen
	2.1. Unterlagen
	2.2. Ortstermine
	2.3. Rechtsgrundlagen. Beurteilungshilfen
3.	Objektanalyse

	3.1. Objektbeschreibung. Baugeschichte
	3.2. Nutzung
	3.3. Schutzziele. Denkmalpflegerische Zielsetzung
	3.4. Objektbeurteilung
	3.5. Baurechtliche Einordnung
	3.6. Baurechtlicher Soll-Ist-Vergleich. Bestandschutz
	3.7. Gefahreneinschätzung
4.	Maßnahmenkatalog
	4.1. Einleitung
	4.2. Brandschutzmaßnahmen
	4.3. Flächen für die Feuerwehr
	4.4. Löschwasserversorgung
	4.5. Löschwasserrückhaltung
	4.6. Brandabschnitte, Rauchabschnitte
	4.7. Bauteile und Baustoffe
	4.8. Rettungswege
	4.9. Nutzer
	4.10. Haustechnische Anlagen
	4.11. Lüftungsanlagen
	4.12. Rauch- und Wärmeabzugsanlagen
	4.13. Alarmeinrichtungen
	4.14. Brandmeldeanlage
	4.15. Brandbekämpfungsgeräte
	4.16. Löschanlagen, Hydranten
	4.17. Sicherheitsstromversorgung
	4.18. Feuerwehrplan
	4.19. Brandverhütung
5.	Abweichungen. Kompensationsmaßnahmen
6.	Schlussbemerkungen. Zusammenfassung
7.	Anlagen. Pläne

Tabelle 4.6: Muster-Inhalt eines Brandschutzkonzeptes für ein Baudenkmal (Maßnahmenkatalog nach vfdb-Richtlinie 01/01:2008-04) (vfdb, 2008):

1. Aufgabenstellung
1.1. Anlass
1.2. Aufgabe
1.3. Auftrag
2. Beurteilungsgrundlagen
2.1. Unterlagen
2.2. Ortstermine
2.3. Rechtsgrundlagen. Beurteilungshilfen
3. Objektanalyse
3.1. Objektbeschreibung. Baugeschichte
3.2. Nutzung
3.3. Schutzziele. Denkmalpflegerische Zielsetzung
3.4. Objektbeurteilung
3.4.1. Baurechtliche Einordnung
3.4.2. Baurechtlicher Soll-Ist-Vergleich. Bestandschutz
3.4.3. Gefahreneinschätzung. Risikoanalyse
4. Maßnahmenkatalog
4.1. Einleitung
4.2. Bauliche Brandschutzmaßnahmen
4.2.1. Zugänglichkeit
4.2.2. Rettungswege
4.2.3. Brandabschnitte
4.2.4. Abschottungen
4.2.5. Rauchabschnitte
4.2.6. Tragende Bauteile
4.2.7. Baustoffe

4.3. Anlagentechnische Brandschutzmaßnahmen

4.3.1. Brandmeldeanlage

4.3.2. Alarmierungseinrichtungen

4.3.3. Löschanlage

4.3.4. Steigleitungen. Wandhydranten

4.3.5. Rauch- und Wärmeabzüge

4.3.6. Lüftungsanlagen

4.3.7. Maßnahmen zum Funktionserhalt

4.3.8. Blitzschutzanlage

4.3.9. Aufzüge. Brandfallsteuerung

4.3.10. Gebäudefunkanlage

4.3.11. Sicherheitsbeleuchtung

4.4. Organisatorische und betriebliche Brandschutzmaßnahmen

4.4.1. Brandschutzordnung

4.4.2. Kennzeichnung der Rettungswege

4.4.3. Feuerlöscher

4.4.4. Werkfeuerwehr/Betriebsfeuerwehr

4.4.5. Prüfung technischer Anlagen

4.5. Abwehrende Brandschutzmaßnahmen

4.5.1. Löschwasserversorgung

4.5.2. Löschwasserrückhaltung

4.5.3. Flächen für die Feuerwehr

4.5.4. Feuerwehrschlüsseldepot

5. Abweichungen. Kompensationsmaßnahmen

6. Schlussbemerkungen. Zusammenfassung

7. Pläne. Anlagen

4.5 Brandschutzmaßnahmen

4.5.1 System der Brandschutzmaßnahmen

Ein Baudenkmal ist brandschutztechnisch zu ertüchtigen, wenn es nicht die Grundsätze des bautechnischen Brandschutzes erfüllt, also eine konkrete bzw. erhebliche Brandgefahr darstellt bzw. keinen Bestandschutz genießt.

Die brandschutztechnische Ertüchtigung eines Baudenkmals kann

- als freiwillige Maßnahme,
- aus Kulturgut- bzw. Denkmalschutzgründen,
- zur Kompensierung von zu hohen Brandgefahren

folgende Maßnahmenbereiche erfassen:

1. Bauliche Sicherung der Rettungswege und Flächen für die Feuerwehr,
2. horizontale und vertikale Unterteilung des Gebäudes in Brandabschnitte sowie Abschottung der Wand- und Deckendurchbrüche,
3. Einbau von Brandschutzeinrichtungen,
4. Erhöhung der Feuerwiderstandsdauer der Bauteile,
5. Austausch der brennbaren gegen nichtbrennbare und nicht brennend abtropfende Baustoffe,
6. Instandsetzung und Modernisierung der haustechnischen Anlagen.

Brandschutztechnisch wirksame Ertüchtigungen von bestehenden Gebäuden bedürfen zunächst einer aussagefähigen Bestandsaufnahme. Diese erweist sich in der Baupraxis als nicht immer einfach. Vor allem ist das Brandverhalten der eingebauten Baustoffe und Bauteile oft nicht eindeutig zu ermitteln. Behilflich sein können hier DIN 4102-4:1994-03 oder Gutachten von Prüfanstalten. Auf der Grundlage umfangreicher Erfahrungen aus Normbrandprüfungen lässt sich für viele Baukonstruktionen in älteren Gebäuden die Feuerwiderstandsdauer schätzen (Abb. 4.7). Folgende Richtwerte werden hier von den Materialprüfanstalten angesetzt (Tabelle 4.7):

Tabelle 4.7: Richtwerte für die Abschätzung der Feuerwiderstandsdauer alter und historischer Baukonstruktionen (Beilicke et al., 1993) (MPA/IBMB TU Braunschweig, 1996) (Mertin, 2006) (Nause, 2004) (Wesche, 2006)

Bauteil	Geschätzte Feuerwiderstandsdauer (in Min.)
Decken	
Ortbetondecken	> 60
Kappendecken mit ungeschützten Stahlträgern	> 30
Stahlstein-Kappen	< 30
Montage-Gewölbeplatten	≈ 30
Ackermann-Decke	≈ 30
Leipziger Decke	≈ 30
Menzel-L-Decke	> 30
Zwickauer Rippenplatte	> 30
Spannbeton-Hohldielen	> 30
Kassettenplatten-Decke	≈ 30
Holzbalkendecken	30 - 60
Deckenkonstruktionen mit abgehängtem Rabitz-Gewebe	90
Stützen	
Beton- und Mauerwerksstützen	> 90
Stahlstützen ungeschützt	< 30
Gusseisenstützen	> 30
Holzstützen	≤ 30
Wände	
Wände aus Massivbauteilen	> 90
Fachwerkwände	30 - 60

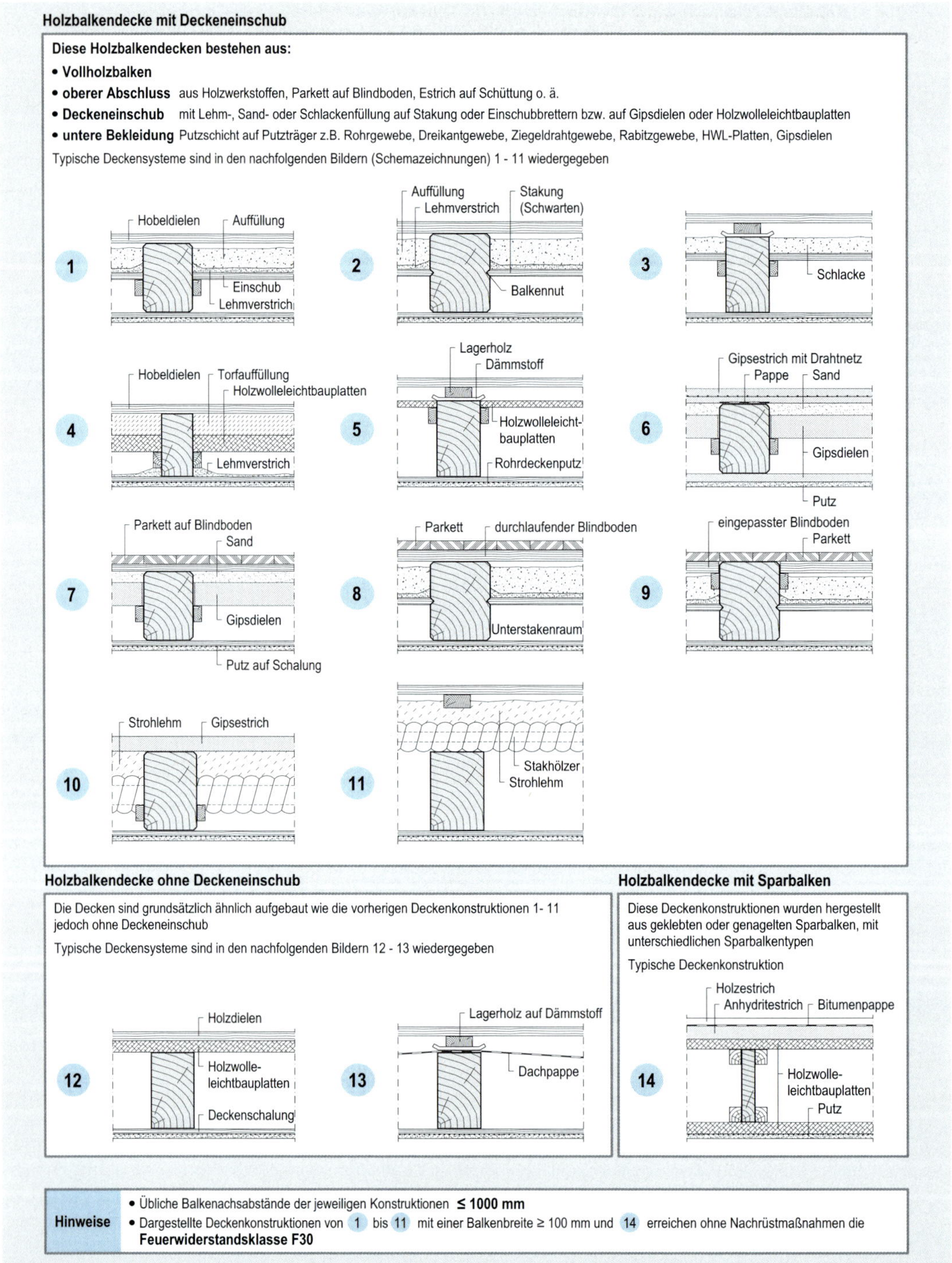

Abb. 4.7: Beispiele von historischen und feuerhemmenden (F 30-B) Holzbalkendecken ohne Ertüchtigung (Quelle: Knauf Gips KG [21])

Die Brandschutzmaßnahmen zur Ertüchtigung von historischen Bauten können baulicher, anlagentechnischer und betrieblicher Art sein (Abb. 4.8) und werden im Folgenden detailliert beschrieben.

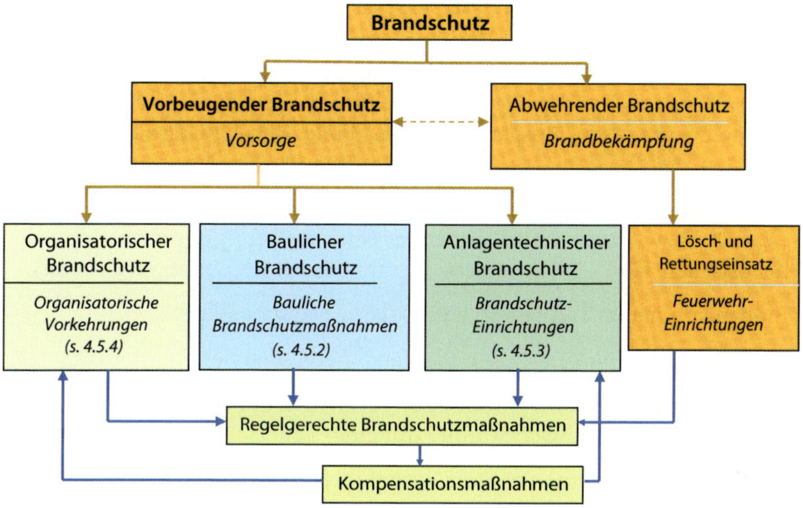

Abb. 4.8: Brandschutzmaßnahmen

4.5.2 Bauliche Brandschutzmaßnahmen

Folgende bautechnische Brandschutzmaßnahmen können und sollten in Baudenkmälern ausgeführt werden:

1. **Bauliche Sicherung der Rettungs- und Angriffswege sowie der Flächen für die Feuerwehr**

   Meistens muss die Lage in Hinblick auf die Fluchtmöglichkeiten und Angriffswege für die Feuerwehr wegen folgender Zustände verbessert werden:

- Holztreppen, die im Brandfall sehr schnell nicht mehr begehbar sein können,
- offene, von den Geschossen nicht abgetrennte Treppenanlagen,
- fehlende oder von den Geschossen nicht abgetrennte Nebentreppen,
- enge Spindel- bzw. Wendeltreppen,
- fehlende Flure,
- kleine Fenster in den Aufenthaltsräumen,
- nicht ins Freie führende Ausgänge aus den Treppenräumen,
- fehlende oder nicht ausreichend befestigte Zufahrten und Aufstellflächen für die Fahrzeuge der Feuerwehr,

- Holzverkleidungen und andere brennbare Verzierungen und Einbauten auf Rettungswegen,
- fehlender zweiter Rettungsweg aus den oberen Ebenen und Geschossen.

Für die Verbesserung der Rettungs- und Angriffswege sind insbesondere folgende Vorkehrungen möglich:

- Reaktivierung, Ausbau und Ertüchtigung der im Gebäude bestehenden Nebentreppen (Abtrennung durch leichte oder gemauerte Trennwände von den Geschossen, Ausgang direkt ins Freie, Rauchabzug/Fenster an der obersten Stelle),
- Abtrennung der bestehenden Treppen von den Geschossen durch Feuerschutz- bzw. Rauchschutztüren oder Nachbesserung der vorhandenen historischen Türen (Dichtungen, Türschließer, Brandschutzverglasung),
- Einbau von neuen Treppen in eigens dafür genutzte Räume,
- Herstellung von Notausstiegen aus den Obergeschossen,
- treppenraumseitiges Verputzen oder Verkleiden der vorhandenen Treppenraumwände (Fachwerkwände) mit einer Feuerschutzplatte,
- Bau einer mit modernen Mitteln ausgeführten Treppe (Abb. 4.9), am Baudenkmal oder davon abgesetzt,
- Herstellung von sicheren Zugängen zu Dachböden und Türmen sowie Verlegung von Laufstegen in Dachräumen,
- Kennzeichnung der Rettungswege (Ausgänge), insbesondere in Versammlungsräumen,
- Verbreitung und Vertiefung der Tordurchfahrten und ggf. Umbau der Tore,
- Befestigung und ggf. Verbreiterung der Gartenwege, der Zufahrtswege und der Behelfszufahrten sowie ständige Freihaltung dieser Wege.

Grundsätzlich kann festgehalten werden, dass jede historische Treppe aus nichtbrennbaren Baustoffen (Stahl, Naturstein, Beton) brandschutztechnisch nicht nachgerüstet werden muss, weil sie kein Brandweiterleitungsrisiko darstellt (Wesche, 2009).

Abb. 4.9: Beispiel eines an einem Schloss angebauten notwendigen Treppenraumes mit Aufzug zur Sicherstellung der Rettungswege: Schloss Ehrenstein in Ohrdruf (Thüringen) (Quelle: Karl-Heinz Laube, Gotha)

2. **Abschottung bestimmter Bereiche mit besonders wertvollem Inventar oder erhöhtem Gefahrenpotenzial**

   Beispiele:

- Schatzkammern,
- Bibliotheken, Archive,
- Glockenstühle, Turmspitzen,
- Sakristeien,
- Prunkräume, Schlosskapellen,
- Küchen, Wirtschaftsräume, Technikräume,
- Kunstdepots.

Die Abschottung kann erfolgen durch:

- Einbau von Feuerschutztüren (auch formangepasste Holztüren),
- Installieren von textilen Feuerschutzabschlüssen (Abb. 4.11-4.12),
- Erstellen von neuen leichten Trennwänden auf der raumabgekehrten Seite,
- Verschließen von Durchbrüchen in vorhandenen (auch historischen) Trennwänden durch Zumauern bzw. Einbauen von Kabel-/Rohrabschottungen,
- Verschließen der Kabel- und Rohrdurchbrüche in Holzbalkendecken.

In der Praxis bereitet hier die Abschottung von Durchbrüchen in Holzbalkendecken Probleme. Zurzeit ist kein Brandschutz-Abschottungssystem für Leitungen (Rohre, Kabel, Kombischott) bekannt, das in einer Holzbalkendecke geprüft wurde oder einen Verwendbarkeitsnachweis in einer Holzbalkendecke besitzt. Zur Lösung solcher Situationen wird im Allgemeinen die Muster-Holzbaurichtlinie (M-HFHHolzR) herangezogen. Dort wird für hochfeuerhemmende Bauteile festgestellt, dass der Einbau von klassifizierten Abschottungen innerhalb einer klassifizierten Auslaibung der erforderlichen Feuerwiderstandsdauer baurechtlich zulässig ist (M-HFHHolzR, 2004). Diese Einbauart kann als eine „Nicht wesentliche Abweichung" der Zulassung bewertet werden. Dies kann auf Basis vorhandener Allgemeiner bauaufsichtlicher Zulassungen (AbZ) und evtl. unter Heranziehung zusätzlicher gutachterlicher Stellungnahmen oder zusätzlicher Testdaten des Herstellers unter Berücksichtigung aller projektspezifischen Details geschehen. Durch diese ausführliche Bewertung kann ein ausreichender Schutz gegen Feuer und Rauch über die erforderliche Feuerwiderstandsdauer sichergestellt werden (Abb. 4.10). Die zu berücksichtigenden Rahmenbedingungen müssen tatsächlich vorliegen und in jedem Fall vom für das Bauvorhaben zuständigen Verantwortlichen geprüft und bestätigt werden.

Abb. 4.10: Beispiel einer Brandschutzabschottung in einer Holzbalkendecke mit dem Hilti Brandschutzstein CFS-BL P (Quelle: Hilti Deutschland AG [22])

Abb. 4.11: Dom zu Speyer: Textiler Feuerschutzabschluss hinter dem südlichen und nördlichen Triforium der Mittelkuppel des Kaisersaals zu den jeweiligen Dachräumen (Quelle: Architekturbüro Michael Humbert, Germersheim)

Abb. 4.12: Feuerschutzvorhang anstelle einer F 30-Verkofferung hinter der historischen Triforienverglasung (Dom zu Speyer) (Quelle: Architekturbüro Michael Humbert, Germersheim)

3. **Unterteilung des Baudenkmals**

Es wird unterschieden zwischen Brandabschnitten, Rauchabschnitten und feuerbeständig voneinander abgetrennten Bereichen:

- Unterteilung von ausgedehnten Untergeschossen,
- Abtrennung des Hauptgebäudes (Hauptburg, Corps de Logis, Kirche) von Nebenbauten,
- Unterteilung der überlangen Flure in den Geschossen,
- Abtrennung der Turmbauten (Wohn-, Schloss-, Kirchturm) von den sonstigen Gebäudeteilen, insbesondere im Dachraum,
- Unterteilung der ausgedehnten Dachräume,
- Abtrennung der Schlossflügel voneinander.

Diese Trennfunktion können bestehende und neu eingebaute Bauteile mit folgenden Maßnahmen erfüllen:

- Nachbesserung von bestehenden historischen Trennwänden, meistens massiven Steinwänden, zwischen Gebäudeteilen durch Zumauern von Durchbrüchen oder dem Einbau von Feuerschutztüren,
- Einbau von Feuerschutztüren in bestehende Durchgänge im Kellergeschoss und auf dem Dachboden,
- Einbau von Feuerschutztüren (in Form und Farbe angepasst, eventuell aus Holz) in die Durchgänge zwischen den Gebäudeteilen (auch in die Fachwerkwände); hier können die Feuerschutztüren auch hinter oder vor die bestehenden historischen Türen eingebaut werden (Abb. 4.15-4.16),

- Einbau eines Türschließers (ggf. mit Feststellanlage und Rauchmelder) sowie Anbringung von zusätzlichen Leisten und Dichtungen (Silikondichtungen) an bestehenden historischen und massiven Holztüren,
- Einbau von leichten Trennwänden (Metallständerwände) außerhalb der Prunkräume, z. B. im Keller zur Abtrennung vom Erdgeschoss, auf dem Dachboden zur Unterteilung des Dachraums, im Dachraum zur Verkleidung der Holzlichtschächte und Holz-Treppenraumwände,
- Verkleiden der Holzbalkendecken von unten, falls erforderlich und denkmalpflegerisch möglich, mit Brandschutzplatten zur Erhöhung der Feuerwiderstandsdauer. Grundsätzlich müssen Holzbalkendecken nicht mehr „entkernt" werden, um ein besseres Brandverhalten zu erreichen (Abb. 4.13-4.14). Auch eine Ertüchtigung mit Stahlträgern und Stahlunterspannungen, um die ursprüngliche Form und Konstruktion der Holzbalkendecke erhalten zu können, ist möglich (Hegewaldt, 2016).

Abb. 4.13-4.14: „Kölner Decken" vor und nach der Sanierung

Abb. 4.15-4.16: Nachträgliche T 90-Türen aus Holzwerkstoffen zur Unterteilung einer Klosteranlage (Kloster Triefenstein)

4.5.3 Brandschutzeinrichtungen

In Baudenkmälern sind Brandschutzeinrichtungen vor allem zur

- frühestmöglichen Brandentdeckung und Brandmeldung,
- schnellen Feuereindämmung und
- wirksamen Rauch- und Wärmeabführung

erforderlich. Hierfür sind insbesondere folgende Einrichtungen und Anlagen geeignet (Kabat, 2007):

1. **Automatische Brandmeldeanlage** mit Rauchmeldern und anderen Brandmeldern in allen Räumen; in einem Kulturdenkmal eine der wichtigsten und wirksamsten Brandschutzeinrichtungen (Abb. 4.17-4.19); dank zugelassener Funk-Rauchmelder ist eine nachträgliche Verlegung von Kabeln für die Brandmeldeanlage heute weitestgehend nicht mehr erforderlich, auch Rauchansaugsysteme und Infrarot-Brandmelder (Linienbrandmelder) beeinträchtigen die Räume nicht.
   In Holzkirchen scheint es charakteristisch zu sein, dass im Falle einer Brandentstehung die aufgeschaltete automatische Brandmeldeanlage mit Rauchmeldern nicht immer einen ausreichenden Schutz gegen den Totalschaden bietet. Trotz der schnellen Branddetektion und Meldung an eine ständig besetzte Leitstelle ist die Feuerausbreitung so schnell und dynamisch, dass der Dachstuhleinsturz und der Kirchturmeinsturz nicht verhindert werden können. Dazu kommt noch, dass eine Branddetektion außen an den Holzfassaden und Holzdächern der Holzkirchen durch eine Brandmeldeanlage nicht erfolgen kann. Damit sind das Ausbrennen der Kirche und der Totalschaden die Konsequenz. Hierfür bieten sich Wassernebel-Löschanlagen an (Kabat, 2024c).

Abb. 4.17: In einen Lüster eingebauter Rauchmelder in einem Schloss

Abb. 4.18: Ein Museumsraum mit Rauchmelder, Löschdüse und Sicherheitsbeleuchtung (Museum Abtei Liesborn, Wadersloh-Liesborn)

Abb. 4.19: Farblich an die historische Raumfarbgebung angepasster Rauchmelder (Wartburg, Eisenach) (Quelle: Wartburg-Stiftung Eisenach)

2. **Löschwasserleitungen** („trockene“ Rohrleitungen) im gesamten Gebäude vom Erdgeschoss bis in die Obergeschosse und insbesondere in die Turmspitzen und Dachböden verlegt; an diese Leitung kann sich die Feuerwehr anschließen und somit wertvolle Zeit zum Verlegen von Schläuchen in die Höhen sparen.

3. **Löschanlagen** in Form von Wassernebellöschanlagen, Gaslöschanlagen oder fest verlegten Leitungen mit offenen Löschdüsen, an die sich die Feuerwehr anschließen kann. Beachtliche Löscherfolge können heute mit Wassernebellöschanlagen erreicht werden (Abb. 4.20-4.21): Der Wasserverbrauch im Vergleich zu diesen Anlagen ist bei Sprinkleranlagen der doppelte und bei einem Löscheinsatz der Feuerwehr der 50-fache. Entscheidend ist auch, dass das zerstäubte Wasser senkrechte Flächen von Wänden, Bildern und anderen Ausstattungsgegenständen nicht benetzt. Der katastrophale Brand der Notre-Dame-Kathedrale 2019 in Paris hat direkt zum Einbau von Wassernebel-Löschanlagen in einigen Objekten zum Schutz historischer Dachstühle bewogen. Ein hervorragendes Beispiel kann hier der Dom zu Eichstätt (Oberbayern) sein, wo bei der letzten Gesamtsanierung (2019-2024) auf dem Dachboden eine Wassernebel-Löschanlage mit vier Feuerwehr-Anschlüssen an einem Seitenportal installiert wurde (Abb. 4.22).

Abb. 4.20: Löschwassereinspeisung für die Sprühwasserlöschanlage im Kirchturm (Wallfahrtskirche Andechs)

Abb. 4.21: Wassernebellöschanlage in einer Bibliothek (Stadtbibliothek in der Jakobikirche in Mühlhusen) (Quelle: Stefan Zeuch, Stadtverwaltung Mühlhausen/Thüringen)

Abb. 4.22: Wassernebel-Löschanlage auf dem Dachboden im Dom zu Eichstätt

4. **Anlagen für Dauerinertisierung**, die im Brandfall kein Löschmittel verwenden, sondern durch ein niedriges Niveau der Sauerstoffkonzentration (ca. 15 %) eine Zündung und Verbrennung fast ausschließen (Schremmer, 2001a). Man kann eine Grundinertisierung einbauen (Sauerstoffgehalt ca. 15 %, stundenweise 13 bis 14 %), bei der der Aufenthalt von Personen unter Sicherheitsmaßnahmen möglich ist, und eine Vollinertisierung, die eine Löschanlage ersetzt und für nicht begehbare Räume geeignet ist (Sauerstoffkonzentration 11 bis 12 %). Außerdem ist eine Mischform sinnvoll, bei der die Vollinertisierung für eine bestimmte Zeit, z. B. für die Arbeitszeit im Raum, auf die Grundinertisierung umgestellt wird (Abb. 4.23-4.24).

   Durch das Ausschließen eines Brandes

- bleiben unersetzbare Dokumente, Artefakte, Exponate, Sammlungen, Datenträger und Daten erhalten,
- kann keine Kontaminierung der Umgebung und der Kulturgüter durch Ruß stattfinden,
- wird keine Beschädigung der Kulturgüter durch Brand oder Löschwasser erfolgen und
- entsteht ein dauerhafter Brandschutz ohne Beeinträchtigung der Besucher, des Personals und der Exponate sowie der historischen Architektur [23].

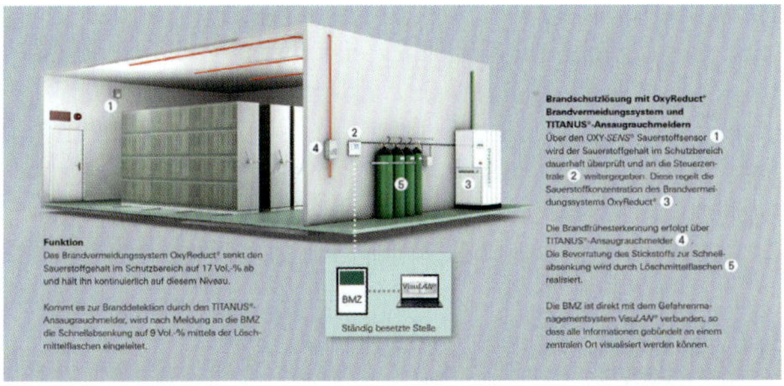

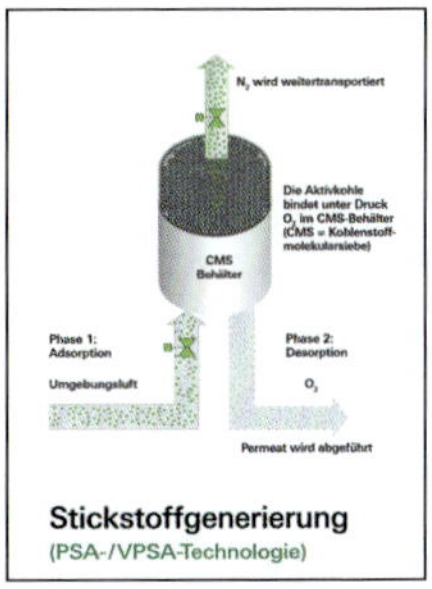

Abb. 4.23-4.24: Das Brandvermeidungssystem OxyReduct©, Funktionsweise (Quelle: WAGNER Group GmbH)

5. **Rauchabzugsvorrichtung** in Form eines umgerüsteten historischen Fensters (z. B. in einem Treppen- oder Versammlungsraum, in einer Schlosskirche), einer Rauchabzugsklappe im Dach oder einer Entrauchungsanlage bzw. Überdruckbelüftungsanlage (Abb. 4.25-4.27). Historische Farbfenster so umzurüsten, dass sie im Brandfall geöffnet werden können, ist wesentlich vorteilhafter, als sie beim Brandeinsatz einschlagen zu müssen, um die erforderliche Entrauchung zu bewirken.

Abb. 4.25: Fenster als Rauchabzug in einer Kirche

Abb. 4.26-4.27: Historische Fenster als Rauchabzug in einem Treppenraum umgerüstet (Wartburg, Eisenach) (Quelle: Wartburg-Stiftung Eisenach)

6. **Löschwasserentnahmestelle** direkt am Baudenkmal (Abb. 4.28 und 4.29). Wenn keine oder eine nicht ausreichend leistungsfähige öffentliche Hydrantenleitung am Bauwerk verlegt ist, sind entsprechende Einrichtungen für die Löschwasserversorgung zu errichten: Löschwasserteich, Löschwasserbehälter (Wasservorrat mind. 500 bis 600 m^3), Löschwasserbrunnen oder Wasserleitung von den in weiterer Entfernung vorhandenen natürlichen Gewässern.

Abb. 4.28: Löschwasserzisterne und Löschwassereinspeisestelle für trockene Steigleitungen für ein Schloss (Schloss Rhoden)

Abb. 4.29: Löschwasserentnahmestelle an der Gräfte eines Wasserschlosses (Schloss Crassenstein in Wadersloh-Diestedde/Münsterland)

7. **Feuerlöscher** in allen Bereichen des Bauwerks (Abb. 4.30-4.31); Feuerlöscher sind zwar keine Ausstellungsstücke in Kulturdenkmälern, müssen jedoch auf jeden Fall sofort verfügbar sein. Besonders geeignet sind hier Wasserlöscher und Schaumlöscher – keine Pulverlöscher.

Abb. 4.30: Eine unkonventionelle Kennzeichnung von Löschgeräten im Schloss Stolberg (Harz) (Quelle: Wolfgang Zimpel, Deutsche Stiftung Denkmalschutz)

Abb. 4.31: Feuerlöscher und Feuerschutztür auf einer Burg (Wartburg, Eisenach) (Quelle: Wartburg-Stiftung Eisenach)

Weitere Beispiele von historischen Objekten mit eingebauten Brandschutzeinrichtungen finden sich im Brandschutzspezial 2010 des bvfa (bvfa, 2010).

4.5.4 Brandschutzmanagement

In Baudenkmälern sind neben den baulichen und technischen Brandschutzmaßnahmen organisatorische Maßnahmen zur

- Brandverhütung,
- Brandbekämpfung und
- Kulturgutbergung

sehr wichtig und erforderlich.

Zur Brandverhütung sollten insbesondere folgende Maßnahmen vorgenommen werden:

1. Einbau einer **Einbruchmeldeanlage** zur Verringerung der Brandstiftungsgefahr.
2. Gründliche Überprüfung aller elektrischen **Kabel, Verteiler und Geräte** durch eine Elektrofachfirma oder einen Sachverständigen. Veraltete und defekte elektrische Anlagen und Kabel müssen ausgetauscht werden. Besonderes Augenmerk gilt elektrischen Leitungen in Zwischendecken, Fehlböden und an Dachstühlen.
3. Unabhängig davon, ob **PV-Anlagen** auf Baudenkmälern aus Denkmalschutzgründen überhaupt installiert werden sollen (VdL, 2010), ist bei Photovoltaikanlagen zunächst darauf zu achten, dass sie Brandabschnitte und Brandwände nicht überbrücken. Bei Komponentenauswahl, Planung, Installation und Wartung muss auf bestmögliche Qualität geachtet werden. Es ist wesentlich wahrscheinlicher, dass ein Lichtbogen in einem schlecht ausgeführten PV-System entsteht als in einer qualitativ hochwertigen Anlage (TÜV Rheinland; Fraunhofer ISE, 2015). In Bezug auf die Brandbekämpfung ist die Anwendungsregel VDE-AR-2199-712 zu beachten. Die PV-Anlagen sind mit einem Warnschild für die Feuerwehreinsatzkräfte zu kennzeichnen.
4. Überprüfung **aller Kamine und Feuerstätten** durch einen Schornsteinfegermeister. In die Kamine hineinragende Balkenköpfe, an Holzbalken verlaufende Rauch- und Wasserdampfrohre, auf Holzbalken aufgesetzte und von Rissen durchzogene sowie im Dachraum geschleifte Kamine sind Brandursachen durch Feuerungsanlagen. Die schadhaften Kamine und Heizungsanlagen müssen abgeschaltet und durch neue ersetzt werden.
5. Alle **feuergefährlichen Bauarbeiten** dürfen nur äußerst vorsichtig und ausschließlich durch Fachfirmen und ausgebildete Mitarbeiter durchgeführt werden. Wie aus Brandberichten bekannt ist, entstehen Brände in Baudenkmälern beim unvorsichtigen Schweißen, Schneiden, Heißkleben, Löten und Abflämmen, vor allem an Dachstühlen und Heizungsrohren. Die brennbaren Holzteile und Dämmstoffe entzünden sich dabei sowohl direkt durch die offene Flamme und Schweißperlen als auch durch erhitzte Metallteile wie z. B. Rohre. Feuergefährliche Arbeiten sollten nur mit einem entsprechenden Erlaubnisschein durchgeführt werden. Es müssen bei diesen Arbeiten entsprechende Vorsorgemaßnahmen getroffen werden, z. B. Feuerlöscher und Löschdecken bereitgestellt und die Umgebung der Arbeitsstelle ständig überprüft werden.
6. Generelle Überprüfung, Messung und Reparatur durch eine Fachfirma der bestehenden **Blitzschutzanlagen** sowie Installation neuer Anlagen, falls keine vorliegen.
7. **Organisatorische Festlegung des Verhaltens** des Personals und der Besucher in Hinblick auf mögliche Brandgefahren (Brandschutzordnung nach DIN 14096), z. B.: Benutzung, Wartung und Abschaltung von Geräten, Schließen von Fenstern und Türen, Nutzung der Rettungswege, Rauchverbot, Überprüfung der Räume nach Betriebsschluss, Verwendung von Kerzen.

Abb. 4.32: Flucht- und Rettungsplan mit Brandschutzordnung in einem Schloss (Residenzschloss Bückeburg/Schaumburg-Lippe)

8. Für den Zweck der effektiven Einsatzführung sollten entsprechende **Feuerwehreinsatzpläne** vorbereitet werden. Die örtlichen Feuerwehren und Hilfsorganisationen sind nicht immer mit den Gegebenheiten und Gefahrensituationen in Baudenkmälern ihres Einsatzgebietes vertraut. Da sich die Brandeinsätze als äußerst schwierig erweisen und eine große Anzahl von Einsatzkräften sowie Lösch- und Rettungsgeräten beanspruchen, müssen sie planmäßig vorbereitet werden. Außer den löschtaktischen Aufgaben ergeben sich immer Probleme bei der Bergung von Kulturgut. Diese Bergung bedarf ebenfalls einer Planung, vor allem in Hinblick auf Reihenfolge, Art der Schutzmaßnahmen für bewegliches und unbewegliches Kulturgut und Unterbringung der geretteten Gegenstände außerhalb der Brandobjekte. Die Entscheidung darüber, welche Kulturgüter und Kunstgegenstände zunächst geborgen oder geschützt werden sollen, kann nicht die Feuerwehr treffen (Kapitel 6).

   Die Eigentümer von Baudenkmälern sollten auf die örtlichen Feuerwehren zugehen und gemeinsam mit der Denkmalpflege einen Einsatzplan erarbeiten oder durch Brandschutzfachleute erstellen lassen. Der Feuerwehr(einsatz)plan muss insbesondere folgende Teile enthalten:

   - Lageplan mit Zufahrten und Löschwasserversorgung,
   - Grundrisse der Geschosse mit Eintragung der Kulturgüter und Hinweisen über ihre Wertigkeit und Dringlichkeit der Bergung,
   - Bergungsplan mit Angaben über die Art und Weise der Kulturgutbergung (Demontieren, Austragen oder Abdecken) und Ausweisung der Räume zur Sicherung des Kulturgutes,
   - Alarmierungsplan für die Feuerwehreinheiten und andere fachkundige Personen und Stellen sowie Hilfsdienste,
   - Festlegung der erforderlichen Lösch- und Rettungsgeräte,
   - taktische Hinweise für das Vorgehen beim Löschen.

Feuerwehrpläne sollten insbesondere für folgende Objekte und Objektgruppen, in denen sich Kulturgüter von hohem Wert befinden, erstellt werden:

- Burgen und Schlösser,
- Museen und Ausstellungshallen,
- Bibliotheken und Archive,
- Dome, Kathedralen, Stadtkirchen, Stiftskirchen,
- Klosteranlagen, Klosterkirchen,
- Verwaltungsgebäude (historische Rathäuser, Parlamentsgebäude),
- Versammlungsstätten (Opernhäuser, Theatergebäude),
- Türme (Beherbergungsbetriebe),
- Schul- und Hochschulkomplexe,
- Ausgedehnte Industriedenkmäler.

Der Feuerwehreinsatzplan muss ständig aktualisiert werden und empfiehlt sich auch als Grundlage für Feuerwehrübungen an den Bauwerken. Den örtlichen Feuerwehren sollte die Möglichkeit gegeben werden, historische und wertvolle Objekte in ihrem Zuständigkeitsbereich öfters zu begehen und an den Objekten selbst Übungen durchzuführen.

9. In Städten und Ortschaften mit historischen Ortskernen, insbesondere Fachwerkbebauung, sollte seitens der Stadt- bzw. Gemeindeverwaltung überlegt werden, ob es nicht geboten wäre, zu Silvester ein Feuerwerksverbot durch eine Verordnung einzuführen, zumal das Abbrennen pyrotechnischer Gegenstände in unmittelbarer Nähe von Kirchen, Krankenhäusern, Kinder- und Altersheimen sowie besonders brandempfindlichen Gebäuden oder Anlagen sowieso das ganze Jahr verboten ist [24]. Mehrere Städte tun das, um die gesamten Stadtkerne mit ihren historischen Fachwerkhäusern, gotischen Dächern, Kirchen, Klöstern und Rathäusern vor Feuer durch Silvesterraketen zu schützen [24a]. Bei einer sehr engen Bebauung kann sich Feuer hier besonders schnell ausbreiten, zugleich erschweren die engen Gassen die Arbeit der Einsatzkräfte im Brandfall. Das ist auch brandgefährlich für die Menschen, die in der Stadt leben.

4.6 Kompensationsmaßnahmen

4.6.1 Grundsätze

In Baudenkmälern können für bestimmte erforderliche Brandschutzmaßnahmen Kompensationsmaßnahmen vorgesehen werden. Die Begründung für den Verzicht auf einige bauliche Brandschutzmaßnahmen und ihren Ersatz durch meist anlagentechnische Maßnahmen kann

- in der Unverhältnismäßigkeit der Mittel,
- im Denkmalschutz und
- im baurechtlichen Bestandschutz liegen.

Bauliche Brandschutzmaßnahmen, die die unmittelbare Sicherheit für Gesundheit und Leben gewährleisten, können nicht ersetzt werden. Dazu zählt in erster Linie die bauliche Sicherung von Rettungswegen. In flächenmäßig kleineren Baudenkmälern bzw. in Bauten, die keine klassischen Aufenthaltsräume haben, kann unter Umständen und mit abgestimmten Kompensationsmaßnahmen auch auf den zweiten Rettungsweg verzichten werden (MVI BW, 2014) (Kabat, 2016).

4.6.2 Anerkannte Kompensationsmaßnahmen

Es gibt keine offiziellen Vorschriften und Richtlinien mit Listen oder Beispielen von eingeführten Kompensationsmaßnahmen. Folgende sind in der Bau- und Genehmigungspraxis von Denkmälern anerkannt:

- Automatische Löschanlage (Sprinkleranlage, Wassernebellöschanlage) statt der Erhöhung der Feuerwiderstandsdauer von Decken und Wänden,
- automatische Brandmeldeanlage im Vollschutz und mit Aufschaltung auf die Feuerwehrleitstelle statt der Erhöhung der Feuerwiderstandsdauer von tragenden Bauteilen und Trennwänden,
- automatische Brandmeldeanlage für fehlende Feuerwiderstandsdauer der Dächer,
- Löschanlage (Sprinkleranlage, Wassernebellöschanlage) statt der nachträglichen Herstellung von Brandwänden,
- Sprinkleranlage oder automatische Brandmeldeanlage für die Beibehaltung von Deckenöffnungen (Atrien, überdachte Innenhöfe),
- Außentreppen oder zusätzliche Treppenräume für die Beibehaltung von Holztreppen oder offener Treppenanlagen in unveränderter Form (Abb. 4.33),
- Wassernebellöschanlage im historischen Treppenraum statt Verkleidung der Holztreppen (Abb. 4.34),
- Brandschutzverglasungen und transparente Brandschutzsysteme für massive Trennwände, Treppenraumwände und Überdachungen,

- Rauch- und Wärmeabzüge sowie Rauchabführungssysteme statt der Erhöhung der Feuerwiderstandsdauer von tragenden Bauteilen und für übergroße Brandabschnitte (Abb. 4.35),
- mechanische Rauchabführung aus historischen Treppenräumen statt bautechnische Ertüchtigung,
- Abschottung des Treppenraumes von den Geschossen durch Rauch- und Feuerschutztüren statt bauliche Ertüchtigung.

Neben den einzelnen Maßnahmen zur Kompensation bestimmter Bauzustände sind in komplexen Bauten bauliche und technische Kompensationsmaßnahmen erforderlich, die mit zusätzlichen betrieblichen Maßnahmen aufeinander abgestimmt sind.

Für eine ausführliche Sammlung von geeigneten Kompensationsmaßnahmen in Baudenkmälern siehe Tabelle 6 in Geburtig (2009a). Weitere Vorschläge für Kompensationsmaßnahmen beinhaltet der „Brandschutzleitfaden für Gebäude des Bundes" (BMIBH, 2029).

Abb. 4.33: Eine Außentreppe an einem Museum als Kompensationsmaßnahme für das Beibehalten er historischen Holztreppe im Gebäude (Haus Hövener, Brilon)

Abb. 4.34: Ein historischer Holztreppenraum mit Wassernebel-Löschanlage in einem Schloss (Schloss Crassenstein in Wadersloh-Diestedde/Münsterland)

Abb. 4.35: Rauchansaugsystem in einer Kirche (ev. St. Johannis-Kirche in Göttngen); erkennbare Ansaugöffnung im Gewölbe

5 Brandschutz historischer Sonderbauten

5.1 Historische Sonderbauten

Aufgrund öffentlichen Interesses und ihres Denkmalwerts stehen heute nicht nur die typischen historischen Bauten wie Wohnhäuser, Schlösser und Burgen unter Denkmalschutz, die im Verlauf ihrer Geschichte Wohngebäude waren bzw. noch sind. Immer öfter werden auch Bauten mit historischer Bedeutung unter Denkmalschutz gestellt, die für die breite Öffentlichkeit zur Verfügung stehen oder für besondere Zwecke gebaut und genutzt werden. Diese Bauten werden **Sonderbauten** genannt, weil sie für eine andere Nutzung als zum Wohnen bestimmt sind. Solche Sondernutzungen in historischen Objekten können Versammlungen, Ausstellungen, Produktionen, Lagerungen, Beherbergungen oder Schulungen sein.

Eine komprimierte Darstellung einiger ausgewählter Baudenkmaltypen (Sonderbauten) und ihrer konstruktiven Bauteile soll ihre Brandschutzlage verdeutlichen und Möglichkeiten sowie Notwendigkeiten der Schutzmaßnahmen kurz erläutern. Als **Brandschutzausrüstung** wird der Bestand an Brandschutzeinrichtungen und die brandschutztechnische Absicherung verstanden, d. h. nachträgliche oder im Rahmen einer Instandsetzung ausgeführte Brandschutzmaßnahmen. Ausgewählt wurden folgende Typen von Baudenkmälern:

- Kirchen und Klöster,
- Burgen und Schlösser,
- Bibliotheken, Archive und Museen,
- Schulen und Hochschulbauten,
- landwirtschaftliche Hofanlagen und Fachwerkbauten,
- Türme und Industriebauten.

Abb. 5.1: Ein stattliches Holzfachwerkgebäude, als Gärtnerhaus für die Mitarbeiter der Hofgärtnerei der Fürstlichen Residenz Bad Arolsen 1819 – 1921 erbaut; heute ein luxuriöses 4-Sterne-Hotel (Welcome Hotel Bad Arolsen, Waldeck-Frankenberg)

Abb. 5.2: Heiligen-Geist-Hospital in Lübeck; 1286 erbaut, schon während der Reformationszeit in ein Altenheim umgewandelt und bis heute so genutzt; eine der ältesten Sozialeinrichtungen Europas (Quelle: Anne Bermüller / pixelio.de)

Diese Bauwerke werden nach folgendem Schema dargestellt und analysiert:

- Einleitung zum Baudenkmaltyp,
- Analyse des charakteristischen Gefahrenpotentials,
- vorbeugende Brandschutzmaßnahmen – für den konkreten Bauwerktyp besonders charakteristisch bzw. erforderlich,
- Beispiele von in den letzten Jahren sanierten, modernisierten und brandschutztechnisch ertüchtigten Bauwerken des jeweiligen Baudenkmaltyps.

5.2 Kirchen und Klöster

Kirchen

Kirchenbesucher bewegen und versammeln sich in Kirchen (Abb. 5.3) meist in den ebenerdig gelegenen Kirchenschiffen (Haupt- und Seitenschiffe). Manche – auch kleinere – Kirchen haben offene Emporen auf bis zu drei Ebenen, die über offene Treppen vom Kirchenschiff erschlossen sind. Wallfahrtskirchen können mehrere tausende Kirchenbesucher und Wallfahrer anziehen (Abb. 5.4).

Die meisten Kirchen haben angebaute Kirchtürme, in denen auf den obersten Ebenen meist Glocken hängen (Glockenstuhl) und Uhrwerke eingebaut sind. In Kirchtürmen sind auch andere Nutzungen wie Technik- und Lagerräume anzutreffen.

In Deutschland stehen denkmalgeschützte Kirchengebäude aus allen Bauepochen – von der Antike bis zur Moderne. Sinkende Zahlen der Gemeindemitglieder und Gottesdienstbesucher einerseits und steigende Unterhaltungskosten andererseits veranlassen viele Kirchengemeinden zu einer Mischnutzung oder gänzlichen Umnutzung ihrer Kirchen. In die „zu groß gewordenen" Kirchenschiffe werden mehrere Geschosse eingebaut, auf denen verschiedene Räume und Raumgruppen genutzt werden (Kabat, 2021).

Abb. 5.3: Michaeliskirche in Hildesheim (Niedersachsen); 11. Jh., außergewöhnliches Zeugnis der Baukunst der Romanik; UNESCO-Weltkulturerbe seit 1985

Abb. 5.4: Der Kapellplatz vor der Gnadenkapelle und den Kirchen in Altötting (Oberbayern) dient als großer Versammlungsplatz.

Klöster

Ein Kloster ist eine bauliche Anlage, in der Menschen (meist Mönche oder Nonnen) in einer auf die Ausübung ihrer Religion konzentrierten Lebensweise zusammenleben. Die Klosteranlage besteht in der Regel aus Kult-, Wohn- und Wirtschaftsgebäuden und eventuell noch weiteren Bauwerken. Die Klosterkirche bildet meist den räumlichen und geistlichen Mittelpunkt einer Klosteranlage (Kabat, 2012c, 2021).

Eine mittelalterliche Klosteranlage bestand aus vier Hauptbereichen, die oft heute noch identifiziert werden können: Kirche mit innerem Kloster (Dormitorium, Refektorium, Kreuzgang), Wirtschaftsbereich (landwirtschaftliche Gebäude, Werkstätten), Gebäude mit öffentlichen Funktionen (Schule, Gästehaus) und Noviziat mit Spital. Das ideale Kloster der Barockzeit ist eine Vierflügelanlage. Sie entstand meistens durch Verwandlung der alten großen Stifte oder durch Abriss und Neubau.

Barockklöster haben in der Regel folgende Gebäudegruppen: Kirche, Konventbau mit Kreuzgang (als Klausur anstelle des inneren Klosters, mit Zimmern der Mönche), Prälatur (Klosterleitung, Gästehaus, Bibliothek, Festsaal) und Wirtschaftshof (Abb. 5.5).

Abb. 5.5: Benediktinerabtei Ettal (Oberbayern) als Beispiel einer großen Klosteranlage (Quelle: Matthias Lohse / pixelio.de)

Viele historische Klosteranlagen in Deutschland werden nicht mehr als Klöster genutzt. Dies ist noch Teil der Auswirkung der Reformation des 16. Jahrhunderts und insbesondere der Säkularisation infolge des Reichsdeputationshauptschlusses von 1803, aber auch der Aufgabe der Klosternutzung in den letzten Jahren (Abb. 5.6). In den ehemaligen Klosteranlagen sind nun alle möglichen Nutzungen anzutreffen: Wohnungen, Pflegeheime, Schulen und Bildungseinrichtungen, Beherbergungsbetriebe (Hotels, Exerzitienhäuser), Museen und Ausstellungsräume, Archive, Versammlungsstätten, Büros, Gaststättenbetriebe, Kultur- und Begegnungszentren, Werkstätten und Gewerbe, Klosterläden. Es gibt Regionen in Deutschland, in denen von vielen, einst wichtigen Klöstern nur noch Ruinen stehen, aber auch solche, in denen das Klosterleben in den großen und bekannten Abteien ebenso weitergeht wie in kleineren Häusern. Nicht wenige Klosteranlagen werden gemischt genutzt, d. h. ein Teil als Kloster und der andere weltlich. In vielen Fällen steht die säkulare Nutzung z. B. als Internat, Krankenhaus oder Verwaltung im Vordergrund.

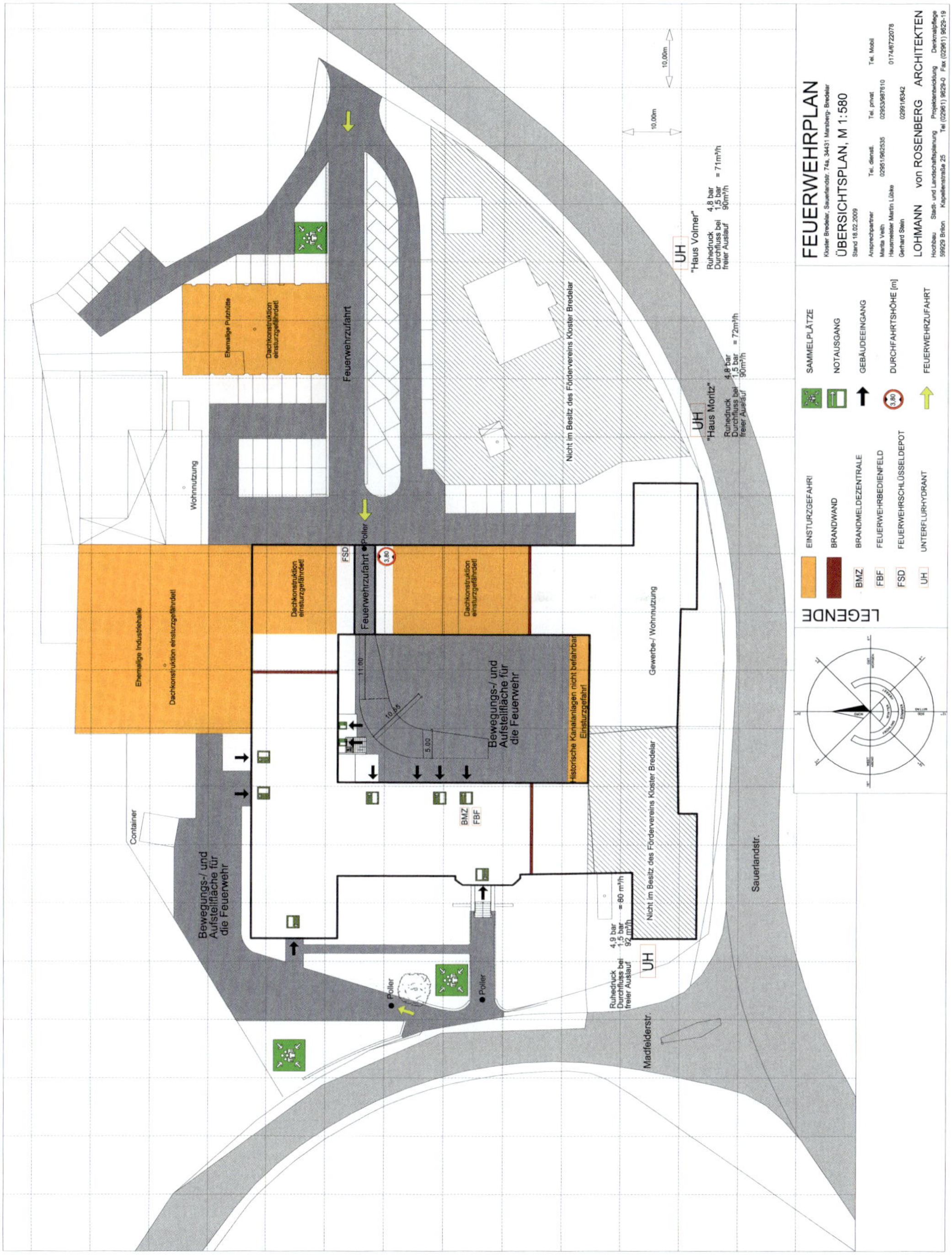

Abb. 5.6: Ehemalige Klosteranlage Bredelar in Marsberg (Sauerland), Auszug aus dem Feuerwehrplan; 1170 als Prämonstratenserinnenkloster gegründet, 1787 als Zisterzienserkloster niedergebrannt und wiederaufgebaut, 1804 als Kloster aufgehoben, danach Eisengießerei, ab 2002 Restaurierung und Neunutzungen (Planung und Zeichnung: Lohmann von Rosenberg Architekten, Brilon) (Quelle: Lohmann von Rosenberg Architekten)

5.2.1 Brandgefahren

Kirchen

Entsteht in einer Kirche ein Feuer, so brennt sie häufig entweder bis auf die Außenmauern ab oder aber Rauch und Ruß richten solche Schäden im Kircheninneren und an der Ausstattung an, dass sie vollständig renoviert werden muss und die Ausstattung verloren geht. Kirchen sind Bränden in den meisten Fällen wehrlos ausgesetzt, da an ihnen noch immer zu selten vorbeugende Brandschutzmaßnahmen vorgenommen werden und die Feuerwehr entsprechend kaum Chancen zur Rettung hat (Kabat, 2012b, 2018a, 2021) (Abb. 5.7).

Abb. 5.7: Wallfahrtskapelle in Rasdorf (Osthessen) nach dem Brand 1996

Die überwiegende Zahl der Kirchen stellt als Gebäude einen einzigen großen und sogar mehrgeschossigen Brand- und Rauchabschnitt dar. Getrennt sind Teile des Kirchengebäudes meistens durch brandschutztechnisch unwirksame Holztüren, -klappen, -decken, -kuppeln und -wände. So sind auch die Hauptteile der Kirchen voneinander brandschutztechnisch nicht abgetrennt: Die Kirchtürme nicht von den Dachräumen, die Sakristei nicht vom Kirchenschiff, die Untergeschosse nicht vom Kirchenschiff, das Kirchenschiff nicht von den Dachräumen (Abb. 5.8-5.11).

Abb. 5.8-5.9: Der häufigste und gefährlichste Brandschutzmangel in Kirchen: Holztür bzw. offener Durchgang zwischen Kirchturm und Dachboden

Abb. 5.10-5.11: Alte Feuerschutztüren in einer Kirche, die ausgetauscht werden sollten

Brände in Kirchen werden oft zu spät entdeckt und können somit nur selten auf ihren Entstehungsort begrenzt werden. Auf Dachböden, an Altären, Krippen, der Sakristei, dem Kirchturm und der Orgelempore, wo in Kirchen laut Statistiken am häufigsten Brände ausbrechen, sind in der Regel keine Brandmelder montiert. Eine Auswahl markanter Kirchenbrände der letzten Jahre (2017-2024) zeigt Tabelle 5.1 (siehe auch Kabat, 2023).

Tabelle 5.1: Großbrände in Kirchen in Deutschland (Auswahl aus den Jahren 2017 bis 2024)

Kirche	Ort / Region	Datum	Brand-ursache	Schäden / Verluste
Kath. St. Martin-Kirche	Altmannstein-Steinsdorf / Oberbayern	03.03.2017	technischer Defekt	Dachstühle, Orgel und Kirchenbänke zerstört, Löschwasserschäden
Ev. Thomas-kirche	Espelkamp / Ostwestfalen	08.03.2018	Dachdecker-arbeiten	Stahlkonstruktion mit Kupferplatten des Glockenturms beschädigt, Löschwasserschäden
Kath. St. Jodok-Kirche	Ravensburg / Oberschwaben	10.03.2018	Brandstiftung	Dachstuhl vom Seitenschiff zerstört, Kirche verrußt
Ev-luth. Kirche St. Bartholomäus	Brake-Golzwarden / Unterweser	04.07.2019	Brandstiftung	Dachstuhl teilweise zerstört, Altarraum beschädigt, Löschwasserschäden
Ev. Maria-Magdalenen-Kirche	Eberswalde / Barnim	02.12.2019	Elektrischer Strahler	Teile der Empore und des Gestühls verbrannt, Löschwasserschäden, fetthaltige Rußablagerungen
Ev. Jeremia-Kirche	Berlin-Spandau	24.09.2020	Fahrlässigkeit / Dacharbeiten	Zinkblechdach teils zerstört, 2,5 Tage Löscheinsatz

Kath. Kirche St. Mariä Himmelfahrt	Gelsenkirchen / Ruhrgebiet	05.04.2021	Brandstiftung	Sakristei ausgebrannt, Schäden im Kirchenschiff und am Dach
Ev. St. Jürgen-Kapelle	Wolgast / Vorpommern	13.06.2021	Brandstiftung	Decke teilweise eingestürzt, Dachstuhl, Altarraum und Orgel beschädigt
Ev. Christuskirche	Utting am Ammersee / Oberbayern	25.08.2021	unbekannt	hist. Holzknüppelkirche ausgebrannt und weitgehend zerstört, Dachstuhl eingestürzt
Ev. Paul-Gerhardt-Kirche	Berlin-Prenzlauer Berg	20.01.2022	Brandstiftung	Altar, Altarbild und Orgel zerstört, starke Rußschäden
Baptisten-Friedenskirche	Singen / Bodensee	20.03.2022	Brandstiftung	Totalschaden, bis auf die Grundmauer ausgebrannt
Ev. Kirche	Nordhofen / Westerwald	19.05.2022	Dacharbeiten (?)	Kirchturmspitze stark beschädigt
Neuapostolische Kirche	Sigmarswangen / Sulz am Neckar	16.12.2022	technischer Defekt	Hauptaltar niedergebrannt, starke Verrußung des Kircheninneren
Kath. Kreuzerhöhung-Kirche	Wissen / Westerwald	10.02.2023	Brandstiftung	barocker Hochaltar vollständig verbrannt, starke Zerstörungen im Kirchenschiff
Kath. St. Lambertus-Kirche	Merzenich-Morschenich / Niederrhein	17.04.2023	unbekannt	Totalverlust, bis auf die Grundmauern ausgebrannt, 2019 entwidmet
Orth. Ost-West-Friedenskirche	München-Olympiapark	11.06.2023	technischer Defekt (Elektro)	vollständig niedergebrannt
Ev. Stadtkirche	Großröhrsdorf / Sachsen	04.08.2023	Brandstiftung	bis auf die Grundmauern einschließlich Turm ausgebrannt
Deutsch-Koreanisch-Ev. Kirche Holy Spirit Church	Bramstedt / Hagen im Bremischen	19.08.2023	unbekannt	bis auf die Grundmauern ausgebrannt
Kath. St. Josef-Kirche	Widdern / Heilbronn-Franken	10.08.2024	unbekannt	Totalschaden – vollständig abgebrannt, niedergerissen
Ev. Dionysiuskirche	Bremerhaven-Wulsdorf	15.10.2024	technischer Defekt (Elektro)	Kirchturmspitze abgebrannt

Abgesehen von Dacharbeiten als große Gefahrenquellen entstehen Brände in Kirchen vor allem durch mangelhafte und fahrlässig genutzte elektrische Anlagen (Abb. 5.12). Anscheinend wird seitens der Pfarrer und Kirchengemeinden den unzugänglichen, veralteten sowie überlasteten und auf Holz verlegten Elektrokabeln und Elektrogeräten wenig Aufmerksamkeit geschenkt und der Gefahr von nicht abgeschalteten Heizkissen in Beichtstühlen oder anderen Heizgeräten wenig Bedeutung beigemessen. Elektrische Anlagen gelten in Kirchen als häufigste Brandursache (Tabelle 5.2).

In den meisten Kirchen brennen zudem unbeaufsichtigt Kerzen, insbesondere Opferkerzen. Sie können meist an bereits brennenden Kerzen oder in manchen Kirchen mit bereitliegenden Zündhölzern oder sogar Feuerzeugen (Abb. 5.13) angezündet werden. Diese bereitgestellten Hilfsmittel werden offensichtlich auch für Brandlegungen eingesetzt.

Tabelle 5.2: Brandursachen in Kirchen in Deutschland – nach Zündquellen und Zündursachen (725 Brände, 1949-2020) (Kabat, 2021, 2023b)

%	Anzahl der Brände	Zündquelle	Zündursache	Anzahl der Brände	%
16,1	117	Elektrische Betriebsmittel	Brandstiftung vorsätzlich	357	49,2
36,5	265	Zündholz, Feuerzeug	Fahrlässigkeit	114	15,8
5,0	36	Schweißgerät u. Ä.	technischer Defekt	107	14,8
17,2	125	Kerze	Bau- u. Reparaturarbeiten	33	4,5
3,6	26	Blitzeinschlag	Naturereignis	26	3,6
2,1	15	Feuerungsanlage	sonstige	9	1,2
1,1	8	Kohle, Asche, Weihrauchfass	unbekannt	79	10,9
5,0	36	sonstige		725	100,0
13,4	97	unbekannt			
100,0	725				

Abb. 5.12-5.13: Mögliche Brandursachen in Kirchen; Abb. 5.12: Elektrische Anschlüsse in einem Beichtstuhl (Quelle: Alfons Hennemann); Abb. 5.13: Offen liegende Zündholze

Kirchtürme stellen eine besonders hohe Brandgefährdung dar. Wenn brennende Kirchturmspitzen auf Dachstühle einstürzen, setzen sie diese sofort in Brand. Nicht selten nehmen Kirchenbrände ihren Anfang in den Türmen; Brandursachen sind Brandstiftung, Blitzeinschlag, defekte elektrische Anlagen oder Dacharbeiten an der Turmspitze (Abb. 5.14).

Abb. 5.14: Blitzeinschlag in die Kirchturmspitze der Wallfahrtskirche in Andechs am 03.05.1669 (Gemälde im Kloster Andechs)

Abb. 5.15: Mit einem wirksamen Löschstrahl nicht erreichbare Turmdächer / Dachstühle bei einem Kirchenbrand (Quelle: gino73 / pixelio.de)

Vor allem jedoch sind die oft gewaltigen Dachstühle und Kuppeln die Hauptgefährdungsbereiche: An Kirchendächern entstehen die meisten Brände, sie breiten sich dort am schnellsten aus und richten dadurch die größten Zerstörungen an (Abb. 5.15). Den Einsatzberichten von Kirchenbränden ist zu entnehmen, dass Feuer in ausgetrockneten Holzdachstühlen nicht zu beherrschen sind und an Kirchen mit barocken Dachstühlen, Hängedecken und -kuppeln weitgehende Verwüstungen anrichten. Ohne vorbeugende bauliche Brandschutzmaßnahmen am Kirchengebäude ist sowohl ein Innenangriff als auch ein Außenangriff wegen der Vielzahl der Holzkonstruktionen und der akuten Einsturzgefahr nicht möglich. Stahldachstühle und Stahlkonstruktionen der Kuppel stellen im Brandfall einer Dacheindeckung ebenfalls eine sehr hohe Einsturzgefahr dar.

Vielerorts ist eine wirksame Brandbekämpfung an Kirchen schon durch die fehlenden Feuerwehrzufahrten ausgeschlossen. Durch Erweiterung der Fußgängerzonen und Grünflächen in den Städten erscheinen plötzlich vor den Kirchen große Bäume, Treppenanlagen, Blumentrüge, Bänke, Verkaufsstellen u. a. Einrichtungen, die nicht selten die schon enge Bebauung in Hinblick auf die Brandbekämpfung zusätzlich beengen (Abb. 5.16).

Abb. 5.16: Gekennzeichnete, jedoch zugestellte Feuerwehrzufahrt zu einer Kirche

Kirchen werden in den letzten Jahren vermehrt als Konzertsäle genutzt. Entsprechend muss sich ernsthaft damit auseinandergesetzt werden, ob einige Kirchengebäude überwiegend (wie es die Versammlungsstättenverordnungen vorschreiben) dem Gottesdienst oder aber sonstigen Veranstaltungen dienen und somit die Anforderungen der jeweiligen Versammlungsstättenverordnung erfüllen müssen. Brandschutz wird heutzutage nicht nur in Schulen, Flughäfen, Türmen oder historischen Theaterbauten strenger hinterfragt, sondern auch in Kirchen. Es wird insbesondere beklagt, dass Kirchen keine Kennzeichnung oder Sicherheitsbeleuchtung der Rettungswege haben [25]. Abgesehen von der zusätzlichen Nutzung für Konzerte sollten auch für Gottesdienste alle erforderlichen Ausgänge sichtbar zur Verfügung stehen (Abb. 5.17).

Im Zuge der Misch- oder Umnutzungen werden oft mehrere Geschosse eingebaut, auf denen unterschiedliche Nutzungen stattfinden (z. B. Gemeindezentrum, Café, Bibliothek, Kindergarten) (Abb. 5.18). Für den Gottesdienst verbleibt nicht selten nur weniger als die Hälfte des Kirchenschiffes. Die gravierendsten Eingriffe in die Bausubstanz und Gestalt des Kirchengebäudes, die sich daraus ergeben, betreffen in erster Linie die bauliche Sicherung von Rettungswegen und die brandschutztechnisch wirksame Abtrennung der Nutzungseinheiten voneinander.

In den letzten Jahren werden zudem Kirchturmbesteigungen immer stärker gewünscht: Die Kirchtürme sollen bis zu einer Aussichtsplattform oder einer möglichst hochgelegenen Turmstube für das Publikum frei zugänglich gemacht werden. Hier ergeben sich Sicherheitsfragen insbesondere nach der Zahl der Besucher, die sich gleichzeitig im Turm aufhalten dürften, und nach den Rettungsmöglichkeiten aus den höheren Ebenen im Brandfall.

Abb. 5.17: Zugemauerter zweiter Ausgang aus einer Kirche

Abb. 5.18:
Ehem. kath. St. Sebastian-Kirche in Münster; Umnutzung: AWO Kindertagesstätte Südhafen

Klöster

Insbesondere die großen Abteien stellen auch heute große Baukomplexe dar und müssten aus der Sicht des Brandschutzes als in sich abgeschlossene Betriebe betrachtet werden. Sie können neben der Klosterkirche und den Wohngebäuden auch noch verschiedene Werkstätten und Betriebe umfassen, z. B. Druckereien, Bäckereien, Kunstschmieden, große Landwirtschaftsgebäude, Brennereien und Brauereien. Andere Klöster unterhalten Gymnasien, Hochschulen und Berufsschulen mit Internaten, veranstalten öffentliche Konzerte oder betreiben Gaststätten mit Gästezimmern oder Hotels.

Die Brandgefährdungen ergeben sich hier eben aus dieser gemischten Nutzung in einem Komplex. Brände in Klöstern haben gezeigt, dass vor allem die Personengefährdung in diesen Gebäuden nicht zu unterschätzen ist. Auch bei den seltenen Bränden in Klöstern in Deutschland gab es leider Tote und Verletzte. International wurde ein Brand in einem Kloster bekannt, der sieben Tote gefordert hatte (1986 im russisch-orthodoxen Kloster Zagorsk bei Moskau). Bei dem Brand in der Klosterkirche Maria Medingen in Mödingen 2015 ist eine Schwester durch Rauchvergiftung gestorben. Vor allem sind Schüler und Studenten in Internaten in Klosterkomplexen gefährdet. Meist sind die Rettungs- und Angriffswege für die Feuerwehr nicht ausreichend gesichert (Abb. 5.19), doch da die Klosteranlagen bis auf die Klosterkirche für Außenstehende oft schwer zugänglich sind, beschäftigt sich auch der Brandschutz weniger mit diesen Bauten. Brandverhütungsschauen wären hier schon hilfreich und würden insbesondere aufdecken, dass die Treppen oft nicht ausreichend brandsicher von den Geschossen abgetrennt sind oder für den zweiten Rettungsweg weder eine zweite Treppe zur Verfügung steht noch anleiterbare Fenster für die Feuerwehr vorliegen.

Abb. 5.19: Sehr enge Einfahrt in einen Klosterhof (Quelle: Löschzug Rheda)

Abgesehen von den großen Gefahren für die Menschen und Klöster sind auch die in den Gebäuden befindlichen wertvollen Kunstschätze gefährdet. Das können in erster Linie die Klosterbibliotheken sein, die wertvolle Buchausgaben aus vergangenen Jahrhunderten, Handschriften und andere einmalige Drucke verwahren. Hinzu kommen viele Gemälde, welche die Klöster besitzen, sowie Decken- und Wandmalereien.

Tabelle 5.3: Klosterbrände der letzten Jahre

Kloster	**Ort**	**Datum**	**Brandausbruchstelle / Brandursache**	**Schäden / Verluste**
Benediktiner-Priorat Nütschau	Travenbrück	06.01.2017	Blumensakristei / Elektr. Gerät	Raumausstattung verbrannt, Kirche verraucht
Zisterzienserabtei Himmerod	Großlittgen	25.07.2017	Abteikirche Treppenaufgang Orgelempore	starke Verrußung der Kirche, Orgel komplett gereinigt, Holztreppe verbrannt
Benediktinerabtei Maria Laach	Maria Laach	31.07.2018	Zimmer	
Don Bosco Schwestern / Regens-Wagner-Stiftung	Rottenbuch	18.09.2018	Dachstuhl des Schulgebäudes / Blitzeinschlag	Dachstuhl zerstört, starke Löschwasserschäden, Dachgeschoss abgerissen
Benediktiner-Abtei St. Ottilien	St. Ottilien	18.01.2021	Hackschnitzel-Lagerhalle / Brandstiftung	Totalschaden
Zisterzienser-Kloster Langwaden	Grevenbroich	27.02.2021	Zimmer	Mobiliar verbrannt, Zimmer verraucht
Redemptoristen-Kloster	Bonn-Auerberg	18.12.2021	Flur / Fahrlässigkeit mit Adventskranz	Verrauchung des Klosters
St. Vinzenz-Schwesternhaus	Borchen-Kirchborchen	21.05.2023	Küche / Fahrlässigkeit mit heißgemachtem Wachs	Schwesternwohnbereich verraucht, zwei Ordensschwestern mit Rauchgasvergiftungen und leichten Verbrennungen
Steyler Missionspriesterseminar	Sankt Augustin	15.11.2023	Dachgeschoss / technischer Defekt (Kühlschrank)	Dachgeschoss ausgebrannt, fünf Personen mit Rauchvergiftung, Löschwasserschäden in der Kirche
Alexianer-Kloster	Münster-Amelsbüren	19.09.2024	Klostergärtnerei	Totalschaden

Einige Abteien haben bereits ihre eigene Brandgeschichte, brannten mehrmals im Laufe der Jahrhunderte und wurden wiederaufgebaut. Die Brandursachen sind heute die gleichen wie in sonstigen Gebäuden und oft die Folge von Reparaturarbeiten.

Brände haben in den letzten Jahrzehnten meistens die Obergeschosse der Klostergebäude und vor allem in einem Zug bis 200 Meter lange und mehrere hundert Jahre alte Holzdachstühle zerstört, z. B. 1949 im Franziskaner-Kloster in Kamp-Bornhofen, 1954 im Refektorium der Benediktinerabtei St. Mathias in Trier, 1964 im Kloster Andechs, 1964 in der Abtei Münsterschwarzach, 1977 in der ehemaligen Benediktinerabtei St. Blasien und 1979 im Kloster Benediktbeuern. Klosterbrände aus den letzten Jahren sind in der Tabelle 5.3 dargestellt. Dass durch die schnelle Ausbreitung von Bränden über Dachböden und Dachstühle meistens der ganze Klosterkomplex einschließlich der Klosterkirche bedroht ist, liegt auf der Hand.

Das hohe Gefahren- und Verlustpotential ergibt sich in Klöstern aus folgenden Gegebenheiten:

- große Baukomplexe mit unterschiedlicher Nutzung zum Teil durch hohe Anzahl von Kindern, Jugendlichen und Gästen,
- bedeutende Bauwerke und Kulturgüter, vor allem in Klosterkirchen und -bibliotheken,
- brennbarer Ausbau, vorwiegend aus Holz und
- fehlende brandschutztechnische Abtrennungen und Brandabschnitte.

Zusätzliche und nutzungsbedingte Gefahren entstehen in ehemaligen Klosteranlagen, die nicht mehr als Klöster genutzt werden. Diese ergeben sich aus der geplanten Nutzungsänderung des Klosters und der bestehenden historischen Bausubstanz. Oft ist ohne Umbauten und brandschutztechnische Ertüchtigung die neue Nutzung einer ehemaligen Klosteranlage nicht möglich (Abb. 5.20-5.21).

Ähnliche Problematiken entstehen, wenn Klöster in historischen Objekten eingerichtet werden, die für ein Klosterleben nicht gedacht und gebaut waren (Abb. 5.22).

Abb. 5.20: Ehemalige Zisterzienserabtei Marienfeld in Harsewinkel-Marienfeld (Ostwestfalen); Gründung 12. Jh., 1699-1702 Abteigebäude, 1803 aufgehoben; Nutzung heute: Klosterkirche, Klosterladen, Pfarrheim, Hotel Residence Klosterpforte (Hotelnutzung, Gastronomie, Wellness, Tagungen, Feierlichkeiten, Trainingslager), Wohnungen; brandschutztechnisch ertüchtigt (Quelle: Michael Wöstheinrich / Rainer Schwarz)

Abb. 5.21: Alte Abtei des Zisterzienserklosters Marienfeld (Tagungsräume, Bankettträume, Brauerei, Gastronomie, Kochschule); brandschutztechnisch ertüchtigt

Abb. 5.22: Die einzige Einfahrt in eine als Abtei eingerichtete ehemalige Wasserburg

5.2.2 Brandschutzmaßnahmen

Kirchen

Kirchen als Gebäude unterliegen den für alle geltenden Gesetzen wie z. B. der Landesbauordnung, dem Denkmalschutzgesetz und dem Feuerwehr- bzw. Brandschutzgesetz. Obwohl Kirchen Versammlungsräume sind, unterliegen sie nicht der jeweiligen Versammlungsstättenverordnung (VStättVO) [26]. Damit können an Kirchen als Sonderbauten besondere Anforderungen gestellt bzw. Erleichterungen erteilt werden. Da jedoch historische Kirchen Bestandsbauten sind, genießen auch sie den baurechtlichen Bestandsschutz. Somit ist in der Praxis die brandschutztechnische Ertüchtigung von historischen Kirchen eine freiwillige Maßnahme des Eigentümers, es sei denn, gravierende Zustände gefährden die Rettungswege. Kirchenbrände haben jedoch schon mehrmals bewiesen, dass vorhandene und funktionsfähige Brandschutzmaßnahmen das Kirchengebäude und die Ausstattung wirksam schützen können.

Die **wichtigsten Brandschutzmaßnahmen** in Kirchen sind folgende:

1. **Abtrennung** der Kirchtürme

Die Hauptgebäudeteile, insbesondere jedoch die Kirchtürme, sollten voneinander durch Zumauern von Öffnungen und Einbau von Feuerschutztüren (T 30) abgetrennt werden (Abb. 5.23-5.25).

2. **Bauliche Sicherung von Rettungs- und Angriffswegen**

Aus einer Kirche müssen mindestens zwei Ausgänge ins Freie führen. Ist das nicht der Fall (was selten vorkommt), muss ein zweiter Ausgang hergestellt werden (Abb. 5.26). Die Gesamtzahl der erforderlichen Ausgänge sollte nach den Regelungen für Versammlungsstätten ermittelt werden (1,20 m Ausgangsbreite pro zwei Personen, Rettungsweglänge < 30 m). Ebenfalls müssen zwei Rettungswege für andere Aufenthaltsräume vorhanden bzw. nachträglich erstellt werden. Insbesondere sind hier getrennt von Kirchenschiffen genutzte Räume wie Jugend- oder Meditationsräume in Kirchtürmen oder sogar auf dem Dachboden gemeint.

Zudem sind Zugänge in Form von sicheren Treppen und Laufstegen zu allen Bereichen erforderlich. Dazu gehören Turmspitzen, Dachräume mit Gewölbe und Glockenstuben.

Wird ein Kirchturm zur Besteigung für Besucher geöffnet, so muss ein Konzept für den Notfall erarbeitet werden, das insbesondere folgende Punkte festlegt:

- maximale Personenzahl,
- Rettungswege,
- Evakuierungsorganisation.

Abb. 5.23-5.24: Nachträglich eingebaute Feuerschutztüren (T 30) zwischen Kirchturm und Kirche

Abb. 5.25: Abschottung von Kirchtürmen an schwieriger Stelle (Dom zu Speyer): T 30-Feuerschutzvorhang vom südwestlichen Treppenturm zum Dachraum des Seitenschiffs (Quelle: Architekturbüro Michael Humbert, Germersheim)

Abb. 5.26: Der zweite Rettungsweg aus einer im zweiten Obergeschoss eingerichteten Kirche mit Brandschutzmaßnahmen: Feuerlöscher, T 90-Tür in der Brandwand, Brandmeldeanlage (Infrarotlichtstrahl-Rauchmelder)

3. Herstellung von **Flächen für die Feuerwehr**

Vor einer Kirche müssen Flächen für die Feuerwehrfahrzeuge vorhanden sein:

- Zufahrten bis vor die Kirche,
- Aufstellflächen für die Drehleiter, insbesondere für die Brandbekämpfung am Kirchendach oder der Kirchturmspitze.

Die Flächen müssen frei von Hindernissen wie schmale Tore, Mauern, Bäume, Parkplätze sein (Abb. 5.27).

4. Verlegung einer **Löschwasserleitung** bzw. einer **Löschanlage**

In Kirchtürmen sollten Löschwasserleitungen (trockene Steigleitungen) für den Anschluss von Schläuchen in höheren Ebenen verlegt werden (Abb. 5.28-5.29).

Besonders wertvolle Kirchendachstühle, Holzkirchen und Kirchturmspitzen bedürfen Löschanlagen, um im Brandfall gerettet zu werden (Abb. 5.30-5.31). Holzkirchen werden in den letzten Jahren in Europa durch Wassernebellöschanlagen geschützt. In Kirchturmspitzen können Rohre mit offenen Löschdüsen verlegt werden, an die sich die Feuerwehr anschließen kann.

Abb. 5.27: Neugestaltung des Domplatzes in Paderborn und Errichtung einer Feuerwehrzufahrt

Abb. 5.28: Löschwassereinspeisung für die Feuerwehr an der Löschwasserleitung (trockene Steigleitung) am Münster in Konstanz

Abb. 5.29: Trockene Steigleitungen an der St. Michaeliskirche in Lüneburg (Lüneburger Heide)

Abb. 5.30-5.31: Wallfahrtskirche in Andechs (Oberbayern): Sprühwasserlöschanlage, Rauchmelder, trockene Steigleitung, Feuerlöscher im Kirchturm

5. Installation einer **automatischen Brandmeldeanlage**

In Kirchen von hoher Bedeutung, in Dachräumen, Turmspitzen und Glockenstuben, Sakristeien, Schatzkammern und vor allem in Holzkirchen sollten automatische Brandmeldeanlagen (nach DIN 14675 / DIN VDE 0833) mit Rauchmeldern zum Schutze des Kulturguts heutzutage obligatorisch sein (Abb. 5.32-5.33, 5.36-5.37). Auch in Kirchenschiffen (in denen Weihrauch verwendet wird) können an die Umgebung angepasste Rauchmelder installiert werden.

Abb. 5.32-5.33: Brandmeldeanlagen in Kirchen: Druckknopf-, Rauch- und Infrarotmelder

6. Installation einer **Sicherheitsbeleuchtung**

Nach den Vorschriften für Versammlungsstätten und für Arbeitsstätten (ASR A3.4/3) ist für Rettungswege und Arbeitsplätze eine Sicherheitsbeleuchtung einzurichten. Dies gilt insbesondere, wenn bei Ausfall der allgemeinen Beleuchtung Unfallgefahren zu befürchten sind und das gefahrlose Verlassen der Räume für die Besucher und Arbeitnehmer nicht gewährleistet ist. Für ein Kirchengebäude als dem Gottesdienst gewidmet gelten die beiden Vorschriften zunächst nicht. Trotzdem sollten vor allem in Kirchen, in denen nicht nur Gottesdienste stattfinden, sondern beispielsweise auch Konzerte oder Vorträge, zumindest die Ausgänge durch beleuchtete Hinweisschilder (Einzelbatterieleuchten) gekennzeichnet werden (Abb. 5.34-5.35).

Abb. 5.34: Gekennzeichnete Rettungswege in Kirchen

Abb. 5.35: Gekennzeichnete Rettungswege, Feuerlöscher und Druckknopfmelder in Kirchen

Abb. 5.36: Rauchmelder als Brandschutzmaßnahmen in der größten Holzkirche Deutschlands: Marktkirche zum Heiligen Geist in Clausthal-Zellerfeld (Harz)

Abb. 5.37: Überflurhydrant an der Marktkirche zum Heiligen Geist in Clausthal-Zellerfeld (Harz)

7. Sicherstellung der **Löschwasserversorgung**

Wie für alle anderen Bauten muss auch für eine historische Kirche ausreichend Löschwasser zur Verfügung stehen. Innerhalb von Ortschaften mit Hydrantenleitungen ist das Löschwasser für den ersten Löschangriff meist vorhanden. Bei weit ab- oder hochgelegenen Kirchen außerhalb der Ortschaften sind Löschwasser-Entnahmestellen in Form von Behältern oder Löschteichen bzw. Brunnen zu errichten. Diese müssen für den Feuerwehreinsatz entsprechend vorbereitet sein (nach DIN 14210, 14220, 14230).

Abb. 5.38: Hydrant vor der Burgkapelle St. Augustinus am Kloster Burg Dinklage (Oldenburger Münsterland)

Abb. 5.39: Hydrant vor der St. Anna Basilika in Altötting (Oberbayern)

8. Ausstattung mit **Feuerlöschern**

In Anlehnung an die Vorschriften für Arbeitsstätten und Versammlungsstätten sollten auch Kirchen mit Feuerlöschern ausgestattet werden. Die Standorte können folgende sein (Abb. 5.40-5.41):

- Kirchenhaupteingang,
- Seitenausgang,
- Sakristei,
- Lagerraum,
- Orgelempore,
- Kirchenemporen,
- Kirchturm bzw. Glockenstube,
- Keller.

Nach DIN EN 3 ist das Löschvermögen für die Einstufung eines Feuerlöschers maßgeblich und nicht mehr die Löschmittelmenge. Für Kirchenräume sind Wasserlöscher geeignet.

Abb. 5.40-5.41: Feuerlöscher in Kirchen

9. **Prüfung haustechnischer Anlagen**

Kirchen unterliegen nicht direkt den Landesvorschriften für die Prüfung technischer Anlagen in Sonderbauten. Die technischen Anlagen und Geräte, insbesondere elektrische Anlagen, Blitzschutz- und Glockenanlagen, Feuerschutztüren und Feuerlöscher sind jedoch nach den einschlägigen Unfallverhütungsvorschriften, Arbeitsschutzrichtlinien und Technischen Regeln (DIN, VDE, BGR/BGV, ASR) auch in Kirchen regelmäßig zu prüfen.

10. **Organisation des Brandschutzes**

Der Brandschutz muss für ein Kirchengebäude organisiert sein, und zwar seitens des Kirchenvorstandes. Dieser ist als Vertreter der juristischen Person „Kirchengemeinde" für den sicheren Betrieb im Kirchengebäude verantwortlich. Dazu gehört unter anderem das Festlegen der Pflichten und des Verhaltens in Hinblick auf die Brandverhütung. Auch eine Kirche sollte eine Brandschutzordnung bekommen (EFAS, 2012) (VBG, 2013a) (VBG, 2013b) (VBG, 2012) (Abb. 5.42). Für größere Kirchen (z. B. Dome, Stiftskirchen, Abteikirchen) ist ein Feuerwehrplan erforderlich. Zu Vorsichtsmaßnahmen gehört u. a. das sichere Aufbewahren von Weihrauchkesseln oder das Rauchverbot in Nebenräumen (Abb. 5.43-5.44).

Abb. 5.42: Brandschutzordnung und Feuerlöscher im Eingang einer Kirche

Abb. 5.43: Betriebliche Brandschutzmaßnahme in einer Kirche: Aufbewahrung von Weihrauchkesseln in sicheren, mit nichtbrennbaren Baumaterialien ausgekleideten Räumen bzw. Schränken oder Nischen

Abb. 5.44: Rauchverbot und Feuerlöscher in einem Kirchturm (Domturm Frankfurt/Main) (Quelle: Monika Kabat, Frankfurt/Main)

Klöster

Nicht wenige Klöster wurden in den letzten Jahrzehnten umgebaut und modernisiert. Dabei führten manchmal eigene Fachkräfte (Mönche) diverse Brandschutzmaßnahmen aus, z. B. Brandwände oder Brandmeldeanlagen. Diese haben in einigen Brandfällen größere Schäden verhindert. Es gibt allerdings Beispiele, bei denen umfangreiche Brandschutzmaßnahmen erst nach einem Großbrand in Angriff genommen wurden.

Abb. 5.45-5.46: Historische Feuerschutztüren in Klosteranlagen, die ersetzt werden sollten

Historische Feuerschutzeinrichtungen, die ihre Funktion nicht mehr erfüllen können, sollten gegen neue ersetzt werden (Abb. 5.45-5.46). Die wichtigste vorbeugende Brandschutzmaßnahme scheint hierbei die **Herstellung von Brandwänden** zu sein, und zwar

- zwischen den Nutzungseinheiten der Klosteranlage (z. B. Klosterkirche, Schulgebäude, Wirtschaftsgebäude, Konventbau) (Abb. 5.48-5.49) und
- zur Unterteilung von ausgedehnten Klostergebäuden (Abb. 5.47).

Abb. 5.47: Brandwände bzw. -mauern in Klosteranlagen

Abb. 5.48: T 90-Tür aus Holzwerkstoffen mit integrierter Feststellanlage zur Unterteilung einer Klosteranlage (Kloster Triefenstein)

Abb. 5.49: Beispiel der Ertüchtigung einer Brandmauer zwischen Kirche und Kloster (Kloster Andechs)

Weitere Brandschutzmaßnahmen in Klöstern:

1. **Feuerbeständige Abtrennung der Räume** mit erhöhter Brandgefahr oder von besonderer Bedeutung, z. B. Gewerberäume, Archive, Bibliotheken, Lagerräume, Gästehäuser, Internate, Konzertsäle (Abb. 5.50).
2. **Bauliche Sicherstellung von Rettungswegen** (für Schlafräume, Herbergen, Konzertsäle, Internate, Schulen) und ihre Kennzeichnung (Abb. 5.51-5.53).

Abb. 5.50: Textiler Feuerschutzabschluss hinter dem südlichen und nördlichen Triforium der Mittelkuppel des Kaisersaals zu den jeweiligen Dachräumen (Dom zu Speyer) (Quelle: Architekturbüro Michael Humbert, Germersheim)

Abb. 5.51: Nottreppe an einem Klostergebäude

Abb. 5.52-5.53: Beispiele ungewöhnlicher Kennzeichnung von Rettungswegen in Klosteranlagen

Abb. 5.54: Brandmeldeanlage in einem Kloster: Feuerwehrschlüsseldepot, Druckknopfmelder, Rauchmelder; Zisterzienserinnenabtei Waldsassen (Oberpfalz)

3. Einbau einer **Brandmeldeanlage** mit im ganzen Klosterkomplex verteilten Druckknopf- und Rauchmeldern in Räumen mit besonderer Gefahr und Wertigkeit (Abb. 5.54).

4. Verlegung einer **Hydrantenleitung** auf dem Klosterareal mit Überflurhydranten, angeschlossen an das öffentliche Trinkwassernetz oder an eigene Brunnen und andere Wasserentnahmestellen; grundsätzlich ist für die Löschwasserversorgung von nicht außergewöhnlich hochbrandgefährdeten Objekten die (politische) Gemeinde zuständig (Abb. 5.55-5.56).

5. Einbau von **Steigleitungen und Wandhydranten** in Türmen und bis zu den Dachräumen in allen Teilen des Klosters.

6. Ausrüstung der öffentlichen Versammlungsräume (z. B. Konzertsäle) mit **für Versammlungsstätten erforderlichen Einrichtungen**: Sicherheitsbeleuchtung, zwei Treppenräume, mindestens zwei Ausgänge, Rauchabzug.

7. Behandlung der **Holzdachstühle mit Flammschutzmitteln**.

8. Erstellung einer **Brandschutzordnung** und eines **Feuerwehreinsatzplanes**.
9. Sicherstellung von **Feuerwehrzufahrten** vor allem durch Tore in die Innenhöfe der Klosteranlagen.
10. Gründung einer Klosterfeuerwehr (Betriebsfeuerwehr) in großen Gebäudekomplexen mit den Zielen der Überwachung der Brandschutzeinrichtungen, Bekämpfung von Entstehungs- und Kleinbränden, Sicherung und Bergung von Kulturgütern sowie Einweisung und Unterstützung der Ortsfeuerwehr (Abb. 5.57-5.58).
11. Durchführung von **Brandschutzbelehrungen** für das Personal des Klosters und der Klosterbetriebe sowie von **Alarm- und Feuerwehrübungen**.

Abb. 5.55: Unterirdischer Löschwasserbehälter an einem Kloster; Prämonstratenserabtei Windberg (Niederbayern)

Abb. 5.56: Hydrantenleitung für eine Klosteranlage; Benediktinerabtei Metten (Niederbayern)

Abb. 5.57-5.58: Klosterfeuerwehr (Werkfeuerwehr) der Benediktinerabtei Münsterschwarzach (Mainfranken) (Quelle Abb. 5.57: Bruder Thomas Morus Bertram (OSB); Abb. 5.58: Abteiarchiv)

5.2.3 Beispiele

Dom zu Speyer

Kaiser- und Mariendom in Speyer / Westbau (Pfalz) (Kabat, 2016)

Bauherrschaft	Domkapitel Speyer
Projektleitung	Dombaumeister Dipl.-Ing. A. Klimt / Dipl.-Ing. Arch. M. A. Coletto
Entwurfsverfasser / Planer	Prof. Dr.-Ing. J. Cramer / B. Thiele, Architekturbüro Prof. Cramer, Frankfurt/M. Dipl.-Ing. Arch. Th. Brödel, ER+R architektur+, Kaiserslautern Dipl.-Ing. Arch. Th. Orth, Bad Dürkheim Dipl.-Ing. Arch. M. Humbert, Germersheim Dipl.-Ing. Arch. J.J. Becker, Architektenbüro Becker|Ritzmann, Neustadt/W. Dipl.-Ing. Arch. Estelmann, Landau Dr. Mühlschwein Ingenieure GmbH, Dreieich
Brandschutzplaner	Dipl.-Ing. S. Kabat, Herzebrock-Clarholz

Baubeschreibung

Der Westbau des Doms zu Speyer (Abb. 5.59) ist ca. 38 m breit und ca. 20 m tief. Zum Westbau gehören folgende Teile des Doms:

- Vorhalle,
- Orgelempore,
- Kaisersaal,
- Nordwestturm,
- Südwestturm,
- Westkuppel mit Glockenstuhl.

Die beiden Westtürme (Südwest- und Nordwestturm) sind je 68,42 m hoch und können von der Vorhalle aus betreten werden. Die Vorhalle ist zwar offen zum Domplatz, wird jedoch abends mit Gittertüren geschlossen. Weiter oben gelangt man auf der nächsten Ebene aus beiden Türmen in den ca. 12 m breiten und ca. 35 m langen Kaisersaal (Grundfläche ca. 415 m^2). Aus dem Nordwestturm kann man zudem durch einen Gang durch das Turmmauerwerk die Orgelempore erreichen. Die Treppen in den schlanken Türmen sind bis zur dritten Ebene historische Wendelsteintreppen (88 Sandsteinstufen).

Abb. 5.59: Dom zu Speyer, Blick von Westen auf den Westbau

Nutzung

Der Kaisersaal im Westbau war lange Zeit für die Öffentlichkeit unzugänglich. Seit 2012 sind dort die restaurierten Schraudolphfresken ausgestellt. Neben Turmbegehungen finden dort kulturelle Veranstaltungen auch am Abend statt. Es können sich maximal 200 Personen gleichzeitig im Saal aufhalten, sodass die Versammlungsstättenverordnung hier keine Anwendung findet (Abb. 5.60). Den oberen Abschluss des Kaisersaals bilden Steingewölbe.

Im mittleren (hohen) Joch finden sich im Gewölbe und im Fußboden die Öffnungen für den Glockentransport. Das mittlere Joch hat zum Dachraum des Westwerks Fenster. Dazu befinden sich in den Zwickeln dieses Gewölbes ebenfalls zum Dachraum Rundfenster. Durch eine Glastür zur Orgelempore öffnet sich für den Besucher der Blick in den Innenraum des Domes. Das mit einer Glasplatte abgedeckte Glockenloch im Fußboden ermöglicht die Durchsicht in die darunter gelegene Vorhalle.

Abb. 5.60: Dom zu Speyer, Blick in den Kaisersaal; im Kaisersaal: F 90-Brandschutzverglasungen, T 90-Tür zur Orgelempore, T 30-RS-Türen zu den Türmen, Rauchabzüge, Brandmeldeanlage (Quelle: ER+R architektur, Kaiserslautern)

Der Südwestturm war bis 1957 öffentlich, ungehindert und ohne Aufsicht begehbar. Danach wurde der Turm für Besichtigungen geschlossen – und nun wieder für Begehung bis unter die Turmhaube geöffnet. In einer Höhe von rund 60 m wurde im Turm eine Aussichtsplattform unterhalb des Turmhelms eingebaut (Abb. 5.62-5.63). Die Eintrittskarten werden im Kassenhaus außerhalb des Doms verkauft. Der Zugang zur Aussichtsplattform und zum Kaisersaal erfolgt von der Vorhalle über den Nordwestturm. Besucher durchqueren den Kaisersaal in Nordsüdrichtung und gelangen danach in den Südwestturm. Ab hier erreicht man über neue Treppenkonstruktionen die Aussichtsplattform. Der Abstieg erfolgt in die Domvorhalle.

Brandschutzmaßnahmen

Aus der im Brandschutzkonzept festgestellten Personengefährdung ergaben sich folgende Schlussfolgerungen für die geplante Nutzung des Westbaus und insbesondere der öffentlichen Besteigungsmöglichkeiten des Südwestturms:

- Die vorhandenen Treppen sowie die beiden Türme mussten brandschutztechnisch ertüchtigt werden und brandlastfrei bleiben (Abb. 5.61).
- Die Besucherzahlen mussten eindeutig begrenzt und eingehalten werden. Es wurde festgelegt, dass der Südwestturm gleichzeitig von max. 50 Personen besichtigt werden kann.
- Eine Gefährdungsbeurteilung seitens des Domkapitels musste erstellt und mit der geplanten Nutzung des Westbaus und des Südwestturms vereinbar sein.

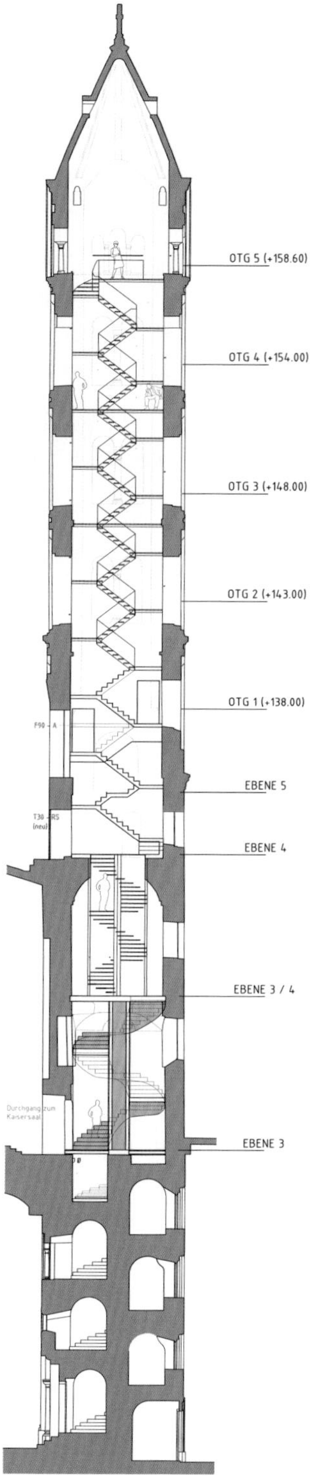

Abb. 5.62: Dom zu Speyer: Schnitt des Südwestturms mit Aussichtsplattform (Quelle: ER+R architektur, Kaiserslautern)

Abb. 5.61: Dom zu Speyer; eine Treppe im Südwestturm vor dem Umbau

Des Weiteren bestand eine Kulturgutgefährdung: Die bestehenden Verbindungen zwischen den Gebäudeteilen des Westbaus und den sonstigen Dombauteilen tragen zu einer schnellen Brand- und vor allem Rauchausbreitung bei. Eine nachträgliche Ertüchtigung sollte diese hohe Gefahr reduzieren. Die Abschlüsse in den Verbindungsöffnungen – Holztüren zu den Dachräumen, Glasflächen in der Gewölbedecke des Kaisersaals, Fenster in Turmwänden zu Seitenschiffen und die Holztür von der Orgelempore in den Kaisersaal – konnten eine Brand- und Rauchausbreitung nicht wirksam verhindern.

Insbesondere folgende Brandschutzmaßnahmen wurden in Hinblick auf die Nutzung des Kaisersaals für Versammlungen und Ausstellungen sowie für die Besteigung des Südwestturms bis zur Aussichtsplattform im Rahmen eines baurechtlich genehmigten Brandschutzkonzeptes umgesetzt:

- Aufstellfläche auf der Südseite des Westbaus für die Drehleiter zur Anleiterung eines Rettungsfensters im Südwestturm,
- Unterteilung des Treppenlaufs im Südwestturm (F 90-A + T 30-RS) zur Sicherstellung des zweiten Rettungsweges über den Kaisersaal,
- Umrüstung eines Fensters im Südwestturm (in 28,80 m Höhe) zum Rettungsfenster,
- Austausch der Treppen im Südwestturm gegen Stahlbeton-Wendel-, Stahlspindel-, geradläufige Stahlbeton- und geradläufige Stahltreppen (Abb. 5.62-5.63),
- Einbau eines Rettungsschachts im Südwestturm für Liegendtransporte im Notfall,

- Einbau einer T 90-Glastür zwischen Kaisersaal und Orgelempore und damit auch dem Hauptschiff des Doms,
- Einbau von Feuerschutzvorhängen bzw. Brandschutzverglasungen in den Fensteröffnungen im Kaisersaal zum Dachraum (Abb. 5.64),
- Erweiterung und Ertüchtigung der automatischen Brandmeldeanlage,
- Installation einer Sprechanlage im Südwestturm,
- Einbau trockener Steigleitungen in den Westtürmen,
- Einbau eines Brandgasventilators im Südwestturm,
- Installation einer Sicherheitsbeleuchtung im Westbau,
- Einbau von Vorrichtungen zur Vereinzelung und Zählung von Besuchern,
- Brandlastfreihaltung im Westbau,
- Aktualisierung des Feuerwehrplanes,
- Erstellung einer Brandschutzordnung und eines Evakuierungskonzeptes für den Westbau.

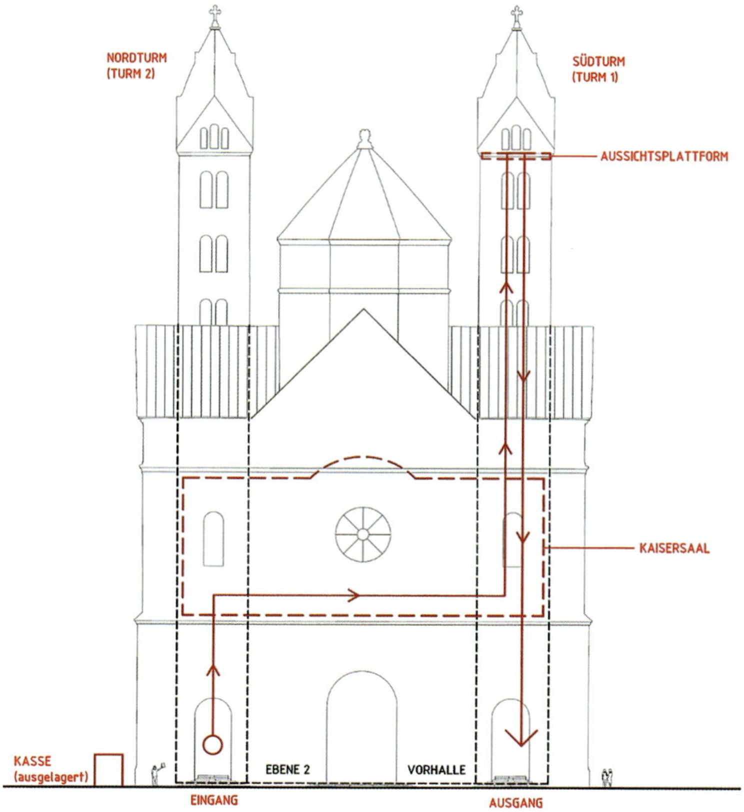

Abb. 5.63: Dom zu Speyer: Führung der Rettungswege aus der Aussichtsplattform (Quelle: ER+R architektur, Kaiserslautern)

Abb. 5.64: Dom zu Speyer: Horizontaler Feuerschutzvorhang in der Kuppelöffnung (Glockenloch) im Kaisersaal (Quelle: Architekturbüro Michael Humbert, Germersheim)

Eine große Rettungsübung der Feuerwehr Speyer (Abb. 5.65), des DRK und der Schnellen Einsatzgruppe der Stadt Speyer fand im Südwestturm statt [27]. Die Aufgabe der Retter war denkbar schwierig: Durch einen Brand und Rauch im Südwestturm war die Lage lebensbedrohlich und unübersichtlich. Mehrere Verletzte mussten von verschiedenen Ebenen des Südwestturms und von der Zwerggalerie geborgen werden. Das Notfallkonzept ging auf und alles fügte sich ineinander.

Abb. 5.65: Rettungsübung der Feuerwehr Speyer im Südwestturm des Doms zu Speyer (Quelle: Architekturbüro Michael Humbert, Germersheim)

Wallfahrtskirche Andechs

Wallfahrtskirche St. Nikolaus und Elisabeth des Benediktinerklosters in Andechs (Oberbayern)

Abb. 5.66: Wallfahrtskirche Andechs

Baubeschreibung

Das Benediktinerkloster in Andechs und die Wallfahrtskirche befinden sich auf einer Bergkuppe 710 m über dem Meeresspiegel und 180 m oberhalb des Ammersees in Bayern (Abb. 5.66). Die Wallfahrtskirche ist eine dreischiffige Hallenkirche mit einem hohen Satteldach und einem an der Nordwestseite angebauten – im Unterbau quadratischen, im Turmaufsatz achteckigen – Kirchturm. Der Turm ist mit der charakteristischen Zwiebelhaube und Laterne 60 m hoch. Die Kirche hat eine Länge von 31,5 m und eine Breite von 15,15 m. Der Eindruck eines Zentralraumes wird in der Kirche durch die in halber Höhe umziehende Empore verstärkt (Klemenz, 2014).

Die heutige Wallfahrtskirche wurde 1423 bis 1427 erbaut. Ihre exponierte Lage hat seit jeher den Nachteil, dass es bei Gewittern häufig zu Blitzeinschlägen kommt, wie Schilderungen aus dem 18. Jahrhundert bezeugen. Damals sei ein Blitz vom Turm durch die Uhr über die Galerie durch die ganze Kirche bis zum Hochaltar gefahren. Das Problem ist in Andechs entsprechend bekannt [28]. Bereits am 3. Mai 1669 wurde die gesamte Kirche mitsamt Kloster durch einen Brand nach Blitzeinschlag vernichtet.

Der Wiederaufbau war 1675 abgeschlossen, 1750 bis 1755 wurde die Kirche durch Johann Baptist Zimmermann im Rokokostil umgestaltet, wobei die barocke Zwiebel des Turms noch aus dem Jahr 1675 stammt. An der Nord- und Südseite der Kirche sind zum Teil zweigeschossige Kapellen und darunter auch die Reliquienkapellen angebaut. Die Wallfahrtskirche wurde 1939 bis 1941 renoviert. Ab 2000 erfolgte eine erneute Generalsanierung, die 2005 abgeschlossen wurde (Abb. 5.67). Das Kloster ist von der Kirche durch einen schmalen Hof getrennt, der seit 1993 glasüberdacht ist (Abb. 5.68).

Abb. 5.67: Wallfahrtskirche Andechs; Innenansicht, Blick zum Hauptaltar

Abb. 5.68: Kloster Andechs; Hof zwischen Kirche und Kloster mit Glasüberdachung

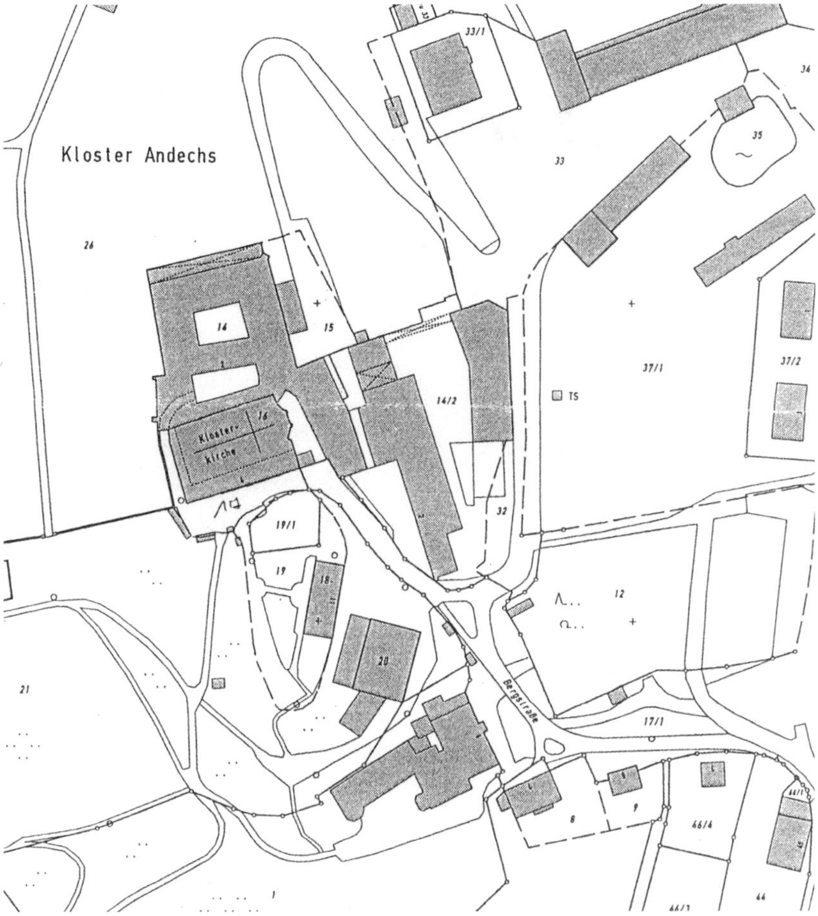

Abb. 5.69: Kloster Andechs; Lageplan (Quelle: Grundlage: Flurkarte – Bayerische Vermessungsverwaltung)

Nutzung

Die Wallfahrtskirche fasst ca. 400 Personen und ist nach Altötting aufgrund der Verehrung zahlreicher Reliquien der zweitgrößte und älteste Wallfahrtsort Bayerns. Jahr für Jahr kommen über 30.000 organisierte Pilger aus über 130 Wallfahrtsgemeinden zum Heiligen Berg [29]. Kloster Andechs ist mit der Wallfahrtskirche und den Nebenbetrieben eines der bekanntesten Ausflugsziele (Abb. 5.69-5.70). In der Wallfahrtskirche finden neben den regelmäßigen Gottesdiensten Führungen in Gruppen von bis zu 35 Personen statt.

Seit Anfang des 19. Jahrhunderts war der Kirchturm als beliebter Aussichtspunkt zum Besuch geöffnet. Bis 1980 stellte das Kloster eine Aufsichtsperson. Nach vorübergehender Schließung wurde der Turm umfassend instandgesetzt, sodass er seit Ende der 1990er Jahre wieder begangen werden kann [30]. Es dürfen sich gleichzeitig max. 25 Personen im Turm aufhalten. Für die Zutrittssteuerung wurde am Eingang in den Turm eine Vereinzelungsanlage eingebaut (Abb. 5.71).

Abb. 5.70: Kloster Andechs; Orientierungsplan (Quelle: Kloster Andechs)

Abb. 5.71: Wallfahrtskirche Andechs; Eingang für die Turmbesteigung mit Vereinzelungsanlage

Brandschutzmaßnahmen

Im Kloster Andechs haben sich die Benediktinermönche und die Behörden schon früh Gedanken über den Schutz der Kirche vor Brandgefahren gemacht. Das größte Problem bei dem Großbrand von 1669 hat z. B. darin bestanden, dass nicht genügend Löschwasser auf dem Berg vorhanden war. So wurde vom Bayerischen Hof, der einen Großteil der Wiederaufbaukosten trug, verlangt, dass fließendes Wasser auf den Berg zu bringen sei. Die Wasserleitung, die 1670 gebaut worden war, ist bis 1850 in Betrieb gewesen. Ferner wurde beim Wiederaufbau des Turmes – so berichten die Chroniken – ein Wasserbehälter im Turm unter der hölzernen Turmzwiebel eingebaut [30]. Nachdem der Andechser Konvent engen Kontakt zum meteorologischen Observatorium auf dem Hohen Peißenberg hatte, das von Augustiner-Chorherren betrieben wurde, setzte er mit ihrer Unterstützung 1798 den ersten Blitzableiter auf Turm und Kloster.

Im Rahmen der letzten Generalsanierung des Klosters einschließlich Dachsanierung der Wallfahrtskirche wurden umfangreiche bauliche und anlagentechnische Brandschutzmaßnahmen ausgeführt.

- Für die Löschwasserversorgung des Klosters und der Wallfahrtskirche wurden umfangreiche Maßnahmen vorgenommen (Abb. 5.72-5.73). In der Anlage zur Trinkwasserversorgung des Klosters ist eine extra Löschpumpe eingebaut, die vor Ort an der Pforte zu steuern ist. Die ganze Wasserversorgung umfasst auch eine Notstromversorgung. 2005 wurde der gemeindliche Wasserbehälter vor der Kirche mit einem Fassungsvermögen von 450 m^3 durch das Kloster übernommen und mit einer automatischen Pumpe zur Turmversorgung ausgerüstet. Ferner befindet sich im Hof der Brauerei ein Weiher mit einem zusätzlichen Fassungsvermögen von ca. 300 m^3. Im Konventbau sind in jedem Geschoss auf der Ost- und Westseite Wandhydranten angebracht.

Abb. 5.72-5.73: Kloster Andechs; Löschwasserversorgung: Wasserbehälter, Pumpstation

- Im Kirchendach wurden automatisch gesteuerte Rauchabzüge eingebaut.
- Die Laufstege auf dem Dachboden wurden instandgesetzt. Links und rechts der Laufstege wurde ein Geländer installiert, sodass man besonders bei schnellem Zugriff nicht in die Gewölbezwickel stürzen kann.
- Die angrenzenden Gebäude des Klosters an der West- und Ostseite wurden durch Brandwände voneinander getrennt. Auf der Westseite wurde die vorschriftsmäßige Brandwand mit auskragendem Betonstreifen mit Kupfer verkleidet, sodass keine Dachlatten überstehen. Die Ostseite stellte immer schon ein Problem dar, da hier drei Dächer zusammenstoßen. Bei der Dachsanierung der Wallfahrtskirche konnten sämtliche Holzteile des Hauptdaches bis auf das Auflager zurückgeschnitten und die Gebäudeteile mit einer 24 cm dicken Mauer getrennt werden. Weiter im Norden in Richtung des Konventgebäudes befindet sich eine weitere vorschriftsmäßige Brandwand (Abb. 5.74).
- Die Dachräume der Kirche und des Klosters sowie der Kirchturm sind mit einer automatischen Brandmeldeanlage (Rauchmelder) ausgestattet. Am Eingang zum Kloster ist ein Feuerwehrschlüsseldepot installiert (Abb. 5.75-5.76).
- In der Kirche, im Turm und im Konventbau sind Feuerlöscher aufgehängt.

Abb. 5.74: Kloster Andechs; ertüchtigte Brandwand zwischen Kirche und Kloster

- Im Kirchturm ist eine Löschanlage mit offenen Löschdüsen eingebaut, damit im Brandfall nicht das ganze Gebäude durch Löschwasser in Mitleidenschaft gezogen wird. Wegen Frostgefahr wird die Löschanlage entweder über Tankwagen, die Löschversorgung des Klosters oder über die automatische Pumpe aus der Wasserreserve eingespeist (Sprühwasserlöschanlage) (Abb. 5.75-5.76).
- Zusätzlich sind an den Sprühwasserleitungen auf halber Höhe und in der Turmzwiebel C-Anschlüsse zum Löschangriff auf das Klosterdach installiert (Abb. 5.77).
- Eine Gegensprechanlage ermöglicht den Kontakt des Personals mit den Turmbesuchern.
- Zur Unterteilung des Kirchturms und zum Schutz der Fluchtwege sind Feuerschutztüren eingebaut (Abb. 5.78).
- Der Turm ist mit einer Sicherheitsbeleuchtung ausgestattet.
- Die Treppen wurden für die Besteigung entsprechend erneuert und saniert.
- Für die Zutrittssteuerung der Turmbesucher wurde am Eingang eine Vereinzelungsanlage mit Kamera eingebaut (Abb. 5.71).

Weitere Ertüchtigung und Erneuerung der Brandschutzmaßnahmen erfolgt.

Abb. 5.75-5.76: Wallfahrtskirche Andechs; Brandmeldeanlage (Rauchmelder) und Sprühwasserlöschanlage im Kirchturm

Abb. 5.77: Wallfahrtskirche Andechs; trockene Steigleitung, Rauchmelder und Notrufanlage im Kirchturm

Abb. 5.78: Wallfahrtskirche Andechs; Feuerschutztüren (T 30) zur Unterteilung des Kirchturms

Kloster Vinnenberg

Kloster Vinnenberg in Warendorf-Milte (Münsterland)

Bauherrschaft	Förderverein Kloster Vinnenberg e.V., Münster / Bischöfliches Generalvikariat, Münster
Projektleitung	Dipl.-Ing. Architektin H. Papenbrock, Sassenberg-Füchtorf
Entwurfsverfasser/ Planer	Architektengemeinschaft Dipl.-Ing. Arch. H. Papenbrock, Sassenberg-Füchtorf / Kresing Architekten GmbH, Münster Architekturbüro Hülsmann, Münster
Brandschutzplaner	Dipl.-Ing. S. Kabat, Herzebrock-Clarholz

Baubeschreibung

Das Kloster Vinnenberg liegt in Warendorf-Milte in Nordrhein-Westfalen und wurde im 13. Jahrhundert als Zisterzienserinnenkloster gegründet. Der neubarocke Turm an der Südwestecke der Kirche und die heutigen Klostergebäude wurden – abgesehen von einem Teil des Ostflügels – nach dem Einzug der Benediktinerinnen 1898 erbaut (Abb. 5.79). Die Klosteranlage schließt sich um einen viereckigen Innenhof im Süden an die Klosterkirche an und besteht aus mehreren Bauteilen unterschiedlichen Alters, nämlich der Klosterkirche (im Norden) sowie den Ost-, Süd- und Westflügeln.

Die Anlage liegt vier Kilometer von Milte entfernt. Die sich daraus ergebende Hilfsfrist der Feuerwehr beträgt ca. 10 min. Nach Westen ist das Kloster von Resten der ehemaligen Gräfte umschlossen. Über diese führt eine Brücke aus Bruchstein mit Torpfeilern als Zufahrt von der Straße auf den Klostervorplatz (Westseite), durch den eine Tordurchfahrt in den Klosterinnenhof möglich ist. Eine weitere Einfahrt in den Klosterinnenhof ist an der Nordseite der Klosteranlage vorhanden.

Abb. 5.79: Kloster Vinnenberg, Westansicht; von links: Klosterkirche, Treppenturm, Westflügel, Verbindungsbau mit Tordurchfahrt, Rektorat

Die Klosterkirche ist ein vierjochiger Saalbau und stammt im Kern aus dem 13. Jahrhundert. Die sich über zwei Westjoche erstreckende Nonnenempore bildet einen dreischiffigen, vierjochigen Eingangsraum. An der Südseite der Kirche wurde in den 1960er Jahren ein weiterer Flügel des Klosters (nördlicher Klausur- und Kreuzgangsflügel) angebaut. In unmittelbarem Anschluss an die Südwestecke der Kirche und als Teil des Westflügels schließt sich ein Treppenturm unter welscher Haube von 1885 an, der als Zugang zur Rektor-Wohnung diente.

Der Ostflügel aus dem Jahr 1865 ist ein zweigeschossiger, verputzter Massivbau mit Satteldach. Die ursprüngliche Raumstruktur ist im Inneren weitgehend erhalten, wobei die aus der Bauzeit erhaltene Treppe modernisiert wurde. Die Süd- und Westflügel stammen aus der Zeit der Wiedereinrichtung als Kloster nach 1890 und sind im Inneren modernisiert. Besonders stark verändert ist der Westflügel, bei dem in den 1960er Jahren auch die Außenfassade mit der Eingangstreppe neugestaltet wurde.

Die Flügelbauten des Klosters sind Massivbauten mit Holzbalkendecken. Die Kellerdecke ist eine Kappendecke, im Westflügel eine Holzbalkendecke ohne Auffüllung auf Stahlträgern. Das erste Obergeschoss ist über drei Treppen, das Dachgeschoss über zwei Treppen erschlossen. Die Treppen sind Stein- und Holztreppen.

Das Kloster hat eine Gesamtlänge (Mittellinie: Westflügel + Südflügel + Ostflügel) von ca. 63 m und stellt zurzeit einen Brandabschnitt dar. Der Fußboden des obersten Geschosses mit Aufenthaltsräumen (Dachgeschoss) liegt 7,28 m (Südflügel) bzw. 7,85 m (Ostflügel) über der Geländeoberfläche.

Nutzung

Bei dem Umbau und der Nutzungsänderung des Klosters wurden insbesondere die Klosterzellen als moderne Gästezimmer mit Nasszelle umgebaut. Es erfolgte ein Umbau der Eingangshalle im Westflügel, zudem bekam der Treppenraum im Südflügel einen direkten Ausgang ins Freie. Begrenzte statische Eingriffe in die Bausubstanz des Klostergebäudes insbesondere im Eingangsbereich des Westflügels und im nördlichen Teil des Ostflügels wurden durch feuerbeständige Wände und Stützen (F 90-A) abgefangen. Einige Gebäudeteile bzw. freistehende Gebäude der Klosteranlage wurden abgerissen (Abb. 5.80). Dazu gehörten insbesondere der nördliche Klausur- und Kreuzgangsflügel (ehemalige Näherei), die Sakristei und der Schafsstall.

Das ehemalige Benediktinerinnenkloster wurde zu einem Haus der geistlichen Begegnung – dem „Haus der Stille“ – umgenutzt und umgebaut [31]. Es werden in dem Klostergebäude Exerzitien, Tage der Stille und pastoralpsychologische Schulungen angeboten. Der Umbau und die Nutzungsänderung umfassen folgende Maßnahmen:

- Aus den bisherigen 60 Klosterzellen wurden 30 Gästezimmer mit insgesamt 32 Betten erstellt. Die Gästezimmer sind in allen drei Klosterflügeln im Obergeschoss und im Süd- und Ostflügel im Dachgeschoss auf beiden Seiten der Gebäudeflügel eingebaut.

- Dazu entstanden Ruhe-, Büro- sowie kleinere Vortrags- und Gruppenräume.
- Im Dachgeschoss des Ostflügels ist ein Meditationsraum für ca. 30 Personen eingerichtet.
- Im Erdgeschoss sind Empfangs- und Büroräume sowie Küche, Speisesaal (Refektorium), Gruppen- und Konferenzräume entstanden. Der Charakter des Klosters (Flure, Zellentüren) ist dabei erhalten geblieben. Die Verpflegung erfolgt aus der eigenen Küche im ehemaligen Refektorium des Klosters.
- Im Keller befindet sich die ehemalige Klosterküche (Südflügel), die als Aufenthaltsraum genutzt wird. Alle anderen Räume im Keller sind Technik- und Abstellräume.
- Die Klosterkirche mit der eingebauten ehemaligen Nonnenempore bleibt unverändert als Wallfahrtsort erhalten. Der später an der Südwand der Kirche angebaute Nordflügel der Klosteranlage wurde abgerissen. Eine direkte Verbindung des Klosters mit der Kirche besteht im Erd- und im Obergeschoss (ehemalige Nonnenempore in der Kirche). Im Treppengang zwischen Kirche und Kloster wurde die Sakristei eingebaut.

Die Klosteranlage Vinnenberg ist aufgrund der Nutzung als Beherbergungsbetrieb und gemäß § 54 BauO NRW als bauliche Anlage besonderer Art oder Nutzung (sogenannter „großer Sonderbau") anzusehen. Für Beherbergungsbetriebe mit mehr als 12 Gastbetten galt in Nordrhein-Westfalen bei der Planung der neuen Nutzung die Beherbergungsstättenverordnung (BeVO).

Abb. 5.80: Kloster Vinnenberg; Blick in den Innenhof, rechts Klosterkirche

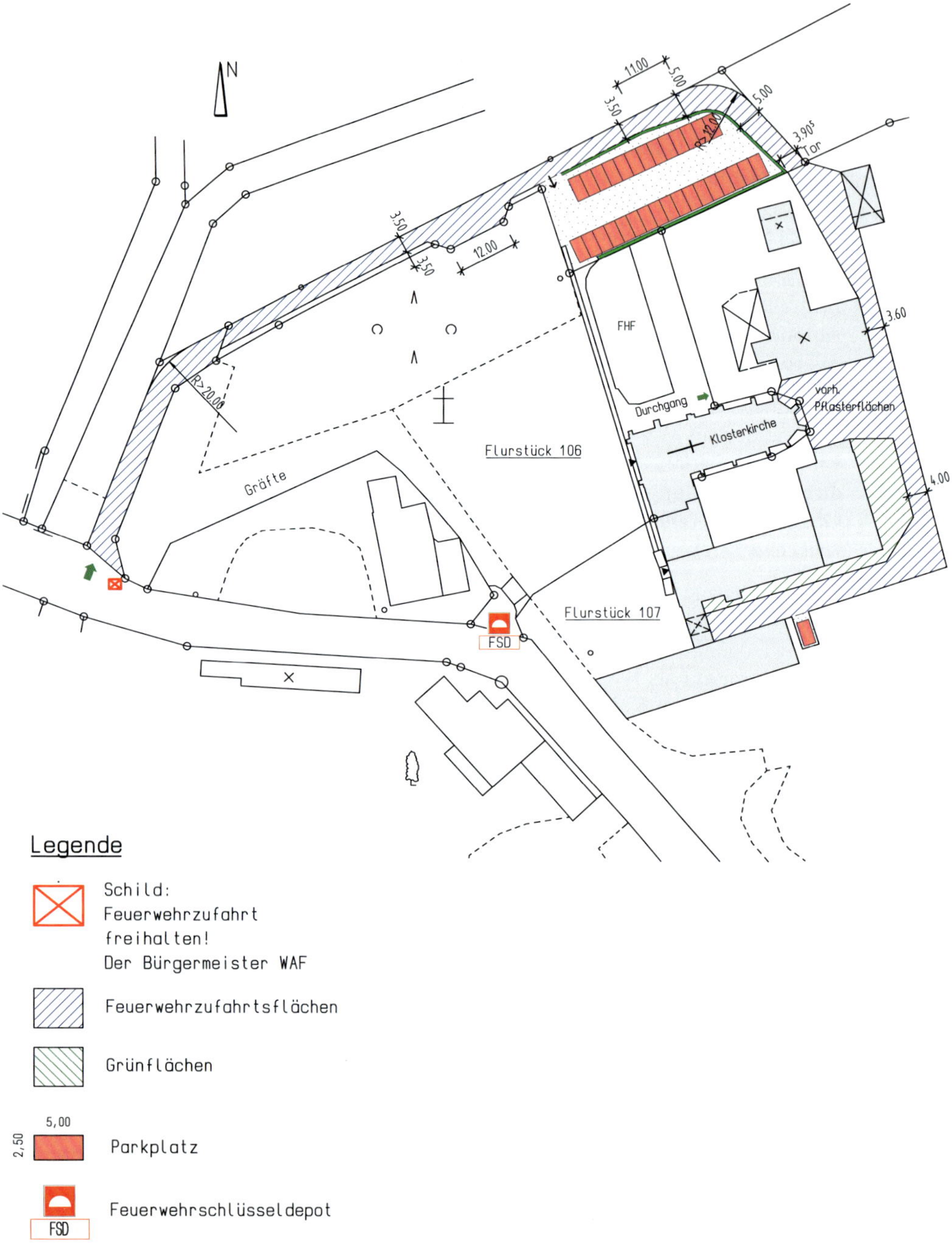

Abb. 5.81: Kloster Vinnenberg, Lageplan mit Feuerwehrzufahrt (Quelle: Hedwig Papenbrock)

Brandschutzmaßnahmen

Aus dem baurechtlichen, in Brandschutzkonzepten vorgenommenen Soll-Ist-Vergleich ergab sich, dass es in mehreren Bereichen Abweichungen vom geltenden Baurecht gibt. Insbesondere lagen die Abweichungen im Bereich der Decken, der Brandabschnittsbildung, der Türen von Gästezimmern (Klosterzellentüren) und der Rettungswege (Holztreppen, Abtrennung der Treppenräume).

Bei dem Umbau und der Nutzungsänderung wurden folgende Brandschutzmaßnahmen ausgeführt:

- Erstellung einer Feuerwehrzufahrt über die bestehende Einfahrt in den Klosterhof an der Nordseite. Die Einfahrt führt über einen im westlichen Teil geschotterten Weg, der im östlichen Teil noch als Feuerwehzufahrt entsprechend nachgebessert wurde (Kurvenradien, Breite, Befestigung, Kennzeichnung) (Abb. 5.81).
- Unterteilung der Klosteranlage, die ca. 63 m lang ist (ohne Kirche), in zwei Brandabschnitte – West- und Südflügel, Ostflügel. Dafür wurde die bestehende massive Trennwand (Stärke 56-66 cm) zwischen Süd- und Ostflügel brandschutztechnisch ertüchtigt:
  - Nachbesserung bzw. Ergänzung der Trennwand an zwei Stellen im Erd- und Dachgeschoss (neue F 90-Wand). Die vorhandenen Dachbalken, die diese Wand im Dachgeschoss zwangsweise überbrücken muss, wurden links und rechts der Wand mit für eine feuerbeständige Verkleidung geeigneten Brandschutzplatten (1 m) verkleidet.
  - Einbau von T 90-Türen in allen Geschossen in den Fluren.
  - Zumauern bzw. Verschließen von Fensteröffnungen im Eckbereich (F 90-A).
- Die Kellerdecke in Süd- und Ostflügel ist eine Kappendecke und wurde nachträglich nicht ertüchtigt.
- Die Kellerdecke im Westflügel als Holzbalkendecke ohne Auffüllung wurde gegen eine massive Stahlbetondecke (F 90-A) ausgetauscht.
- Die Geschossdecken sind intakte Holzbalkendecken und wurden nicht ertüchtigt (zu F 90-B).
- Da aus Denkmalschutzgründen die Struktur des Klosters und damit auch die Anordnung der Flure beibehalten werden sollte, wurden auch die Flurwände unverändert belassen. Diese sind in Mauerwerk (mind. F 30-A) oder in Fachwerk (mind. F 30-B) ausgeführt. Neue Flurwände wurden mind. in F 30-AB ausgeführt.
- Die Klosterzellentüren sind historische Holztüren und sollten im Südflügel aus Denkmalschutzgründen unverändert erhalten bleiben. Als Türen von Beherbergungsräumen konnten sie also nicht als Rauchschutztüren ausgeführt werden (Abb. 5.82) und wurden daher dichtschließend durch Anbringung von Dichtungen ertüchtigt. Der Einbau von Türschließern konnte entfallen, weil im Gebäude eine automatische Alarmierung im Brandfall erfolgt und jedem Gast mind. zwei bauliche Rettungswege zur

Abb. 5.82: Kloster Vinnenberg; Flur im Südflügel, links Klosterzellentür, rechts T 90-Tür in der Brandwand

Verfügung stehen. Im Obergeschoss des West- und des Ostflügels wurden neue Zugangstüren zu den Beherbergungsräumen als Rauchschutztüren (nach DIN 18095) eingebaut.

- Der erste und zweite Rettungsweg ist für jedes Gästezimmer wie auch für alle anderen Aufenthaltsräume in allen Geschossen baulich über notwendige Treppen gesichert. Dies ist zum Teil durch fehlende Aufstellmöglichkeiten für die Drehleiter bedingt und zum Teil als Kompensationsmaßnahme gedacht, insbesondere für die verbleibenden Klosterzellentüren im Südflügel, die nicht gegen Rauchschutztüren ausgetauscht werden sollen. Die drei vorhandenen Treppenräume West- (an der Klosterkirche), Süd- und Ostflügel wurden entsprechend brandschutztechnisch ertüchtigt. Die Nutzung des Klostergebäudes ist so angeordnet, dass von jedem Gästezimmer bzw. Aufenthaltsraum mindestens zwei Treppenräume direkt über den

Abb. 5.83: Kloster Vinnenberg; eine der verbliebenen Holztreppen

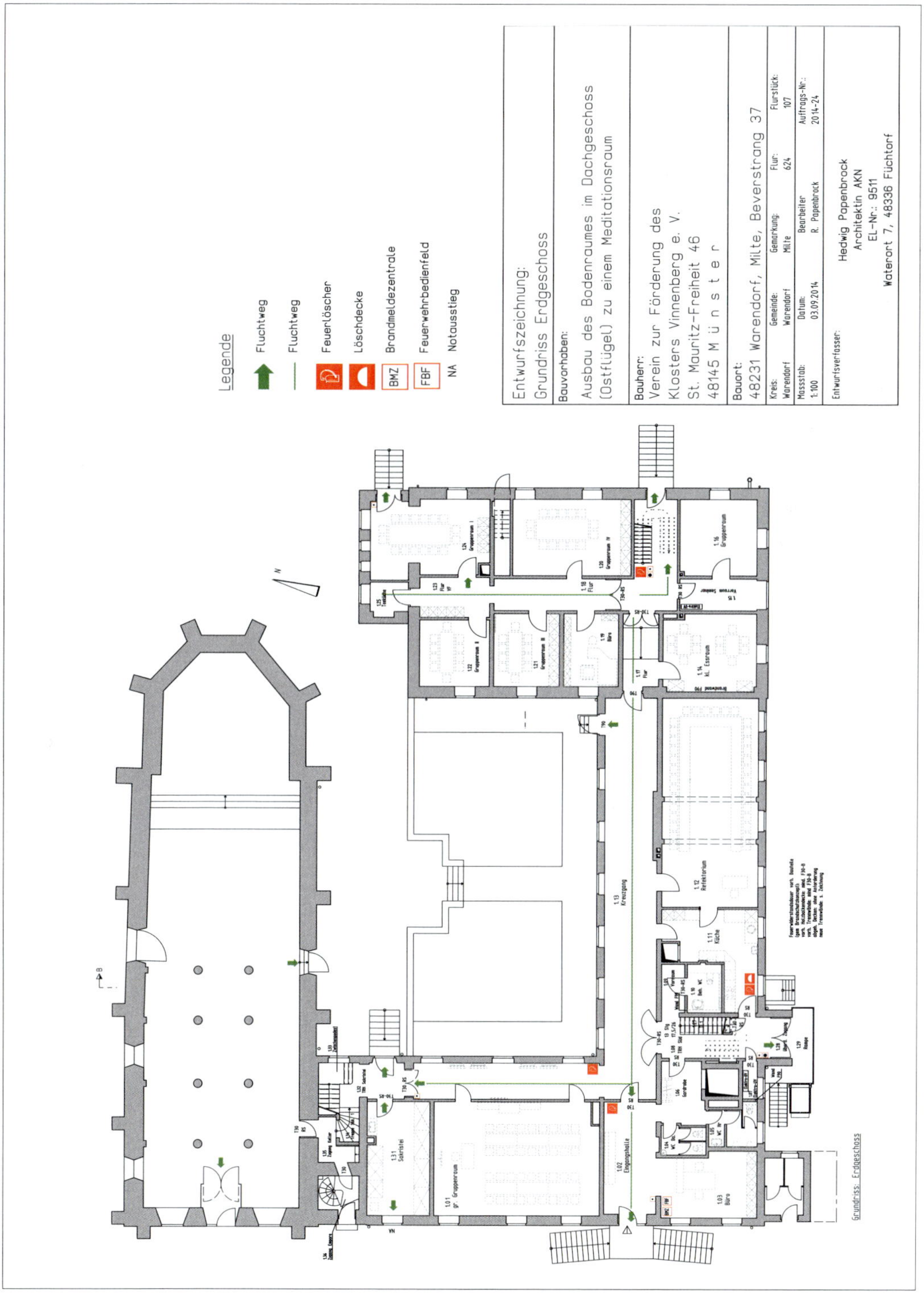

Abb. 5.84: Kloster Vinnenberg, Grundriss Erdgeschoss (Quelle: Hedwig Papenbrock)

notwendigen Flur erreicht werden können. Die Rettungsweglänge beträgt in allen Bereichen weniger als 35 m.

- Die bestehenden Holztreppen wurden aus denkmalpflegerischen Gründen unverändert belassen (Abb. 5.83). Obwohl sie die heutigen Vorschriften für notwendige Treppen nicht erfüllen, wurde ihre Verkleidung von unten nicht für erforderlich gehalten.
- Die vorhandenen Treppenräume wurden brandschutztechnisch ertüchtigt durch (Abb. 5.84):
  - Den Einbau von T 30-RS-Türen,
  - die Erstellung eines Ausgangs ins Freie im Erdgeschoss,
  - den Einbau von natürlichen Rauchabzügen.
- Auf der Nonnenempore der Kirche wurde eine Sicherheitsstromversorgung und Sicherheitsbeleuchtung (gemäß DIN VDE 0108) mit Zentralbatterie installiert.
- Zur frühestmöglichen Branderkennung und -alarmierung sowie zur Kompensierung des denkmalgeschützten und des den heutigen Bauvorschriften nicht ausreichend entsprechenden Bauzustandes wurde eine automatische Brandmeldeanlage (nach DIN 14675 / DIN VDE 0833) installiert. Diese umfasst die flächendeckende Überwachung mit Rauchmeldern in allen Räumen – auch in Treppen- und Kellerräumen sowie auf der Nonnenempore – sowie der Aufschaltung zur Kreisleitstelle Warendorf. Im Bereich der Treppenräume wurden in jedem Geschoss zusätzlich Druckknopfmelder installiert.
- Aufgrund der denkmalgeschützten Bausubstanz und der Entfernung zur Feuerwehr wurde in Abstimmung mit der Brandschutzdienststelle ein Feuerwehrplan (nach DIN 14095) erstellt. In dem Plan wurden entsprechende Maßnahmen im Falle eines Brandes für die Personenrettung, Evakuierung und Durchführung eines Löscheinsatzes festgelegt.

Kloster Triefenstein

Kloster Triefenstein in Markt Triefenstein (Unterfranken)

Bauherrschaft	Christusträger Bruderschaft e.V., Triefenstein
Projektleitung	Andreas Friedrich, Kloster Triefenstein
Entwurfsverfasser/ Planer	Dipl.-Ing. F. W. Kraft / A. Friedrich, Christusträger Bruderschaft e.V., Triefenstein
Brandschutzplaner	Dipl.-Ing. S. Kabat, Herzebrock-Clarholz / A. Friedrich, Triefenstein

Baubeschreibung

Das Kloster Triefenstein befindet sich in der Marktgemeinde Triefenstein am Main in Bayern (Abb. 5.85). Seine Wurzeln reichen bis in das Jahr 1088 zurück. Die Klosterkirche wurde 1687 bis 1694 erbaut. Sie ist ein einschiffiger Gewölbebau mit kurzem, fünfseitig geschlossenem Chor zwischen zwei Türmen, die auf einem romanischen Unterbau stehen. Die schmucklosen Klostergebäude wurden 1696 bis 1715 unter Verwendung einiger älterer Teile errichtet (Dehio, 1999). Bis zum Jahr 1803 diente das Kloster als Augustiner-Chorherrenstift, anschließend war es im Eigentum der Fürsten Löwenstein-Wertheim-Freudenberg. In den Jahrzehnten nach dem Zweiten Weltkrieg diente die Anlage u. a. als Erholungsheim, Flüchtlingslager und Bundeswehrdepot. Ihr Zustand verschlechterte sich zunehmend im Laufe der Jahre, bis sie 1985 ins Eigentum der Christusträger Bruderschaft e.V. überging.

Abb. 5.85: Kloster Triefenstein, Luftaufnahme (Quelle: Br. Uwe Stodte, Kloster Triefenstein)

Seit dieser Zeit erfolgten aufwändige Sanierungsarbeiten. In den letzten Jahrzehnten wurden die wesentlichen Gebäude in Bauabschnitten saniert und der Nutzung zugeführt. Seit 1990 bietet die Kirche wieder Raum für Gottesdienste und Gebetszeiten. Einige Gebäude bzw. Gebäudeteile sind bislang noch nicht saniert.

Das Hauptgebäude ist ein Gebäudekomplex, der aus Konventbau, Kirche, Ostflügel, Mittelbau und Westflügel besteht. Da sich links an die Kirche der Konventbau anschließt, sind hier keine Fenster angebracht, sondern Spiegel. Stilistisch lässt sich das Kircheninnere in die Frühzeit des Klassizismus einordnen. Das Hauptgebäude verfügt über umfangreiche Gewölbekeller, Erdgeschoss, erstes und zweites Obergeschoss sowie ein Dachgeschoss, das teilweise ausgebaut ist. Die Erschließung der Gebäudeflügel erfolgt über eigene Treppenräume.

Abb. 5.86: Klosterkirche Triefenstein, Innenansicht; links Brandwand zum Konventbau mit angebrachten Spiegeln (Quelle: Br. Bodo Flach, Kloster Triefenstein)

Nutzung

Die Klosteranlage dient der Bruderschaft als Wohnort, Verwaltungssitz, Gästehaus und Veranstaltungsort. Die Christusträger Bruderschaft e. V. ist eine evangelische Kommunität mit Niederlassungen in Sachsen, in der Schweiz, in Afghanistan und im Kongo.

Die einzelnen Gebäude und Geschosse werden wie folgt genutzt:

Kirche:

- Gottesdienste, Gebetszeiten, Konzerte (Abb. 5.86)

Konventbau:

- Kellergeschoss: Kellerkapelle, Aufzugsbereich, Lager, WC-Bereich
- Erdgeschoss: Büro, Festsaal, Refektorium, Sakristei

- erstes und zweites Obergeschoss: Klausur, Wohnräume
- Dachgeschoss: Gästezimmer, Raum der Stille

Ostflügel:

- Kellergeschoss: WC-Bereich, Kühlräume, Küchenlager, Küchenbereich
- Erdgeschoss: Speisesaal, Küche
- erstes und zweites Obergeschoss, Dachgeschoss: Gästezimmer

Mittelbau:

- Keller: Heizraum, Keller ohne Nutzung
- Erdgeschoss: Billard- und Tischtennisraum, Museum, Lager, Cafeteria, Gesprächszimmer, Gästezimmer, Foyer
- erstes und zweites Obergeschoss: Bibliothek mit Veranstaltungsraum, Seminarräume, Gästezimmer

Westflügel:

- Keller: ohne Nutzung
- Erdgeschoss: Lagerräume, Schmiede
- Obergeschoss: Ohne Nutzung

Die Brüder der Kommunität wohnen mit bis zu 90 Gästen unter einem Dach und können das Stundengebet sowie einige Mahlzeiten mit ihnen teilen. Eigene Werkstätten dienen der Pflege der Klosteranlage. Das Haus wird von Gemeinden und Gruppen angefragt, zu denen in der Regel noch einzelne Gäste und Familien hinzukommen können. Das Programm dient der Einkehr und Besinnung, dem Gespräch über Texte der Bibel, der Erholung beim Wandern und Sport und der gemeinsamen Begegnung von Groß und Klein, Alt und Jung (Abb. 5.87-5.88).

Abb. 5.87: Kloster Triefenstein; Innenhof, Blick auf den Mittelbau und den Ostflügel (Quelle: Br. Bodo Flach, Kloster Triefenstein)

Abb. 5.88: Kloster Triefenstein, Lageplan (Quelle: Br. Bodo Flach, Kloster Triefenstein)

Brandschutzmaßnahmen

Aus der Gefahreneinschätzung ergaben sich Defizite in der Brandsicherheit. Die Mängel betrafen zum einen den Personenschutz durch die nicht ausreichende Sicherstellung der Rettungswege. Zum anderen lagen Mängel im Kulturgutschutz vor, verursacht durch fehlende bzw. nicht ausreichende Abtrennungen und Abschottungen und damit schnelle und weitgehende Brandausbreitungsgefahr. Der Gebäudekomplex wurde brandschutztechnisch ertüchtigt, wobei der Schwerpunkt in der ausreichenden Sicherstellung der Rettungswege lag. Die Treppenhäuser sind jetzt mit rauchdichten Türen versehen. Darüber hinaus ist der Gebäudekomplex in Brandabschnitte eingeteilt.

Abb. 5.89: Kloster Triefenstein,; Brandabschnittsbildung zwischen Kirche und Konventbau: Historische Holztür im Vordergrund (Kirchenraum), T 90-Tür mit Feststellanlage im Hintergrund (Konventbau)

Insbesondere wurden folgende Maßnahmen ausgeführt:

- Ertüchtigung der Brandabschnittsbildung zwischen den einzelnen Gebäuden (Feuerschutztüren, Feststellanlagen, Abschottung der Kabel- und Rohrdurchbrüche) (Abb. 5.89-5.90) sowie in Installationsgängen und Schächten,
- Ertüchtigung der historischen Türen (Türschließer, Feststellanlagen, Falz, Silikondichtungen),
- Einbau von Rauchableitungsöffnungen in den historischen Treppenräumen (RWA-Klappe im oberen Abschluss des Treppenraumes),
- Erweiterung der bestehenden automatischen Brandmeldeanlage,
- Installation einer Sicherheitsbeleuchtung,
- Ertüchtigung der Rettungswege (Abtrennung der Treppenräume, Beschilderung, Reduzierung der Brandlasten),
- Schaffung bzw. Ertüchtigung der zweiten Rettungswege.

Abb. 5.90: Kloster Triefenstein; Brandabschnittsbildung zwischen Mittelbau und Konventbau: Neue T 90-Holztür in bestehender Brandmauer

5.3 Burgen und Schlösser

Burgen

Burgen wurden als Wohn- und Wehrbauten vom Adel erbaut und weisen eine sichtbare architektonische Geschlossenheit auf. Geschichtlich gesehen zählen auch Pfalzen, Kastelle, Festungen und mittelalterliche Schlösser, die bis Ende der Gotik (bis etwa 1520) erbaut wurden, ebenfalls dazu. Die Burg als Bauwerk hat verschiedene Teile: Mauer, Tor, Turm, Palais (Wohnhaus) und Kapelle. Die Blütezeit des Burgenbaus war das Hoch- und Spätmittelalter (ca. 1050-1250 bzw. 1450). Aus dieser Zeit stammt der größte Teil der aktuell erhaltenen Burgen (Abb. 5.91).

Viele Burgen werden heute noch (zum Teil) bewohnt. Andere sind geschlossen und werden vor allem für Führungen geöffnet, während wieder andere als Verwaltungsgebäude, Museen oder Herbergen genutzt werden. In Deutschland gibt es zudem genug Beispiele von Burgruinen, die auf Brände zurückzuführen sind, nach denen die Burgen nicht wiederaufgebaut wurden.

Abb. 5.91: Wasserburg Vischering in Lüdinghausen (Münsterland); Zwei-Insel-Anlage, zweite Hälfte des 13. Jh., nach einem verheerenden Brand 1521 Neubau im Renaissancestil; Nutzung heute: Kulturzentrum, Konzerte, Vorträge, Museum, Ausstellungen, Gastronomie (Quelle: Rosel Eckstein / pixelio.de)

Schlösser

Schlösser als Nachfolger der Burgen wurden seit etwa 1550 bis Ende des 19. Jahrhunderts gebaut. Bei Schlössern steht der repräsentative Wohnbau anstelle des Wehrbaus der Burgen im Vordergrund. Sie liegen auch nicht auf Bergen und Felsen, sondern breiten sich in der Ebene aus. Bei Umbauten mancher Burgen zu Schlössern und bei Schlossneubauten bildeten sich typische Gebäudeteile aus: Zentralschloss, Flügelbauten und Nebengebäude.

Vor allem die Barockschlösser des 17. und 18. Jahrhunderts entwickelten sich zu gewaltigen Baukomplexen mit der für sie charakteristischen offenen und repräsentativen Treppenanlage durch alle Geschosse im Hauptgebäude (Abb. 5.92). Das typische Barockschloss ist eine Dreiflügel-Anlage mit Corps de Logis (Mittelpavillon, Appartements, Eckpavillons) als Hauptgebäude und zwei Seitenflügelgebäuden. Ebenso charakteristisch ist für sie das Mansard-dach. Die Schlösser sind Repräsentations-, Wohn- und Regierungsgebäude.

Abb. 5.92: Residenzschloss in Bad Arolsen (Waldeck)

5.3.1 Brandgefahren

Burgen

Burgen sind Bauten, die so konzipiert wurden, dass sie von außen schwer erreichbar und unzugänglich sind. Deswegen wurden sie zumeist in abgesonderten Lagen und hoch auf Bergen und Felsen gelegen errichtet. Die Lage bestimmt auch die Brandsicherheit, vor allem bei Höhenburgen (Gipfel-, Bergrücken- und Felsenburgen) und Hangburgen.

Zunächst sind es die Feuerwehrzufahrten, die äußerst schwierig sein können; es handelt sich meist um schmale, kurvenreiche Zufahrtswege mit hoher Steigung sowie zu niedrige Einfahrtstore für Drehleiter und Löschfahrzeuge zum Burghof. Bei Burgen mit zwei Höfen ist die Zufahrt zu dem sogenannten oberen Burghof oft noch schwieriger (Abb. 5.93-5.94). Für Wasserburgen ist charakteristisch, dass sie auf einer Insel stehen, auf die meistens nur eine einzige Brücke führt, die nicht immer für Feuerwehrfahrzeuge befahrbar ist (Abb. 5.95). Die Höhenburgen liegen auf einem Felskopf und sind meist über eine einzige und schmale Zufahrt erreichbar (Abb. 5.96). Dadurch wird die Branddauer, bis wirksame Löscharbeiten durchgeführt werden können, erheblich verlängert. Nachträglich eine neue Zufahrt anzulegen, ist in den meisten Fällen nicht durchführbar.

Abb. 5.93-5.94: Enge Burgeinfahrten; unüberwindbar für die Feuerwehrfahrzeuge

Abb. 5.95: Erschwerte Zufahrt für die Feuerwehrfahrzeuge an eine Wasserburg: Burg Vischering in Lüdinghausen (Münsterland), Gründung zweite Hälfte des 13. Jh., 1521 durch Brand zerstört, bis 1580 wiederaufgebaut und erweitert (Quelle: Rosel Eckstein / pixelio.de)

Die Lage von Burgen bestimmt des Weiteren die Löschwasserversorgung. Vereinzelt sind direkt Anschlüsse an ein Wassernetz vorhanden. Bei massiven Brandeinsätzen fällt der notwendige Wasserdruck der eventuell vorhandenen Wasserleitungen allerdings stark ab und sind nicht immer die für den Ersteinsatz notwendigen Wassermengen in Behältern vorhanden. Dies alles verursacht einen sehr hohen Aufwand an Löschkräften und Geräten, um die Wasserförderung über lange Strecken und große Höhenunterschiede aufbauen zu können. Am Beispiel der Burg Ravensberg (Borgholzhausen, Teutoburger Wald) kann verdeutlicht werden, wie aufwendig es sich für die Feuerwehrkräfte gestaltet, trotz langer Hilfszeiten einen wirksamen Rettungs- und Löscheinsatz durchzuführen (Abb. 5.97-5.98). Die Frist von

Abb. 5.96: Erschwerte Zufahrt für die Feuerwehrfahrzeuge an eine Höhenburg: Burg Eltz (Moselland/Maifeld), Beginn des 12. Jh. auf einem Felskopf, auf drei Seiten von der Elz umflossen, bewohnt, Führungen (Quelle: Niki Vogt / pixelio.de)

15,5 Minuten wird durch die Lage der Burg im Teutoburger Wald und die Entfernungen zum Ort verursacht.

Dank ihrer abgelegenen Lagen stehen Burgen meist im Umfeld einer kleineren Gemeinde. Der erforderliche hohe Aufwand an Einsatzkräften und Löschgeräten übersteigt in der Regel die Einsatzmöglichkeiten dieser Gemeinden. Ortsfeuerwehren können den abwehrenden und gesetzlich vorgeschriebenen Brandschutz schon im Ersteinsatz selbst nicht tragen und sind auf Hilfeleistung der Nachbarfeuerwehren angewiesen. Die in den Brandschutzbedarfsplänen festgelegten Hilfsfristen, in denen die zuständige Feuerwehr den Rettungseinsatz nach der Alarmierung beginnen muss, sind hier kaum einzuhalten.

Als Gebäude sind Burgen überwiegend Massivbauten, zum Teil aus Fachwerk, haben aber einen brennbaren Ausbau. Die Decken sind meist Holzbalkendecken. In Burgen, die nicht für eine heutige Nutzung modernisiert wurden und nicht jederzeit öffentlich zugänglich sind, ist noch mit einfachen Bretterdecken auf Holzbalken ohne jegliche Beplankung oder Bekleidung zu rechnen. Diese Decken werden im Brandfall schnell durchbrennen und einstürzen, sodass es hier zumeist keine horizontalen feuerbeständigen Abtrennungen gibt. In diesen Fällen ist es einfacher, vertikale Brandabschnitte zu bilden, weil die inneren Trennwände normalerweise dicke Steinwände sind und sich damit als Brandwände eignen. Die Dachstühle sind ebenfalls aus Holz und können zudem noch mit Holzschindeln bedeckt sein.

Gesicherte Rettungswege nach den heutigen Vorstellungen und Vorschriften werden selten anzutreffen sein. Fast alle Treppen – und die meisten Burgen verfügen über mehrere – sind aus Holz. In den später gebauten Burgen können schon Steintreppen vorhanden sein, vor allem in den mittelalterlichen sind die Holztreppen allerdings durchweg einfache schmale oder sogar

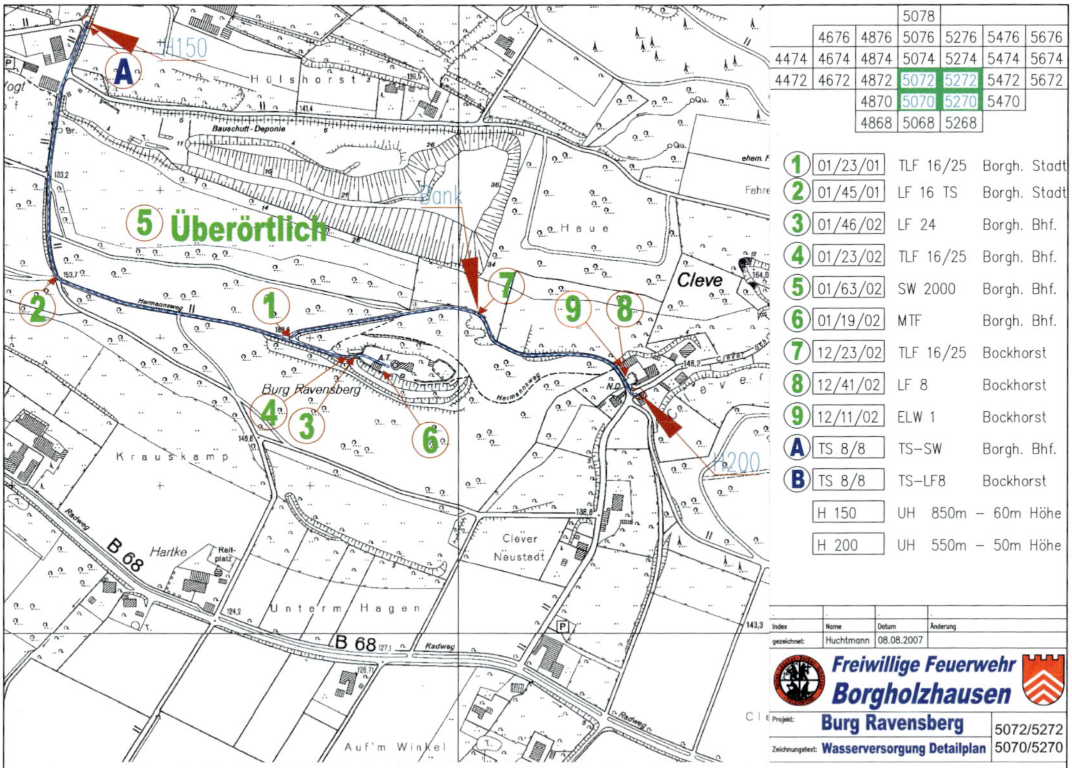

Dokumentation der Übung an der Burg Ravensberg am 17.08.2007

angenommene Alarmierungszeit für die FF Borgholzhausen 19:04 Uhr

01/11/01	ab 19:00 Uhr im Burghof als Einsatzleitung und zur Dokumentation der Übung
01/19/02	ab 19:00 Uhr im Burghof

Fahrzeug	ausgerückt	eingetroffen	Menschenrettung eingeleitet	Wasser am Rohr	Leitung L1 verlegt	Leitung L2 verlegt	Wasser L1 übernommen	Wasser L2 übernommen	Bemerkungen
01/46/02	19:08	19:18	19:23	Verteiler 19:21 Wasser 19:23			19:37		ab 19:24 Abnahme 200l - 1C ab 19:25 Abnahme 400l - 2C ab 19:26 Abnahme 600l - 3C bis 19:40 ab 19:40 Abnahme 1000l - 3C + 1B ab 19:45 Abnahme 1400l - 3C + 1B ab 19:46 Abnahme 2200l - 3C + 2B bis 20:00 Abnahme 2200l konstant
01/23/02	19:09	19:18	19:23	Verteiler 19:21 Wasser 19:23			19:36		
01/63/02	19:10	19:20			19:30	19:37			
01/23/01	19:08	19:19					19:35	19:44	
01/45/01	19:09	19:22					19:34		

angenommene Alarmierungszeit für den Löschzug Bockhorst 19:14 Uhr

12/23/02	19:18	19:30	19:42 fördert Wasser						
12/41/02	19:19	19:31	19:40 fördert Wasser						
12/11/02	19:20	19:31							

Abb. 5.97-5.98: Burg Ravensberg; Beispiel einer aufwendigen Feuerwehrplanung für Menschenrettung und Löschwasserversorgung (Quelle: Feuerwehr Borgholzhausen, Udo Huchtmann)

Tabelle 5.4: Brände in Burganlagen

Burg	Ort	Datum	Brandursache	Verluste
Marksburg	Braubach	06.06.2002	Kerze in der Wohnung	Gaststätte, Büros und Wohnung in der Vorburg ausgebrannt
Burg Ockenfels	Linz-Ockenfels	25.01.2003	techn. Defekt	Dach zerstört, Löschwasserschäden
Burg Hohenzollern	Bisingen	27.06.2007	Fahrlässigkeit in der Burgschänke	geringer Schaden in der Küche
Burg Wiennenthal	Xanten	25.04.2016	Zigarette im Zimmer der Seniorenresidenz	Schwerverletzte, Zimmer zerstört
Wasserburg Satzvey	Mechernich-Satzvey	11.01.2014	techn. Defekt im Sicherungskasten	Veranstaltungsbühne
Wasserburg Steinhausen	Dortmund-Holzen	10.06.2015	Brandstiftung	leerstehende ehemalige Wasserburg abgebrannt
Burg Oebisfelde	Oebisfelde-Weferlingen	13.12.2015	Brandstiftung	Mülltonnen an der Außenwand, Brandspuren an der Fassade bis ins Dach
Burg Kipfenberg	Kipfenberg	22.01.2016	Brandstiftung	Müllcontainer

Wendeltreppen (Abb. 5.99). Die Frage nach gesicherten Treppen kann vor allem in den Türmen relevant sein, wenn diese als Herbergen o. ä. genutzt werden.

Burgfeste – Veranstaltungen wie z. B. Konzerte, Ritterturniere, Märkte, Gastronomie, Führungen und Handwerker-Vorführungen in und vor der Burg, bei denen mit mehreren tausenden Besuchern gerechnet werden muss – werden immer beliebter. Daraus ergeben sich verschiedenste Gefahren wie offenes Feuer, hohe Personenzahlen, Überlastung der elektrischen Anschlüsse, fehlende bzw. nicht ausreichend gesicherte Fluchtwege etc.

Zudem beherbergen Burgen häufig eine wertvolle und leider auch brennbare Ausstattung wie historische Möbel, Bilder, Gemälde, Bücher, Urkunden und Sammlungen, die im Brandfall in Mitleidenschaft gezogen werden können.

Brände auf Burgen aus den letzten Jahren zeigt Tabelle 5.4.

Abb. 5.99: Wendelholztreppe in einer Burganlage (Quelle: Heilmann, Sylvia: Entwicklung des Brandschutzes in Deutschland vom späten Mittelalter bis zur Moderne. 2015, Pirna, vfdb. ISBN 978-3-9817320-0-9)

Schlösser

Auch wenn Schlösser heute nur selten als reine Wohnschlösser genutzt werden, haben sich durch die Umnutzungen der Schlossteile die Brandgefahren zumindest geändert, wenn nicht erhöht. Der Wert der dort untergebrachten Kulturgüter ist ebenso gewachsen und die Schlösser selbst sind als Bauwerke zum Kulturgut geworden, manche gar zum Weltkulturerbe. Bränden können somit sowohl Bauteile als auch Sammlungen unersetzbarer Kunstschätze zum Opfer fallen. Der Prunk der Ausstattung und der aufwendige Ausbau der Schlossräume erhöhen zudem die Brandgefahren (Brennbarkeit der Holzverkleidungen, Textilien, Bilder) und Brandgefährdungen (z. B. Einsturzgefahr von Stuckdecken, Absturz von Lüstern).

Der Feuerschutz scheint in der ganzen Barockarchitektur vergessen worden zu sein. Entsprechend enthält die Architektur und Baukonstruktion der Barockschlösser viele charakteristische Bauarten, die sich im Brandfalle sehr ungünstig auswirken. Dazu zählen:

- Bis zu 500 m lange, sehr weit ausgedehnte Schlossanlagen mit Flügelgebäuden und ohne wirksame Brandabschnittsbildung,
- hohe Holzdachstühle, vor allem Mansarddächer mit Dachgeschossen, hohe Brandlasten und schwer zugängliche Bereiche in Dachräumen,
- verschiedene Hängekonstruktionen und Sprengwerke aus Holz in Wänden, Decken und Dachstühlen mit akuter Einsturzgefahr,
- repräsentative und dadurch offene Treppenanlagen ohne wirksame Abtrennung von den Geschossen,

Abb. 5.100: Enge und einzige Einfahrt in einen Schlosshof, für Feuerwehrfahrzeuge nicht geeignet

- meterdicke Holzbalkendecken mit brennbarer Füllung, schwer zugänglichen Hohlräumen und abgehängten Stuckdecken.

Schlösser sind zwar Bauwerke mit gemauerten Außenwänden, durch ihre hölzernen tragenden Bauteile im Inneren und die tückischen Hohlräume jedoch höchst brandgefährdet. Hinzu kommen noch die im Laufe der Jahrhunderte vorgenommenen Umbauten und konstruktiven Veränderungen, die sich negativ auf den sowieso schon begrenzten Feuerwiderstand auswirken können – und außerdem nicht immer bekannt sind.

Dass gerade diese konstruktiven Bauteile von hohem Wert und denkmalgeschützt sind, erhöht die Brandgefährdung, weil hier fast keine vorbeugenden baulichen Brandschutzmaßnahmen möglich sind. Deswegen steht die Feuerwehr bei Schlossbränden in vielen Fällen einem bereits sehr fortgeschrittenen Großbrand gegenüber.

In Schlössern kann mehr als in anderen Gebäuden die Frage des Zugangs für die Rettungs- und Löschkräfte relevant sein. Aus Diebstahlschutzgründen können Türschlösser gleichzeitig nur mit mehreren Schlüsseln geöffnet werden. Bei nicht vorhandener ständiger Überwachung des Schlosses kann der Zugang ins Gebäude besonders nachts erschwert sein.

Die meist noch vorhandenen Gartenanlagen sind in der Regel nicht für schwere Feuerwehrfahrzeuge am Gebäude ausgelegt und gestatten erst recht nicht ein Umfahren des Schlosses (Abb. 5.100). Außerdem sind für den Einsatz von Drehleitern und anderen Hubrettungsfahrzeugen im Brandfall befestigte Flächen erforderlich.

Tabelle 5.5: Brände in Schlossgebäuden

Schloss	**Ort**	**Datum**	**Brand-ursache**	**Verluste**
Schloss Emersacker	Emersacker / b. Augsburg	19.11.2018	technischer Defekt	Gaststätte im Mansardenhaus ausgebrannt, Gemeindesaal verraucht
Alte Rentkammer / Schloss Birstein	Birstein / Südhessen	14.12.2018	unbekannt	Dachstuhlbrand
Schloss Benrath	Düsseldorf	10.01.2021	Schmorbrand Trafo	
Großes Schloss Blankenburg	Blankenburg / Harz	09.08.2021	Brandstiftung	Marstall zerstört
Schloss Oberköllnbach	Postau / Niederbayern	04.02.2022	unbekannt	ein Brandtoter, ehem. Verwaltungsgebäude der barocken Schlossanlage vollständig niedergebrannt
Schloss am Tornowsee	Pritzhagen / Märkische Schweiz	29.08.2023	unbekannt	stark beschädigt
Schloss Ruischholzhausen	Ebsdorfergrund-Rauischholzhausen / MIttelhessen	31.08.2023	technischer Defekt (Kurzschluss in Aufzugsteuerung)	starke Rauchentwicklung, Tagungsteilnehmer verlegt
Schloss Berleburg	Bad Berleburg / Südwestfalen	11.03.2024	technischer Defekt Heizung	Ummantelung eines Abgasrohrs der Hackschnitzelheizung
Schloss Nordkirchen	Nordkirchen / Westfalen	25.09.2024	Fahrlässigkeit mit Kerze	Studentenzimmer in der Finanzhochschule ausgebrannt, starke Rauchentwicklung

Wie bei Burgen müssen auch für Schlossbrände starke Einsatzkräfte eingeplant und alarmiert werden. Hier mag der Aufbau der Löschwasserförderung die Feuerwehren weniger beschäftigen, allerdings liegt dafür das Schwergewicht der Arbeit auf der Bergung der Kunstschätze und der Schutzmaßnahmen gegen die Brandausbreitung. Zudem bindet die Begrenzung der Löschwasserschäden, die bei Schlossbränden immer wieder beklagt werden, entsprechend mehr Einsatzkräfte und Geräte (Abb. 5.101).

Abb. 5.101: Unwirksamer Löschstrahl bei einem Dachstuhlbrand; Schloss Merode (Quelle: Feuerwehr Langerwehe)

Einige Beispiele von Bränden in Schlossgebäuden enthält Tabelle 5.5.

In Schlossgebäuden sind unterschiedliche Nutzungen anzutreffen. Neben der Wohnnutzung gehören dazu: Museen, Verwaltungsgebäude, Hotels und Schulen. Diese neuen Nutzungen bedeuten erhöhte Personenzahlen und somit eine erhöhte Personengefährdung bei unzureichenden Rettungswegen im Brandfall.

5.3.2 Brandschutzmaßnahmen

Es ist einerseits verständlich, dass insbesondere Burgen und Schlösser aufgrund ihrer geschützten Bauart den heutigen Bau- und Brandschutzvorschriften nicht optimal und vollständig angepasst werden können. Andererseits ist es offensichtlich, dass gerade deswegen nicht jede Sondernutzung möglich ist, insbesondere in Hinblick auf

- die **Sicherstellung von Rettungswegen** und
- den **Schutz von Kulturgütern**, die diese Bauten in sich bergen.

Manche Objekte haben nicht nur ihre eigene Brandgeschichte, sondern auch eine Feuerschutzgeschichte, sodass sie heute umfangreiche Brandschutzmaßnahmen haben. In der Wiener Hofburg z. B. sind 23 Brandmeldeanlagen, 6 Gaslöschanlagen 27 Überflurhydranten, über 400 Wandhydranten, über 1000 Feuerlöscher und mehrere Brandabschnitte installiert [32].

Ein Brandschutzkonzept ist für jede Burg und jedes Schloss sehr sinnvoll. Erst bei einer Gesamtbetrachtung eines solchen historischen Objektes kann der Brandschutz denkmalschonend geplant und realisiert werden. Dabei gilt für jeden Schlossherren, Brandschutzplaner, Beamten und Architekten: Renovierungs- und Umbaumaßnahmen müssen rechtzeitig mit der örtlich zuständigen Denkmalschutzbehörde abgestimmt werden.

Burgen

Folgende **Brandschutzmaßnahmen** sollten in und an Burgen in Abhängigkeit von ihrer Nutzung und Lage durchgeführt werden:

1. **Sicherstellung der Löschwasserversorgung** in Form von Wasserleitungen mit dazwischen geschalteten Pumpen, Löschwasserbehältern sowie Wasserentnahmestellen im Burghof oder außerhalb der Burg.
2. **Einbau von separaten oder in fest eingebauten Feuerleitern** integrierten trockenen Steigleitungen in Türmen und an schwer erreichbaren Stellen (Abb. 5.102).
3. **Errichtung von Treppenräumen**, die zum Aufenthalt von Menschen bestimmt sind und keine gesicherten Fluchtwege haben (Holztreppen, offene Treppenanlagen).
4. **Herstellung oder Instandsetzung von Brandmauern** mit Einbau von Feuerschutztüren (Abb. 5.103).
5. **Befestigung und Verbreiterung von Zufahrtsstraßen** und Brücken; nach Möglichkeit Absenkung der Tordurchfahrten für die Feuerwehr.
6. **Behandlung der Holzdachstühle und Turmhelme** mit Flammschutzmitteln.
7. Erstellung eines **Feuerwehreinsatzplanes** mit ausreichender Planung der Einsatzkräfte und -geräte für einen massiven Einsatz unter Einbeziehung der Nachbarhilfe.
8. Festlegung der **Verfügbarkeit des Torschlüssels** für die Feuerwehr.

9. Erneuerung bzw. Austausch der **haustechnischen Anlagen**, insbesondere der elektrischen Anlagen; Einbau oder Instandsetzung der **Blitzschutzanlage**.
10. Einbau einer **automatischen Brandmeldeanlage** mit Rauchmeldern und Anschluss an eine ständig besetzte Feuerwache oder Leitstelle (Abb. 5.104).

Abb. 5.102: Einspeisung für trockene Löschwasserleitung an einer Burganlage (Burg Gnandstein) (Quelle: Heilmann, Sylvia: Entwicklung des Brandschutzes in Deutschland vom späten Mittelalter bis zur Moderne. 2015, Pirna, vfdb. ISBN 978-3-9817320-0-9)

Abb. 5.103: Feuerschutztür aus Holzwerkstoffen (Wartburg, Eisenach) (Quelle: Wartburg-Stiftung Eisenach)

Abb. 5.104: Rauchmelder im Lutherzimmer auf der Wartburg (Quelle: Wartburg-Stiftung Eisenach)

Besonderer Betrachtung bedürfen **Burgfeste** mit großer Besucherzahl. Da Burgen für Massenveranstaltungen meist nicht gebaut und geeignet sind, können für die Burgfeste folgende Brandschutzmaßnahmen erforderlich sein:

- **Genehmigung** der Veranstaltung durch die Bauaufsicht nach Vorlage eines Brandschutzkonzeptes, wenn mehr als 1000 Personen zu erwarten sind [33].
- Erstellung eines **Sicherheitskonzeptes** (für Veranstaltungen mit mehr als 5000 Besuchern) als Analyse der möglichen Gefährdungen während des Burgfestes und eine Erarbeitung von Schutzmaßnahmen.
- Eventuelle Errichtung von **Fluchttreppen** (auch provisorischen Gerüsttreppen) bei nicht ausreichend gesicherten Rettungswegen.
- Genaue Festlegung und Absperrung von **Zufahrts- und Rettungswegen** auf dem Burggelände für die Feuerwehr- und Rettungsfahrzeuge.
- Installation einer **Notbeleuchtung** (auch mobile Sicherheitsbeleuchtung) für die Burgräume und den Burghof.
- Ausstattung mit **Feuerlöschern** (Pulverlöscher, Fettbrandlöscher) aller Marktstände und Handwerkerstände, die mit offenem Feuer arbeiten.
- Errichtung einer **Brandsicherheitswache** der örtlichen Feuerwehr einschließlich einer Stationierung von Löschfahrzeugen.

Schlösser

Vorbeugende **bauliche und anlagentechnische Brandschutzmaßnahmen**, die in Schlössern trotz ihrer empfindlichen Bausubstanz, Architektur und Ausstattung notwendig sind, können folgende sein:

1. **Errichtung neuer oder Verbesserung bestehender Brandwände/-mauern** an den sich anbietenden Stellen, besonders jedoch zwischen Flügelbauten und dem Corps de Logis sowie in ausgedehnten Dachräumen.
2. **Feuerbeständige Trennung** durch Nachbesserung von bestehenden Wänden und Einbau von Feuerschutztüren (T 30) zwischen bestimmten Nutzungseinheiten des Schlosses (z. B. Wohnteil, Ausstellung, Verwaltung, Schule, Repräsentationsteil) und zur Abtrennung feuergefährlicher und besonders gefährdeter Räume und Bereiche (z. B. Lagerräume, Archive, Versammlungsräume, Kirche/Kapelle).
3. **Behandlung der Holzdachstühle** und aller Hängekonstruktionen und Sprengwerke mit Flammschutzmitteln.
4. Errichtung von zusätzlichen notwendigen Treppenräumen oder entsprechende Anpassung vorhandener Nebentreppen als **Fluchtwege**; **Kennzeichnung der Rettungswege** (Abb. 5.105-5.107).

Abb. 5.105-5.106: Dezente Kennzeichnung der Rettungswege in einem Schloss (Schloss Stolberg, Harz) (Quelle: Wolfgang Zimpel, Deutsche Stiftung Denkmalschutz)

5. Einbau einer **automatischen Brandmeldeanlage** mit Rauchmeldern sowohl in Repräsentationsräumen als auch in Fehlböden.
6. Einbau von **Löschwasserleitung bzw. Sprühwasserlöschanlagen** in Dachböden und Türmen.
7. Anlegen einer **Feuerwehr-Umfahrt mit entsprechenden Aufstell- und Bewegungsflächen** unter Beachtung der Gartenanlage.
8. Einbau einer **Blitzschutzanlage**.

Abb. 5.107: Nottreppe an einem Schloss mit Brandschutzverglasung unterhalb des Treppenpodestes (Schloss Rhoden, Waldeck)

9. Einbau einer **Sicherheitsbeleuchtung**, v. a. für Konzertsäle und Schlosstheater.
10. Einbau einer **Wassernebellöschanlage zur Rauchabschnittsbildung** bei nicht brandschutztechnisch verschließbaren Öffnungen bzw. Fluchtwegen und die Sicherung von Fluchttreppen als Kompensationsmaßnahme für eine zweite bzw. eine historische Holztreppe (Knopf, 2014). Mittels einer Niederdruck-Wassernebellöschanlage können in den Fluchtwegen und Holztreppenräumen bei anfallendem Rauch die Rauchpartikel bis zu 97 % gebunden werden. Die toxischen Gase werden durch den Wassernebel bis zu 75 % ausgewaschen bzw. neutralisiert. Auch die Temperatur im Fluchtbereich wird unter 40 °C gesenkt, sodass dieser Bereich passiert werden kann.
11. Verlegung einer **Hydrantenleitung** in den Schlosshof oder Errichtung von Löschwasser-Entnahmestellen an bestehenden Schlossgewässern.

5.3.3 Beispiele

Burg Gnandstein

Burg Gnandstein in Kohren-Sahlis (Leipziger Land)

Bauherrschaft	Staatsbetrieb Sächsisches Immobilien- und Baumanagement, Leipzig
Projektleitung	
Entwurfsverfasser/ Planer	Architekt BDA Werner Hößelbarth, Radebeul
Brandschutzplaner	Brandschutzkonzept Architekturbüro Werner Hößelbarth, Radebeul Visualisierung Ingenieurbüro Heilmann, Dr.-Ing. S. Heilmann, Pirna

Baubeschreibung

Die Burg Gnandstein liegt auf einem Felssporn über dem Wyhratal in der Nähe der „Töpferstadt" Kohren-Sahlis im Landkreis Leipzig und gilt als Sachsens besterhaltene romanische Wehranlage. Ihre Anfänge liegen im Beginn des 13. Jahrhunderts [34] (Abb. 5.108). Umbauten und Zerstörungen im Laufe der Jahrhunderte auch infolge von Blitzeinschlägen und daraus resultierenden Bränden veränderten die Gesamtanlage und die einzelnen Burgflügel und Räume. Erst zu Beginn des 18. Jahrhunderts kam es zu einer barocken Umgestaltung der Gebäude und Fassaden, die diesen ihr heutiges Aussehen verlieh. Die Innengestaltung der Räume des Südflügels vollzog sich ebenfalls in dieser Zeit. Nach Ende des Zweiten Weltkrieges und dem Übergang der Burganlage in Volkseigentum waren die Träger ständig bemüht, trotz knapper Mittel notwendige Reparaturen an den Gebäuden der Burg durchzuführen. Anfang der 1950er Jahre kommt es zu starken Sturmschäden an verschiedenen Dächern der Burggebäude, die anschließend wieder erneuert werden können.

In den Jahren 1964 und 1965 wurde das seit 1932 als Gaststätte genutzte Gebäude auf der Westseite des Felssporns komplett umgebaut. Im Laufe der Jahre nach 1990 konnten Südflügel, Bergfried, Palas, Kemenate, Anbau und Kapellenflügel zunächst statisch konstruktiv überarbeitet werden. Auch der Bergfried wurde in diesem Rahmen behandelt und 1998 wieder für den Besucherverkehr geöffnet. Danach begann der Innenausbau der Gebäude, der mittlerweile abgeschlossen ist (Abb. 5.109).

Die Burganlage besteht aus folgenden Teilen (Abb. 5.110):

- Ostteile: Torhaus, Palas, Wehrgang, Kemenate, Anbau, Bergfried,
- Südflügel,
- Westflügel,
- Nordflügel.

Abb. 5.108: Burg Gnandstein, Gesamtansicht von Süden (Quelle: Andreas Hermsdorf / pixelio.de)

Abb. 5.109: Burg Gnandstein (Quelle: Bernadette Schilder / pixelio.de)

Man betritt die Burg durch das erste Burgtor und gelangt in den Torzwinger, dessen Bering mit einem hölzernen Wehrgang überbaut ist [35]. Rechter Hand kommt man durch das zweite Tor in den großen Burghof. Gleich links liegt der Abgang zum tiefen Brunnenkeller. Im darüber liegenden südlichen Schlossbau, der mit einem großen Treppenturm versehen wurde, ist das Burgmuseum beheimatet. Von hier gelangt man in den westlichen gotischen Wohntrakt mit Burgkapelle und ehemaligem Vorratsspeicher. Dort wiederum befindet sich der Durchgang zur Kernburg mit einem kleinen Burghof, in dem der 33 m hohe Bergfried geschützt von der mächtigen Schildmauer steht. Der Bergfried ist begehbar und offeriert einen schönen Rundblick über das Tal des Flusses Wyhra. Der Schildmauer vorgelagert ist ein Zwinger, der sich von West nach Nord zieht und den Halsgraben abdeckte. Im östlichen Teil der Kernburg liegt der bestens erhaltene romanische Palas, durch den die Burg einen hohen Bekanntheitsgrad erlangt hat. Im Obergeschoss des Palas befindet sich eine Ausstellung von wertvollen Gemälden und Möbeln. Im Westflügel findet man das Burghotel mit Restaurant, der Nordflügel beheimatet den Rittersaal.

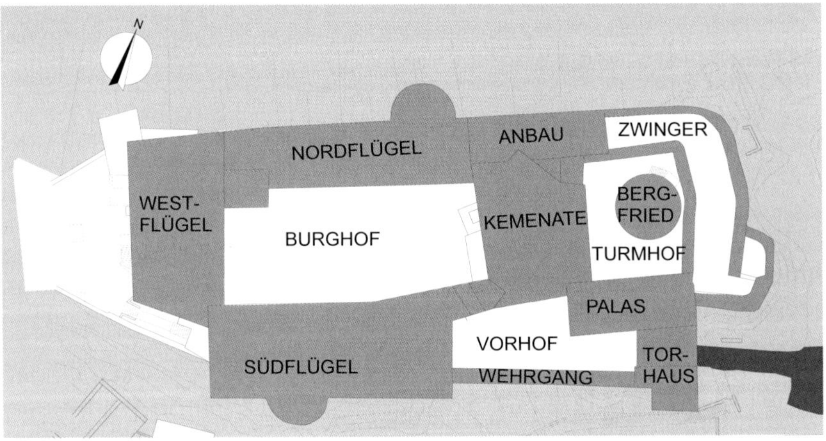

Abb. 5.110: Burg Gnandstein, Lageplan (Quelle: Heilmann, Sylvia: Entwicklung des Brandschutzes in Deutschland vom späten Mittelalter bis zur Moderne. 2015, Pirna, vfdb. ISBN 978-3-9817320-0-9)

Die einzelnen Teile der Burg sind massiv gemauerte Gebäude mit Holzbalkendecken.

Nutzung

Teile der Burg werden bereits seit 1932 museal genutzt. Damals öffnete die Familie von Einsiedel ein Heimatmuseum, nachdem Kapelle, Turm und andere Räume der Öffentlichkeit bereits seit 1911 zugängig waren. Nach den Kriegsjahren öffnete das Museum als Landkreismuseum. Seit 1992 befindet sich Burg Gnandstein im Eigentum des Freistaates Sachsen. Nach den umfangreichen Sanierungs- und Sicherungsmaßnahmen wird die Burganlage heute wie folgt genutzt:

- Burgmuseum
  Zahlreiche Ausstellungen, die die Geschichte der Burg in vielfältiger Art und Weise beleuchten, können besichtigt werden [36]. Die mittelalterliche Wehranlage und ein besteigbarer Bergfried aus dem 13. Jahrhundert laden ebenso ein wie Räume mit barocker bis klassizistischer Ausstattung. Die Museumsräume befinden sich auf allen Ebenen (Ebene 0 bis 3) im Südflügel, Nordflügel und in den Ostteilen. Auf den Dachböden im Anbau und in der Kemenate finden Sonderführungen statt. Im Torhaus sind die Büroräume des Museums untergebracht und in der Kemenate der Museumsladen.
- Burghotel
  Im Westflügel der Burganlage (Ebenen 0 und 1) stehen acht Zimmer zur Verfügung.
- Café und Restaurant
  Mehrere Räume im Erdgeschoss des Süd- und Nordflügels werden hierfür genutzt: Das Blaue Restaurant, Kabinett, Wintergarten, Richterzimmer, Gerichtsstube, Bastion, Panoramaterrasse und Biergarten des Arkadenburghofs. Die historischen Räume werden neben dem normalen Restaurantbetrieb für mittelalterliche Rittertafeln, Hochzeiten, Geburtstage und Jubiläen besucht [37].
- Kapelle
  Ein besonderes Juwel der Burg Gnandstein verbirgt sich im Nordflügel. Die spätgotische Kapelle entstand Ende des 15. Jahrhunderts und befindet sich im ersten Obergeschoss. Sie hat eine Grundfläche von 100 m^2 und fasst 40 Sitzplätze bei Bestuhlung.
- Palassaal
  Dieser Saal aus dem 13. Jahrhundert gehört zu den ältesten Räumen der Burganlage. Insbesondere Trauungen und Feiern für bis zu 60 Personen finden hier statt.
- Veranstaltungen im Freien
  Im Burghof (Abb. 5.111) können 200 Plätze Reihen- und 100 Plätze Bankettbestuhlung für Veranstaltungen aufgestellt werden. Insgesamt können sich auf der Burg – inklusive Veranstaltungen im Freien – bis zu 800 Besucher gleichzeitig aufhalten.
  Im Zwinger können auf einer Fläche von 140 m^2 im Freien 50 Plätze in Reihen- bzw. 40 Plätze in Bankettbestuhlung aufgestellt werden.
  Im Vorhof und im Turmhof mit Bergfried.

Die Burg bietet neben interessanten Ausstellungen ein abwechslungsreiches Sonderführungs- bzw. museumspädagogisches Programm an. Die Gruppengröße beträgt 35 Personen bzw. 27 Kinder als Klassenstärke.

Abb. 5.111: Blick in den Hof der Burg Gnandstein (Quelle: Heilmann, Sylvia: Entwicklung des Brandschutzes in Deutschland vom späten Mittelalter bis zur Moderne. 2015, Pirna, vfdb. ISBN 978-3-9817320-0-9)

Brandschutzmaßnahmen

Im Rahmen der letzten Sanierung wurden bestehende Brandschutzmaßnahmen ertüchtigt und neue eingebaut:

- Die Feuerwehrzufahrt für Löschfahrzeuge zu Vor- und Burghof sind wegen der schmalen Breite und Höhe des Torhauses – 2,20 m × 2,70 m – nicht möglich (Abb. 5.112). Der Löschangriff muss zu Fuß erfolgen. Am Südflügel im Burghof und am Palas im Vorhof sind trockene Steigleitungen installiert.
- Die Löschwasserversorgung ist über Unterflurhydranten der städtischen Wasserleitung in der Burgstraße sowie einen Löschwasserbehälter (Volumen 150 m^3) in 40 m Entfernung vom Torhaus gesichert.
- Die Burganlage ist in fünf Brandabschnitte unterteilt: Südflügel, Westflügel, Nordflügel, Torhaus und Palas mit Kemenate und Anbau. Die Brandabschnittstrennung bilden bestehende dicke Brandmauern mit T 90-Türen (Abb. 5.113).
- Die Rettungswege konnten über die bestehenden historischen Treppen, auch Wendel- bzw. Spindeltreppen, gesichert werden. Die Treppenräume wurden, soweit es die historische Bausubstanz ermöglichte, ertüchtigt und meist mit Feuerschutztüren (T 30-RS) versehen. Außer im Südflügel wurden keine notwendigen Flure gebildet (Abb. 5.114).

Abb. 5.112: Burg Gnandstein; Tordurchfahrt Torhaus (Quelle: Heilmann, Sylvia: Entwicklung des Brandschutzes in Deutschland vom späten Mittelalter bis zur Moderne. 2015, Pirna, vfdb. ISBN 978-3-9817320-0-9)

Abb. 5.114: Burg Gnandstein; Wendeltreppe (Treppenraum A) im Torhaus mit einer dicht- und selbstschließenden Glastür; der Feuerlöscher wurde nicht vorbildlich, aber ausschließlich für dieses Bild vor die Tür gestellt (Quelle: Heilmann, Sylvia: Entwicklung des Brandschutzes in Deutschland vom späten Mittelalter bis zur Moderne. 2015, Pirna, vfdb. ISBN 978-3-9817320-0-9)

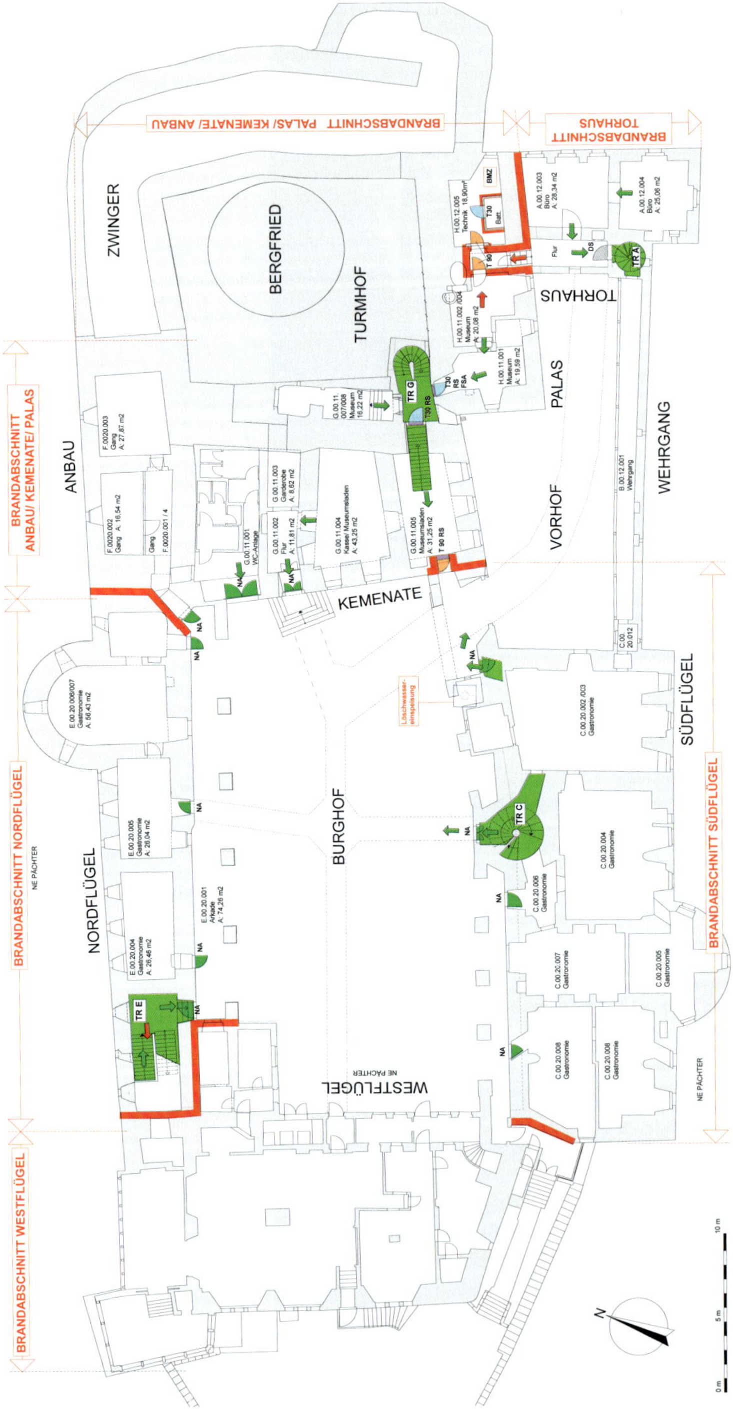

Abb. 5.113: Burg Gnandstein, Grundriss Ebene 0 mit Brandwänden (Quelle: Heilmann, Sylvia: Entwicklung des Brandschutzes in Deutschland vom späten Mittelalter bis zur Moderne. 2015, Pirna, vfdb. ISBN 978-3-9817320-0-9)

- Die Burg ist im musealen Bereich zum größten Teil mit einer automatischen Brandmeldeanlage (Kategorie 1 nach DIN 14675) ausgestattet. In der Gastronomie (Nord- und Südflügel) ist keine Brandmeldeanlage vorhanden, im Burghotel (Westflügel) sind in den Hotelzimmern und auf dem Hotelflur Batterierauchmelder angebracht.
- Die Burgräume und der Außenbereich (Burghof) sind mit einer Sicherheitsbeleuchtung ausgestattet.

Burg Waldeck

Hotel Schloss Waldeck in Waldeck (Waldecker Land)

Bauherrschaft	Waldeckische Domanialverwaltung, Bad Arolsen
Projektleitung	Armin Schacht, Waldeckische Domanialverwaltung
Entwurfsverfasser/ Planer	Dipl.-Ing. Architekt H. Potthoff, Kleine + Potthoff Architekten BDA, Korbach
Brandschutzplaner	Dipl.-Ing. L. Peuckert / Dipl.-Ing. M. Theune, Thormählen + Peuckert, Paderborn

Baubeschreibung

Hoch über dem Edersee im Landkreis Waldeck-Frankenberg, Hessen, befindet sich die alte Ritterburg Waldeck. Seit Jahrhunderten zwar Schloss genannt, ist sie von ihrem Charakter und ihrer Entstehung her eine Gipfelburg (Abb. 5.115). Sie stammt aus dem 11. Jahrhundert, wobei die einzelnen Teile der Anlage aus verschiedenen Jahrhunderten kommen (Abb. 5.116). Sie ist Eigentum des Landkreises Waldeck-Frankenberg und wird von der Waldeckischen Domanialverwaltung Bad Arolsen verwaltet.

Die meisten Gebäude sind massive Bauten aus Mauerwerk und Steinen. In wenigen Bereichen sind Holzfachwerkkonstruktionen vorhanden. Die Decken sind, außer im Bastionsturm, welcher Stahlbetondecken hat, Holzbalkendecken. Im Rittersaal (Wildunger Flügel) sind tragende Eichenholzstützen vorhanden. Die Dächer sind mit Schieferschindeln bedeckt.

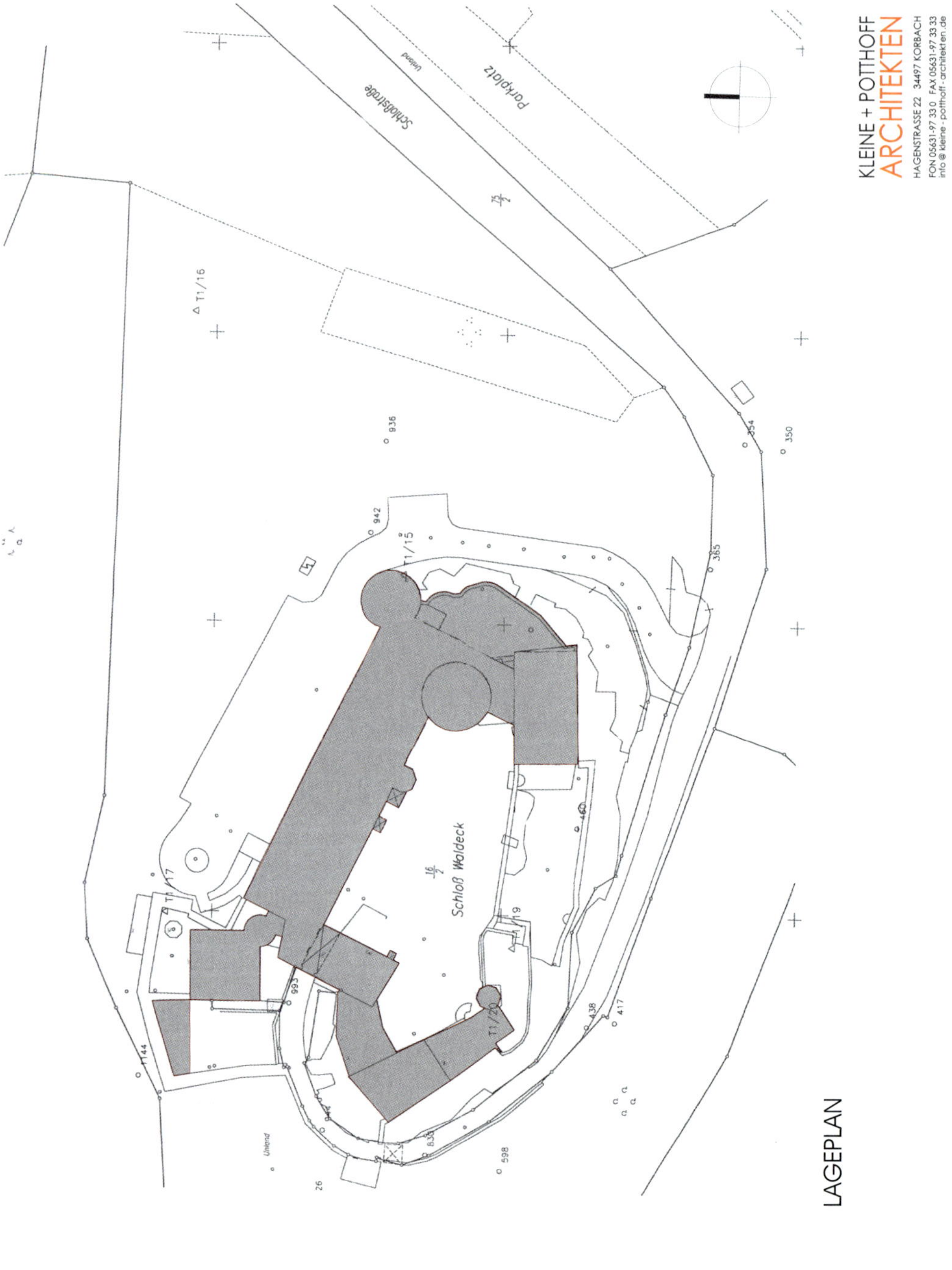

Abb. 5.115: Burg Waldeck, Lageplan (Quelle: Kleine + Potthoff Architekten BDA, Korbach, Weimar)

Abb. 5.116: Burg Waldeck, Gesamtansicht von Süden (Quelle: Klaas Hartz / pixelio.de)

Die Burganlage besteht aus folgenden Gebäudeteilen (Abb. 5.117-5.118):

- Bastionsturm,
- Wildunger Flügel,
- Bergfried / Treppenraum,
- Museum, Café, Konferenzräume,
- Restaurant, Hotel, Uhrturm,
- Hotel, Wohnung.

Nutzung

Im Laufe der Jahrhunderte diente die Burg unterschiedlichen Zwecken:
Als Residenz der Grafen von Waldeck diente sie bis 1665. 1734 wurde der ältere Südflügel abgebrochen und in anderen Gebäudeteilen das Frauengefängnis eingerichtet. 1868 wurde das Gefängnis aufgelöst und eine Försterei eingerichtet. Schon in 1906 wurde der Nordflügel zu einem Hotelbetrieb umgebaut. Dieser wurde nach einem Großbrand 1940 und nach dem Krieg wiederaufgebaut und in den folgenden Jahren bis 2009 erweitert und modernisiert.

Heute wird die Burg Waldeck genutzt [38] als

- Hotel Schloss Waldeck mit Übernachtungsmöglichkeiten in 42 Zimmern (95 Betten), 6 Tagungsräumen für bis zu 150 Personen pro Raum sowie einem Wellness- und Spa-Bereich,
- Gourmetrestaurant „Alte Turmuhr“, Café und Restaurant Altane, großer Rittersaal für Gesellschaften bis 200 Personen,
- Museum „Hinter Schloss und Riegel“ mit Museums- und Sonderführungen.

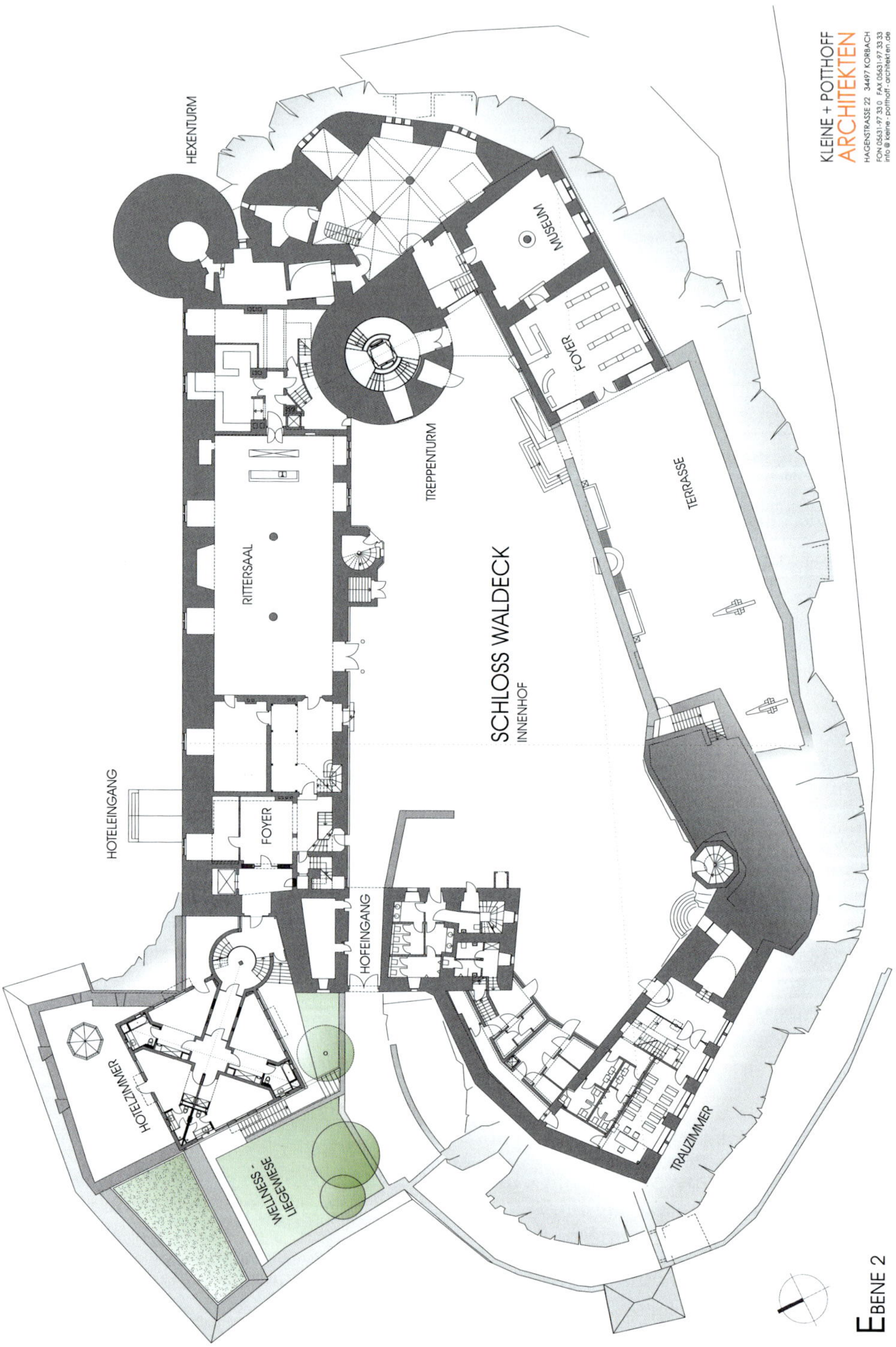

Abb. 5.117: Burg Waldeck, Grundriss Ebene 2 (Quelle: Kleine + Potthoff Architekten BDA, Korbach, Weimar)

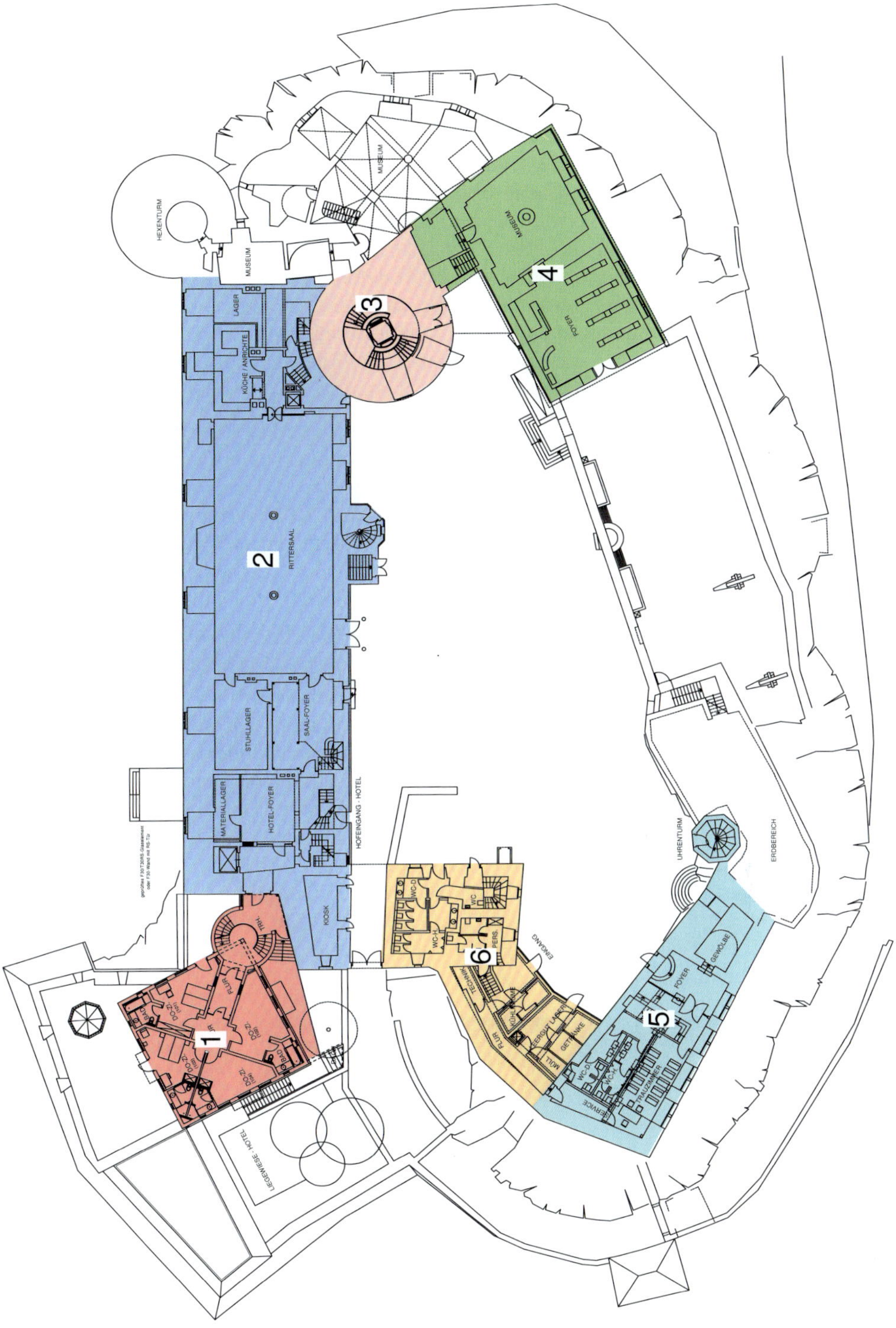

Abb. 5.118: Burg Waldeck, Lageplan mit Gebäudeteilen (Quelle: Brandschutzkonzept Thormählen + Peuckert, Paderborn)

Im Nordosten der Burganlage befindet sich der sogenannte Bastionsturm (Gebäudeteil 1 in Abb. 5.118). Dieser aus sieben Ebenen bestehende Turm wurde erst 1987 errichtet und beherbergt in Ebene 0 Technikräume, in Ebene 1 einen Wellnessbereich und in den darüber liegenden Ebenen 2 bis 6 je vier Hotelzimmer.

Der Nordbau (Gebäudeteil 2 in Abb. 5.118), dem sogenannte „Wildunger Flügel", erstreckt sich von Ebene 1 bis Ebene 7. Auf Ebene 1 sind Technikräume, ein Büro- und Verwaltungsbereich sowie das Foyer des Hotels (Abb. 5.119), auf Ebene 2 der als Festsaal genutzte „Rittersaal" sowie dazugehörige Nebenräume. Auf Ebene 3 befinden sich Toiletten und der Luftraum des Rittersaals, auf Ebene 4 Konferenzräume, auf Ebene 5 lediglich der Luftraum der Konferenzräume und ein Installationsbereich. Die Ebene 6 wird als Hotelzimmerebene genutzt und auf Ebene 7 befindet sich der Dachraum, in welchem die Lüftungsanlage untergebracht ist.

Im Osten erhebt sich der Bergfried (Gebäudeteil 3 in Abb. 5.118) als dreigeschossiger Sandsteinbau mit über 3 m dicken Mauern. Der Bergfried – erbaut wahrscheinlich Ende des 13. oder Anfang des 14. Jahrhunderts – ist einer der ältesten noch erhaltenen Teile. 1745 bis 1761 beherbergte er das gräfliche Archiv („Archivturm"), 1952 bis 1997 diente er als Wasserturm. Heute dient er als Treppenraum zur Erschließung der Geschosse im „Wildunger Flügel" und einem neu gestalteten Bau (Gebäudeteil 4 in Abb. 5.118), in welchem sich in Ebene 2 das Museum, in Ebene 4 ein Café mit Terrasse und in Ebene 6 Konferenzräume befinden.

Im Süden gelangt man auf die Altane, eine großflächige Terrasse. Im Westen der Anlage steht der Obere Torbau (Gebäudeteil 6 in Abb. 5.118), der ursprüngliche Torbau wurde im 19. Jahrhunde nach Süden verlängert und als Amtshaus genutzt. Der südwestliche Bereich (Gebäudeteil 5 in Abb. 5.118) beherbergt auf Ebene 2 einen Raum, der als Standesamt genutzt wird, auf Ebene 3 ein Gourmetrestaurant und auf den Ebenen 5 und 6 Teile des Hotels. Der westliche Teil der Burg (Gebäudeteil 6 in Abb. 5.118) beherbergt auf Ebene 2 Toilettenräume und Lagerräume, auf Ebene 3 eine Medialounge (ehemaliger Frühstücksraum) des Hotels (mit Luftraum in Ebene 4) und auf Ebene 7 eine Verwalterwohnung. Die Ebenen 5 und 6 werden auch hier als Hotelebenen genutzt.

Abb. 5.119: Foyer des Hotels Schloss Waldeck

Brandschutzmaßnahmen

Gemäß § 2 Abs. 3 Hessischer Bauordnung (HBO) ist die Burganlage aufgrund der Höhenlage der Aufenthaltsräume im obersten Geschoss ein Gebäude der Gebäudeklasse 5 (Peuckert et al., 2008). Als Beurteilungsgrundlage wurden bei der letzten Sanierung und Modernisierung neben der HBO die Muster-Beherbergungsstättenverordnung (MBeVO) in der Fassung vom Dezember 2000 und die Muster-Versammlungsstättenverordnung (MVStättV) in der Fassung vom Juni 2005 angewandt. Folgende Brandschutzmaßnahmen wurden dabei realisiert bzw. modernisiert:

- Wegen der Höhen und Breiten der historischen Tore (oberes Tor und unteres Tor mit Pulverturm) ist eine Einfahrt nur mit PKW, nicht jedoch mit Lösch- und Hubrettungsfahrzeugen möglich. Die Feuerwehrzufahrt ist bis an die Nordseite (Wildunger Flügel) eingerichtet.
- Nach dem Wegfall des Wasserspeichers im Turm wurde 1996 ein neuer Speicher am Busparkplatz unterhalb des Schlosses mit einem Volumen von 500 m^3 errichtet. Um die im Brandfall erforderliche Löschwassermenge am Schloss zu erhalten, wurden eine Druckerhöhungsanlage und Feuerlöschpumpen in der Schieberkammer eingebaut. Ein Überflurhydrant befindet sich am Parkplatz vor dem Haupteingang des Hotels, der andere im Burghof (Abb. 5.120-5.122).

Abb. 5.120-5.121: Burg Waldeck, Pumpstation für die Löschwasserversorgung und die Druckerhöhungsanlage für die Wandhydranten

- Die Burganlage ist durch Brandwände, massive dicke Treppenraum- bzw. Turm- sowie feuerbeständige Trennwände (F 90-A) in Brandabschnitte und Nutzungseinheiten unterteilt. Der Bastionsturm hat Stahlbetondecken (Abb. 5.123).
- Im Rittersaal (Wildunger Flügel) sind tragende Eichenholzstützen vorhanden, die aus Denkmalschutzgründen nicht verkleidet werden durften. Nach DIN 4102-4 konnte ein Nachweis erbracht werden, dass die Stützen eine Feuerwiderstandsdauer von 60 Minuten haben (Abb. 5.124).

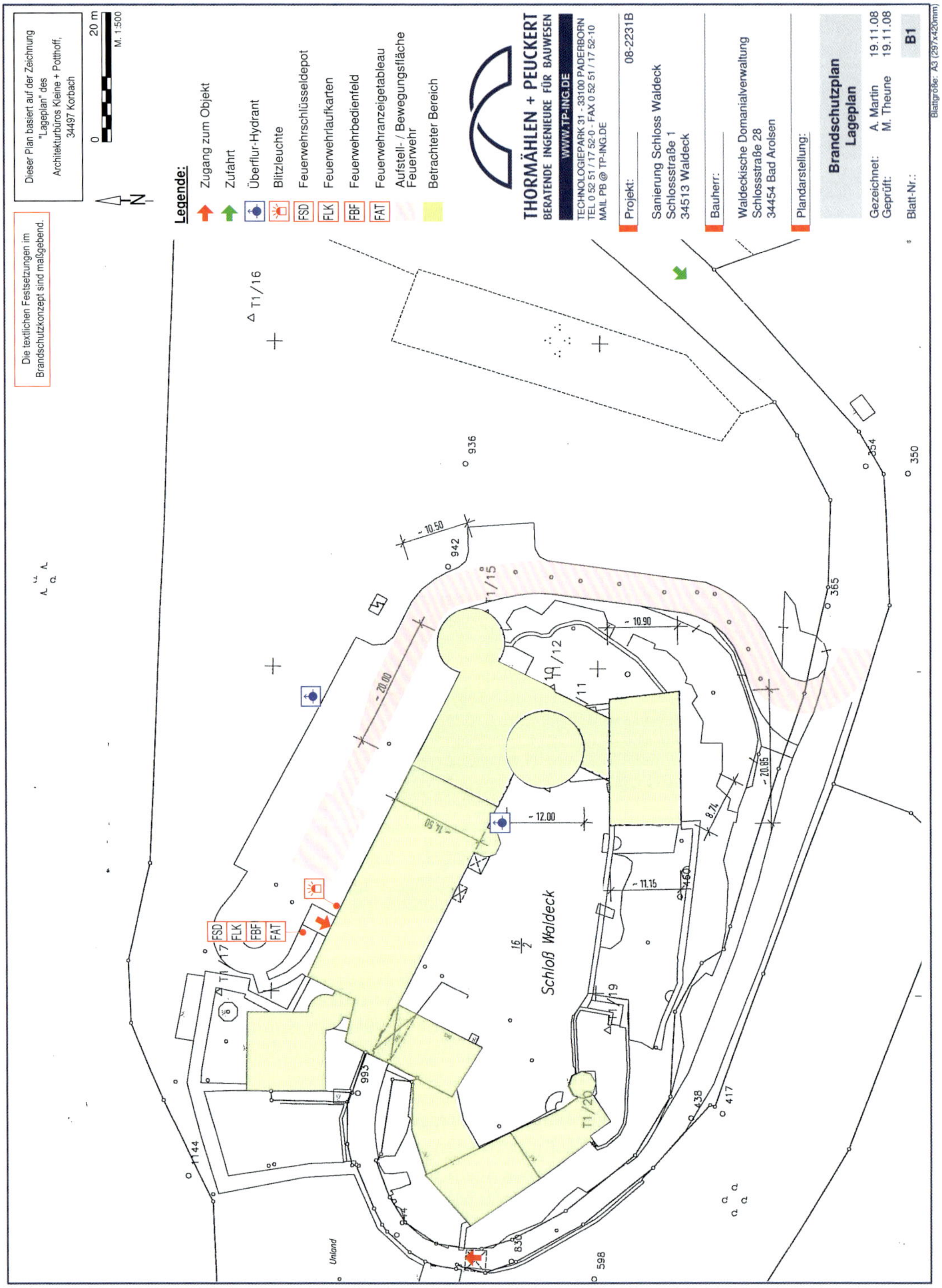

Abb. 5.122: Burg Waldeck, Lageplan mit Feuerwehrzufahrt und Löschwasser-Entnahmestellen (Überflurhydranten) (Quelle: Brandschutzkonzept Thormählen + Peuckert, Paderborn)

Abb. 5.123: Burg Waldeck, Grundriss Ebene 3 (Quelle: Brandschutzkonzept Thormählen + Peuckert, Paderborn)

Abb. 5.124: Burg Waldeck, Holzstützen im Rittersaal (F 60-B)

- Mehrere Hotelbereiche mit Gästezimmern wurden in Nutzungseinheiten (< 200 m²) unterteilt, sodass im Rahmen einer Abweichung notwendige Flure entfallen konnten.
- In der Burganlage sind sechs Treppenräume und sieben sonstige Treppen (offene, interne und Außentreppen) vorhanden, über die die Rettungswege gesichert sind. Die Treppen sind Stein- und Holztreppen bzw. Spindel- und Wendeltreppen. Da die Burg mit Hubrettungsfahrzeugen der Feuerwehr nicht angeleitert werden kann, ist der Treppenraum für den Bastionsturm (Hotel) als Sicherheitstreppenraum mit entsprechenden Schleusen und einer Sicherheits-Überdruck-Lüftungsanlage (SÜLA) ertüchtigt worden (Abb. 5.125). Diese Anlage wird automatisch über die Brandmeldeanlage in Betrieb genommen und kann von Hand eingeschaltet werden.
- Das Schloss ist mit einer Brandmeldeanlage im Vollschutz ausgestattet (Rauchmelder, Druckknopfmelder). Die Anlage ist mit einem Feuerwehrschlüsseldepot (FSD) verbunden und an die Feuerwehrleitstelle aufgeschaltet.
- In den Rettungswegen, Versammlungs-, Arbeits- und Technikräumen ist eine Sicherheitsbeleuchtung mit einer Zentralbatterie installiert, an die auch Hinweisschilder für die Rettungswege aufgeschaltet sind.
- In den Gebäuden sind Wandhydranten Typ F mit 25 m bzw. 30 m langen Schläuchen installiert. Für die Hydranten ist eine Druckerhöhungsanlage eingebaut.
- Ein Feuerwehrplan ist erstellt worden. In den Beherbergungsräumen und in den Versammlungsbereichen sind Flucht- und Rettungswegpläne aufgehängt.

Abb. 5.125-5.126: Burg Waldeck, SÜLA im Sicherheitstreppenraum Bastionsturm; Abb. 5.125: Zuluftventilatoren, Abb. 5.126: Entrauchungsklappe

Naturgemäß bestehen in der Burg mehrere Abweichungen von den heute geltenden Bau- und Brandschutzvorschriften. Die Abweichungen betreffen insbesondere die Beschaffenheit der Rettungswege (Treppen, Treppenraumwände, Durchgangsbreiten), der Trennwände (Öffnungen), und der tragenden Bauteile (Holzbalkendecken, Holzstützen). Im Rahmen eines baurechtlich genehmigten Brandschutzkonzeptes wurden die Abweichungen insbesondere durch eine automatische Brandmeldeanlage im Vollschutz kompensiert.

Schloss Rhoden

Schloss Rhoden in Diemelstadt-Rhoden (Waldecker Land)

Bauherrschaft	Waldeckische Domanialverwaltung, Bad Arolsen
Projektleitung	Armin Schacht, Waldeckische Domanialverwaltung
Entwurfsverfasser/ Planer	Dipl.-Ing. Architekt BDA Arno Puy / Architekturbüro Müntinga und Puy, Bad Arolsen HAZ Beratende Ingenieure, Kassel
Brandschutzplaner	Dipl.-Ing. J. Gabriel / Thormählen + Peuckert, Paderborn

Baubeschreibung

Das Schloss Rhoden im hessischen Diemelstadt-Rhoden, Kreis Waldeck-Frankenberg, wurde anstelle einer mittelalterlichen Burg 1645 bis 1656 für den Grafen von Waldeck erbaut (Dehio, 1982). Geplant war eine langgestreckte Vierflügelanlage mit Binnenhof; ausgeführt wurden allerdings nur der östliche Längs-, der nördliche Haupt- und ein Teil des westlichen Längsflügels (Abb. 5.127-5.128). Die Schlossanlage ist mit Sandstein und überwiegend mit Holzbalkendecken erbaut worden.

Abb. 5.127-5.128: Schloss Rhoden, Abb. 5.127: Einfahrt im Mittelbau, Abb. 5.128: Blick in den Schlosshof Richtung Norden

1787 bis 1795 erfolgte eine große Renovierung, 1817 bis 1818 wurden die Innenräume verändert, 1978 bis 1985 fand ein kompletter Umbau zum Altenpflegeheim mit starker Veränderung der historischen Bausubstanz statt. 2013 bis 2015 erfolgte ein erneuter Umbau zu modernen Büros und schloss die Herausforderung ein, die dazu nötige umfangreiche Technik in die historische Gebäudestruktur zu integrieren. Zudem sind kleinteilige Einbauten und Trennwände entfernt und die großzügigen Räume wieder erlebbar gemacht worden [39].

Nach der Entkernung und Restaurierung ist der ursprüngliche Charakter auch im Inneren gut zu erkennen. Die Decke im ersten Untergeschoss ist eine Gewölbedecke, im Südflügel sind Stahlbetondecken. Die statische Ertüchtigung der Holzbalkendecken in den repräsentativen Räumen erfolgte durch Unterspannung, wodurch die historische Deckenkonstruktion erlebbar bleibt und die moderne Zutat auch vom Laien als diese erkannt werden kann [40].

Für die Sanierung hat die Waldeckische Domanialverwaltung den Hessischen Denkmalschutzpreis 2016 bekommen (Abb. 5.129).

Abb. 5.129: Plakette des Hessischen Denkmalschutzpreises am Schloss Rhoden

Die Schlossanlage besteht aus dem Mittelbau und den drei Schlossflügeln (Ost-, West- und Südflügel).

Die Brutto-Grundfläche beträgt 1256 m^2, die maximale Geschosshöhe (Oberkante Fußboden über der Geländeoberfläche) 13,15 m (Gabriel, 2016). Der Westflügel, der Mittelbau und Teile des Ostflügels sind fünfgeschossig (Unter-, Erd- und drei Obergeschosse) und der Südflügel sowie die südliche Hälfte des Ostflügels viergeschossig (Erd- mit drei Obergeschossen).

Nutzung

Das Schloss diente 1655 bis 1664 als Residenz der Grafenfamilie von Waldeck, 1655 bis 1787 waren Beamtenwohnungen darin untergebracht. Auch in den nächsten 200 Jahren hatte das Schloss ständig wechselnde Nutzungen: Für kurze Zeit herrschaftlicher Wohnsitz, wieder Beamtenwohnungen, Erholungsheim für Lehrerinnen, Arbeitslager für Kriegsgefangene, Handwerksbetriebsstätte, Flüchtlingsunterkunft, Alten- und Pflegeheim (bis Ende 2011) [41].

Heute werden die Schlossräume als Büro- und Verwaltungsräume genutzt. In einigen Bereichen befinden sich Konferenz- und Vortragsräume, die weniger als 200 Personen fassen. Die Büro- und Verwaltungsräume sind in Nutzungseinheiten (< 400 m^2) unterteilt. Der Mittelbau bildet im Erdgeschoss die Haupterschließung des Schlossgebäudes. Von der Park- und Wendefläche auf der Nordseite führt eine offene Zufahrtsrampe durch den Mittelbau bis zu der an der Südseite verlaufenden Eingangshalle mit Gewölbedeckenkonstruktion.

Brandschutzmaßnahmen

Bau- und brandschutzrechtlich wurde das Gebäude unter Beachtung des § 45 HBO (Fassung vom Januar 2011) (Gabriel, 2016) gemäß § 2 Abs. 3 HBO in die Gebäudeklasse 5 und gemäß § 2 Abs. 8 Pkt. 5 HBO als bauliche Anlage besonderer Art und Nutzung (Sonderbau) eingestuft.

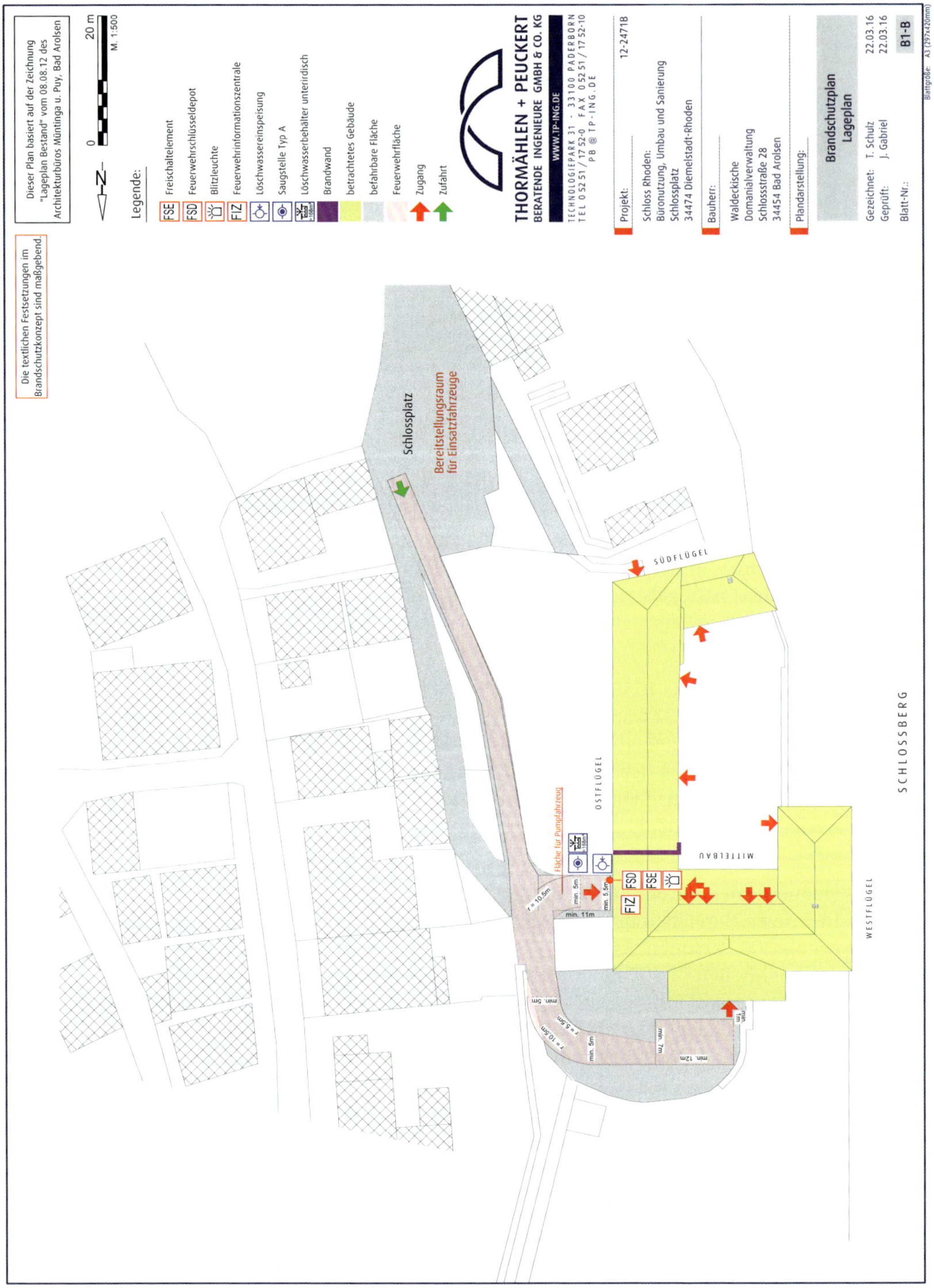

Abb. 5.130: Schloss Rhoden, Lageplan mit Feuerwehrzufahrt und Löschwasser-Entnahmestellen (Wasserbehälter) (Quelle: Brandschutzkonzept Thormählen + Peuckert, Paderborn)

Bei der Nutzungsänderung und dem Umbau wurden folgende Brandschutzmaßnahmen ausgeführt:

- Die Zugänglichkeit für die Feuerwehr ist durch direkte Anbindung des Schlossgebäudes an den öffentlichen „Schlossplatz“ und weitere befestigte Verkehrsflächen auf dem Grundstück gewährleistet. Allerdings ist eine Einfahrt mit Feuerwehrfahrzeugen in den Schlosshof wegen der niedrigen Durchfahrtshöhe des Torbogens im Mittelbau nicht möglich. Aufgrund der Lage und Topographie bestehen Aufstell- und Bewegungsflächen lediglich auf der Nord- und Nordostseite (Abb. 5.130).
- Am öffentlichen „Schlossplatz“ befindet sich eine Trinkwasserleitung, die jedoch für die Löschwasserversorgung nicht ausreicht. Zusätzlich ist auf der Ostseite im Zugangsbereich zur Gewölbehalle im ersten Untergeschoss eine Löschwasserzisterne mit einem Speichervolumen von mindestens 168 m^3 eingebaut. Die Zisterne ist mit einem Sauganschluss nach DIN 14244 ausgestattet (Abb. 5.131).
- In unmittelbarer Nähe zur Löschwasserzisterne befindet sich eine Löschwasser-Einspeisestelle für die trockene Steigleitung (Abb. 5.131).

Abb. 5.131: Schloss Rhoden, Löschwasserzisterne und Löschwasser-Einspeisestelle für die trockene Steigleitung

- Die Schlossanlage hat eine Gesamtlänge von 68,40 m und ist durch eine Gebäudetrennwand im Ostflügel in zwei Brandabschnitte unterteilt (Abb. 5.130). Der obere Abschluss der Brandwand im Dachgeschoss wird durch beidseitig auskragende Platten (F 90-AB) gebildet.
- Die intakten Holzbalkendecken erfüllen die Feuerwiderstandsklasse F 30-B, die für diese Nutzungsart erforderliche (F 90-A) wird kompensiert: Wegen vorhandenen Leitungsführungen im Deckensystem wurden einige Holzbalkendecken von unten mit Gipskartonfeuerschutzplatten verkleidet. Die Decke im Erdgeschoss wurde mit Stahlunterspannung ertüchtigt (Abb. 5.132-5.133) (Hegewaldt, 2016). Da sich zum Zeitpunkt der Planung Zugstangen mit Beschichtungen gegen Feuer nicht schützen ließen, wurde der statische Nachweis erbracht, dass im Brandfall Holzbalken und Stahlträger ohne Unterspannung noch ausreichend tragen. Für die Versteifung der Decke wurden Breitflanschträger HEM 140 über jedem Mutterbalken gewählt und gegen Brandeinwirkung geschützt. Für die Ertüchtigung der Decke im ersten Obergeschoss wurde eine schlichte Lösung mit einem untergesetzten Trägerrost aus beschichteten (F 30) Stahlprofilen gewählt.

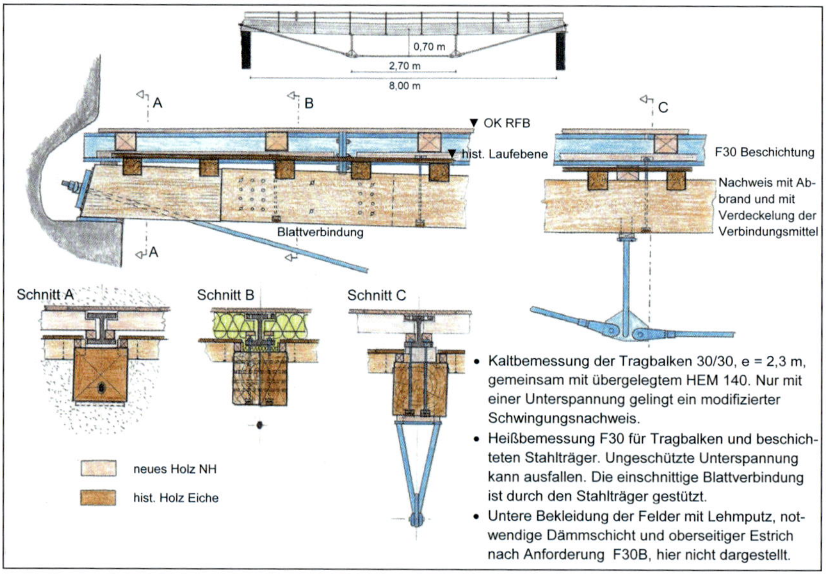

Abb. 5.132-5.133: Schloss Rhoden, Ertüchtigung der Renaissance-Holzbalkendecke im Erdgeschoss mit Stahlunterspannung (Quelle: HAZ Beratende Ingenieure für das Bauwesen, Kassel)

- Zur Verhinderung eines möglichen Brandüberschlags vom ersten Obergeschoss unter das hölzerne Treppenpodest der Außentreppe im Ostflügel wurde das Fenster mit einer feuerhemmenden Brandschutzverglasung versehen (Abb. 5.134).

Abb. 5.134: Schloss Rhoden, Brandschutzverglasung unterhalb der Holz-Außentreppe

Abb. 5.135: Schloss Rhoden, Grundriss erstes Obergeschoss (Quelle: Brandschutzkonzept Thormählen + Peuckert, Paderborn)

- Die Sicherung der Rettungswege aus den Obergeschossen wurde wie folgt gelöst:
  - Mittelbau und Westflügel: Haupttreppenhaus und steinerne Spindeltreppe mit Notleiter aus dem zweiten Obergeschoss,
  - Ostflügel: Treppenraum Südost-Ecke und Holz-Außentreppe (Abb. 5.134-5.136),
  - Südflügel: Treppenraum Südost-Ecke und interne Treppe.
- Die Schlossanlage ist mit einer automatischen Brandmeldeanlage (nach DIN 14675, Vollschutz) ausgestattet (Rauchmelder, Druckknopfmelder). Die Brandmeldeanlage dient der Brandfrüherkennung, Alarmierung und Kompensierung der Abweichungen vom Baurecht und ist auf die zentrale Leitstelle Waldeck-Frankenberg aufgeschaltet. Die Blitzleuchte, das Freischaltelement und das Feuerwehrschlüsseldepot sind an der Fassade im Zugangsbereich zur Gewölbehalle im Ostflügel installiert und das Feuerwehranzeigetableau, das Bedienfeld und die Laufkarten unmittelbar hinter dem Zugang.
- In den Rettungswegen, Schulungs- und Konferenz- sowie Gruppenräumen ist eine Sicherheitsbeleuchtung installiert.
- Im West- sowie im Ostflügel befinden sich Wandhydranten Typ F. Am Treppenraum Südost-Ecke wurde eine trockene Steigleitung (nach DIN 14462) mit entsprechender Entnahmearmatur in den Geschossen verlegt. An der Steigleitung ist in jedem Geschoss eine Entnahmeeinrichtung (nach DIN 14461-2) montiert.
- Ein Feuerwehrplan (nach DIN 14095) ist erstellt worden.

Abb. 5.136: Schloss Rhoden, neue T 30-RS-Metalltür zum Abschluss des Treppenraumes

5.4 Bibliotheken, Archive und Museen

Bibliotheken, Archive und Museen sind Einrichtungen, die Kulturgüter sammeln und verwahren. Als solche Wissensspeicher sind sie besonders zu schützen.

Bibliothek

Neben Wohnbauten und Gotteshäusern gehören Bibliotheken zu den ältesten Gebäudetypen überhaupt. Der Bibliotheksbau begann nachweislich mit der Lagerung der babylonisch-assyrischen Tontafeln, wurde fortgesetzt mit der Speicherung von Papyrusrollen und der römischen Pergamentcodices sowie der Massenspeicherung von Literatur nach Erfindung des Buchdrucks und ist heute bei den baulichen Voraussetzungen für die Nutzung moderner elektronischer Medien angelangt (Kabat, 2009a) (Abb. 5.137).

Abb. 5.137: Die antike Celsus-Bibliothek in Ephesos (heute Türkei); erbaut 114-125, beherbergte 12.000 Bücher in Rollenform, wahrscheinlich bei einem Brand im 3. Jh. zerstört, 1805/06 freigelegt (Quelle: Birgit Friebel / pixelio.de)

Der Begriff Bibliothek hat mehrere Deutungen. Hier geht es um historische Gebäude, in denen Bücher und andere publizierte Medien und Informationen gesammelt, aufbewahrt, genutzt (gelesen) und weiter ausgeliehen werden. Für den Bibliotheksbau war lange Zeit das Prinzip der dreigeteilten Bibliothek (bis ca. 1960) maßgebend:

- Verwaltungsbereich (besonders für die Literaturerwerbung und Bestandserschließung),
- Benutzungsabteilung (Ausleihe, Publikumskataloge, Lesesäle),
- Büchermagazin (beherrschender Gebäudeteil).

Da Bibliotheken sich immer mehr von einem Wissens- und Informationsdepot zu einem offen gestalteten Kommunikations- und Begegnungszentrum entwickeln, werden sie zu Versammlungsstätten.

Archiv

Archive werden hier verstanden als historische Gebäude zur Sammlung, Ordnung, Aufbewahrung, Verwaltung und Nutzung von Schriftstücken (z. B. Urkunden, Akten, Karten, Pläne, Bücher, Photographien) und weiterer Gegenstände (z. B. Siegel, Bilder, Film- und Tonmaterialien) aus dem Bereich der Verwaltung und/oder anderen öffentlichen oder privaten Institutionen (Abb. 5.138). Diese Sammlungen historischer Gegenstände werden heute um das elektronische Archiv erweitert, in welchem die Aufbewahrung eine digitale Speicherung bedeutet (auf mehreren Servern an getrennten Orten). Alle archivwürdigen und übernommenen Unterlagen gelten als Archivgut. Ein Archivgebäude hat ähnlich einer Bibliothek meist drei Bereiche:

- Verwaltung,
- Benutzersaal,
- Magazin.

Abb. 5.138: Stadtarchiv Rostock im Kerkhoffhaus von 1470 (Quelle: Anne Bermüller / pixelio.de)

Museum

In Museen werden materielle Zeugnisse menschlicher Kultur und Naturerzeugnisse gesammelt, bewahrt, erforscht, dokumentiert und präsentiert. In Deutschland sind sie oft in historischen Gebäuden untergebracht (Abb. 5.139-5.140). Viele Schlösser, Burgen und Residenzen beherbergen museale Ausstellungen und stellen mit ihrer Ausstattung selbst museale Einrichtungen dar. Baudenkmäler wie moderne Museumsbauten bilden für die dort gesammelten Kunstwerke und Zeugnisse einen Schutzraum. Die nicht ausgestellten Museumsstücke werden im Magazin (Museumsdepot) aufbewahrt.

Ein Museum dient zudem Studien-, Bildungs- und Unterhaltungszwecken, was auch mit hohen Besuchermengen verbunden sein kann. Besonders die Museumspädagogik bringt heutzutage ganze Schulklassen ins Museum. Außerdem werden die Ausstellungsräume selbst und Versammlungsräume, die Museen inzwischen auch haben, als Veranstaltungsorte für verschiedene Zwecke verwendet.

Größere Museen unterhalten darüber hinaus Werkstätten, in denen Museumsstücke auch mit leicht entflammbaren Materialien und Stoffen restauriert werden. Viele Museen betreiben zudem eine Cafeteria und auch ein Museums-Shop.

Abb. 5.139-5.140: Museum Peter-August-Böckstiegel-Haus in Werther-Arrode/Westf. (Ostwestfalen); 1826 errichtet, 1926 und 1945 erweitert; umfangreiche Sammlung der Werke des Expressionisten Peter-August Böckstiegel

5.4.1 Brandgefahren

Alle drei Nutzungsarten von historischen Bauten haben gemeinsam, dass

- Brände die sich dort befindlichen Kulturgüter in besonders hohem Masse bedrohen können; in Archiven und Museen können Originale nach einem Brandschaden nicht mehr ersetzt werden,
- die Einrichtungen für die Öffentlichkeit zum großen Teil frei oder auf Antrag bzw. gegen Gebühr zugänglich sind und somit von ortsunkundigen Personen und oft in größerer Anzahl besucht werden.

Anlässlich des 10. Jahrestages des Brandes von 2004 der Herzogin-Anna-Amalia-Bibliothek in Weimar appellieren Persönlichkeiten in Deutschland an die

„(...) Verantwortlichen in Bund, Ländern und Gemeinden, in Kirchen, Vereinen und Stiftungen, in gleicher Weise wie die baulichen Denkmäler auch die gefährdeten Originale der reichen kulturellen und wissenschaftlichen Überlieferung in Deutschland zu sichern (...)" [42]

und den Katastrophenschutz und damit wohl auch den Brandschutz um den Schutz der Kulturgüter zu erweitern.

Bibliotheken

Bibliotheken wurden in erster Linie nicht in Hinblick auf den Brandschutz gebaut und eingerichtet, sondern nach einem bestimmten **Nutzungskonzept**. Hinzu kommt, dass sich viele Bibliotheken zu Sammlungen wertvoller Kulturgüter entwickeln, während andere in schützenswerten historischen Gebäuden und in Kulturdenkmälern untergebracht sind. Des Brandschutzes bedürfen in diesen Fällen nicht nur die Buchbestände als solche, sondern auch die Kulturgüter und Kulturdenkmäler (Kabat, 2020a).

„Ein Alter, der stirbt, ist wie eine Bibliothek im Brand" [43]. Wenn ein Buch verbrennt, insbesondere ein altes Buch, ist es mit seinem „Wissen" für immer verloren. Brände in Bibliotheken und Bücherdepots sind zwar heutzutage verhältnismäßig selten. Entsteht jedoch ein Brand, so sind seine Auswirkungen fast immer verheerend. Dies belegen die bekanntesten Großbrände in Bibliotheken so eindrucksvoll wie schmerzlich (Tabelle 5.6). In den letzten Jahren gab es mehr Brände in Schulbibliotheken, verursacht auch infolge einer mutwilligen Brandlegung. Zu beklagen sind allerdings auch Brandlegungen an den immer populäreren öffentlichen Bücherschränken, Bücherboxen und Bücherzellen, die in den Städten an Straßenrändern oder Plätzen aufgestellt werden und Bücher zum Tausch oder zur Mitnahme anbieten. Derzeit sind über 3.600 öffentliche Bücherschränke in ganz Deutschland erfasst.

Aus dem Ausland sind ebenfalls Großbrände von Bibliotheken bekannt:

Bibliotheca Alexandria in Alexandria (Ägypten, 2003), Bibliothek der Medizinischen Fakultät der Karlsuniversität in Prag (Tschechien, 2003), Bibliothek des Fachbereichs Biologie der Wirtschaftsuniversität in Wien (Österreich, 2005), Bibliothek der Fakultät Architektur der Technischen Universität in Delft (Niederlande, 2008), Bibliothek der Geowissenschaften der Universität in Genf (Schweiz, 2008), Bibliothek des Akademischen Instituts für Wissenschaftliche Informationen über Sozialwissenschaften (INION) in Moskau (Russland, 2015).

Besonders der Brand der zum UNESCO-Weltkulturerbe gehörenden Herzogin-Anna-Amalia-Bibliothek in Weimar, der *„Bibliothek der deutschen Identität"* [44], hat deutlich gemacht, welchen Schaden der kleinste technische Defekt und unzureichender Brandschutz verursachen können. Der ungenügende bauliche Brandschutz und vor allem der Stand der Haustechnik waren lange bekannt, wobei die Bibliothek immerhin eine automatische Brandmeldeanlage (Rauchmelder) hatte. Bei der Ankunft der Feuerwehr am 02.09.2004 am Brandobjekt schlugen aus einem Dachgaubenfenster in der Mansarde des historischen Grünen Schlosses die Flammen. Der Löschtrupp

Tabelle 5.6: Großbrände in Bibliotheken

Bibliothek	Ort	Datum	Brandursache	Verluste
Stadtbibliothek	Mannheim-Schönau	14.04.2019	Brandstiftung	starke Schäden
Bibliothek der Berthold-Otto-Schule	Frankfurt/M.-Griesheim	23.03.2022	Brandstiftung (Klassenraum)	starke Rauchentwicklung
Stadtbücherei in Kattwinkelscher Fabrik	Wermelskirchen	27.07.2024	Fahrlässigkeit (Dacharbeiten)	Dachstuhlbrand, starke Löschwasserschäden und Brandgeruch
Bibliothek des Gymnasiums Dörpsweg	Hamburg-Eidelstedt	06.10.2024	Brandstiftung	Bücherregale abgebrannt, starke Verrauchung

im Drehleiterkorb sieht gleich danach Feuerschein hinter den Bücherregalen in der zweiten Galerie des Rokokosaales. Brennende Holzteile stürzen in das „Auge“ des Saales und die Mansarde zündet explosionsartig durch. Der Außengriff der Feuerwehr wird über sechs Drehleitern und zwei Wendestrahlrohre durchgeführt. Von einer *„nationalen Kulturkatastrophe und einem schweren Verlust für das Weltgedächtnis“* sprachen die Politiker nach dem Brand. Neben einem großen Teil der historischen Bausubstanz und Werken der bildenden Kunst wurden vor allem kulturgeschichtlich einmalige Buchbestände zerstört. Die Musikaliensammlung der Herzogin Anna Amalia verbrannte fast vollständig. 50.000 Bände wurden total zerstört. Noch immer leidet die Anna-Amalia-Bibliothek unter den Folgen der Brandkatastrophe von 2004. Der Bau selbst ist gerettet und wiederaufgebaut, der durch Feuer und Löschwasser geschädigte Buchbestand wird die Restauratoren jedoch noch lange beschäftigen.

Einen direkten Einfluss nehmen die Brandlasten in Form von Büchern und modernen Medien sowie von dem Bibliotheksgebäude selbst auf den Brandverlauf und somit auf das Brandgefährdungsbild einer Bibliothek. Unter **Brandlast** versteht man die Energie, die bei der Verbrennung der Bestände und anderer brennbarer Stoffe entsteht, also die Menge brennbarer Stoffe unter Berücksichtigung ihres Heizwertes. Diese Verbrennungswärme wird in kWh/m^2 oder in MJ/m^2 ausgedrückt. Im Rahmen einer internationalen Erhebung über die mittlere Brandlastdichte in Gebäuden wurde für Büchereien eine Brandlastdichte von 1500 MJ/m^2 festgestellt – diese war die höchste von allen untersuchten (Wohnungen, Krankenhäuser, Hotels, Büros, Läden, Industriegebäude, Schulen) (Hosser, 2013). Für die Ermittlung der Brandlastdichte (in MJ/m^2) müssen die Mengen (kg) der gelagerten bzw. genutzten brennbaren Materialien im Raum (Fläche in m^2) bestimmt werden. Zusätzlich sind die Heizwerte (in MJ/kg) für jedes Material zu bestimmen. Für Bücher auf Regalen beträgt der Heizwert 4,2 kWh/kg (nach DIN 18230-3:2002-08 Tabelle 1) und liegt damit im unteren Bereich für feste Stoffe (Gummiformteile und Autoreifen 12,2 kWh/kg, Holz 4,8 kWh/kg, Papier 3,8 kWh/kg). In einem konkreten Fall wurde für eine Brandsimulation eine Brandbelastung zugrunde gelegt, die zu 60 % aus Papier- bzw. Holzwerkstoffen und zu 40 % aus Kunststoffen bestand, d. h. es wurde von einem stark rußenden Brandgut ausgegangen (Ehrlicher, et al., 2005).

Aus Erfahrungen der Forschungsanstalten mit Brandversuchen an verschiedenen Stoffen sowie aus Brandereignissen ist bekannt, dass das Gefährdungsbild einer Bibliothek nicht die Summe der Brandlasten der einzelnen brennbaren Materialien ist, sondern das Brandverhalten des Gesamtsystems, d. h. insbesondere das Verhalten im Brandfall von dicht gestellten Büchern auf Regalen. Hier ist festzuhalten, dass die Abbrandgeschwindigkeit von Büchern in Regalen bei 0,33 kg/m^2 pro Minute liegt und damit eher langsam ist (Hähnel, 1977).

Bei Brandversuchen mit Büchern wurde festgestellt, dass sowohl die Buchqualität, die Lagerungsdichte als auch die Buchformate direkten Einfluss auf die Brandausbreitung haben (Rönn, 1995). Generell kann auch aus Brandereignissen festgehalten werden, dass Bücher nur bei vollentwickelten Bränden, d. h. bei Großbränden vollständig verbrennen können. Vom Brand in der Herzogin-Anna-Amalia-Bibliothek in Weimar wird berichtet, dass dort vordergründig nicht die Bücher brannten, sondern die brennbaren Teile des Gebäudes und des Raumes: Die hölzerne Deckenkonstruktion, der Dachstuhl, die Holzbücherregale und Holzvertäfelung der Wände. Erst als die Regale zusammengefallen waren, nahm die Abbrandrate der Bücher stark zu (Schneider, 2007).

Bei der Verbrennung von Büchern kommt es zunächst zu Verbrennungen und Verkohlungen an den Blatträndern und am Einband. Schneller und mit höherem Anteil an toxischen und umweltschädlichen Brandgasen verbrennen Kunststoffe, die in den neuen elektronischen Medien und Geräten (Tonbänder, Hüllen, PVC-Einbände, Filme, CDs, Computer, Scanner, Kopierer) enthalten sind. Die Verbrennung ist eine chemische Reaktion, bei der brennbare Stoffe unter der Wirkung eines Oxydationsmittels (Sauerstoff) und Abgabe von Wärme und Licht (Flamme) in ihre Ausgangsstoffe zurückgebildet werden. Im Gegensatz zu Papier und Büchern, die sich beim Verbrennen zu Kohlenstoffrest und flüchtigen Stoffen zersetzen, schmelzen die meisten Kunststoffe, bevor sie verdampfen und sich zersetzen. Bei einem Brandversuch mit Bibliotheksmedien wurde festgestellt, dass die „modernen" Medien geschmolzen waren und die in Kartonhüllen aufbewahrten Dokumente verzögert angegriffen wurden, der Wärmeeinwirkung also besser standhielten (Herion et al., 2001).

Der **Brandverlauf** in einer Bibliothek wird durch vier Komponenten bestimmt:

- Brandverhalten von Büchern und sonstigen Medien,
- Bibliotheksgebäude und seine Raumordnung,
- Brandschutzausrüstung der Räume und des gesamten Gebäudes,
- Verhalten des Bibliothekspersonals und die Löschtätigkeit.

Der Brandverlauf wird sich am ungünstigsten auf die Bücher auswirken, wenn die Buch- und Medienbestände direkt einem Brand, d. h. der Wärme- und Brandgaseinwirkung, ausgesetzt werden (Abb. 5.141-5.142). Das kann insbesondere dann der Fall sein, wenn

- es in einem Raum, in dem Bücher aufbewahrt werden (Lesesaal, Magazin), direkt brennt,
- sich ein Brand aus einem der benachbarten Räume (Verkehrswege, Büro-, Technik- und Versammlungsräume) ungehindert ausbreiten kann,
- umlaufende Galerien im Benutzerbereich angeordnet werden, auf denen Bücher offen zugänglich und der Brandausbreitung ausgesetzt sind.

Abb. 5.141-5.142: Verbrennungen und Verkohlungen an den Blatträndern und am Einband eines Buches und einer Akte; durch die starke Hitzeeinwirkung Austrocknen des Papiers (Quelle: ZLB-KBE)

Ein besonderes Brandgefährdungsbild stellen Bibliotheken in historischen Gebäuden dar. Es werden zumindest genauso viele, wenn nicht sogar mehr Bibliotheken in historischen Bauten eingerichtet als neu gebaut. Dabei ergeben sich einerseits Probleme durch die Anforderungen einer modernen Bibliotheksorganisation und andererseits durch erforderliche Brandschutzmaßnahmen, die in diesen Bauten nicht direkt umgesetzt wurden oder werden können. Sowohl bei seit Jahrhunderten bestehenden Bibliotheken in historischen Bauten wie auch in neu geplanten Umnutzungen eines Baudenkmals ergeben sich aus der Sicht des Brandschutzes folgende Problemstellungen:

- Treppen und Treppenräume sind nicht ausreichend für die Sicherstellung der Rettungswege geeignet.

- Die technische Nachrüstung der Räume und Geschosse mit EDV-Anlagen und sonstigen haustechnischen Anlagen bewirkt offene Durchbrüche in Wänden und Decken sowie wesentliche Erhöhungen der Brandlasten, die zur schnelleren Brandausbreitung führen.
- Historische tragende Bauteile (Holzbalken, Holzstützen, Gusseisenteile, Fachwerkwände) weisen nicht immer die heute erforderliche Feuerwiderstandsdauer auf.
- Die Buchbestände sind oft für sich allein zu schützende Kulturgüter, für die es allerdings keine besonderen Brandschutzvorschriften oder Richtlinien gibt.

Nach Bränden in historischen Bauten wird immer wieder gemahnt, dass der Brandschutz bei der Brandsanierung die denkmalgeschützte Architektur nicht zerstören darf. Dies zeigt einerseits, dass tatsächlich in vielen Fällen in Deutschland der Brandschutz immer noch unsensibel und wenig einfallsreich vorgeht. Andererseits wird klar, dass er in vielen historischen Bauten einfach unzureichend oder unwirksam ist. Oftmals schützt lediglich ein Feuerlöscher eine historische Bibliothek vor Feuer und Rauch.

Archive

„Brände stellen für ein Archiv die größte Bedrohung dar, sowohl für die Menschen als auch für das Archivgut." (GDA Bayern, 2001)

In der Regel nehmen in einem Archiv die Aktenbestände und Urkunden den größten Umfang ein. Sie sind meist in speziellen Kartonagen eingelagert und in einem Magazin (ganzes Gebäude, Gebäudeteil oder Raum) aufbewahrt. Da die meisten Archivalien aus Papier, organischer Natur und somit auch brennbar sind, kann ein Brand direkt in einem Archivraum in kurzer Zeit zu Totalverlusten führen.

Auch wenn keine direkte Verbrennung der Archivalien eintritt, ist mit Schäden zu rechnen (Abb. 5.143). Die sehr hohen Brandtemperaturen (um 1000 °C) können einen massiven Materialabbau bewirken, in dessen Folge Papier, aber auch Leder und Pergament austrocknen und verspröden (Notfallvorsorge in Archiven, 2010). Es kommt zu Verkohlungen an den Blatträndern und am Einband. Darüber hinaus werden bei Brandeinwirkung Gase durch Verbrennung der Ausstattungsgegenstände freigesetzt, die ihrerseits massive Schäden hervorrufen können (z. B. Zersetzung von PVC-Materialien und Freisetzung von Salzsäure).

Typisch für Unterlagen mit Urkundencharakter (Testamente, Verträge) ist insbesondere deren Besiegelung. Wachs-, aber auch Lacksiegel reagieren in besonderer Weise empfindlich auf die Einwirkung hoher Temperaturen. Ein Erweichen oder gar das Schmelzen kann dabei nicht nur zur Zerstörung des jeweiligen Siegelbildes führen, sondern auch zum Verkleben der benachbarten Blätter.

Brände in Archiven sind heutzutage seltener als in Bibliotheken. Da Archive oft in Gebäuden untergebracht werden, die nicht nur der Archivnutzung dienen, besteht von dort aus eine erhöhte Brandgefahr für das Archivgut. Eine Katastrophe wie der Einsturz des Historischen Archivs der Stadt Köln am 03.03.2009 gehört unbestritten zu den größten Notsituationen im Archivbereich. Verfolgt man die Entwicklung einer Archivakte und vergleicht diese mit dem Verlauf eines Brandes, entdeckt man interessante Parallelen (Abb. 5.144-5.145). Wird für die Akte keine Bestandserhaltung betrieben, droht ihr Verlust - ähnlich, wenn sie einem vollentwickelten Brand ausgesetzt wird. Das Brandverlaufsdiagramm zeigt sogar, dass Papier schon in der Brandentstehungsphase aufgrund seiner niedrigen Zündtemperatur zerstört wird, wobei dicht gepacktes Papier leichter brennt als loses.

Abb. 5.143: Partielle Verkohlung von Schriftstücken einer Akte (Quelle: Notfallvorsorge in Archiven, 2010)

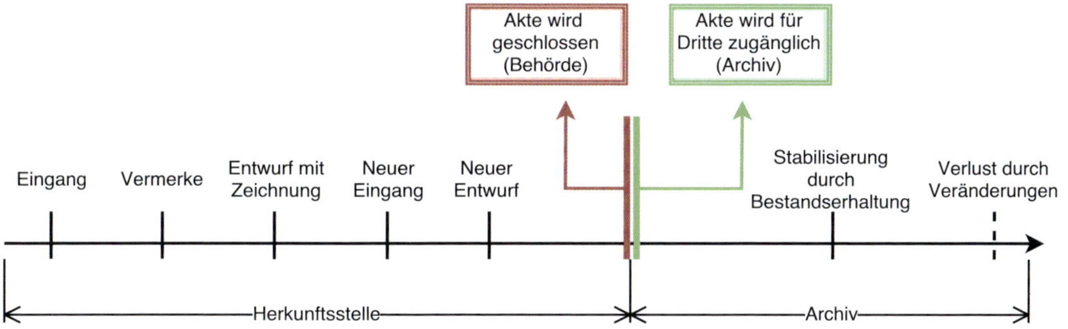

Abb. 5.144: Entwicklung einer Akte

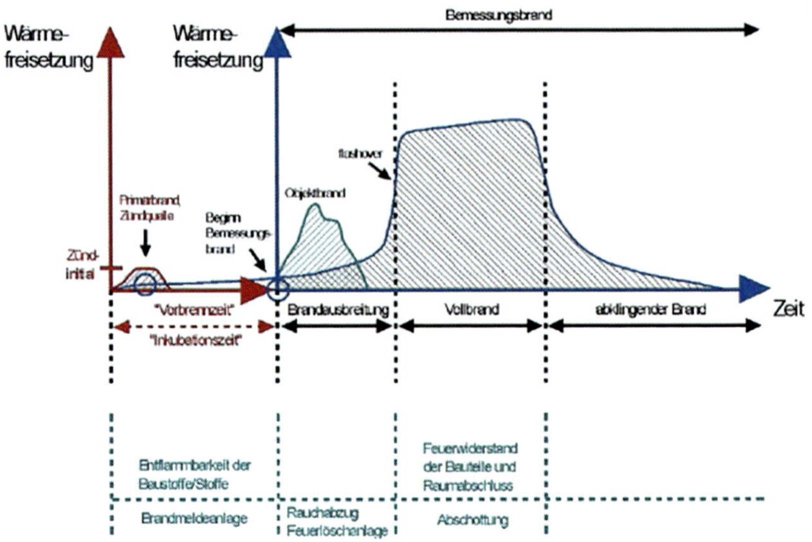

Abb. 5.145: Brandentwicklungsphasen (Quelle: Leitfaden Ingenieurmethoden des Brandschutzes, Hrsg: Dietmar Hosser; vfdb; TWB, 3. Auflage 2013)

Aus den letzten Jahrzehnten sind folgende Archivbrände bekannt:

Tabelle 5.7: Archivbrände

Archiv	Ort	Datum	Brandursache	Verluste
Bayerisches Staatsarchiv Burg Trausnitz	Landshut	21.10.1961	Tauchsieder	Teile des Archivguts beschädigt und zerstört
Archiv der Sozialen Bewegung Rote Flora	Hamburg	28.11.1995	Brandstiftung	Großteil des Archivmaterials zerstört
Wallace und Gromit-Archiv Aardmann-Filmstudios	Bristol, Großbritannien	10.10.2005	unbekannt	sämtliche Requisite und Bühnenbilder verbrannt
Filmarchiv Universal Studios	Los Angeles, Hollywood, USA	01.06.2008	Fahrlässigkeit: Fassadenarbeiten mit Fackeln	50.000 Filme und Videos sowie King-Kong-Ausstellung verbrannt
Staatsarchiv	Münster	07.08.2008	Schweißarbeiten am Dach	Büro zerstört, Lesesaal geschlossen
Secur Archiv Archive 150 Unternehmen	Lausanne, Schweiz	24.09.2009	unbekannt	50.000 Archiv-Boxen im 2. UG vernichtet
Schlangenarchiv Instituto Butantan	Sao Paulo, Brasilien	17.05.2010	Kurzschluss	80.000 konservierte Reptilien zerstört

Bei einem Brand in einem Archivgebäude muss auch mit hohen Löschwasserschäden gerechnet werden, wenn das Gebäude keinen ausreichenden Brandschutz hat und die Feuerwehr nicht rechtzeitig reagieren kann. Dabei muss es gar nicht in einem Archivraum brennen: Besonders Brände und Löschmaßnahmen in Geschossen oberhalb der Archivetagen führen dazu, dass Löschwasser durch Decken, Fugen und nicht verschlossene Durchbrüche in die Archivräume eindringt. Diese Undichtigkeiten sind charakteristisch für historische Bauten, in denen Archive oft untergebracht sind.

In der Regel halten sich in Archiven keine größeren Menschenmengen auf. Da Archivgut nicht ausgeliehen und nur in begrenztem Umfang in Kopie versandt werden kann, ist die zentrale Anlaufstelle für die Archivkunden der Benutzersaal, der mit seinen Einrichtungen (Benutzerberatung, Findmittel, Handbibliothek, technische Hilfsmittel) der Benutzerrecherche und der Einsicht in das Archivgut dient.

Brandursachen können die typischen für historische Gebäude sein: Brandstiftung, elektrische Anlagen und Geräte, Fahrlässigkeit beim Umgang mit Feuer, Reparaturarbeiten, Nachbarschaft.

Museen

Der Kulturgut- oder Sammlungsgutschutz nimmt in Museen einen besonderen Platz ein, schließlich werden Gegenstände aus dem täglichen Lebenskreis gerade aus Gründen des Schutzes vor zerstörenden Einflüssen des Menschen und der Umwelt dort untergebracht. Da Brände eine der größten, wenn nicht die größte Gefahr für Kunstschätze in Museen darstellen, muss dem Brandschutz größte Bedeutung beigemessen werden – was leider oft noch nicht der Fall ist. Erschreckenderweise gibt es für die kulturgeschichtlich und kunsthistorisch bedeutenden Exponate häufig keine wirksamen vorbeugenden Brandschutzmaßnahmen außer einem versteckten Feuerlöscher. Ein solcher Zustand müsste als grobe Fahrlässigkeit angesehen werden. Es bleibt nur zu hoffen, dass in Zukunft Museen entweder brandschutztechnisch ausgerüstet werden oder wertvolle Leihgaben nur für solche herausgegeben werden, in denen der Brandschutz gesichert ist.

Die Brandgefahren sind die gleichen wie in anderen Baudenkmälern, die Brandgefährdung jedoch muss durch die Konzentration bedeutender Kunstschätze und Kulturerzeugnisse als erhöht angesehen werden. Daher sind in Museen höhere Anforderungen an die Brandsicherheit zu stellen als für manch anderes Gebäude. Auch bezüglich der Brandbekämpfungsmöglichkeiten, die die Brandsicherheit wesentlich bestimmen, müssen Museen besser überprüft werden. Längst nicht jedes Museum ist sowohl seitens der Museumsleitung als auch der zuständigen Feuerwehr auf den Brandfall vorbereitet, und zwar vor allem nicht in Bezug auf die Bergung und den Schutz von Kunstschätzen und Ausstellungsstücken.

Die meisten Exponate in einem Museum sind brennbar und stellen eine gewisse Brandlast dar [45]: Sie bestehen aus Papier, Pappe, Holz, Kunststoff, Textilien. Die Brandlast ist meist in Magazinen am höchsten, wo Kunstschätze deponiert werden. Obwohl in Ausstellungsräumen die Brandlast nicht so hoch wird, sind die Exponate im Brandfall auch dort hoch gefährdet, insbesondere durch Ruß und Brandrauch.

Eine Auswertung von Bränden in Museen und Ausstellungen in den Jahren 1900 bis 1999 ergab folgende Verteilung der Brandentstehungsorte:

Tabelle 5.8: Brandentstehungsorte in Museen (Bussenius, 1999)

Brandentstehungsort	Anteil (in %)
Bereiche, in denen Handwerker tätig waren	35
Lagerbereich	25
Besucherräume	15
Vorsorgebereiche (Technikräume)	15
außerhalb des Gebäudes	10

In Museen ist aufgrund der teils hohen Besucherzahlen gerade der **Personenschutz** von großer Bedeutung. In vielen Museen sind Bereiche anzutreffen, die nicht ausreichend durch Rettungswege gesichert sind (Abb. 5.146). Abgesehen davon, dass aus vermeintlichen Platzgründen viele Flure und Ausgänge in Museen mit Kartons, Möbeln und anderen Gegenständen zugestellt werden, fehlen oft wirksame rauchdichte Abtrennungen der Treppen von den Ausstellungs- und Flurräumen. Bei der Ausweisung von Rettungswegen entstehen im Übrigen die meisten Konfliktsituationen zwischen Brandschutz, Denkmalschutz und Museumsleitung: Von Seiten des Museums wird gänzliches Abschließen bzw. Vergittern von Ausgangstüren und Fenstern gewünscht, aus der Sicht der Brandsicherheit sollen diese gerade als Fluchtwege von innen zu öffnen sein (Abb. 5.147). Obendrein fehlen Rettungswege für Schulungs- und Unterrichtsräume, die im Rahmen der Museumspädagogik manchmal in Dachräumen oder Kellern eingerichtet werden.

Abb. 5.146: Fehlende Feuerschutz- bzw. Rauchschutztür zwischen Ausstellungsräumen und Treppenraum in einem Museum

Abb. 5.147: Absicherung eines Fensters in einem kleinen Museum, das beim Museumsbetrieb aufgeschlossen wird

Museumsgebäude weisen vergleichbare Mängel auf wie Schlösser oder Residenzen. Unzureichend ist meist die **Brandabschnittsbildung**. Die Ausstellungsräume werden immer größer und selbst in Altbauten werden Trennwände entfernt, um Ausstellungsflächen zu vergrößern. Dadurch steigt die Ausbreitungsgefahr eines Brandes auf zunächst nicht direkt betroffene Räume und Ausstellungsgegenstände. Auch sind die Ausstellungsräume selbst nicht immer von anderen Räumen und Bereichen wie z. B. Magazinen, Werkstätten, Verwaltung, Versammlungsräumen und Cafés brandschutztechnisch abgetrennt. Diese Räume stellen zusätzliche Brandgefahren etwa durch brennbare Reinigungs- und Konservierungsmittel oder erhöhte Brandlasten dar.

Die Anordnung der Ausstellungen und Räume ist in einigen Museen seit Jahren unverändert. Dies kann ein Hinweis darauf sein, dass auch die Haustechnik und vor allem die elektrischen Anlagen keine Erneuerung erfahren haben und somit eine erhöhte Gefahr darstellen können. Brandschutztechnik gibt es in veralteten Museen meistens nicht, sodass Brände nicht selten verheerende Wirkung haben können.

Entsprechend kommt es in Museen verhältnismäßig häufig zu Bränden. In Tabelle 5.9 sind größere und kleinere Brände aus den letzten Jahren in Deutschland zusammengefasst. Spektakuläre und große Museumsbrände im Ausland in den letzten Jahren sind auch bekannt: Nationalmuseum in Rio de Janeiro (Brasilien, 2018), Motoradmuseum Timmelsjoch in Hochgurgl (Österreich, 2021), Nationale Gemäldegalerie in Suchumi (Georgien/Abchasien, 2024).

Tabelle 5.9: Brände in Museen und Kunstdepots

Museum	Ort	Datum	Brandursache	Verluste
Deutsches Museum München, Depot	Ingolstadt	11.10.2018	Verpuffung	Ruß- und Löschwasserschäden, u. a. Mikroskop von Chemie-Nobelpreisträger Manfred Eigen, historische Autos und Flugzeuge
Museumsschiff Großsegler „Seute Deern"	Bremerhaven	15.02.2019	Im Abluftkanal einer Abzugsanlage im Restaurant	schwere Schäden, Restaurantbetrieb aufgegeben
Museum für Moderne Kunst (MMK)	Frankfurt/M.	29.07.2019	technischer Defekt am Dieselnotstromaggregat	Brand auf dem Dach im Technikraum, keine Kunstwerke beschädigt
Lokhalle	Worms	08.11.2019	Brandstiftung	hist. Lokhalle mit hist. Eisenbahnen vollständig ausgebrannt
Museum Wald und Umwelt	Ebersberg / Oberbayern	18.12.2019	Brandstiftung	Dachgeschoss ausgebrannt, Brandschaden € 1,1 Mio., Holzbibliothek gerettet
Kutschen-Museum	Bad Hindelang-Hinterstein / Allgäu	19.01.2020	Brandstiftung	Pavillon abgebrannt, Kutschen zerstört
Technik-Museum Pütnitz	Ribnitz-Damgarten / Vorpommern	02.02.2020	technischer Defekt (Kabeltrommel)	Museumsstücke der Nationalen Volksarmee und der Roten Armee zerstört
Museumsdorf Cloppenburg	Garrel-Varrelbusch / Niedersachsen	20.07.2021	unbekannt	Maschinenhalle mit hist. Trecker niedergebrannt, Verluste *„von immensem kulturhistorischem Ausmaß"*
Museum Langes Tannen	Uetersen / Holstein	11.10.2021	Brandstiftung (erneut nach 1990)	reetgedeckte Ausstellungsscheune niedergebrannt, Sammlungen zerstört
Liebig-Museum, Hist. Hörsaal	Gießen	05.12.2022	technischer Defekt	hist. Auditorium des Liebig-Laboratoriums zerstört, Experimentiertisch verbrannt
Senckenberg Naturkundemuseum	Frankfurt/M.	25.02.2023	technischer Defekt	Kabelbrand im Keller, umfangreiche Verrauchung
Eisenbahn- und Technikmuseum	Schwerin	21.07.2023	technischer Defekt	große Teile des Daches niedergebrannt, viele Museumsstücke verloren, hist. Archiv verbrannt
Heidemuseum Rischmannshof	Walsrode / Niedersachsen	04.05.2024	unbekannt	hist. Wagenremise aus Holz abgebrannt, Schaden € 150.000
Landschaftsmuseum Angeln	Langballig-Unewatt / Schleswig	29.06.2024	Brandstiftung (?)	hist. Reetdachhäuser zerstört: Marxen-Bauernhaus von 1626 vollständig ausgebrannt und eingestürzt, Museumshauptgebäude bis auf die Grundmauer niedergebrannt

5.4.2 Brandschutzmaßnahmen

Das für eine lange Zeit angedachte Verwahren von Kulturgütern in Bibliotheken, Archiven und Museen dient der Bestandserhaltung. Darunter versteht man zwar in erster Linie Maßnahmen (Restaurierung, Verfilmung, Digitalisierung, Entsäuerung) gegen den Zerfall wertvoller Archivalien, Bücher und anderer Dokumente. Brandkatastrophen haben jedoch zu der Erkenntnis geführt, dass auch der vorbeugende Brandschutz zur Bestandserhaltung gehört und eine entsprechende Notfallplanung in diesen Einrichtungen notwendig ist.

In historischen Bauten, die Sammlungen von Kulturgütern aufbewahren und für Publikum ausstellen, gelten folgende **zwei Grundsätze einer brandschutztechnischen Ertüchtigung**:

- Sicherung der Fluchtwege für die Besucher und Mitarbeiter und
- Schutz der Sammlungsstücke vor Brand- und Rauchauswirkung.

Bibliotheken

„Wir haben alle die gleichen Probleme. Die Masse der Bücher wächst, dann gibt es statische Probleme. Die neuen Brandschutz- und Arbeitsschutzvorschriften erfordern sehr umfangreiche Baumaßnahmen. Wir müssen alle diese Maßnahmen durchführen, auch die Vaticana.“ [46]

Viele Bibliotheken, insbesondere Klosterbibliotheken, sind im Laufe der Jahrhunderte durch Brände teilweise oder ganz vernichtet worden. In Klosterbibliotheken findet man heute noch Spuren und Beweise der Bemühungen um den Schutz von Büchern vor Bränden in Form von historischen Feuerschutzmaßnahmen. Besonders charakteristisch ist es, dass Bibliotheken ausdrücklich aus Feuerschutzgründen massiv, d. h. durch gemauerte Wände und Steingewölbe von anderen Räumen abgetrennt wurden (Abb. 5.148).

Abb. 5.148: Der Bibliothekssaal der ehemaligen Zisterzienserabtei Marienfeld (Harsewinkel-Marienfeld) ist als einziger Raum des barocken Abteigebäudes mit Gewölbe abgeschlossen.

In der im 18. Jahrhundert zu den bedeutendsten schlesischen Bibliotheken gehörende Bibliothek des Augustinerklosters in Zagań/Sagan (Polen) wurde nach einem Brand von 1730 die damals modernste Feuerschutztechnik eingebaut: Doppeltes Mauerwerk und mit Sand gefüllte Zwischenräume, Steingewölbe, eiserne Türen und Fensterläden [47]. Der Kirchturm erhielt 1769 den ersten Blitzableiter in Schlesien. Es wird auch berichtet, dass Mönche in den Klöstern aus Feuerschutzgründen nur vormittags, bei Tageslicht und ohne Kerzen in den Klosterbibliotheken gearbeitet haben. In der bekannten Klosterbibliothek in der Benediktinerabtei in Metten (erbaut 1724-1726) gibt es bis heute keinen Stromanschluss. Und auch dort wurden keine Kerzen verwendet. Die Eingangstür der ehemaligen und vor kurzem restaurierten Klosterbibliothek des Augustiner-Chorherrenstiftes auf der Insel Herrenchiemsee war mit Blech bekleidet und mit Türschließern versehen.

Auch in der Herzogin-Anna-Amalia-Bibliothek in Weimar gab es historische Brandschutzmaßnahmen, die bei dem katastrophalen Brand 2004 ihre Schutzwirkung zeigten: Insbesondere die historischen Brandmauern haben die Brandausbreitung aus dem Rokokosaal und Kerngebäude auf die nördlichen und südlichen Anbauten verhindert. Die Trennmauer des Saals zum Anbau an der Nordseite hielt einschließlich der Blechtüren im ersten und zweiten Dachgeschoss aus der zweiten Hälfte des 19. Jahrhunderts der mehrstündigen Feuer- und Wärmebeaufschlagung stand. Wie die Feuerwehrleute berichteten, glühte bereits ca. zehn Minuten nach Auslösung des Alarms durch die Brandmeldeanlage die Brandschutztür zum Dachboden. Lediglich im Bereich einer vor ca. 20 Jahren unsachgemäß eingebauten Kabeldurchführung kam es zu einem Branddurchbruch, der auch einen Löschtrupp zeitweise gefährdete. Die historischen Holzkonstruktionen, insbesondere die Holzbalkendecke über dem zweiten Obergeschoss, haben ebenfalls hohe Feuerwiderstandsfähigkeit bewiesen (Geburtig, 2005).

Alle Aspekte des Schutzes von Buchbeständen, Kulturgütern und vor allem von Personen vor Feuer und Rauch können heutzutage nur in einer gesonderten Planung beachtet werden – eine Bibliothek braucht ein **Brandschutzkonzept**. Allerdings ist hier hervorzuheben, dass nach dem geltenden Baurecht auch in Bibliotheken das vordergründige Schutzziel der Personenschutz ist. Der Schutz der Bestände tritt hier wie der Denkmalschutz zurück. Dies hat zur Folge, dass wirksamer Brandschutz für Buchbestände und Kulturgüter nur in einem Abwägungs- und Abstimmungsprozess entstehen kann und viel Kompromissbereitschaft von allen an der Planung Beteiligten verlangt. Die Objektbeurteilung sollte man jeweils mit der Feststellung abschließen, wann, im welchem Umfang und wie die festgestellten Gefahren beseitigt werden. Es können also Prioritäten festgelegt werden:

1. Sowohl in Neubauten wie auch in Altbauten wird in Hinblick auf den Brandschutz die erste Priorität die **Sicherstellung von Rettungswegen** sein. Besonderer Beachtung bedürfen hier große Lesesäle und Konferenzräume, die immer mindestens zwei Ausgänge brauchen. Eine Bibliothek unterliegt der Versammlungsstättenverordnung, wenn sie

- einen Filmvorführraum für mehr als 100 Besucher hat oder Versammlungsräume, die einzeln oder zusammen mehr als 200 Besucher fassen (Versammlungsstättenverordnungen alter Fassung) oder
- über Versammlungsräume verfügt, die einzeln mehr als 200 Besucher fassen, oder mehrere Versammlungsräume, die insgesamt mehr als 200 Besucher fassen, wenn diese gemeinsame Rettungswege haben (Berechnungsformel der Besucheranzahl: Für Sitzplätze an Tischen – ein Besucher pro Quadratmeter Grundfläche, für Stehplätze – zwei Besucher pro Quadratmeter Grundfläche) (Versammlungsstättenverordnungen neuer Fassung (ab ca. 2001)).

2. Für die Feuerwehr sind **Zufahrten, Bewegungsflächen und Aufstellflächen** vorzusehen. Die Anlegung der Flächen kann nach DIN 14090 oder einer im jeweiligen Bundesland geltenden Vorschrift erfolgen. Entscheidend ist, dass im Gefahrenfall die Rettungsmannschaften einen schnellen und ungehinderten Zugang zum Bibliotheksgebäude haben. Dazu dient auch das Einbauen eines Feuerwehrschlüsseldepots.
3. Ein Bibliotheksgebäude sollte zur Verhinderung der Brandausbreitung in **Brandabschnitte** unterteilt werden. Die Größe eines Brandabschnittes muss hier nicht unbedingt der im deutschen Baurecht verankerten Fläche von 1600-2400 m^2 (bei 40-60 m Länge des Brandabschnittes) entsprechen. Man wird sich hier dem jeweiligen Bibliothekskonzept anpassen müssen.

   Zumindest die einzelnen Funktionsbereiche einer Bibliothek sollten Brandabschnitte bilden:

   - Benutzerbereich (Ausleihe, Publikumskataloge, Lesesäle),
   - Büchermagazine,
   - Verwaltungsbereich (Büros),
   - Garage,
   - Versammlungs- und Vergnügungsbereiche.
4. Innerhalb der Brandabschnitte sollten auch einzelne, besonders zu schützende oder brandgefährdete Bereiche und Räume feuerbeständig abgetrennt werden. Die **feuerbeständige Abtrennung** in Form von Wänden und Decken (F 90-AB) sowie Feuerschutztüren (T 30) gewährleistet den Schutz für mindestens 30 Min. Zu diesen Räumen sollten gehören:

   - Kunstdepots, Urkunden- und Handschriftensammlungen,
   - Archive,
   - Technikräume, Lagerräume, Maschinenräume,
   - Werkstätten, Buchbinderei, Druckerei.

5. Bedingt durch die modernen Anforderungen an Bibliotheksgebäude und die erhöhten Anforderungen an die Bestandserhaltung spielen heute die technischen Einrichtungen eine entscheidende Rolle. Die **Brandschutzeinrichtungen** erlauben

   - eine offene Bauweise der Bibliotheken und den Verzicht auf massive, den Bibliotheksbetrieb störende Baumaßnahmen und
   - eine sehr schnelle Reaktion auf eine Brandentstehung und dadurch Verhinderung der zerstörenden Brandausbreitung.

   Eine der wichtigsten vorbeugenden Brandschutzmaßnahmen und Brandschutzeinrichtungen ist eine automatische Brandmeldeanlage (nach DIN 14675 / DIN VDE 0833).

   Die Anlage sollte im Vollschutz installiert werden, d. h. mit flächendeckender Überwachung durch Rauchmelder in allen Räumen des Bibliotheksgebäudes (auch in Treppen- und Kellerräumen) und Aufschaltung zur Leitstelle der zuständigen Feuerwehr. Können oder sollen keine verkabelten Punktrauchmelder installiert werden, so gibt es noch andere Rauchmeldesysteme: Rauchansaugsysteme (RAS), lineare Rauchmelder (Infrarot), Funkrauchmelder. Im Bereich der Treppenräume und Ausgänge sollten in jedem Geschoss zusätzlich Druckknopfmelder installiert werden. Die Brandmeldezentrale (BMZ) und das Feuerwehrbedienfeld (nach DIN 14661) sollten im Erdgeschoss installiert werden. Am Eingangstor (Einfahrt) ist das Feuerwehrschlüsseldepot einzubauen.

Abb. 5.149: Die Prädikantenbibliothek in der ev. St. Nikolai-Kirche in Isny (Allgäu); Blick in den Bibliotheksraum mit Rauchmelder

6. Lange Jahre wurden insbesondere durch die Bibliothekare selbst **Löschanlagen** abgelehnt. Im Kompendium des Deutschen Bibliotheksinstituts zum Bibliotheksneubau aus dem Jahr 1994 werden Sprinkleranlagen für Bibliotheken im Rahmen eines Sicherheitskonzeptes als bewährt bezeichnet (Jopp, 1994). Als Alternative zu Sprinkleranlagen werden Wassernebellöschanlagen eingesetzt (Kölbl et al., 2010). Der Nebel verdampft sehr schnell und wird zu Wasserdampf, welcher wiederum den zur Verbrennung nötigen Sauerstoff verdrängt und das Feuer erstickt. Gleichzeitig wird bei der Verdampfung des Nebels sehr viel Energie aufgenommen, was zu einer effektiven Kühlung des Brandherdes führt. Der Wassernebel schützt außerdem die umliegenden Bereiche vor der Wärmestrahlung, sodass kein zusätzlicher Schaden entsteht. Dennoch können Bücher durch den Einsatz von Wassernebellöschanlagen nass werden.

In Bibliotheken können je nach System und Schutzziel Niederdruck- (NDW, < 12,5 bar) und Hochdruck-Wassernebellöschanlagen (HDW, > 35 bar) eingesetzt werden. Bei Löschversuchen in einem Holztreppenraum lag der Löschwasserbedarf beim Niederdruck-Wassernebel um ca. 20 % über dem von Hochdruck-Wassernebel. Der Niederdruck-Wassernebel benötigte ca. 20 % und der Hochdruck-Wassernebel ca. 15 % der Löschwassermenge eines Normalsprinklers (Kunkelmann, 2007). Die Reduzierung des Löschwassers und der Wasserbeaufschlagung der Bücher kann bei Wassernebellöschanlagen im Vergleich zur Sprinkleranlagen für vergleichbare Anwendungen 40-60 % betragen (Schremmer, 2001b).

Abb. 5.150: Inergen-Löschanlage in der Ratsbücherei in Lüneburg (Quelle: Ratsbücherei Lüneburg)

Inzwischen sind in den letzten Jahren mehrere Bibliotheken mit modernen Brandschutzeinrichtungen einschließlich Löschanlagen ausgestattet worden (Tabelle 5.10):

Tabelle 5.10: Bibliotheken mit stationären Brandschutzeinrichtungen

Bibliothek	Ort	Land	Brandschutzeinrichtungen	Baujahr
Stadtbibliothek	Gütersloh	Deutschland	Sprinkleranlage flächendeckend, Brandmeldeanlage, Wandhydranten	1984
Stadtbücherei	Münster	Deutschland	Sprinkleranlage	1993
Biblioteka Uniwersytecka (BUW) (Universitätsbibliothek)	Warschau	Polen	49 Feuerschutzvorhänge, Brandmeldeanlage, Sprinkleranlage, Gaslöschanlage (Argon) im Depot, CO_2-Löschanlage, Feuerwehraufzüge	1999
Herzogin-Anna-Amalia-Bibliothek „Grünes Schloss"	Weimar	Deutschland	Hochdruck-Wassernebellöschanlage (Rokokosaal, Bibliotheksturm), Brandmeldeanlage (Rauchansaugsystem, optische Rauchmelder), zwei trockene Steigleitungen	2007
Herzogin-Anna-Amalia-Bibliothek Studienzentrum	Weimar	Deutschland	Sprinkleranlage (Tiefmagazin), Sprühnebelanlage (Tresormagazin), Brandmeldeanlage (Rauchmelder), Entrauchungsanlagen	2005
Universitätsbibliothek	Cottbus	Deutschland	Hochdruck-Wassernebellöschanlage	
Philologische Bibliothek der Freien Universität	Berlin	Deutschland	Hochdruck-Wassernebellöschanlage	
Thüringer Landes- und Universitätsbibliothek	Jena	Deutschland	Inergen-Löschanlage (Depot)	2001
Bibliotheca Alexandrina	Alexandria	Ägypten	Sprinkleranlage, Brandmeldeanlage, Schaumlöschanlage (Generatoren), Feuerschutzvorhänge, FM-200 Gaslöschanlage (Notstrom)	2002
Kulturkaufhaus „DAStietz"	Chemnitz	Deutschland	Sprinkleranlage, Brandmeldeanlage	
Sächsische Landes- und Universitätsbibliothek (SLUB)	Dresden	Deutschland	Inergen-Löschanlage (Depot)	2002
Universitätsbibliothek (UBL) Bibliotheca Albertina	Leipzig	Deutschland	Brandmeldeanlage, Inergen-Löschanlage (Tresormagazin)	2002
Ratsbücherei	Lüneburg	Deutschland	Inergen-Löschanlage (Abb. 5.150)	
Bayerische Staatsbibliothek	München	Deutschland	Inergen-Löschanlage (Depots)	

Stadt- und Landesbibliothek	Wien	Österreich	Brandvermeidungssystem OxyReduct (Sauerstoffreduktionsanlage)	
Historische Universitätsbibliothek	Groningen	Niederlande	Sauerstoffreduktionsanlage	2003
Stadtbibliothek in der Jakobikirche	Mühlhausen	Deutschland	Wassernebellöschanlage, Brandmeldeanlage	2004
Marienbibliothek	Halle/ Saale	Deutschland	Inergen-Löschanlage (Depots)	2006
Universitätsbibliothek	Magdeburg	Deutschland	Trockene Sprinkleranlage, mechanische Entrauchungsanlage, Brandmeldeanlage	2000
Staats- und Universitätsbibliothek (SUB)	Göttingen	Deutschland	Sprinkleranlage (Neubau), Brandmeldeanlage	

Archive

Für die Archivierung von Unterlagen des Landes, der Kommunen und der juristischen Personen des öffentlichen Rechts gelten in den Bundesländern die Archivgesetze. Danach ist Archivgut unveräußerlich und auf Dauer sicher zu verwahren. Es ist in seiner Entstehungsform zu erhalten und vor Beschädigung oder Vernichtung zu schützen [48].

Archivgut kann auf Dauer nur dann sicher aufbewahrt werden, wenn das Archivgebäude einen ausreichenden **Brandschutz** hat. Daher sollten folgende Grundsätze gelten:

1. Archivgut ist grundsätzlich in eigens dafür vorgesehenen Gebäuden oder Räumen unterzubringen. Diese müssen in **massiver Bauweise** ausgeführt sein.
2. Archive in historischen Bauten dürfen **keine Verbindungen zu anderen Nutzungseinheiten** des Baus haben.
3. Es muss weitestgehend ausgeschlossen sein, dass ein Brand im Archiv entstehen kann.
4. Ein Brand aus der Nachbarschaft darf sich nicht auf das Archiv ausbreiten.
5. Die Brandschutzlage in einem Archivbau ist in einem **Brandschutzgutachten** zu ermitteln. Jegliche baulichen und technischen Änderungen sind durch Brandschutzkonzepte zu begleiten.

Die Idee ist nicht neu, schriftliche Zeugnisse längerfristig zu erhalten und deswegen in feuersicheren Räumen aufzubewahren. Massiv gebaute Türme, Gewölberäume oder Tempel mit eisernen bzw. aus Hartholz ausgeführten Türen sind als historische Feuerschutzmaßnahmen bis heute noch an vielen Gebäuden und Räumen wie z. B. in Rathäusern, Schlössern oder Klostergebäuden erkennbar (Abb. 5.151).

Abb. 5.151: Historisches Stadtarchiv in einem Gewölberaum (Rathaus in Worms) (Quelle: Stadtarchiv Worms, Bildsignatur 08538)

Bei der Einrichtung von Archivräumen in historischen Gebäuden, der Gefahrenbeurteilung oder der brandschutztechnischen Ertüchtigung sollten folgende **Brandschutzmaßnahmen** ausgeführt werden:

1. Das Archiv muss in einem **eigenen Brandabschnitt** untergebracht werden. Dafür sind in historischen Gebäuden in erster Linie die bestehenden massiven Wände (Brandmauern) und Decken (Gewölbe) genau zu untersuchen und ggf. zu ertüchtigen (Schließen bzw. Zumauern von Öffnungen).

2. Die Archivmagazine sind von den sonstigen Gebäudeteilen und Funktionsbereichen (Büros, Benutzersaal, Werkstätten) zumindest **feuerbeständig (F 90-A und T 30) abzutrennen**. Ist das in einem bestehenden historischen Gebäude möglich, so sollten diese Trennwände Brandwände bzw. ertüchtigte historische Brandmauern sein. Ebenfalls müssen die Decken der Magazine mindestens feuerbeständig und aus nichtbrennbaren Baustoffen (F 90-A) sein.

3. Die Magazine sind in **kleinere Einheiten** durch mindestens feuerbeständige Trennwände aus nichtbrennbaren Baustoffen (F 90-A und T 30) zu unterteilen.

4. Insbesondere für die Benutzersäle, aber auch für die Verwaltung und Magazine müssen die **Rettungswege** ausreichend gesichert sein. Hat der Benutzersaal eine Kapazität von mehr als ca. 20 Plätzen, so müsste für den Raum auch der zweite Rettungsweg baulich gesichert werden (zweite Treppe).

5. Das Archivgebäude muss für die Feuerwehrfahrzeuge direkt anfahrbar sein. Für die Feuerwehr sind **Zufahrten, Bewegungsflächen und Aufstellflächen** vorzusehen. Die Anlegung der Flächen kann nach DIN 14090 oder einer im jeweiligen Bundesland geltenden Vorschrift erfolgen.
6. Bei der Ausstattung von Archiven sollten auch **Brandschutzgründe** eine Rolle spielen:
   a) In Magazinen sollten keine Holzregale, sondern Stahlregale verwendet werden.
   b) Elektrische Geräte, die nicht für den Betrieb des Magazins erforderlich sind, sollten nicht aufgestellt werden.
   c) Nach Meinung der Archivare sollten für Urkunden Alukästen und für Akten Kartons als Verpackungen verwendet werden.
7. Durch Magazine sollten **keine Leitungen** (z. B. Gasleitungen, Lüftungsleitungen für andere Räume, elektrische Kabel für die Versorgung anderer Räume oder Wasserleitungen) verlegt werden.
8. Für das ganze Archiv ist für die elektrischen Anlagen ein **Hauptschalter** zu installieren.
9. Das Archiv ist unbedingt mit einer **automatischen Brandmeldeanlage** (nach DIN 14675 / DIN VDE 0833) im Vollschutz auszustatten. In allen Räumen sind Rauchmelder und an den Ausgängen Druckknopfmelder zu installieren. Die Brandmeldeanlage muss an die Feuerwehrleitstelle direkt aufzuschalten und mit einem Feuerwehrschlüsseldepot in der Außenwand ausgestattet werden. Bei Branderkennung sollten die technischen Anlagen wie Klima- und Lüftungsanlagen automatisch abgeschaltet werden.
10. Auf im **Brandfall stark brandraucherzeugende Stoffe, brennend abtropfende Baustoffe sowie leichtentflammbare Stoffe** wie PVC-Beläge, Fußbodenbeläge, Kunststoffverkleidungen und Vorhänge sollte zumindest in Magazinen verzichtet werden.
11. Für Archive sind wie für Bibliotheken moderne **Löschanlagen** geeignet. Insbesondere sind hier Wassernebellöschanlagen und Gaslöschanlagen zu empfehlen. Nach dem Halonverbot werden jetzt zunehmend Gaslöschanlagen eingesetzt (Pleß et al., 2003). Löschgase werden in Gasflaschen gelagert und müssen nicht nach dem Ausströmen aus der Löschanlage direkt zum Brandherd gebracht werden. Sie breiten sich im Raum aus und verringern dadurch die für die Verbrennung erforderliche Sauerstoffkonzentration. Beim Einsatz von chemischen Löschgasen (FM-200, Novec 1230) wird neben der Sauerstoffverdrängung auch die chemische Verbrennungsreaktion unterbrochen. Neu auf dem Markt ist eine Mischlöschanlage, die auch in Archiven eine Anwendung finden könnte. Die Löschanlage Sinorix H_2O-Gas kombiniert den Einsatz von Stickstoff und Wasser. Während der Stickstoff den Sauerstoffanteil verdrängt, bewirkt der Wassernebel ein Absenken der Umgebungstemperatur, um den Brand zu löschen und eine Rückzündung zu verhindern.

In Archiven sollten insbesondere die Magazine und Technikräume mit einer Löschanlage ausgestattet werden.

12. Verringert man auf Dauer den **Sauerstoffgehalt** in einem Raum auf ca. 13-15 %, kann in dem Raum keine Verbrennung stattfinden. In Archivräumen, in denen sich Menschen nicht ständig aufhalten müssen, z. B. Magazine, Kunstdepots, Softwaredepots und Schatzkammern, können solche sauerstoffreduzierenden Anlagen installiert werden (Abb. 5.152). Die Schutzbereiche bleiben für Personen begehbar. Die Räume müssen dicht geschlossen sein, was allerdings in historischen Gebäuden oder Räumen nicht immer machbar sein wird. Die Sauerstoffreduzierung erfolgt durch Zuführung von Stickstoff, der aus der Umgebungsluft außerhalb des zu schützenden Raumes gewonnen wird. Diese Art von Brandvorbeugung hinterlässt keine Rückstände und erzeugt keinen Nebel.

Abb. 5.152: Brandschutzeinrichtungen in einem Archiv für Tonträger von Erstaufnahmen: F 90 / T 30, sauerstoffreduzierende Anlage, Rauchansaugsystem, Rauchmelder, Feuerlöscher, Metallregale (Sonopress Gütersloh)

13. Das Archivmagazin sollte mit einem **Rauchabzugssystem** ausgestattet werden. Da die Magazine oft fensterlos sind, wird hier ein Lüftungs- oder ein Schachtsystem erforderlich sein.

14. In allen Bereichen des Archivs sind **Feuerlöscher** erforderlich. Für Archivmagazine werden Wasserlöscher empfohlen, weil die Folgeschäden für das Archivgut hier vergleichsweise gering sein können. In anderen Bereichen können Wasser- bzw. Pulverlöscher aufgehängt werden.

15. Archive unterliegen nicht direkt der Prüfverordnung für **technische Anlagen**. Insbesondere Blitzschutzanlagen, Feuerschutztüren,

Feuerlöscher, Löschanlagen u. a. sind jedoch nach den einschlägigen Unfallverhütungsvorschriften, Arbeitsschutzrichtlinien und Technischen Regeln (DIN, VDE, BGR/BGV, ASR) regelmäßig zu prüfen. Die Bauaufsichtsbehörde kann in besonders schützenswerten Archiven eine Prüfung nach der Prüfverordnung anordnen.

Museen

In Museen sind in erster Linie **Brandschutzmaßnahmen** erforderlich, die

- die Rettungswege sichern und
- die Brandausbreitung auf das Minimum begrenzen.

Dazu gehören die üblichen baulichen und anlagetechnischen Maßnahmen, die hier speziell für Museen in historischen Bauten aufgezählt werden:

1. Errichtung von **Brandwänden** an geeigneten Stellen des Museumsgebäudes oder brandschutztechnische Nachrüstung von bestehenden Trennmauern zwischen Gebäudeteilen; Einbau von feuerbeständigen Türen, die, ausgestattet mit Feststellanlagen, offenstehen können.
2. **Feuerbeständige Abtrennung** der Ausstellungsräume und der Magazine, verbunden mit dem Einbau feuerhemmender Türen, von allen anderen Räumen und Bereichen des Museums, vor allem von Werkstätten, Büro- und Lagerräumen.
3. **Feuerbeständige Unterteilung** der ausgedehnten Dachräume im Museumsgebäude und Behandlung der Holzdachstühle mit **Flammschutzmitteln**.
4. Errichtung eines neuen Treppenraumes als **Fluchtweg** oder, wenn möglich, brandschutztechnische Abtrennung der bestehenden Treppen bzw. Anbau einer Außentreppe (Abb. 5.153-5.154).
5. Einbau einer **automatischen Brandmeldeanlage** mit Rauchmeldern in allen Räumen des Museums, Feuerwehrschlüsselkasten und Überwachung der Sabotage- und Störmeldungen (Überwachungsumfang der Kategorie 1 „Vollschutz“ gemäß DIN 14675/G4). Die Brandmeldeanlage sollte eine Ansteuerung anderer Anlagen ermöglichen (Alarmierungsanlage, Brandfallsteuerung der Aufzüge, Rauchabzüge, Lüftungsanlagen, elektrisch verriegelte Türen). Für Museen sind besonders Rauchansaugsysteme (RAS) oder Mehrkriterien-Melder geeignet, womit das Falschalarmrisiko wesentlich verringert wird (Abb. 5.155-5.158).

Abb. 5.153-5.154: Außentreppe an einem historischen Museumsgebäude (Stadtmuseum Dresden)

Abb. 5.155: Rauchansaugsystem (RAS) im Museum Höxter-Corvey (Schloss Corvey)

Eine Ausarbeitung des Bundesverbandes Sicherheitstechnik e.V. (BHE) bezüglich der Anwendungsbereiche verschiedener Brandmeldearten kann bei der Planung und Auswahl von Brandmeldern in historischen Bauten helfen (Tabelle 5.11).

Tabelle 5.11: Anwendungsbereiche der verschiedenen Brandmeldearten [49]

Brandmelder	**Kriterium**	**Einsatz-empfehlung**	**Objekttypen**
Rauchmelder	Rauchentwicklung, wenig Wärme, Schwelbrand keine sichtbare Flamme	kleinere bis mittlere Überwachungsbereiche	Eigenheime, Büros und Verwaltungsgebäude
Wärmemelder	Starke Wärmeentwicklung, Wärmestrahlung, Flüssigkeitsbrände	kleinere Überwachungsbereiche	Werkstätten, Industrieanlagen, Großraumküchen, Orte mit starker natürlicher Rauchentwicklung
Multi-Sensor-melder	vereint die Kriterien von Rauch- und Wärmemeldern	Überwachungsbereiche mit unterschiedlichen Brandlasten, auftretenden Störgrößen und hoher Wertkonzentration	Lagerhallen, Telekommunikationseinrichtungen, Hotels, Büroräume, Papierfabriken, Museen, Druckereien
Gasmelder	wenig Rauchentwicklung, Gasentwicklung, keine Wärme	Überwachungsbereiche mit hohem Personenschutz	Veranstaltungshallen, Einkaufszentren, Flughäfen, Krankenhäuser, Theater, Diskotheken, Altenheime

6. Das gesamte Museum sollte mit einer **Alarmierungsanlage** (nach DIN EN 54-3 und DIN 33404-2) ausgestattet werden.
7. Zum Schutz der Kunstschätze und Kulturgüter sowie als Kompensation für die bestehenden historischen Baugegebenheiten kann eine **Löschanlage** eingebaut werden. Insbesondere geeignet sind hier Wassernebellösch- und Gaslöschanlagen. Wenn nicht in Ausstellungsräumen, so ist eine Löschanlage zumindest in den Magazinen sehr zu empfehlen (Abb. 5.156-5.158).
8. Wie für Archivdepots sind auch für Museumsdepots **sauerstoffreduzierende Anlagen** sehr gut geeignet.
9. Ausrüstung der Ausgangstüren mit kombinierten Überwachungs- und Panikverschlüssen, die es ermöglichen, dass die Türen jederzeit von innen geöffnet werden können.
10. Installierung einer **Sicherheitsbeleuchtung** beim Betrieb bei Dunkelheit oder bei erforderlicher Verdunkelung der Ausstellungsräume.
11. In mehrgeschossigen Museen oder Museen, die in Türmen eingerichtet sind, sollten **trockene Steigleitungen** verlegt werden.

Abb. 5.156: Sprinkleranlage und Rauchmelder im Porzellan-Museum Fürstenberg

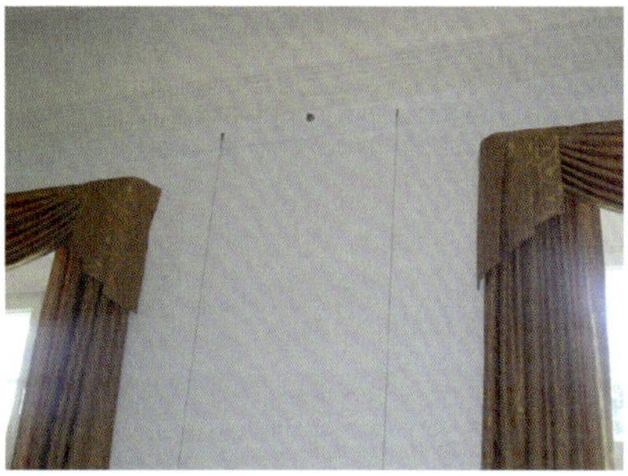

Abb. 5.157-5.158: Wassernebellöschanlage im Museum Abtei Liesborn in Wadersloh-Liesborn: Löschdüsen auf dem Spitzboden und in der Wand eines Ausstellungsraumes

Für Museen kann sich die Notwendigkeit von weiteren baulichen und anlagetechnischen Brandschutzmaßnahmen ergeben, die für diese Gebäude in Abhängigkeit ihres Baudenkmaltyps (Schloss, Kirche, Burg, Fachwerkhaus, Klosteranlage) vorzusehen wären. Dazu kann beispielsweise die brandschutztechnische Nachrüstung von Holzbalkendecken gehören sowie der Einbau von Feuerschutzklappen und das Verschließen von Kabel- und Rohrdurchbrüchen in Wänden.

12. Von besonderer Bedeutung sind **betriebliche Maßnahmen**, von denen zu den wichtigsten gehören:

    - Eine ständige Überwachung der Räume durch das Museumspersonal einschließlich der öffentlich nicht zugänglichen und selten begangenen; eine für den Brandfall eindeutige Aufgabenzuweisung durch eine Brandschutzordnung,

- Verwendung von nichtbrennbaren Regalen und Schränken in Magazinen und Archiven sowie Minimierung von brennbaren Stoffen und Materialien bei Verpackungen und Dekorationen (Abb. 5.159),
- Kein Abstellen von Möbeln und anderen Gegenständen in Fluren und Treppenräumen,
- Regelmäßige Wartung aller haustechnischen Anlagen (Elektro, Lüftung, Blitzschutz, Heizung, Brandschutzeinrichtungen) und Behebung der festgestellten Mängel,
- Verlegung der Lagerung verschiedener Gegenstände (Geräte, Verpackung, Dekoration und Werbungsmittel, Möbel) aus den Dachräumen in brandschutztechnisch abgetrennte Lagerräume im Keller- bzw. Erdgeschoss.

Abb. 5.159: Metallregale in einem Archiv (Quelle: Stefan Emilius / pixelio.de)

5.4.3 Beispiele

Stadtbibliothek Mühlhausen

Stadtbibliothek Mühlhausen in der Jakobikirche (Unstrut-Hainich-Kreis)

Bauherrschaft	Stadt Mühlhausen / Thüringen
Projektleitung	Hochbauamt der Stadtverwaltung Mühlhausen
Entwurfsverfasser/ Planer	Winkler + Dehnel Freie Architekten BDA, Erfurt
Brandschutzplaner	Dipl.-Ing. Architekt BDA Hans Winkler Architekten, Erfurt

Baubeschreibung

Die Stadtbibliothek Mühlhausen musste bis 2003 in sehr beengten Verhältnissen ausharren (Kabat, 2010). Seit April 2004 befindet sie sich in der umgebauten Jakobikirche (Abb. 5.160-5.161). Dieses Gebäude wurde von der Stadt Mühlhausen saniert und beherbergt jetzt die ehemaligen Einrichtungen der Hauptbibliothek und der Kinderbibliothek/Phonothek. Die Jakobikirche ist im 14. Jahrhundert als dreischiffige Hallenkirche erbaut worden (Abb. 5.162). Nach einem Stadtbrand 1598 wurde sie wiederaufgebaut. Anfang des 19. Jahrhunderts verschmolz die Jakobi- mit der größeren Mariengemeinde. St. Jakobi wurde 1832 profaniert und ging 1836 in das Eigentum der Stadt Mühlhausen über. Bis 1937 sind noch einzelne Gottesdienste in der Kirche gefeiert worden, danach diente sie verschiedenen Nutzern als Lager.

Abb. 5.160-5.161: Jakobikirche in Mühlhausen (Quelle: Stefan Zeuch, Stadtverwaltung Mühlhausen/Thüringen)

Abb. 5.162: Jakobikirche in Mühlhausen, Lageplan (Quelle: Stefan Zeuch, Stadtverwaltung Mühlhausen/Thüringen)

Nutzung

Die vollständige Sanierung der Jakobikirche erstreckte sich von den Fundamenten über die Außenwände bis hin zum Dachstuhl und einer neuen Ziegeldeckung. Dabei erhielt der Dachstuhl zur Aufnahme der Lasten der Haustechnik zusätzliche Hängewerke. Für die notwendigen Zu- und Abluftöffnungen der Lüftungsanlage wurden statt ursprünglich einer beidseitig drei Fledermausgauben in die Dachfläche eingebaut. Im Rahmen der Kirchensanierung sind die zum Teil von der Moderfäule stark beschädigten barocken Einbauten wie der Kanzelaltar, die Seitenempore, die Doppelempore am Westgiebel und der Orgelprospekt demontiert worden.

Mit dem leer geräumten und sanierten Kirchenraum waren nun alle Voraussetzungen für die neue Nutzung geschaffen. Grundlage des Entwurfs war eine offene Lösung, bei der der gotische Kirchenraum erlebbar bleibt und sich interessante Blickbeziehungen zwischen historischen und modernen Bauteilen ergeben. Die beidseitigen, sich konvex in den Kirchenraum verjüngenden Funktionstürme, in denen unter anderem Büros untergebracht sind, lenken den Blick des Besuchers durch ihre Form in den Bibliotheksraum. Eine Stahlkonstruktion – bestehend aus drei Etagen – steht als Solitär im Gebäude (Abb. 5.163-5.164). Mit den doppelseitig in Nordsüdrichtung aufgestellten Bücherregalen und den Leseplätzen auf den Ausleihebenen bildet sie das Herzstück der Bibliothek. Die Anordnung der Regale ist so gestaltet, dass eine Blickachse von der Westwand mit den Funktionstürmen über den 2 m breiten Mittelgang bis zum Chor besteht. Der äußere Umgang auf jeder Ausleihebene sichert einen direkten Kontakt zur Kirchenaußenwand und den Maßwerkfenstern (Monumente, 2005).

Abb. 5.163-5.164: Stadtbibliothek in der Jakobikirche Mühlhausen; im Kirchenschiff eingebaute dreigeschossige Stahlkonstruktion mit Bücherregalen (Quelle: Stefan Zeuch, Stadtverwaltung Mühlhausen/Thüringen)

Die Stadtbibliothek hat einen hohen Stellenwert als Kultur- und Bildungseinrichtung in der Stadt Mühlhausen, wie 40.000 Besucher im Jahr belegen. Ein Tätigkeitsschwerpunkt ist die Arbeit mit Kindern, insbesondere die Leseförderung. Die Jakobikirche ist zudem ein beliebter Veranstaltungsort (Autorenlesungen, Konzerte u. a.), der jährlich ca. 5000 Besucher [50] lockt. Für Konzerte, Lesungen und kleine Theateraufführungen wird der abgesenkte Bereich im Erdgeschoss genutzt (Abb. 5.165).

Die Stadtverwaltung Mühlhausen hat für die Erhaltung und Umnutzung der Jakobikirche zur Stadtbibliothek den Thüringer Denkmalschutzpreis 2005 erhalten.

Brandschutzmaßnahmen

Die Umnutzung der Jakobikirche gilt als äußerst gelungen und vorbildlich. Dazu trägt auch der Brandschutz bei, für den moderne und durchdachte **Maßnahmen** realisiert wurden [51]:

- Die offen gestalteten drei Galerieebenen (Ausleihbereiche) sind mit einer **Wassernebellöschanlage** ausgestattet (Abb. 5.166).
- In den Ausleih- und Arbeitsbereichen (Büroräume) ist eine **automatische Brandmeldeanlage** (Rauchmelder) installiert (Abb. 5.166).

Abb. 5.165: Stadtbibliothek in der Jakobikirche Mülhausen, Blick in den ehemaligen Chorraum (Quelle: Stefan Zeuch, Stadtverwaltung Mühlhausen/Thüringen)

Abb. 5.166: Löschdüsen der Wassernebellöschanlage und Rauchmelder in der Jakobikirche Mühlhausen (Quelle: Stefan Zeuch, Stadtverwaltung Mühlhausen/Thüringen)

- Unorthodoxe **Rettungswege** der oberen Etagen des offenen Bibliotheksgerüsts.
  - Einer führt über eine Brücke (Fluchtsteg) in einen der Türme, in dem eine moderne Stahlwendeltreppe nach unten führt (Abb. 5.167). Die neuen Stahltreppen sind F 30-beschichtet, die Trittstufen und Podeste sind aus Hartholz.

Abb. 5.167: Stadtbibliothek in der Jakobikirche Mühlhausen; Fluchttreppe (erster Rettungsweg) (Quelle: Stefan Zeuch, Stadtverwaltung Mühlhausen/Thüringen)

  - Der zweite Rettungsweg von den oberen Ebenen führt je Ebene zu einem gotischen Kirchenfenster (Rettungsfenster), von dem sich ein rechteckiges Stück mitsamt der steinernen Mittelrippe öffnen lässt und von der Feuerwehr angeleitert werden kann (Abb. 5.168-5.169). Bedingt durch den historischen Bestand der gotischen Maßwerke beträgt die lichte Breite der Fenster 80-85 cm. Die einfach bleiverglasten gotischen

Maßwerkfenster sind erhalten geblieben und wurden raumseitig mit einer vorgesetzten Sicherheits-Isolierverglasung (VSG) in Form von Stahlfensterrahmen versehen.

- Die historischen Türanlagen des Haupteingangs im Westwerk sowie des Südportals sind im Bestand erhalten, wurden restauriert und instandgesetzt.
- Die Entrauchung erfolgt über eine **maschinelle Rauchabzugsanlage**.
- Das Kirchengebäude ist mit einer **Blitzschutzanlage** ausgerüstet.
- Ein **Ersatzstromaggregat** (Dieselmotor) liegt vor.

Abb. 5.168-5.169: Stadtbibliothek in der Jakobikirche Mühlhausen; Rettungsfenster (zweiter Rettungsweg) (Quelle: Stefan Zeuch, Stadtverwaltung Mühlhausen/ Thüringen)

Abb. 5.170: Stadtbibliothek in der Jakobikirche Mühlhausen; Eingang mit Feuerwehrschlüsseldepot (Quelle: Stefan Zeuch, Stadtverwaltung Mühlhausen/ Thüringen)

- Der Zugang für die Feuerwehr ist über ein **Feuerwehrschlüsseldepot** gesichert (Abb. 5.170).
- Auf den Ebenen sind **Flucht- und Rettungswegpläne** aufgehängt (Abb. 5.171).

- Die Stahlrahmenkonstruktion des Bibliothekseinbaus bestehend aus Stützen und Riegeln ist sichtbar und **F 30-beschichtet**.
- Die historische Holzbalkendecke im Kirchenschiff mit **unterseitiger Schalung** und Deckengemälde wird von unten durch eine **F 90-Trockenbauunterdecke** mit Dampfsperre und Dämmung geschützt.

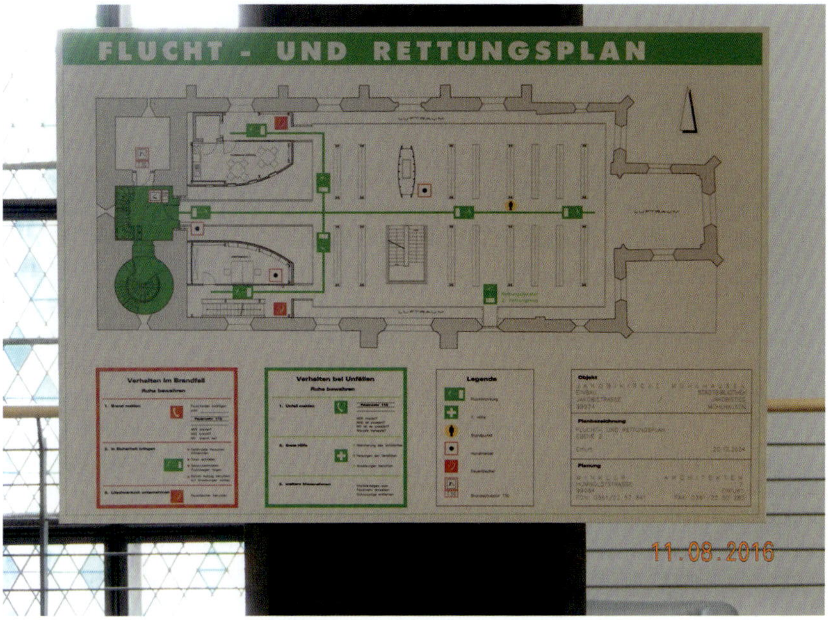

Abb. 5.171: Stadtbibliothek in der Jakobikirche Mühlhausen; Flucht- und Rettungswegplan Ebene 2 (Quelle: Stefan Zeuch, Stadtverwaltung Mühlhausen/Thüringen)

Herzogin Anna Amalia Bibliothek Weimar

Herzogin Anna Amalia Bibliothek in Weimar (HAAB) (Thüringen)

Bauherrschaft	Klassik Stiftung Weimar
Projektleitung	
Entwurfsverfasser/ Planer	Grunwald + Burmeister Architekten, Weimar ARGE Barz-Rittmannsperger-Schmitz Architekten, Weimar
Brandschutzplaner	Dipl.-Ing. E. Arnold / Sachverständigenbüro Arnold, Weimar

Baubeschreibung

Die Herzogin-Anna-Amalia-Bibliothek hat ihren Hauptsitz im Grünen Schloss, das zwischen 1562 und 1565 im Auftrag des Herzogs Johann Wilhelm als fürstliches Wohngebäude errichtet wurde (Abb. 5.172). Auf Befehl Herzogin Anna Amalias wurde es zwischen 1761 und 1766 zur Bibliothek ausgebaut und zugleich dem Stil der Zeit angepasst. Der im ersten Stockwerk eingerichtete Rokokosaal bildete das Zentrum der öffentlichen Herzoglichen Bibliothek (Abb. 5.174). Ein Verbindungsbau zwischen dem Bibliotheksbau und dem alten Stadtturm wurde auf Anregung Goethes 1803 bis 1805 eingefügt. Der Turm wurde etwa 20 Jahre später zu einem Büchermagazin umgestaltet und durch einen neugotischen Anbau ergänzt. Wiederum drei Jahrzehnte später, 1849 zu Goethes 100. Geburtstag, wurden die letzten Bauarbeiten abgeschlossen, nachdem der vierachsige Kernbau nach Norden um zwei Achsen erweitert worden war.

Abb. 5.172: Herzogin-Anna-Amalia-Bibliothek in Weimar nach der Brandsanierung

Der Brand 2004 ist auf dem Boden der zweiten Galerie des Rokokosaales als Schwelbrand entstanden, hat das Haus stark getroffen und die oberen Stockwerke des Grünen Schlosses vollständig zerstört. Auf einer Grundfläche von 11 m × 22 m waren 26 Brandmelder installiert, die erst im Juli 2004 gewartet worden waren und auf der zweiten Galerie entsprechend als erste angeschlagen haben. Noch während der Öffnungszeiten der Bibliothek, um 20:26 Uhr, ging der Alarm der Brandmeldeanlage bei der Feuerwehr ein, bereits um 20:31 Uhr traf der erste Löschzug am Gebäude ein. Es wurde Großalarm ausgelöst. Mehr als 950 Einsatzkräfte mit 74 Fahrzeugen waren bei Brandbekämpfung und Bergung im Einsatz, darunter vier Berufsfeuerwehren aus Weimar, Erfurt, Jena und Gera, außerdem 26 Freiwillige Feuerwehren, Technisches Hilfswerk, Polizei, Johanniter Unfallhilfe und 140 Bibliothekare, Archivare, Museumsmitarbeiter sowie Angehörige der Hochschulen.

50.000 Bände wurden vernichtet, 62.000 Bände zum Teil stark durch Wasser und Brand beschädigt. Außerdem verbrannten 35 Gemälde der 16. bis 18. Jahrhunderte. 196.000 Bücher standen während des Brandes im Grünen Schloss (historisches Bibliotheksgebäude), davon 140.000 im Rokokosaal.

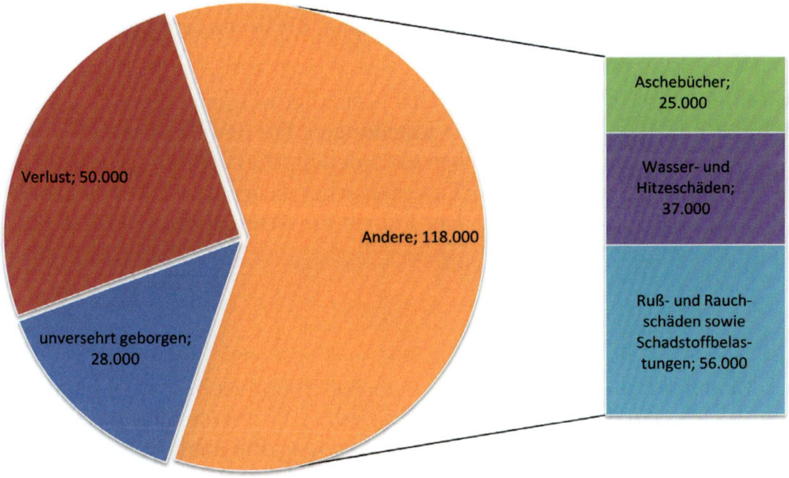

Abb. 5.173: Bücherverluste nach dem Brand der Herzogin-Anna-Amalia-Bibliothek 2004 [52]

Die Mehrkosten aufgrund des Brandes belaufen sich auf 3,4 Millionen Euro. Die Erstausstattung kostete 1,2 Millionen Euro. Die Finanzierung der insgesamt 13 Mio. Euro haben Bund und der Freistaat Thüringen zu je gleichen Teilen sowie die Allianz Kulturstiftung und die Deutsche Stiftung Denkmalschutz mit kleineren Zuwendungen übernommen. Die zahlreichen Spenden sind überwiegend in den Wiederaufbau des Buchbestandes geflossen. Bis Herbst 2007 wurde das Gebäude saniert, seit November 2007 ist es wieder zur Besichtigung und für den Bibliotheksbetrieb geöffnet [53].

Nutzung

Für die Herzogin-Anna-Amalia-Bibliothek ist es ein großer Gewinn, dass sie nicht nur über Bücher vom Mittelalter bis zur Gegenwart verfügt, sondern auch über markante Baukörper aus den verschiedenen Epochen: Aus der Zeit des Mittelalters (Turm), der Renaissance (Grünes Schloss), des Rokokos (Hauptsaal), des Klassizismus (Goethe-Anbau) bis zur zeitgenössischen Architektur (Kubus im Studienzentrum). Seit 1998 gehört die Herzogin-Anna-Amalia-Bibliothek als Teil des Ensembles „Klassisches Weimar" zum Weltkulturerbe der UNESCO. Die Bibliothek bewahrt Texte vom 9. bis zum 21. Jahrhundert als Zeugnisse der Kulturgeschichte und Quellen der Forschung auf, erschließt sie nach formalen und inhaltlichen Gesichtspunkten und stellt sie zur Benutzung bereit. Insgesamt gehören etwa 1 Mio. Bücher zum Bibliotheksbestand [54].

Heute sind die Werkstatt für Buchrestaurierung und -konservierung, die Abteilung Sondersammlungen und die Direktion der Bibliothek im Gebäude untergebracht. Die völlig verbrannte zweite Galerie des Rokokosaals wurde nicht in der alten Form rekonstruiert, sondern als Sonderlesesaal umgebaut. An diesem Ort können Handschriften, Inkunabeln, Musikalien, Landkarten, Globen etc. und Teile der Sondersammlungen, die besondere Benutzungsbedingungen verlangen, studiert werden [55].

Die Bibliotheksräume können begrenzt besichtigt werden, ebenso wie die im Renaissancesaal wechselnden Ausstellungen. Für den Rokokosaal ist die Besucherzahl aus konservatorischen Gründen limitiert und die Besichtigung nur zu festen Zeiten erlaubt. Für Einzelbesucher stehen ca. 70 Eintrittskarten im Tagesverkauf zur Verfügung. Der Eintritt für Gruppen (15-20 Personen) ist nur mit Anmeldung möglich [56].

Brandschutzmaßnahmen

Das Stammhaus der Herzogin-Anna-Amalia-Bibliothek besteht von Nord nach Süd aus den Gebäudeteilen Coudrayanbau, Grünes Schloss, Gentzanbau, Bibliotheksturm. Alle sind mehrgeschossig, die Baukonstruktionen sind entsprechend den zur Errichtungszeit üblichen Bauweisen ausgeführt (Arnold, 2008).

- Die Löschwasserversorgung für das Gebäude ist in ausreichendem Maße gewährleistet. Sie erfolgt zum einen aus der öffentlichen Trinkwasserversorgung über Hydranten, zum anderen aus einer offenen Wasserentnahmestelle – dem Fluss Ilm -, deren Ergiebigkeit ganzjährig gewährleistet ist.
- Das Brandschutzkonzept sah eine brandschutztechnisch wirksame Trennung zwischen den Gebäudeteilen vor (Geburtig, 2009b). Der Rokokosaal im Grünen Schloss bildet brandschutztechnisch vertikal einen Raum zwischen dem ersten Ober- und dem zweiten Mansardgeschoss. Eine horizontale Trennung durch geschlossene Decken erfolgte nicht.
- Zur vertikalen Erschließung sind zwei Treppen in Treppenräumen vorhanden. Für alle Bereiche des Hauses, die der Versammlungsstättenverordnung unterliegen, sind zwei bauliche Rettungswege (Treppenräume)

gewährleistet. An mehreren Stellen wurden historische Türen erhalten, aufgearbeitet und nachgerüstet (Dichtungen, Türschließer), sodass sie zumindest rauchdicht sind.

- Für den Schutz der wertvollen Bestände im Rokokosaal sowie im Bibliotheksturm wurde eine automatische Hochdruck-Wassernebellöschanlage mit einer maximalen Tropfengröße von 100 Mikrometern und einer Auslösetemperatur der Glasfässchen von 59 °C (Rokokosaal und Bibliotheksturm) beziehungsweise 68 °C für die übrigen Bereiche installiert (Abb. 5.174). Die Rohrleitungen (12-16 mm) zu den Löschdüsen wurden verdeckt verlegt. Die Anlage ist als vorgesteuerte Trockenanlage ausgelegt. Die Wassernebellöschanlage schützt folgende Bereiche:
  - Den Rokokosaal,
  - den Sonderlesesaal im zweiten Mansardgeschoss,
  - die Sonderbestände im Coudrayanbau,
  - den Bibliotheksturm,
  - die Lüftungszentrale im Dachgeschoss.

Abb. 5.174: Herzogin-Anna-Amalia-Bibliothek in Weimar; Rokokosaal nach der Brandsanierung, Löschdüsen der Wassernebellöschanlage (Quelle: Klassik Stiftung Weimar)

- In den notwendigen Treppenräumen ist je eine trockene Steigleitung (DN 80 mit C-Anschlüssen) eingebaut.
- Im ganzen Gebäude wurde eine automatische Brandmeldeanlage im Vollschutz und mit einem Feuerwehrschlüsseldepot installiert. Im Rokokosaal und im Bücherturm sowie in den nicht zugänglichen Hohlräumen in Wänden und Decken wurde ein Rauchansaugsystem (RAS) eingebaut, in allen anderen Räumen Rauchmelder.
- In allen Bereichen ist eine Sicherheitsbeleuchtung einschließlich der Kennzeichnung der Rettungswege vorhanden. Der Aufzug hat eine Brandfallsteuerung über die Brandmeldeanlage.

Museum Abtei Liesborn

Museum Abtei Liesborn in Wadersloh-Liesborn (Münsterland) (Kabat, 2014)

Bauherrschaft	Kreis Warendorf, Warendorf
Projektleitung	
Entwurfsverfasser/ Planer	Dipl.-Ing. B. Eggersmann / Ingenieurbüro Eggersmann, Warendorf Ingenieurbüro Makel, Oelde
Brandschutzplaner	Dipl.-Ing. S. Kabat, Herzebrock-Clarholz

Baubeschreibung

Das ehemalige Abteigebäude in Wadersloh-Liesborn wird vom Kreis Warendorf (Nordrhein-Westfalen) als Museum genutzt. In den letzten Jahren wurde der Gebäudekomplex erweitert und saniert. Ein wesentlicher Bestandteil der Sanierung war die brandschutztechnische Ertüchtigung des Museumsgebäudes (Kabat, 2014).

Das Museumsgebäude ist die barocke Abtresidenz der ehemaligen Benediktinerabtei (Abb. 5.175). Der zweigeschossige Dreiflügelbau – Süd-, Mittel- und Nordflügel – wurde in den Jahren 1725 bis 1736 errichtet. Der um 1831 abgebrochene Nordflügel ist 1952 wieder hinzugefügt worden. In allen drei Gebäudeflügeln werden die Keller- sowie Dachgeschosse genutzt. Über den Dachgeschossen befinden sich Spitzböden. Die Museumsnutzung des Gebäudes findet im Erd-, Ober- und Dachgeschoss statt. 2004 wurde an das Abteigebäude ein Neubau (Ostflügel) angegliedert.

Die Erschließung jedes Gebäudeflügels erfolgt über eigene, zum Teil in den Geschossen versetzte Treppen: Repräsentative historische Holztreppen im Mittel- und Südflügel, beide mit zum Teil historischen Holztüren und Treppenraumwänden aus Fachwerk, sowie einer Steintreppe im Nordflügel mit älteren rauchdichten Türen (Abb. 5.176-5.177).

Abb. 5.175: Museum Abtei Liesborn (Wadersloh-Liesborn)

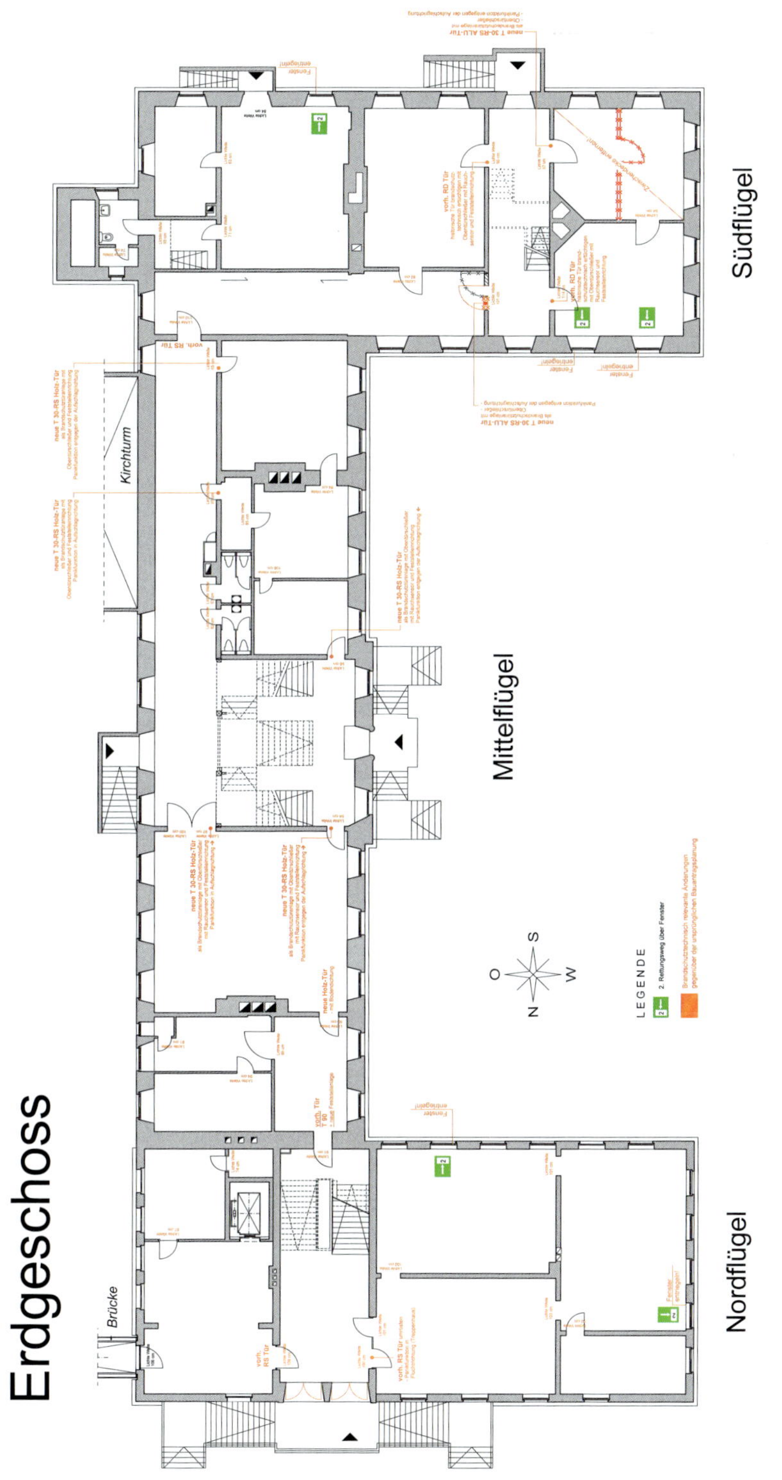

Abb. 5.176: Museum Abtei Liesborn; Grundriss Erdgeschoss (Quelle: Ingenieurbüro Eggersmann, Warendorf)

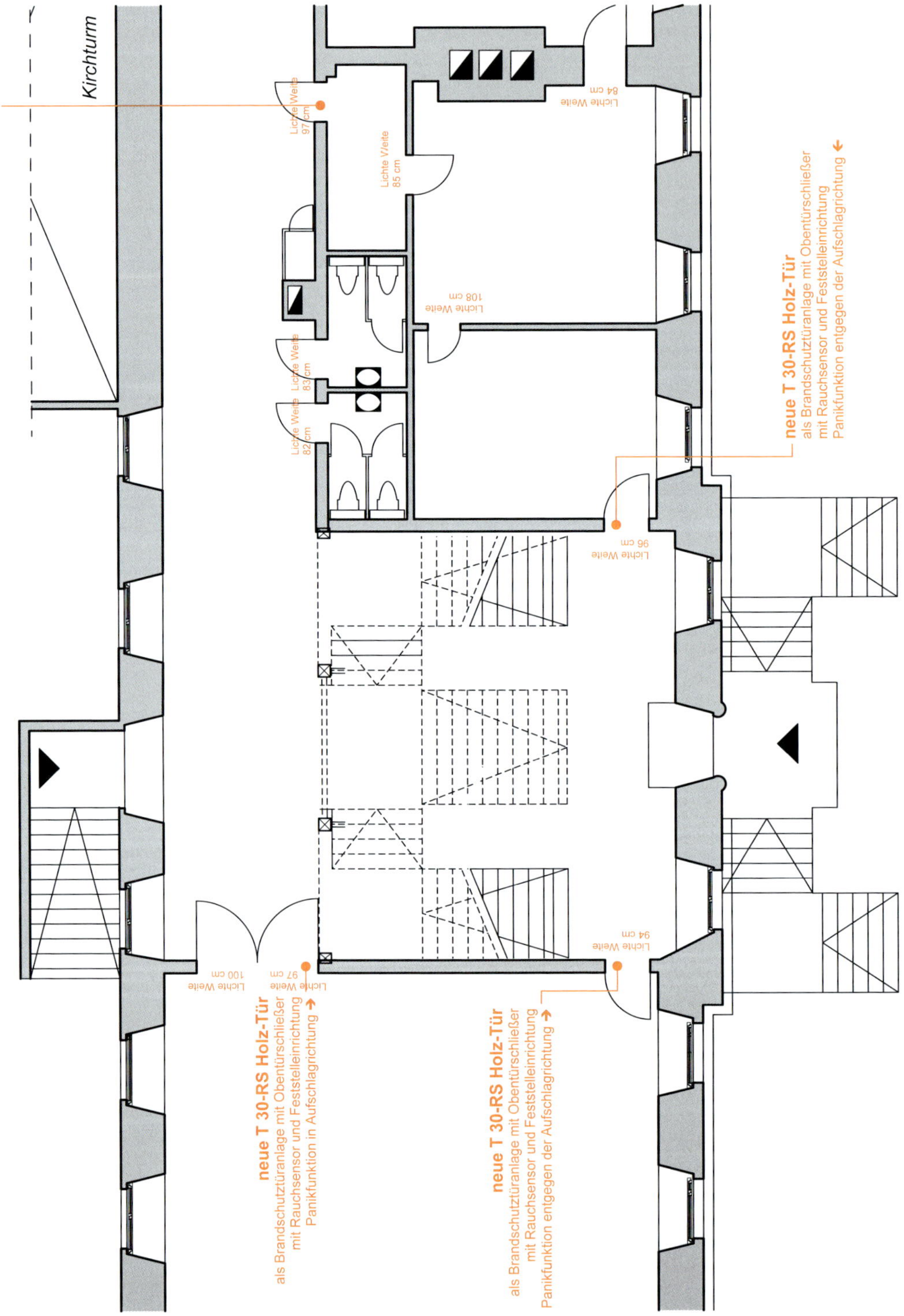

Abb. 5.177: Museum Abtei Liesborn; Auszug aus dem Grundriss Haupttreppe (Quelle: Ingenieurbüro Eggersmann, Warendorf)

Nutzung

Neben der typischen Museumsnutzung, bei der feste und wechselnde Ausstellungen besucht werden, wird das Gebäude wie folgt genutzt:

- Kellergeschoss:
  - Museumsdepots (Südflügel), Abstellräume und Heizraum (Mittelflügel),
  - Druck-, Hausmeister- und Künstlerwerkstatt (Nordflügel),
  - Jugendkeller und Meditationsraum der Pfarrgemeinde (Süd- und Mittelflügel).
- Erdgeschoss:
  - Bücherei der Pfarrgemeinde (Südflügel),
  - Büroräume der Museumsverwaltung und Museumsshop, Festsaal als Konzert- und Vortragssaal, Küche (Mittelflügel),
  - Cafeteria (Nordflügel).
- Die Ausstellungsgeschosse im Ober- und Dachgeschoss werden außerdem wie folgt genutzt:
  - Verschiedene Programme im Rahmen der Museumspädagogik für Schulklassen,
  - Handwerkstag mit Ausstellungen in Fluren (überwiegend museale Nutzung),
  - Verkaufsausstellungen des Kreiskunstvereins Beckum-Warendorf,
  - Kinderweihnachtsmarkt für Familien mit Ausstellung und Verkauf.

Brandschutzmaßnahmen

Aus der Gefahreneinschätzung ergab sich, dass es Defizite in der Brandsicherheit gibt. Die Mängel betrafen sowohl den Personenschutz, bewirkt durch die nicht ausreichende Sicherstellung der Rettungswege, wie auch den Kulturgutschutz, verursacht durch fehlende bzw. nicht ausreichende Abtrennungen und Abschottungen. Das Museumsgebäude wurde brandschutztechnisch ertüchtigt, wobei der ausreichenden Sicherstellung der Rettungswege hier Vorrang vor der brandschutztechnischen Ertüchtigung der tragenden Bauteile eingeräumt wurde. Insbesondere wurden folgende Maßnahmen ausgeführt:

- Verbesserung der Zufahrten und Flächen für die Feuerwehr vor dem Museumsgebäude (Abb. 5.178),
- Ertüchtigung der Brandabschnittsbildung zwischen Nord- und Mittelflügel (Feststellanlagen, Abschottung Kabel- und Rohrdurchbrüche, Verkleidung der Sparren und Holzunterlagen der Dachschalung von unten) (Abb. 5.179),

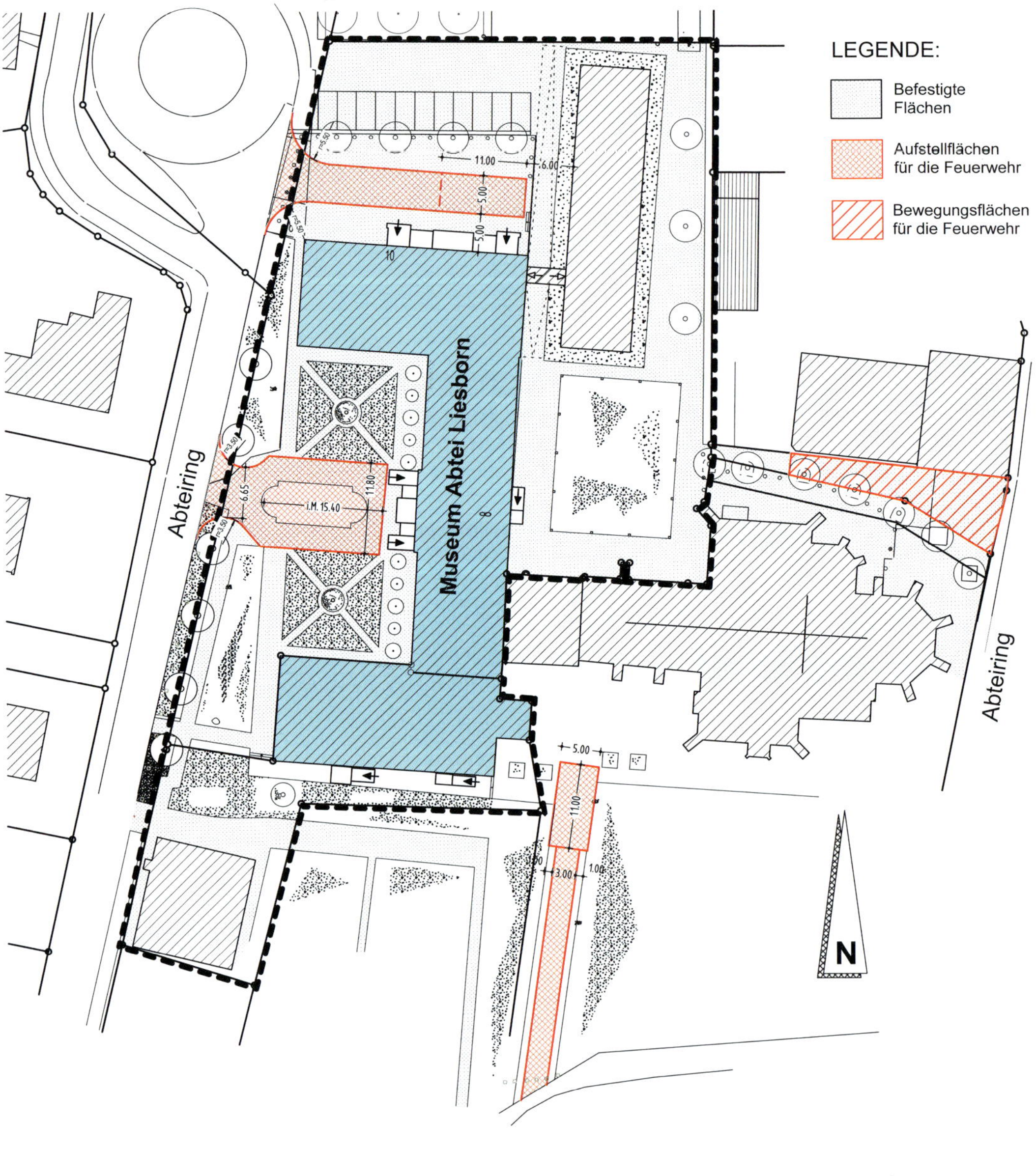

Abb. 5.178: Museum Abtei Liesborn; Auszug aus dem Lageplan mit möglichen Flächen für die Feuerwehr (Quelle: Ingenieurbüro Eggersmann, Warendorf)

Abb. 5.179: Museum Abtei Liesborn: Ertüchtigung der Brandmauer durch Verkleidung der Holzkonstruktion des Daches und Wassernebellöschanlage (Quelle: Ingenieurbüro Eggersmann, Warendorf)

- Sanierung der Holzbalkendecke zum Dachgeschoss (F 30-B),
- Austausch von nicht historischen Türen zu den Holztreppenräumen gegen T 30-RS-Türen und Ertüchtigung der historischen Holztüren (Türschließer, Feststellanlage, Falz, Silikondichtung),
- Einbau einer Hochdruck-Wassernebellöschanlage in den Ausstellungsgeschossen (Abb. 5.180-5.181); die Wasserleitungen für das Dachgeschoss wurden im Fußboden des Spitzbodens verlegt, die Leitungen für das erste Obergeschoss versteckt im Fußboden des Dachgeschosses. Die gesamte Anlage wurde als Nassanlage mit geschlossenen Düsen mit einer Auslösung bei 57 °C (93 °C auf dem Spitzboden) ausgeführt.

Abb. 5.180: Museum Abtei Liesborn; eine Löschdüse der Wassernebellöschanlage in der Kruzifix-Ausstellung im Dachgeschoss

- Einbau von Rauchableitungsöffnungen in den historischen Treppenräumen (RWA-Klappe im oberen Abschluss des Treppenraumes, F 30-Kanal auf dem Spitzboden, RWA-Klappe in der Dachgaube),
- Erweiterung der bestehenden automatischen Brandmeldeanlage und Installation einer Sicherheitsbeleuchtung.

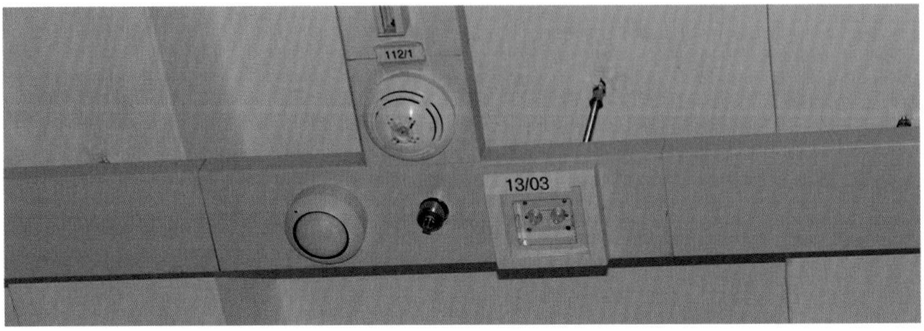

Abb. 5.181: Museum Abtei Liesborn; Brandschutzeinrichtungen (Löschdüse der Wassernebellöschanlage, Rauchmelder, Sicherheitsbeleuchtung) auf einer gemeinsamen Schiene

Museum Höxter-Corvey

Museum Höxter-Corvey im Schloss Corvey in Höxter (Weserbergland)

Bauherrschaft	Herzog von Ratibor'sche Generalverwaltung, Höxter-Corvey Kulturkreis Höxter-Corvey gGmbH, Höxter
Projektleitung	
Entwurfsverfasser/ Planer	Dipl.-Ing. Architekt G. Behre, Beverungen
Brandschutzplaner	Dipl.-Ing. S. Kabat, Herzebrock-Clarholz

Baubeschreibung

Das Schloss Corvey entstand im ersten Drittel des 19. Jahrhunderts als Folge der Säkularisation aus der Umgestaltung der berühmten ehemaligen Benediktinerabtei, einer der bedeutendsten karolingischen Klostergründungen des mittelalterlichen Deutschlands (Abb. 5.182). Die Grundsteinlegung zur karolingischen Abteikirche lässt sich auf das Jahr 822 festlegen. Es entstand eine dreischiffige Basilika mit einem quadratischen Chor und einem Kapellenanbau. Die Kirche wurde im Jahr 844 geweiht. Vor 873 wurde dieser Bau durch Querarme und einen neuen Chor erweitert. Zwischen 873 und 885 wurde eine Dreiturmanlage errichtet. In den Jahren 1145 bis 1159 erfolgte die Umgestaltung dieser Dreiturmanlage zu der heute noch bestehenden Doppelturmfassade [57].

Abb. 5.182: Museum Höxter-Corvey im Schloss Corvey, Gesamtansicht (Quelle: Peter Knaup/ Kulturkreis Höxter-Corvey gGmbH)

Der heutige barocke Schlosskomplex entstand nach dem Dreißigjährigen Krieg als fürstbischöfliche Residenz in Form einer 1699 bis 1714 gebauten dreigeschossigen Abteianlage und erfuhr vor allem um 1824 grundlegende Änderungen im Inneren. Die Anlage besteht aus dem langgestreckten Westflügel, dem Osttrakt und dem Nordflügel. Im Süden schließt das Schloss an die Abteikirche, heutige katholischen Pfarrkirche St. Stephanus und Vitus, mit dem berühmten karolingischen Westwerk ab. Die Nordfront hat zwei mit geschweiften Hauben bekrönte Ecktürme. Zwischen dem Osttrakt und dem Westflügel erstreckt sich der Querflügel. Nördlich des Querflügels befindet sich der große Innenhof mit dem Haupteingang des Museums und zwischen dem Querflügel und der Abteikirche der Friedgarten. Am Friedgarten liegen die drei gewölbten Kreuzgangflügel.

Das Schloss ist eine dreigeschossige Bauanlage mit zwei Höfen. Alle Gebäudeteile sind massiv gemauert – Bruchsteinmauer aus Wesersandstein, im Wesentlichen zweischalig aufgebaut, innen mit Lehm verputzt. In den Kellergeschossen und im Erdgeschoss sind die Decken Gewölbedecken, die übrigen Erd- und Obergeschossdecken sind 40 – 60 cm dicke Holzbalkendecken. Von unten sind die Holzbalkendecken mit Lehm- bzw. Kalkputz auf Spalierlatten bzw. Verbretterung mit Schilfrohr verputzt (Windelbodendecken). In den Fluren sind die Holzbalken sichtbar, jedoch ebenfalls verputzt. Der historische Dachstuhl ist aus Holz mit Wesersandsteinplatten gedeckt. In einigen Räumen, insbesondere im Kaisersaal im Westflügel, befinden sich aufwendige Stuckaturen, Wand- und Deckenmalereien sowie Tapeten. Das zweite Obergeschoss mit Aufenthaltsräumen liegt 10,60 m über der Geländeoberfläche. Die Firsthöhe der Dachstühle beträgt ca. 22 m.

Das Museum Höxter-Corvey liegt östlich der Stadt Höxter, ca. 2,3 km von der Feuerwache der Feuerwehr Höxter entfernt, inmitten von großzügigen

Park- und Gartenanlagen. Erreichbar ist der Museumskomplex nur vom Westen über die Steinbrücke mit dem Torgebäude der ehemaligen Klosteranlage. Die Durchfahrtsbreite des Torgebäudes beträgt ca. 4,80 m. Ein befestigter Weg führt weiter durch eine Bogendurchfahrt im Westflügel in den Innenhof und durch eine weitere Durchfahrt im Osttrakt auf den Parkplatz hinter dem Komplex. Die beiden Durchfahrten sind ca. 3,40 m breit und ca. 4 m hoch. Bei einer Übung der Feuerwehr Höxter erwies sich die Durchfahrtsgröße für den Einsatz der Drehleiter als ausreichend.

Nutzung

Der Schlosskomplex wird aktuell wie folgt genutzt (Abb. 5.183):

- Pfarrkirche St. Stephanus und Vitus mit dem karolingischen Westwerk,
- Wohnräume des Herzogs von Ratibor und Fürsten von Corvey im Westflügel,
- Fürstliche Bibliothek Corvey,
- Museum Höxter-Corvey,
- Historisches Familien- und Verwaltungsarchiv,
- Schlossrestaurant,
- Weser-Aktivhotel Corvey,
- Corveyer Weinhaus,

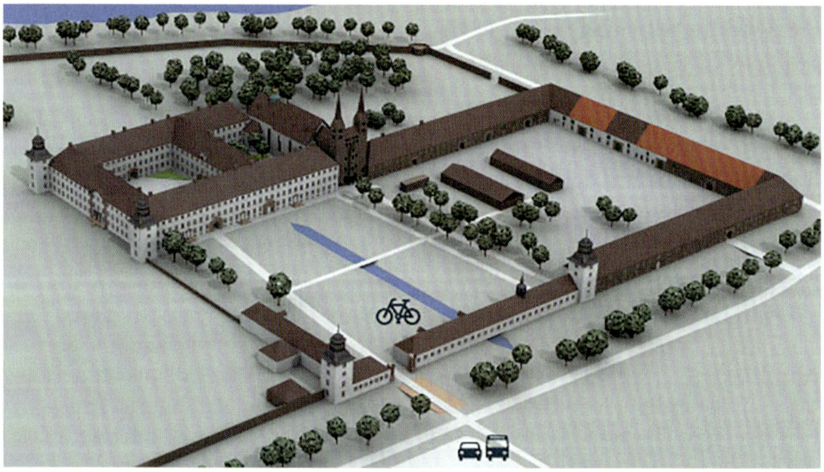

Abb. 5.183: Schloss Corvey, Lageplan (Quelle: Kulturkreis Höxter-Corvey gGmbH)

Die Ausstellungsräume des Museums befinden sich im mittleren Teil des Gebäudekomplexes und in den Gebäudeflügeln am Friedgarten, im Erd- sowie dem ersten und zweiten Obergeschoss. In den Museumsrundgang ist die Fürstliche Bibliothek mit mehreren Räumen (Abb. 5.184) wie auch die ehemalige Klosterkirche einbezogen. Das Museum kann individuell, in Gruppen oder im Rahmen einer Führung besucht werden. Im zweiten

Obergeschoss befinden sich im Ost- und Querflügel Magazin- und Lagerräume des Museums. Im Dachgeschoss sind im Querflügel ein Heizraum, ein Batterieraum und ein Magazin eingebaut. Der Dachboden wird ebenfalls geringfügig als Lager genutzt.

Abb. 5.184: Schloss Corvey, Fürstliche Bibliothek (Quelle: Peter Knaup / Kulturkreis Höxter-Corvey gGmbH)

Im Kaisersaal im ersten Obergeschoss des Westflügels (Abb. 5.185), im Barocksaal im Querflügel (erstes Obergeschoss) und im Kreuzgang (Erdgeschoss) finden Veranstaltungen wie Konzerte und Vorlesungen statt, auch in den Nachmittags- und Abendstunden. Der Kaisersaal und der Barocksaal sind Versammlungsräume mit ca. 230 bzw. 179 m^2 Grundfläche und fassen ca. 350 bzw. 200 Personen. Der Kreuzgang ist ebenfalls als Versammlungsraum anzusehen (Kapazität ca. 100-200 Personen).

Abb. 5.185: Museum Höxter-Corvey; Kaisersaal (Quelle: Dieter Schütz / pixelio.de)

Brandschutzmaßnahmen

Bei der Nutzungsänderung und dem Umbau des Schlosses zum Museum wurden folgende Brandschutzmaßnahmen ausgeführt:

- Das Museum befindet sich im mittleren Teil des Schlosses und ist von der Westseite über die Brücke am Torbogen sowie weiteren Bogendurchfahrten im West- und Ostflügel mit Fahrzeugen der Feuerwehr erreichbar. Vor beiden Seiten der West- und Ostflügel sowie vor der Nordseite des Querflügels können Feuerwehrfahrzeuge aufgestellt werden und sich bewegen. Die Flächen sind entsprechend befestigt. Die Südseite des Querflügels sowie Teile des West- und Ostflügels, die am Kreuzgang und Friedgarten liegen, können nicht angefahren werden. Zum Friedgarten sind jedoch mit Ausnahme des Westflügels im zweiten Obergeschoss Flure, Gänge sowie Lagerräume, aber keine Aufenthaltsräume angeordnet. Die Brückendurchfahrt und die weiteren zwei Durchfahrten sind ausreichend breit und hoch für die Feuerwehr (Abb. 5.186).

Abb. 5.186: Museum Höxter-Corvey; Toreinfahrt

- Von der Feuerwache Höxter liegt das Museum ca. 2,3 km entfernt. Gemäß dem Brandschutzbedarfsplan der Stadt Höxter erreicht die Feuerwehr das Museum mit einem Löschgruppenfahrzeug und einer Drehleiter in einer Hilfsfrist von 8 Min. ab Alarmierung.
- Von jedem Aufenthaltsraum im Museum ist der Zugang zu zwei Treppen möglich und gekennzeichnet, sodass der Einsatz der Drehleiter eher für die Löschmaßnahmen am Schlosskomplex eingeplant ist, insbesondere an den Dachstühlen.
- In unmittelbarer Nähe stehen der Feuerwehr drei Löschwasserentnahmestellen zur Verfügung:
  - Unterflurhydrant vor dem Haus „Dreizehnlinden“ (Leistung: 45 m^3/Std. für mind. zwei Stunden, Entfernung zum Westflügel ca. 200 m),

- Löschteich mit eingerichteter Löschwasserentnahmestelle im Schlosspark (Leistung: unerschöpflich, Entfernung zur Durchfahrt Ostflügel ca. 70 m),
- Löschwasserentnahmestelle an der Schelpe (Leistung: unerschöpflich, Entfernung zur Durchfahrt Westflügel ca. 250 m).

Alle Löschwasserentnahmestellen sind mit Feuerwehrfahrzeugen anfahrbar.

- Das Schloss ist einschließlich der Museumsräume im Erdgeschoss und in den Obergeschossen in mehrere Brandabschnitte durch den Einbau von feuerbeständigen Türen (T 90) und Schließen der Außenwände in Eckbereichen unterteilt (Abb. 5.187). Ausnahmen bilden die Ecken Nord-/Westflügel und Nord-/Ostflügel. Zu beachten ist jedoch, dass diese Maßnahmen mehr die Unterteilung der Geschosse in Brandbekämpfungs- und Rauchabschnitte bedeuten, weil die Decken zwischen den Abschnitten jeweils Holzbalkendecken und nicht feuerbeständig sind. Außerdem wurden in manchen Bereichen die Brandabschnitte durch T 30-Türen und Treppenhäuser noch unterteilt. All dies wurde in Anpassung an die bestehende Bausubstanz und Anordnung der Räume und Nutzungen vorgenommen, um die historische Bausubstanz nicht noch mehr durch neue Brandwände beeinträchtigen zu müssen. In Folge sind einige der so entstandenen Abschnitte länger als 40 m, jedoch in der Fläche nicht größer als 1600 m^2.

Abb. 5.187: Museum Höxter-Corvey; T 90-Tür aus Holzwerkstoffen

- Die vertikale Abtrennung der Geschosse erfolgt durch die Abschottung der vorhandenen Treppen durch T 30-Türen (damals waren noch keine T 30-RS-Türen gefordert). Bedingt durch die bestehenden und nicht veränderbaren historischen Türöffnungen sind einige Feuerschutztüren größer als in der Zulassung geprüft. Teilweise sind Feuerschutztüren durch Aufbringung von Füllungen und Profilleisten verändert worden. Alle Türen wurden in Anlehnung an die Zulassung und mit Zustimmung der Bauaufsichtsbehörde eingebaut.
- Die tragenden Wände des Schlosses sind massive Bruchsteinmauerwerkwände und somit feuerbeständig. Die Decken zu Obergeschossen sind Holzbalkendecken, alle intakt (somit mindestens F 30-B), in ihrem ursprünglichen Zustand belassen und brandschutztechnisch nachträglich nicht ertüchtigt worden.
- Der erste und zweite Rettungsweg sind in dem Museum baulich über notwendige Treppen gesichert. Die Treppenhäuser in Westflügel, Ostflügel Mitte, Nordflügel Mitte und ihre Ausgänge ins Freie wurden soweit wie möglich durch T 30-Türen von den Geschossen abgetrennt. Der zweite Rettungsweg führt jeweils in einen anderen Brandabschnitt – und somit aus dem Gefahrenbereich – und dort zu einer weiteren Treppe.
- Einige Räume werden als Versammlungsräume genutzt: Kaisersaal (Westflügel erstes Obergeschoss), Barocksaal (Querflügel erstes Obergeschoss), Kreuzgang (Querflügel Erdgeschoss). Die zulässigen Besucherzahlen in den Räumen wurden aufgrund der Raumflächen und der vorhandenen Türbreiten nach der geltenden Versammlungsstättenverordnung berechnet und genehmigt.
- Im Museum sind Lüftungsanlagen für das Temperiersystem eingebaut. Die Abluftkanäle sind durch die Geschosse in den gemauerten Kaminen, in feuerbeständigen Schächten oder mit Brandschutzklappen (K 30, Spezialausführung für Holzbalkendecken) in den Deckendurchbrüchen verlegt.
- Wegen der guten Entlüftungsmöglichkeit durch Fenster in jedem Geschoss wurde auf den Rauchabzug im Treppenhaus des Nordflügels verzichtet. In den Treppenhäusern der West- und Ostflügel sind Rauchabzüge mit gering verminderten Querschnitten, bedingt durch vorhandene Öffnungen in der denkmalgeschützten Bausubstanz, vorhanden. Die Rauchabzüge werden vom Erdgeschoss und vom obersten Treppenabsatz aus bedient (Abb. 5.188). In den Versammlungsräumen erfolgt die Rauchabführung über ausreichend große Fenster.

Abb. 5.188: Museum Höxter-Corvey; Rauchabzug und Druckknopfmelder im historischen Treppenraum

- Die interne Alarmierung erfolgt im ganzen Museum über die akustischen Warngeräte der automatischen Brandmeldeanlage sowie über die Durchsageanlage, über die im Brand- und Gefahrenfall Durchsagen und Anweisungen an die Besucher durchgegeben werden können.
- Im Kaisersaal sowie in allen übrigen Räumen für Besucherinnen und Besucher ist eine Sicherheitsbeleuchtung (gemäß DIN/VDE 0108) installiert (Zentralbatterie für das gesamte System). In der Fürstlichen Bibliothek sind die Rettungswege über beleuchtete Hinweisschilder (Einzelbatterieleuchten) gekennzeichnet und beleuchtet.
- Zur frühestmöglichen Branderkennung und -alarmierung sowie zur Kompensierung des denkmalgeschützten und dem heutigen Bauvorschriften nicht ausreichend entsprechenden Bauzustandes wie auch für den Kulturgutschutz ist im Museum eine automatische Brandmeldeanlage (nach DIN 14675 / DIN VDE 0833) installiert. In allen Räumen des Museums sind Rauchmelder montiert (Abb. 5.189-5.190). Die Brandmeldezentrale (BMZ) und das Feuerwehrbedienfeld (nach DIN 14661) sind im Ausgangsbereich „Klosterküche“ im Erdgeschoss installiert. Die Brandmeldeanlage ist auf die Leitstelle der Feuerwehr aufgeschaltet. Aus Denkmalschutzgründen musste in der Fürstlichen Bibliothek auf eine Verkabelung der Brandmeldeanlage verzichtet werden, sodass hier – wie auch im Kaisersaal – ein Rauchansaugsystem (RAS) installiert wurde (Abb. 5.189).

Abb. 5.189: Museum Höxter-Corvey; Rauchansaugsystem in der Fürstlichen Bibliothek (Quelle: Tsungam, CC BY-SA 4.0, via Wikimedia Commons)

Abb. 5.190: Museum Höxter-Corvey; Rauchmelder im Flur

5.5 Schulen und Hochschulbauten

Schule

Ein Schulgebäude hat meist folgende Bereiche:

- Unterrichtsräume (Klassen-, Werk-, Fachräume, Flure),
- Gemeinschaftsräume (pädagogisches Zentrum, Eingangshalle, Aula),
- Verwaltungsbereich (Schulleitung, Verwaltung, Lehrerzimmer, Hausmeister),
- Technik- und Lagerräume,
- Sporthalle.

Gemeinschaftsräume (Schulaula) können auch mehr als 200 Personen fassen und sind somit Versammlungsräume. Insgesamt können sich in großen Schulen auch über 1000 Personen (Schüler und Lehrer) gleichzeitig aufhalten.

Abb. 5.191: Realschule in einem Schloss: Schloss Neuhaus in Paderborn; bis 1803 Residenz der Fürstbischöfe von Paderborn (Quelle: Reinhard Stutz)

Die flächendeckende Umsetzung der allgemeinen Schulpflicht erfolgte erst im 19. Jahrhundert bis ins 20. Jahrhundert hinein. Damals (Gründerzeit, Historismus, Jugendstil) wurden viele neue Schulgebäude erbaut, sodass eine Vielzahl von Schulen, die als markante historische Bauten auch heute noch die Städte und Dörfer prägen, aus dieser Zeit stammt (Abb. 5.191).

Hochschule

In Hochschulgebäuden findet neben der Vermittlung von Wissen an Erwachsene (Studium und wissenschaftliche Weiterbildung) auch Forschungsarbeit statt. Historische Hochschulobjekte können große Gebäudekomplexe sein, die meist aus der Gründerzeit stammen. Hochschulinstitute sind auch in anderen historischen Bauten wie Schlössern, ehemaligen Klosteranlagen oder ehemaligen Industriehallen (Industriedenkmal) untergebracht (Abb. 5.192). Folgende Funktionsbereiche und Räume sind in Hochschulgebäuden – außer in Kliniken – vorhanden:

- Hörsäle (auch für mehr als 200 Personen) und Seminarräume,
- Laborbereiche,
- Sprechzimmer und Büroräume, Verwaltungsbereiche,
- Technik- und Lagerräume,
- Rechenzentrum,
- Bibliotheken und Sammlungen.

Abb. 5.192: Geographisches Institut und Institut für Mikrobiologie & Biotechnologie der Universität Bonn

5.5.1 Brandgefahren

Schulen

Die **Brandgefährdung** in einem historischen Schulgebäude ergibt sich aus

- der gleichzeitigen Nutzung durch eine größere Anzahl von Kindern und Jugendlichen,
- den Einsatzgrenzen der Feuerwehr, die eine Schulklasse im Brandfall kaum über Leitern retten kann,
- der Brandentstehungsgefahr durch Brandlegung und andere Ursachen,
- der bestehenden Bausubstanz und der Anordnung der Räumlichkeiten im Gebäude.

In Schulen brennt es in Deutschland sehr häufig. Es sind meist kleinere Brände, die jedoch wegen starker Rauchentwicklung insbesondere schwere Verrußungen verursachen. Die Brandursachen sind meist Brandstiftung durch Schüler und Jugendliche oder technische Defekte. Wegen der hohen Anzahl der Brandfälle werden in der Tabelle 5.12 lediglich Beispiele aus den 2020-er Jahren zusammengefasst. In der letzten Zeit häufen sich in den Schulen Brandlegungen in den Schultoiletten. Angezündet werden vorsätzlich Handtuchrollenhalter oder Toilettenpapier, in manchen Städten sogar mehrmals in einer Woche in verschiedenen Schulen [57a].

In den meisten Fällen entspricht ein historisches Schulgebäude nicht den heute geltenden Vorschriften der Bauordnung oder der Richtlinie über bauaufsichtliche Anforderungen an Schulen. Das bedeutet jedoch nicht, dass ein bestehendes Schulgebäude den heutigen Bau- und Brandschutzvorschriften grundsätzlich angepasst werden muss.

Es bestehen in historischen Schulgebäuden dennoch **Brandschutzmängel**, die erhebliche Gefahren für die Schulbesucher infolge von Brand- und Rauchausbreitung verursachen können. Dazu gehören insbesondere folgende Zustände:

- Nicht ausreichend gesicherter oder fehlender zweiter baulicher Rettungsweg für jeden Klassen- und Versammlungsraum,
- unzureichend gesicherter erster Rettungsweg in Form eines offenen Treppenraumes, der von den Geschossen brandschutztechnisch nicht abgetrennt ist,
- erhebliche Brandlasten in Rettungswegen (Flure, Treppenräume) in Form von Garderoben, Dekorationen, Möbeln und Leitungen über brennbaren Unterdecken.

Defizite im Bereich der Rettungswege in Schulen führen zu einer konkreten Gefahr und müssen sofort beseitigt werden (Abb. 5.193-5.194). Die Evakuierung ganzer Schulklassen über eine anleiterbare Stelle scheidet schon deswegen aus, weil die Rettung allein einer Person durch die Feuerwehr über eine Leiter zwischen einer und drei Minuten in Anspruch nimmt [58].

Tabelle 5.12: Brände in Schulen (Beispiele aus den Jahren 2020 bis 2024)

Schule	Ort	Datum	Während des Unterrichts	Brandursache / Brandentstehungsort	Verluste bzw. Vorkommnisse
Albert-Schweitzer-Grundschule	Bergheim / Rheinland	03.01.2021	nein	Brandstiftung	Eingang und Verbindungstrakt zerstört, Pausenhalle ausgebrannt, Klassen- und Lehrerzimmer verrußt
St. Georg-Schule	Heide / Holstein	20.03.2022	nein	Brandstiftung (Container und Unkraut)	Zwischengang und Räume ausgebrannt
Berthold-Otto-Schule	Frankfurt/M.-Griesheim	22.03.2022	-	Brandstiftung (Klassenraum)	starke Rauchentwicklung
Rudolf-Steiner-Schule	Bochum-Langendreer	19.11.2022	nein	Brandstiftung (Klassenzimmer im Holzpavillon)	ausgebrannt
Neue Oberschule Gröpelingen	Bremen-Gröpelingen	24.01.2023	-	Brandstiftung (Müllcontainer)	Feuerausbreitung bis aufs Schuldach, starke Schäden, Teile der Schule nicht nutzbar
Nymphenburger Schulen	München-Nymphenburg	03.06.2023	nein	(Technikraum in der Schulaula)	massive Rauchentwicklung, Geschosse verrußt
Eckhard-Vonholdt-Grundschule	SchwalmstadtTreysa / Hessen	05.07.2023	ja	(Klassenraum)	16 Klassenräume verraucht, Schaden € 80.000
Marienrealschule	Cham / Oberpfalz	20.07.2023	ja	Fahrlässigkeit (Dach der Turnhalle)	Dacheindeckung verbrannt, starke Rauchentwicklung
Louise-Schroeder-Gymnasium	München-Untermenzing	13.08.2023	nein	Brandstiftung (Chemievorbereitungsraum)	Starke Wasserschäden wegen geschmolzener Wasserleitung
Julius-Leber-Schule	Frankfurt/M.	06.09.2023	nein	technischer Defekt (Akku im Technikraum)	Sicherheitsbeleuchtung in der Sporthalle ausgefallen
Erika-Mann-Grundschule	Berlin-Wedding	19.09.2023	ja	technischer Defekt (Elektro / Turnhalle)	starke Verrauchung, Turnhalle im Obergeschoss ausgebrannt
Werner-von-Siemens-Schule	Maintal-Dörnigheim / Hessen	31.10.2023	nein	Brandstiftung (Feuerwerkskörper)	Schaden € 100.000
Hirscheckschule	Heidenheim-Schnaitheim / Ostwürttemberg	15.12.2023	ja	Brandstiftung (Toilette)	starke Rauchentwicklung, Schaden € 50.000

Fortsetzung Tabelle 5.12

Kurfürst-Moritz-Schule	Moritzburg-Boxdorf / Sachsen	09.04.2024	ja	Brandstiftung (Werkraum)	Werkraum ausgebrannt, Schaden € 200.000
Walldorfschule	Hof / Oberfranken	28.04.2024	nein	Brandstiftung (Unterrichtsraum)	Schaden € 20.000
Gymnasium Oesede	Georgsmarienhütte-Oesede / Niedersachsen	11.05.2024	nein	Brandstiftung (Dach)	Dachstuhlbrand, Treppenraum zerstört, Schaden € 1 Mio.
Friedrich-Schweitzer-Förderschule	Westerburg / Westerwald	14.05.2024	ja	Brandstiftung (Aula)	Aula ausgebrannt, starke Rauchausbreitung in Klassenzimmern
Grilloschule	Unna-Königsborn	10.06.2024	nein	Brandstiftung (Dach der Aula)	Starke Verrußungen der Klassenzimmer
Brechtschule	Hamburg-St. Georg	21.06.2024	nein	(Dachstuhl)	50 m^2 Dachfläche verbrannt, erhebliche Schäden
Theodor-Heuss-Realschule	Oberhausen	22.06.2024	nein	Brandstiftung (Verwaltungstrakt)	Haupteingang zerstört, Verrauchung der Klassenräume und Sporthalle
Gymnasium	Neutraubling / Oberpfalz	24.06.2024	ja	Brandstiftung (Umkleidekabine in der Turnhalle)	Starke Rauchentwicklung, Schule evakuiert
Schulzentrum heide-Ost	Heide / Holstein	28.06.2024	nein	Brandstiftung (Einbruch)	Monitor im Lehrerzimmer, Schaden € 30.000
Kopernikus-Oberschule	Berlin-Steglitz	02.10.2024	nein	Brandstiftung (Einbruch)	Sitzecke verbrannt, starke Rauchentwicklung im gesamten Schulgebäude
Förderschule	Hennef (Sieg)- Geisbach	01.12.2024	-	Brandstiftung (Schultoilette)	Starke Verrußung
Montessori-Schule	Oberding / Oberbayern	05.12.2024	nein	technischer Defekt (Spülmaschine in der Küche)	mit Feuerlöscher durch Hausmeister gelöscht
Theodor-Fontane-Grundschule	Hennigsdorf / Brandenburg	05.12.2024	nein	Brandstiftung (Mülleimer)	starke Rauchentwicklung im Geschoss
Dammrealschule	Heilbronn	06.12.2024	-	Brandstiftung (Schultoilette)	Starke Verrußung, Schaden € 30.000

Abb. 5.193: Beispiel eines Schulgebäudes mit zu kleinen Fenstern (0,50 m × 1 m) für den zweiten Rettungsweg und nur einem Treppenraum

Abb. 5.194: nachträgliche Außentreppe am Schulgebäude

Hochschulbauten

Hier entstehen **Brandgefahren** wie in jedem intensiv genutzten historischen Bau durch

- unvorsichtiges Umgehen mit offenem Feuer (z. B. Kerzen, Bunsenbrenner),
- unvorsichtiges Durchführen von Dach- und Reparaturarbeiten (z. B. Schweißen, Schneiden, Löten, Schleifen),
- Entstehung von explosionsfähigen Gemischen beim Abfüllen und Umfüllen von Lösungsmitteln, Chemikalien und Gasen,
- Abstellen und Lagern von brennbaren Gegenständen in Fluren und Treppenräumen sowie Zustellen von Rettungswegen,
- Verwendung defekter elektrischer Geräte,
- Verkeilen und Festhalten von Feuer- und Rauchschutztüren,
- Fehlende oder nicht ausreichende Brandschutzausrüstung des Gebäudes.

Besonders in Laboratorien werden Gefahrstoffe und biologische Arbeitsstoffe verwendet, die explosionsgefährlich, brandfördernd und entzündlich sein können. Die Brand- und Explosionsgefahren durch brennbare feste, flüssige und gasförmige Stoffe sind hier besonders hoch.

In Hochschulen entstehen immer wieder Brände. In den letzten Jahren waren es meist Brände in den technischen Räumen und Laborräumen sowie insbesondere bei Dach- und Reparaturarbeiten (Tabelle 5.13).

Die komplexen Hochschulgebäude mit historischer Bausubstanz weisen oft **Brandschutzmängel** auf, die insbesondere die Rettungswege betreffen. Hinzu kommen aber auch bauliche und technische Zustände, die zum Teil möglicherweise Bestandsschutz genießen, im Brandfall jedoch zu weitreichenden Brandschäden führen können. Dazu gehören insbesondere folgende Mängel:

- Fehlende oder unzureichende Unterteilung in wirksame Brandabschnitte,
- unzureichende Sicherstellung von Rettungswegen, darunter insbesondere hohe Brandlasten von Leitungen in Fluren,
- offene Treppen, fehlender zweiter baulicher Rettungsweg, fehlende Aufstellflächen für die Feuerwehr.

Tabelle 5.13: Brände in Hochschulgebäuden

Hochschule	Gebäude	Ort	Datum	Brandursache	Verluste bzw. Vorkommnisse
University of Applied Sciences (UAS)	Altbau Nibelungenplatz	Frankfurt/M.	25.03.2020	(Dachstuhlbrand)	Starke Löschwasserschäden, Dachteile verbrannt
Goethe-Universität	Campus Bockenheim	Frankfurt/M.	17.07.2021	Brandstiftung	Bücher in Kartons
Hochschule für Angewandte Wissenschaften (HAW)	Chemie-Labor	Hamburg-Lohbrügge	21.10.2022	(Chemikalien-Abfalllager)	
Universität	Hist. Hörsaal / Liebig-Museum	Gießen	05.12.2022	technischer Defekt	Experimentiertisch verbrannt, starke Verrauchung, Schaden € 500.000
Universität	Naturwiss. Campus / Labor	Oldenburg	23.08.2023	(Abzugsanlage)	starke Verrauchung Nahbarbereiche
Universität	Mensagebäude / Blockheizkraftwerk	Vechta	26.01.2024	technischer Defekt (Explosion)	
Universität	Fakultät Psychologie	Bielefeld	23.03.2024	Brandstiftung (Sitzecke)	Starke Verrauchung
Universität	Chemie-Neubau / Hörsaal	Gießen	16.05.2024		Hörsaal ausgebrannt, Schaden € 200.000
Goethe-Universität	Campus Westend / Mensa Casino	Frankfurt/M.	06.07.2024	Küchengerät (Küche)	massive Rauchentwicklung, Mensa geschlossen
Hochschule Karlsruhe (HKA)	Gebäude A (Aula, Bibliothek und Cafeteria)	Karlsruhe	18.09.2024	Fahrlässigkeit (Schweißarbeiten am Dach)	Teile des Kupferdachs verbrannt, Löschwasserschäden in Geschossen
Universität	Labor-Praktikumssaal des Instituts für Pharmazie	Leipzig	07.11.2024	unbekannt	Laborraum ausgebrannt

5.5.2 Brandschutzmaßnahmen

Schulen

In bestehenden historischen Schulgebäuden ergeben sich nachträgliche Brandschutzmaßnahmen insbesondere aus zwei Gründen:

- Nicht selten wurden bauliche Änderungen oder häufiger noch Nutzungsänderungen ohne Baugenehmigung durchgeführt. Bei der Legalisierung dieser Zustände werden bauliche und technische Brandschutzmaßnahmen erforderlich.
- Trotz Bestandschutzes können und müssen nachträgliche bauliche Brandschutzmaßnahmen insbesondere zur Sicherstellung der Rettungswege erforderlich sein und durchgeführt werden.

Bei Sanierungen, die einer Baugenehmigung bedürfen, gilt die jeweilige Schulbaurichtlinie. Mit den Bauvorlagen für eine Schulsanierung bzw. Genehmigung der Nutzungsänderung ist ein Brandschutzkonzept vorzulegen. Soweit die Schulbaurichtlinie keine besonderen Regelungen trifft, gelten die Bauvorschriften der Bauordnung. Für Schulen gelten außerdem noch weitere Vorschriften, insbesondere die Unfallverhütungsvorschriften (GUV-V S1 Schulen), die Versammlungsstättenverordnung (VStättVO für Schulaulen und Mehrzweckräume) und die Gefahrstoffverordnung (GefStoffV für Fachräume).

Bei historischen Schulgebäuden sind für neu geplante Nutzungsänderungen und Umbauten meist folgende **Brandschutzmaßnahmen** erforderlich:

1. Der **erste Rettungsweg** in Form einer Treppe bedarf fast immer einer brandschutztechnischen Ertüchtigung. Dazu können folgende Maßnahmen gehören:
   - Abtrennung der notwendigen Treppe von den Geschossen durch neue Rauchschutztüren bzw. im Ausnahmefall (bei denkmalgeschützten Türen) durch Nachbesserung der bestehenden historischen Türen (Türschließer, Silikondichtung, Brandschutzverglasung) (Abb. 5.195),
   - Entfernung aller Brandlasten aus den Treppenräumen (z. B. Möbel, Dekoration, elektrische Geräte),
   - Einbau einer Rauchableitungsvorrichtung bei Fehlen von öffenbaren Fenstern (Umrüsten der vorhandenen Fenster, Einbau eines Dachflächenfensters bzw. eines Rauchabzugs).
2. Die Sicherstellung des **zweiten Rettungsweges** in bestehenden und insbesondere historischen Schulgebäuden wurde in den letzten Jahren sehr kontrovers diskutiert. Die offizielle Erläuterung des Bauministeriums von Nordrhein-Westfalen zu der damals neu eingeführten Schulbaurichtlinie im Jahr 2000 über den zweiten Rettungsweg beispielsweise ermunterte die meisten Bauaufsichtsbehörden und Brandschutzdienststellen geradezu zu nachträglichen Forderungen des zweiten baulichen Rettungsweges in Form einer Treppe an fast allen bestehenden Schulen:

Abb. 5.195: Durch Rauchschutztüren nachträglich abgeschotteter historischer Treppenraum (Eleonoren-Gymnasium Worms) (Quelle: Stadtverwaltung Worms)

„(…) Schulen, an denen Kinder und Jugendliche unterrichtet werden, erfordern ein besonderes Rettungskonzept. Erwachsenen ist es zuzumuten, sich im Gefahrenfall selbst über einen ersten Rettungsweg in Sicherheit zu bringen oder einen zweiten Rettungsweg zu suchen und zu benutzen. Kindern und Jugendlichen kann dies nicht zugemutet werden. In Schulen müssen im Gefahrenfall eine größere Anzahl von Kindern und Jugendlichen gleichzeitig in Sicherheit gebracht und insbesondere auch Paniksituationen vermieden werden. Die Evakuierung ganzer Schulklassen über eine anleiterbare Stelle scheidet schon deswegen aus, weil die Rettung allein einer Person durch die Feuerwehr über eine Leiter je nach der Höhe der anleiterbaren Stelle zwischen einer und drei Minuten in Anspruch nimmt. Der zweite Rettungsweg nach § 17 Abs. 3 Satz 1 BauO NRW muss bei diesen Schulen immer ein zweiter baulicher Rettungsweg sein, da eine Rettung ganzer Schulklassen über eine Anleiterung in der im Gefahrenfall erforderlichen kurzen Zeit unrealistisch ist (…).“ [58]

In dieser Situation haben sich Behörden (Ministerium) und Gremien gezwungen und verpflichtet gesehen, aus baurechtlicher und feuerwehrtechnischer Sicht weitere Erläuterungen zu veröffentlichen:

„Aus baurechtlicher Sicht ist die Rechtslage eindeutig. Auch für Schulen gilt der Bestandschutz, und nur bei konkreten Gefahren, die sich aus zusätzlichen Gefährdungen ergeben könnten, ist eine Nachrüstung zwingend erforderlich. Dies bedeutet, dass in jedem Einzelfall eine gemeinsame Bewertung zwischen Schulträger, Bauaufsicht und Feuerwehr erfolgen sollte und auf den Fall bezogene Lösungen erarbeitet werden müssen.“ [59]

„Die Schulbaurichtlinie vom 29.11.2000 gilt für Schulneubauten (Vgl. Einführungserlass zur SchulBauR). Sie hat die rechtliche Qualität einer Verwaltungsvorschrift. Es kann daher nicht aufgrund der in der Schulbaurichtlinie enthaltenen Anforderungen verlangt werden, rechtmäßig bestehende Schulgebäude an diese Richtlinie anzupassen. Werden bei wiederkehrenden Prüfungen oder Brandschauen in bestehenden Schulgebäuden Mängel hinsichtlich der Rettungswegsituation festgestellt, ist vielmehr gem. § 87 Abs. 1 BauO NRW zu prüfen, ob eine konkrete Gefahr für Leben oder Gesundheit vorliegt. Dabei ist zunächst zu ermitteln, ob die Schule sich

noch im genehmigten Zustand befindet, oder ob ungenehmigte bauliche oder Nutzungsänderungen vorgenommen wurden. Häufig dürfte bereits die Wiederherstellung des genehmigten Zustandes die festgestellten Gefahren weitgehend beseitigen. So ist z.B. zu prüfen, ob die Schule über die in § 17 Abs. 3 BauO NRW erforderliche Rettungswege verfügt. Zu den Rettungswegen nach § 17 Abs. 3 gehört bei Sonderbauten nach wie vor auch die anleiterbare Stelle. Dabei ist das gesamte Rettungswegsystem unter Berücksichtigung der Qualität der abschottenden Bauteile, der vorhandenen Brandlasten, der vorhandenen technischen Anlagen (insb. Brandmelde- und Alarmanlagen) und den unterstellten Brandszenarien zu betrachten. Auf das in der Begründung zur SchulBauR 2000 aufgeführte Evakuierungsbeispiel kann dagegen nicht das Vorliegen einer konkreten Gefahr bei bestehenden Schulgebäuden gestützt werden. Dieses Evakuierungsbeispiel gilt nur für solche Schulbauten, bei denen die Erleichterungen der Schulbaurichtlinie 2000 in Anspruch genommen wurden. Weil Anforderungen an bestehende Gebäude nur unter den engen Voraussetzungen des § 87 Abs. 1 BauO NRW gestellt werden können, ist auch die allgemeine Forderung einiger Brandschutzdienststellen nach einem zweiten baulichen Rettungsweg, wenn sich viele Personen (genannt wurden beispielsweise Größenordnungen von 30, 50 oder 100 Personen, z.T. in Abhängigkeit von der Feuerwiderstandsfähigkeit der tragenden Bauteile) in einer Nutzungseinheit aufhalten, aus baurechtlicher Sicht nicht gerechtfertigt (…).“ [60]

Daraus ergibt sich für die Beurteilung und Sicherstellung des zweiten Rettungsweges in bestehenden historischen Schulgebäuden folgendes Vorgehen:

- Es ist zunächst zu ermitteln, ob der bestehende Zustand des historischen Schulgebäudes baurechtlich genehmigt wurde.
- Wird das Schulgebäude legal genutzt, d. h. ist es baurechtlich genehmigt, so ist festzustellen, ob und wie der zweite Rettungsweg für Schulklassen aus den Obergeschossen gesichert ist.
- Fehlt der zweite Rettungsweg in Form einer Treppe, ist weiterhin zu beurteilen, ob dadurch eine konkrete Gefahr vorliegt. Dies ist gegeben, wenn die Schüler weder über Fenster oder andere erreichbare Stellen noch über die tragbaren Leitern der Feuerwehr gerettet werden können. Eine mit Rettungsgeräten der Feuerwehr erreichbare Stelle genügt den Anforderungen an einen zweiten Rettungsweg nur dann, wenn bei einem Brand nach den konkreten Umständen des Einzelfalls tatsächlich eine effiziente und zeitnahe Rettung mit entsprechendem Rettungsgerät zu erwarten ist [61].
- Wird nach einer gemeinsamen Beratung zwischen Schulträger, Bauaufsicht und Brandschutzdienststelle eine konkrete Gefahr festgestellt, weil die Feuerwehr die Schüler im Brandfall über tragbare Leitern nicht retten kann, muss der zweite Rettungsweg baulich in Form einer weiteren notwendigen Treppe (zweiter notwendiger Treppenraum, Außentreppe) hergestellt werden (Abb. 5.196-5.197).
- Bis die zweite Treppe erstellt ist, sind Ersatzmaßnahmen erforderlich (Nutzungsaufgabe, provisorische Gerüsttreppe, provisorische Verbindung mit anderem Gebäudeteil).

Abb. 5.196-5.197: Nachträglich erstellte Nottreppen (zweiter Rettungsweg) an Schulgebäuden (Quelle: Abb. 5.196: miss_mafalda / fotolia.com, Abb. 5.197: Cornelia Wohlrab / fotolia.com)

3. Aus den **notwendigen Fluren** sind die fest eingebauten und dort abgestellten Brandlasten wie z. B. Möbel, Kopierer und Ausstellungsstücke zu entfernen. Werden die erforderlichen Rettungswegbreiten der Flure (1,25 m bzw. 2 m bei mehr als 180 Schülern) nicht eingeengt, können toleriert werden: Schülergarderoben, Metallschränke mit Schließfächern, Möbel aus nichtbrennbaren Baustoffen oder aus dickem Hartholz.

   In historischen Schulgebäuden kann auf einen notwendigen Flur verzichtet werden, wenn der Bereich, in dem der Flur angeordnet ist, baulich wie eine Nutzungseinheit von anderen Bereichen durch Trennwände (F 30-B bzw. F 90-AB und T 30) abgeschottet und nicht größer als 200 m² ist. In einem solchen Fall befinden sich die Brandlasten nicht mehr in einem notwendigen Flur, dürfen jedoch den Fluchtweg nicht behindern.

4. Die Hohlräume oberhalb von abgehängten Decken in notwendigen Fluren müssen genau untersucht werden. Befinden sich dort hohe Brandlasten aus elektrischen Leitungen und Dämmstoffen sowie offene Durchbrüche in den Flurwänden zu den Klassenräumen, so muss ein **Sanierungskonzept** erarbeitet werden, um die Brandlasten aus den Hohlräumen zu entfernen oder abzuschotten. Meist sind hier abgehängte F 30-Decken erforderlich.

5. Ist die Schulaula oder ein Mehrzweckraum ein Versammlungsraum (i. S. d. Versammlungsstättenverordnung), so muss der Raum insbesondere in Hinblick auf **Rettungswege und Sicherheitstechnik** geprüft werden. Nicht selten entsprechen schon die Rettungswegbreiten (Durchgangsbreiten der Ausgangstüren) den zur Zeit der Errichtung bzw. letzten Legalisierung der Nutzung als Versammlungsstätten geltenden Vorschriften der Versammlungsstättenverordnung (VStättVO 1969 bzw. 2002/2006) und sind kleiner als 1,00 m. Diese Ausgänge müssen verbreitert werden, wenn sie weiterhin als Rettungswege gelten sollen, denn die zulässige Besucherzahl ergibt sich aus der vorhandenen Anzahl, Breite und Länge von Rettungswegen.

6. Eine Schule ist mit einer **Alarmierungsanlage** auszustatten. Das kann eine Brandmeldeanlage mit Sirene sein (Abb. 5.198) oder eine separate Alarmeinrichtung (Sprachalarmierung). Das Alarmsignal muss von allen Räumen aus gut hörbar sein. Das Signal muss so lange ertönen, bis alle Schüler und Lehrer in Sicherheit sind. Damit die elektrische

Alarmeinrichtung nicht versagt, muss sie eine Sicherheitsstromversorgung haben.

7. In einem historischen Schulgebäude müssen alle für Schulen vorgeschriebenen **organisatorischen Brandschutzmaßnahmen** vorgenommen werden:
   - Feuerwehrplan,
   - Brandschutzordnung,
   - Alarmplan,
   - Rettungswegpläne.

Abb. 5.198: Brandmeldeanlage (Rauchmelder) und dynamische Kennzeichnung der Rettungswege in einer Schule (Schloss Crassenstein in Wadersloh-Diestedde / Münsterland)

Hochschulbauten

Hochschulen sind meist Landeseinrichtungen. Besondere baurechtliche und brandschutztechnische Vorschriften für Hochschulbauten gibt es nicht. Je nach Nutzung gelten für die Hochschulgebäude neben der Bauordnung die Versammlungsstättenverordnung, die Unfallverhütungsvorschriften und die Gefahrstoffverordnung.

Den Umgang mit Gefahrstoffen regelt die Gefahrstoffverordnung (GefStoffV) einschließlich der Technischen Regeln (TRGS), die auch in Hochschulen gelten. Speziell für Laboratorien gilt die TRGS 526. Werden in einer Hochschule Verfahren eingesetzt, bei denen mit Gefahrstoffen in Anlagen umgegangen wird, sind gem. TRGS 300 Nr. 4.1 auch Brandschutzmaßnahmen nach dem Stand der Sicherheitstechnik zu treffen, damit die Beschäftigten nicht gefährdet werden. Zudem müssen die Grenzwerte der bzw. Richtwerte zur Konzentration gefährlicher Stoffe unterschritten bleiben und Zubereitungen am Arbeitsplatz nach dem Stand der Sicherheitstechnik durchgeführt werden.

Hochschulbauten, die Landesbauten sind, durchlaufen in der Regel kein Genehmigungsverfahren, sondern ein Zustimmungsverfahren. Die Planung, Realisierung und Überwachung von Baumaßnahmen übernimmt ein Landesbetrieb bzw. Amt und liegt somit in einer Hand. Die Zustimmung wird durch die für das Hochschulgebäude zuständige Bezirksregierung erteilt.

Im Gesamtvolumen des Sanierungsbedarfs hatten beispielsweise in Nordrhein-Westfalen Gebäude für wissenschaftliche Lehre und Forschung im Jahr 2001 einen Anteil von 54,5 %. Nordrhein-Westfalen wird laut

Wissenschaftsministerium in den nächsten Jahren Milliarden Euro in die Modernisierung und Sanierung der Hochschulen investieren (Abb. 5.199). Die Hochschulgebäude sollen bautechnisch – und damit auch brandschutztechnisch – auf den neuesten Stand gebracht werden.

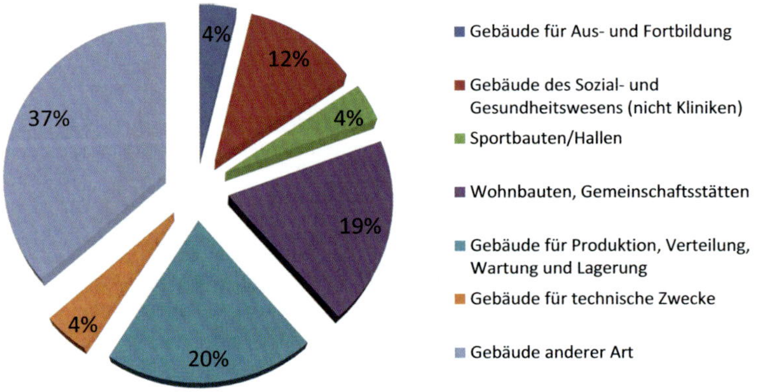

Abb. 5.199: Sanierungsbedarf 2001 nach Gebäudearten vom Bau- und Liegenschaftsbetrieb Nordrhein-Westfalen (Quelle nach: Bau- und Liegenschaftsbetrieb NRW: Bilanz und Perspektiven, Düsseldorf 2002)

Im Rahmen eines Projektes für die brandschutztechnische Ertüchtigung von Hochschulbauten der TU Braunschweig wurden erforderliche nachträgliche Brandschutzmaßnahmen bewertet und mit einer Gewichtung versehen (Mahlmann, 2008) (Tabelle 5.14).

In den meist komplexen historischen Hochschulgebäuden sind insbesondere folgende **Brandschutzmaßnahmen** erforderlich:

1. Für die Sanierung ist ein mit der zuständigen Brandschutzdienststelle bzw. Berufsfeuerwehr und der Denkmalschutzbehörde abgestimmtes **Brandschutzkonzept** erforderlich, in dem eine Bestandsaufnahme vorgenommen bzw. aus einem Gutachten übernommen wird, die spezifischen Brandgefahren beurteilt werden und der historische Bestand soweit wie möglich berücksichtigt wird.

2. In erster Linie müssen die **Rettungswege** beurteilt und unter Umständen nachgebessert bzw. neu nachgewiesen werden:

   - Die bestehenden notwendigen Treppenräume müssen von den Geschossen durch Rauchschutz- bzw. Feuerschutztüren abgetrennt werden. An historischen Haupttreppen vieler Hochschulgebäude ist das aus Denkmalschutzgründen nicht erwünscht oder auch nicht möglich. In diesen Fällen kann versucht werden, den anschließenden Flur dem Treppenraum zuzuschlagen und ihn dann brandlastfrei zu halten.

   - Da die komplexen Hochschulgebäude meist von mehreren hundert Personen gleichzeitig besucht werden, wird erfahrungsgemäß der zweite Rettungsweg zumindest ab dem zweiten Obergeschoss baulich, d. h. in Form einer weiteren Treppe erforderlich (Abb. 5.200).

Tabelle 5.14: Gewichtung von nachträglichen Brandschutzmaßnahmen in Hochschulgebäuden (Mahlmann, 2008)

Bereich	**Maßnahmen**	**Gewichtung (in %)**
Rettungswege	• Rettungswegführung • Rettungswegbreite • Anzahl der baulichen Rettungswege • bauliche Abtrennung	30
Brandabschnitte	• Brandwände • Trennwände von Räumen mit besonderem Gefahrenpotenzial	15
Brandmeldung und Alarmierung	• Brandmeldeanlagen • Alarmierungsanlage • Überwachungsbereiche mit automatischen Meldern	15
Organisatorischer Brandschutz	• Flucht- und Rettungswegpläne • Feuerwehrpläne • Brandschutzordnung	15
Rauchableitung	• Rauchableitung im gesamten Gebäude • Entrauchung der Rettungswege	10
Tragende Bauteile	• Qualität der Baustoffe • Feuerwiderstandsdauer der Bauteile	10
Außenerschließung	• Zugänglichkeit für die Feuerwehr • Flächen für die Feuerwehr • Löschwasserversorgung	5

- An turmartigen Bauten, die verhältnismäßig kleinere Grundflächen aufweisen und somit in den Obergeschossen nur weniger Menschen aufnehmen können, kann der zweite Rettungsweg über eine Drehleiter der Feuerwehr sichergestellt werden. Dafür müssen aber die Zufahrten und Aufstellflächen vor den Gebäuden auch nachträglich erstellt werden und die Fenster entsprechend geeignet sein (Lichtes Maß 0,9 m × 1,20 m).
- Sind die zulässigen Rettungsweglängen (< 35 m) wesentlich überschritten, was in einem historischen Hochschulkomplex nicht auszuschließen ist, müssen zusätzliche Ausgänge ins Freie oder in einen anderen Brandabschnitt geschaffen werden.
- Die notwendigen Flure und Treppenräume müssen frei von Brandlasten gehalten werden (z. B. Schränke, Schreibtische, Regale). In vielen Hochschulgebäuden scheint entweder ein chronischer Platzmangel zu herrschen oder die Haus- und Brandschutzordnung wird nicht beachtet und konsequent kontrolliert. Insbesondere in Bereichen, die eine verstärkte Versorgung benötigen (Gas- und Elektroleitungen, Lüftungsanlagen) ist mit hohen Brandlasten in den Hohlräumen oberhalb von abgehängten Decken zu rechnen, die von den Fluren nicht ausreichend abgetrennt sind. Hier muss die Leitungsführung untersucht und ggf. durch neue Decken (F 30 von oben und von unten) vom Flur abgeschottet werden.

Abb. 5.200: Nachträglich erstellte Außentreppe als zweiter Rettungsweg zwischen zwei Hochschulgebäuden (Landwirtschaftliche Fakultät und Institut für Geodäsie und Geoinformation der Universität Bonn)

3. Insbesondere für Laboratorien muss eine **Gefährdungsbeurteilung** (nach TRGS 400) vorgenommen und ständig aktualisiert werden. Die Sicherheit in Laboratorien wird durch den Bau, die Einrichtung, die Verfahren, den Betrieb, die Geräte sowie die Qualifikation des Laborpersonals bestimmt. Laboratorien und andere Bereiche mit erhöhter Brandgefahr oder mit besonderem Schutzbedarf (Lagerräume, Technikräume, Rechenzentren, Archive, Sammlungen, Bibliotheken) sind von den sonstigen Bereichen eines Hochschulgebäudes brandschutztechnisch (F 90 und T 30) abzutrennen.

4. Angepasst an die bestehende historische Bausubstanz, die Struktur des Gebäudes und die seitens der Hochschule gewünschte Anordnung der Räumlichkeiten sollte der Gebäudekomplex in **Brandabschnitte** unterteilt werden (Einbau von T 90-Türen, Schließen von Durchbrüchen in Brandwänden, Brandmauern und Decken). Dabei muss die in der Bauordnung vorgesehene Brandabschnittslänge von 40 m nicht überall eingehalten werden.

5. Besonderer Betrachtung bedürfen in einem historischen Hochschulgebäude die **Versammlungsräume**. Seminarräume haben meist ca. 30 Plätze und sind somit keine Versammlungsstätten. Hörsäle können über 100 und auch über 200 Personen fassen. Folglich stellt sich für diese die Frage, ob sie Versammlungsstätten i. S. d. Versammlungsstättenverordnung sind. Baurechtlich gesehen ergeben sich für einen Hörsaal folgende Betrachtungsfälle:

- Ist ein Hörsaal als Versammlungsstätte genehmigt, so gilt für seine bauliche und technische Beurteilung die zur Zeit der Genehmigung geltende Versammlungsstättenverordnung. Der heute geltenden Verordnung unterliegt der Hörsaal nur in den Betriebsvorschriften.
- Ist ein Hörsaal nicht als Versammlungsstätte genehmigt, fasst weniger als 200 Personen und hat eine Grundfläche von weniger als 100 m^2, fällt er weder jetzt noch früher in den Geltungsbereich einer Versammlungsstättenverordnung. Gemäß den dort genannten Vorschriften ist sie nur auf diejenigen Versammlungsstätten anzuwenden, die zum Zeitpunkt des Inkrafttretens der Verordnung bereits vorhanden waren. Dies können dann aber nur Versammlungsstätten sein, die mindestens einen Versammlungsraum für mehr als 200 Besucherplätze aufweisen.
- Die Vorschrift der Versammlungsstättenverordnung, wonach die Verordnung auch für Versammlungsstätten mit mehreren Versammlungsräumen gilt, die insgesamt mehr als 200 Besucher fassen, wenn diese Versammlungsräume gemeinsame Rettungswege haben, findet nur im folgenden Fall Anwendung: Die Seminarräume müssen Sitzplätze an Tischen mit mehr als 100 m^2 Grundfläche beinhalten und gemeinsame Rettungswege mit anderen Versammlungsräumen in demselben Geschoss haben.
- Fasst ein Hörsaal mehr als 200 Personen, ist aber als Versammlungsstätte baurechtlich nicht genehmigt, muss seine Nutzung nach der Versammlungsstättenverordnung beurteilt und genehmigt werden. Die Rettungswegbreiten (auch Türbreiten) müssen dann mindestens 1,20 m betragen.

6. **Automatische Brandmeldeanlagen** sind für Hochschulgebäude nicht direkt vorgeschrieben. Automatische Brandmeldeanlagen mit Rauchmeldern und die Aufschaltung auf eine Feuerwehrleitstelle sollten jedoch in diesen historischen Bauten installiert werden, wenn
   - mit tragenden Bauteilen zu rechnen ist, die nicht die heute vorgeschriebenen Feuerwiderstandsdauer aufweisen können (z. B. Holzbalkendecken in Gebäuden mit Aufenthaltsräumen über 7 m über der Geländeoberfläche),
   - in denen die Brandabschnittsgrößen nicht eingehalten werden können,
   - erhöhte Brandgefahren zu erwarten sind (Laborgebäude),
   - auf notwendige Flure verzichtet wird oder
   - hohe Besucherzahlen zu verzeichnen sind.
7. Findet in einem Hochschulgebäude der Betrieb auch abends statt, so sollten zumindest die Rettungswege mit einer **Sicherheitsbeleuchtung** ausgestattet werden.
8. Große Hochschulkomplexe sind oft für die Feuerwehr schwer erreichbar. Auch wenn der zweite Rettungsweg fast überall baulich über eine weitere Treppe gesichert ist, bleibt zu untersuchen, ob nicht **Flächen für die Feuerwehr (Feuerwehrzufahrten)** für die Brandbekämpfung erforderlich sind.

Eine eventuelle brandschutztechnische Ertüchtigung der tragenden Bauteile eines historischen Hochschulgebäudes kann als zweitrangig betrachtet werden

5.5.3 Beispiele

Oberschule Berlin

Luise-und-Wilhelm-Teske Oberschule in Berlin-Schöneberg

Bauherrschaft	Land Berlin
Projektleitung	Bezirksamt Tempelhof-Schöneberg, Berlin
Entwurfsverfasser/ Planer	
Brandschutzplaner	Eberl-Pacan Gesellschaft von Architekten GmbH

Baubeschreibung

Viele Berliner Schulen haben ihre 100-Jahres-Feier bereits hinter sich und wurden entsprechend ihrer Bauzeit nach den damals gültigen Regeln der Baukunst und der Technik geplant und gebaut (Abb. 5.201). Wegen ihrer typischen, attraktiv gestalteten Backsteinfassaden, ihres reichen Bilderschmucks oder ihrer klaren architektonischen Sprache stehen viele von ihnen unter Denkmalschutz [62]. Historische Schulen zeigen meist regelmäßige architektonische Strukturen: Entlang großzügiger, ebenso langer wie hoher und breiter Flure reihen sich links und rechts Klassenzimmer aneinander, während durchgängige Treppenräume Anfang und Ende dieser Flure bilden.

Das Gebäude der Schöneberger Oberschule wurde 1908 in Berlin-Schöneberg errichtet. Seit 1998 trägt sie den Namen Luise-und-Wilhelm-Teske-Oberschule. Es ist ein staatliches massives, viergeschossiges Schulgebäude und steht unter Denkmalschutz.

Abb. 5.201: Luise-und-Wilhelm-Teske-Oberschule Berlin-Schöneberg (Quelle: Eberl-Pacan Architekten + Ingenieure Brandschutz)

Nutzung

Seit Ende 2012 stand das Schulgebäude leer, wurde in das Sondervermögen des Landes Berlin übertragen und ging 2013 als Teske-Schule in der ersten Gemeinschaftsschule Schöneberg auf. August 2015 bis Anfang 2016 wurde die Schule als Notunterkunft für bis zu 230 Flüchtlinge genutzt. Das Gebäude soll nun als Bildungszentrum hergerichtet und für den Schul- und Sprachunterricht für die Flüchtlingskinder genutzt werden. Neben Musikschul- und Volkshochschul-Angeboten sollen dort ca. 200 Kinder und Jugendliche für die Dauer ihres Aufenthaltes in Willkommensklassen unterrichtet und auf den Unterricht in den Regelklassen vorbereitet werden [63].

Brandschutzmaßnahmen

Bei der brandschutztechnischen Ertüchtigung des Schulgebäudes ging es um den Erhalt der Schule. Im Vordergrund stand die Anpassung und Optimierung der Brandschutzlage mit Rücksicht auf die vorhandene historische Bausubstanz, nicht eine restriktive Umsetzung aktueller Vorschriften (Schulbau-Richtlinie).

Im Rahmen eines schutzzielorientierten Brandschutzkonzeptes wurde dank entsprechender Kompensationen für den Nachweis des Brandschutzes gesorgt. Die Planer haben mit kleinen, aber effektiven Maßnahmen wie z. B. vernetzten Brandmeldern gearbeitet. Durch diese Kompensationsmaßnahmen konnten u. a. die denkmalgeschützten Türen zu den Sporthallen rauchdicht ertüchtigt werden und somit erhalten bleiben (Abb. 5.202).

Abb. 5.202: Luise-und-Wilhelm-Teske-Oberschule Berlin-Schöneberg; Sporthalle mit Holztafeldecke und hist. Holztüren (Quelle: Eberl-Pacan Architekten + Ingenieure Brandschutz)

Zur Unterteilung langer Flure und Bildung von Rauchabschnitten wurden neue Rauchschutztüren eingebaut. Die Türen wurden in die vorhandene Gebäudestruktur (z. B. bei Bögen und Stürzen) integriert. Solches Vorgehen ermöglicht, dass Rauchschutztüren bei angemessener ästhetischer Gestaltung nach Vorgabe der Denkmalbehörde nicht nur zum Brandschutz, sondern auch positiv zur Optik des Gebäudes beitragen.

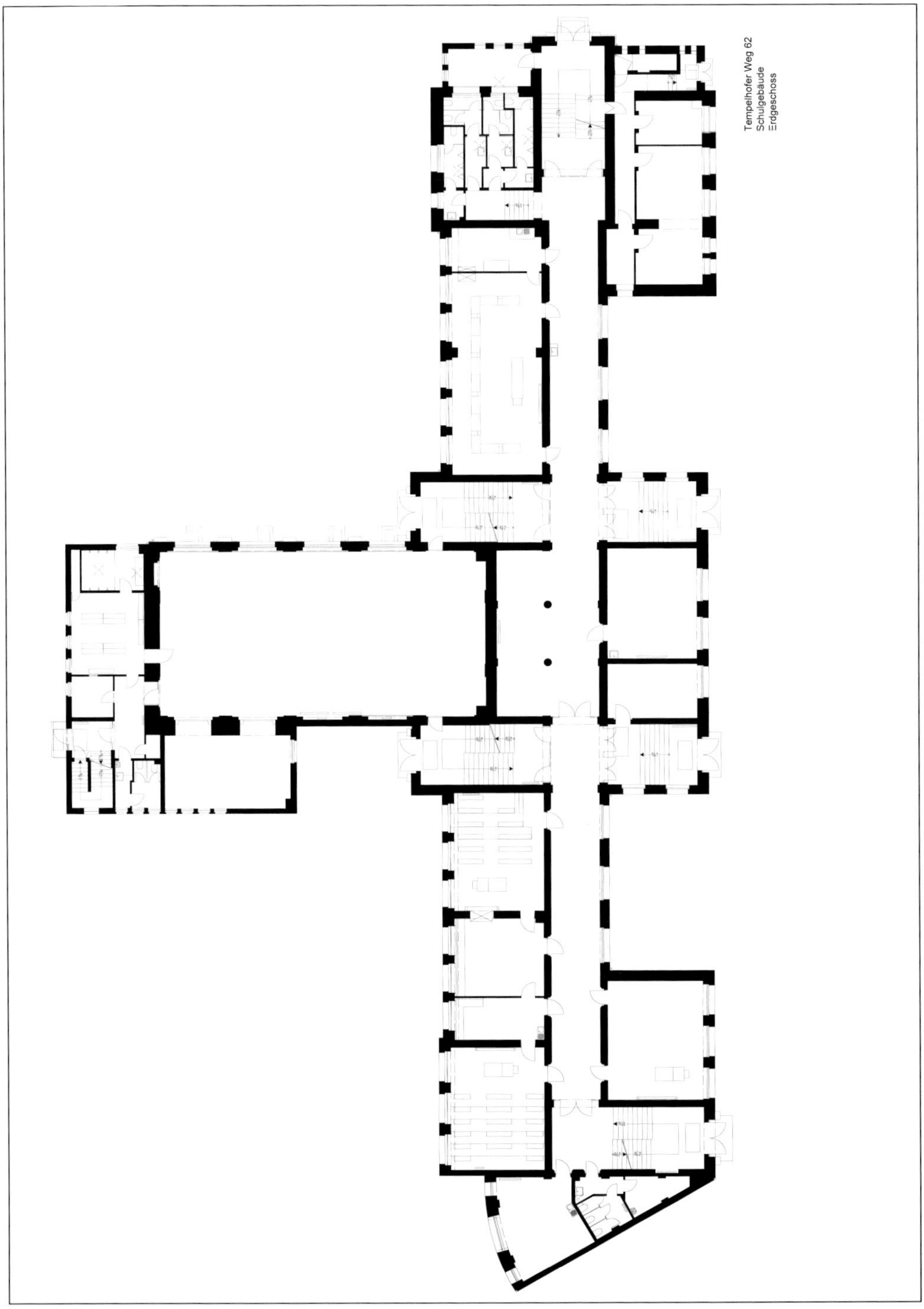

Abb. 5.203: Luise-und-Wilhelm-Teske-Oberschule Berlin-Schöneberg; Grundriss Erdgeschoss (Quelle: Eberl-Pacan Architekten + Ingenieure Brandschutz)

Abb. 5.204: Luise-und-Wilhelm-Teske-Oberschule Berlin-Schöneberg; Grundriss zweites Obergeschoss (Quelle: Eberl-Pacan Architekten + Ingenieure Brandschutz)

5.6 Landwirtschaftliche Hofanlagen und Fachwerkhäuser

Hofanlage

Eine historische landwirtschaftliche Hofanlage besteht aus mehreren Bauten:

- Haupthaus (Wohngebäude des Besitzers, früher des Grundherrn oder des Meiers),
- Wirtschaftsgebäude (Scheunen, Kornspeicher),
- Stallgebäude,
- Remise (Wagenhaus),
- Back- bzw. Brauhaus.

Die heute noch landwirtschaftlich geführten Hofanlagen haben oft eine fast tausendjährige Geschichte und sind meist aus den sogenannten Meierhöfen entstanden. Als Meierhof (auch Meyerhof, Sedelhof oder Fronhof) wird ein Bauerngehöft oder -gebäude bezeichnet, in dem in seiner Geschichte einmal der Verwalter (Meier) eines adligen oder geistlichen Gutshofes gelebt hat.

Eine Hofanlage hat meist

- die Form eines Dreiseithofes, in dem die Gebäude drei Seiten eines rechteckigen Hofes einnehmen,
- die Form eines Vierseithofes, bei dem der Hof von allen vier Seiten von Gebäuden umschlossen ist, oder
- eine unregelmäßige Form, bei der die Gebäude vereinzelt auf dem Hof stehen.

Die letzte Form ist bei historischen Bauernhöfen anzutreffen (Abb. 5.205). Das Hauptgebäude eines Bauernhofes ist das Bauernhaus und ein Kompromiss aus verschiedensten Anforderungen an ein Gebäude: Neben einem Wohntrakt, der oft für mehr als zwei Generationen reichen muss, wird das Haus als Stall, Lager oder Unterstand für landwirtschaftliche Geräte genutzt. Der zentrale Bereich des Bauernhauses ist oder war die Diele (Deele, Tenne), die der Wirtschafts- und Arbeitsraum des Hofes war. Daneben umfasst ein Hof je nach Bauform weitere Wohn- und Wirtschaftshäuser, Stallungen, Speicher, Scheunen, Schuppen, Gärten, Brunnen, Lagerplätze wie die Rübenmiete und anderes. Zur Lagerung oder Zwischenlagerung von Futtermitteln und ähnlichem werden zunehmend Silos benutzt. In jüngerer Zeit werden in Viehzuchtbetrieben vermehrt Biogasanlagen installiert.

Immer mehr landwirtschaftliche und landschaftsprägende Gebäude stehen leer und werden betrieblich nicht mehr genutzt. Ein Abriss wird aus Denkmalschutzgründen nicht genehmigt, weil hierdurch häufig auch das Hof- und Dorfbild nachteilig beeinflusst würde. Sinnvolle Umnutzungen für außerlandwirtschaftliche Einkommen oder neue Geschäftsfelder innerhalb der Familie bieten möglicherweise Alternativen. Insbesondere die Diele mit den Nebenräumen wird vermehrt umgenutzt.

Die Hofanlagen werden bis heute in manchmal sogar tausendjähriger Familien- und Hoftradition landwirtschaftlich mit zusätzlichen Nutzungen betrieben, z. B.

- Bauernmarkt,
- Sommer-Café,
- Hotel bzw. „Schlafen im Stroh",
- Ferienwohnungen,
- Party-Diele,
- Hofladen.

Alternativ werden sie landwirtschaftlich aufgegeben und umgenutzt, z. B. zu:

- Museen,
- Tierarztpraxen,
- Pflege- und Betreuungseinrichtungen,
- Wohnanlagen,
- Büros,
- Begegnungszentren,
- Gastronomiezwecken,
- Antikmärkten.

Die Bausubstanz der Gebäude ist meist original, erfuhr jedoch bei ihrer mehrhundertjährigen Geschichte viele Änderungen. Die Gebäude sind aus Ziegelmauerwerk gebaut, Steinbauten oder Fachwerkhäuser. Das Haupthaus ist meist zweigeschossig mit Holzbalkendecken und Holztreppenhaus.

Abb. 5.205: Eine Hofanlage im Sauerland (Quelle: Michael Möller / pixelio.de)

Fachwerk

Die traditionsreichste Bauart in Mitteleuropa stellt das Holzfachwerk dar. In der Bundesrepublik Deutschland stehen heute noch ca. 2-2,5 Millionen Fachwerkbauten. Fachwerkhäuser werden zwar immer wieder abgerissen, die meisten jedoch bestimmen geradezu die Kulturlandschaften, in denen sie stehen. Aus diesem Grund wird auch historischer Fachwerkbau als Kulturgut angesehen und ist als solches zu bewahren. Viele Fachwerkhäuser und ganze Fachwerk-Ensembles stehen heute unter Denkmalschutz. Zudem gibt es Großbauten, die in ihren Obergeschossen Fachwerkaufbauten haben, z. B. Stadtvillen, Kirchenanbauten und Kirchtürme, Burganlagen und Palais (Abb. 5.206 und 5.208). Ganze Hofanlagen bestehen an vielen Orten auch aus Fachwerk.

Abb. 5.206: Mehrgeschossiger Fachwerkbau in Höxter (Ostwestfalen)

Der Fachwerkbau ist als historische Bauart eine Wandbauart, bei der der wesentliche Bauteil ein Holzgerüst ist und die Gefache dazwischen aus verschiedenen Baumaterialien ausgeführt sind. Als Baumaterial wurde für die Holzkonstruktion oft gebeiltes Eichenholz angewandt, auch Laubholz und Nadelholz (Fichte, Kiefer). Die Holzbalken wurden meist durch An-/Überblattung, Verkämmung oder Verzapfung verbunden und mit Holznägeln (mit dem Beil zugehauene konische Holzstifte) gesichert (Abb. 5.207). Das Schließen der Gefache erfolgte mit folgenden Baustoffen:

- Strohlehm auf Flechtwerk aus Staken und Weidenruten, mit Lehmputz und Kalkanstrich,
- ungebrannte Lehmsteine verputzt,
- Ziegelsteine,
- Bruchsteine verputzt.

Heute werden bei Sanierungen verputzte Bauplatten, Dämmungssysteme und folgende moderne Steine eingesetzt:

- Leichthochlochziegel,
- Schlackensteine,
- Leichtbetonsteine,
- Porenbetonsteine.

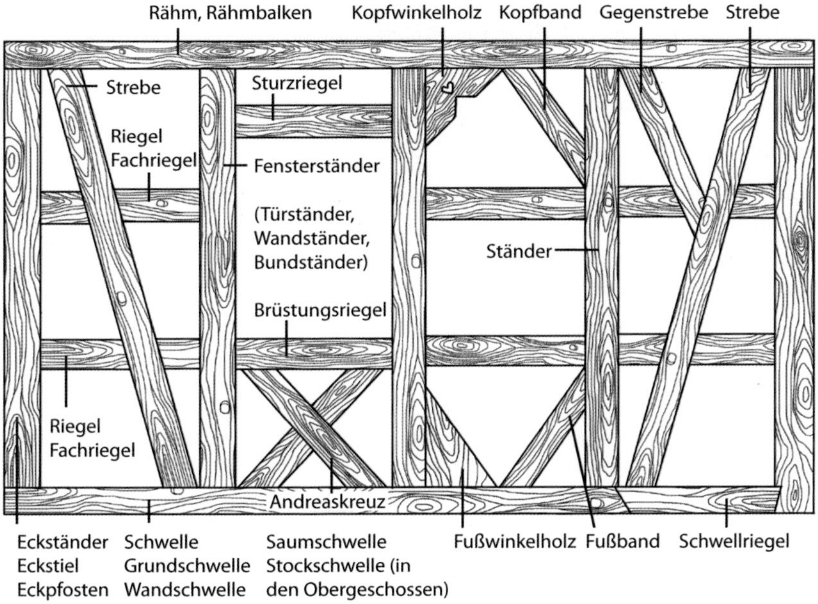

Abb. 5.207: Fachbegriffe der Konstruktionselemente von Fachwerkwänden (Quelle: Prof. Dipl.-Ing. Manfred Gerner)

Ein Fachwerkhaus ist ein Gebäude, in dem die Außen- und Innenwände Fachwerkwände sind. Die Decken und Dächer in so einem Fachwerkhaus gehören nicht zum Begriff Fachwerk, sie sind jedoch wie die Wände Holzkonstruktionen. Die Holzbalkendecken können in Fachwerkhäusern wie folgt aufgebaut sein:

- Decken mit vollständig bzw. teilweise, meistens dreiseitig, freiliegenden Holzbalken,
- Decken mit verdeckten bzw. verputzten Holzbalken,
- Decken mit Einschub, meistens aus Strohlehm,
- Bohlenbalkendecke mit Schüttung oder
- Decken als Lehmdecken aus stroh- und lehmumwickelten Wellerhölzern zwischen den Balken (Lehmwickeldecken).

Abb. 5.208: Mehrgeschossige Fachwerkbauten in Marburg (Hessen) (Quelle: Erich Westendarp / pixelio.de)

5.6.1 Brandgefahren

Landwirtschaftliche Hofanlagen

Die Brandgefahren in historischen landwirtschaftlichen Hofanlagen ergeben sich aus ihrer Bausubstanz und insbesondere aus der Nutzung: Schadhafte elektrische Anlagen und Geräte, Selbstentzündung von landwirtschaftlichen Erzeugnissen, Zersetzung von Düngemitteln, (insbesondere in Scheunen abgestellte) Kraftfahrzeuge, Reparaturarbeiten in Stall- und Wirtschaftsgebäuden, Fahrlässigkeit (Rauchen, Grillen, Kerzen), Brandstiftung (insbesondere durch Kinder). Die Brände nehmen oft verheerende Ausmaße an und bedrohen durch die Höhe des verursachten Schadens in vielen Fällen die Existenz der Betriebseigentümer. Immer wieder werden alte Hofanlagen von Großbränden heimgesucht.

Die vorhandene Bausubstanz ist zwar historisch, jedoch nicht selten – aus heutiger Sicht und in Hinblick auf die Brandgefahr – mit Mängeln und baulichen und technischen Zuständen behaftet, die insbesondere eine Brandausbreitung sehr begünstigen:

- Die Menge brennbarer Materialien und Baustoffe ist sehr hoch: Holz aus den Gebäudekonstruktionen, gelagerte Ernteerzeugnisse in Scheunen und Lagergebäuden (Stroh, Getreide, Heu, Futter).
- Die aneinandergebauten Gebäude der Hofanlage, insbesondere jedoch das Wohnhaus, sind voneinander nicht durch intakte Brandwände bzw. alte Brandmauern abgetrennt. Vorhandene Trennwände haben Durchbrüche und schließen an Holzbalkendecken an.
- Die Abstände zwischen den einzelnen Gebäuden einer Hofanlage sind nicht selten zu klein, um eine Brandausbreitung wirksam verhindern zu können. Die Außenwände sind aus Holz oder haben Holzverkleidungen sowie Öffnungen wie Fenster, die zu einer Feuerausbreitung beitragen können (Abb. 5.209-5.210). Auch Reetdächer und Dachüberstände von benachbarten Gebäuden aus Holz, die weit über die Außenwände hinweggehen und sich berühren, erhöhen die Brandausbreitungsgefahr (Abb. 5.211-5.212).

- Bei der Umnutzung entstehen Schwierigkeiten bei der Sicherung von Rettungswegen (Abb. 5.220-5.221). Insbesondere die Holztreppen im Hauptgebäude oder offenen Treppen in der Diele entsprechen nicht mehr den heutigen Anforderungen an notwendige Treppen. Die Fenster können zu schmal für den zweiten Rettungsweg sein. Es fehlen sichere Ausgänge aus der Diele ins Freie.

Abb. 5.209-5.210: Nach einem Brand einer Hofanlage: Die Brandausbreitung zwischen Wohn- und Wirtschaftsteil ist trotz intakter Feuerschutztür erkennbar.

Abb. 5.211-5.212: Schmale Abstände zwischen Gebäuden von Hofanlagen (Quelle: Abb. 5.211: männe / pixelio.de, Abb. 5.212: Angie Conscious / pixelio.de)

- Große Hofanlagen liegen auch weit von den Ortschaften entfernt und somit nicht selten außerhalb der Hilfsfrist der zuständigen Feuerwehr. Dies bedeutet im Brandfall lange Anfahrzeiten der Feuerwehr und dadurch auch längere Feuerbeanspruchung. Hofeinfahrten sind nicht immer ausreichend breit und hoch für die Feuerwehrfahrzeuge (Abb. 5.516-5.217).
- Die elektrischen Anlagen und Geräte sind nicht nur selten auf dem neuesten Stand, sondern auch schadhaft. Dadurch bestehen in den historischen Gebäuden hohe Brandentstehungsgefahren (Abb. 5.215).

Abb. 5.213: Nutzungsänderung von Hofanlagen; eine zum Ausbau bestimmte Diele

Abb. 5.214: Ferienhäuser und Ferienwohnungen auf einem ehemaligen Bauernhof

Abb. 5.215: An einem Hofgebäude – hoffentlich nicht mehr unter Strom

- Bei weit abgelegenen Hofanlagen gibt es Probleme mit der Löschwasserversorgung. Hat die Gemeinde nicht für entsprechende Löschwasserentnahmestellen gesorgt (Hydranten, Löschteiche) und der Hof keinen eigenen Löschteich, ist eine wesentliche Behinderung und dadurch auch Verlängerung der Löschmaßnahmen im Brandfall vorprogrammiert.
- Große Stallgebäude bedeuten im Brandfall eine sehr hohe Gefährdung für die Tiere, die nicht immer gerettet werden können. Nagelplattenbinder auf diesen Gebäuden stellen eine direkte Einsturzgefahr für die Einsatzkräfte und die Tiere dar.

Abb. 5.216-5.217: Zu schmale Einfahrten in den Hof einer historischen landwirtschaftlichen Hofanlage

Fachwerkhäuser

Abb. 5.218: Nach dem Brand eines Fachwerkhauses

Im Laufe der Geschichte hatte Fachwerk keinen allzu guten Ruf im Hinblick auf die Feuergefahr:

„Fachwerk, wünschte ich, wäre nie erfunden. So viel Vorteil es nämlich durch die Schnelligkeit seiner Ausführung und durch die Erweiterung des Raumes bringt, umso größer und allgemeiner ist der Nachteil, den es bringt, weil es bereit ist, zu brennen wie Fackeln (…)"

schrieb der römische Ingenieur und Architekt im Militärdienst Vitruv im 1. Jh. v. Chr. (Vitruv, 1991). Im Mittelalter tragen eng mit Fachwerkhäusern bebaute Stadtgassen zu Flächenbränden bei. Bis heute sind Großbrände an historischen Fachwerkhäusern immer wieder zu verzeichnen. Die Tabelle 5.15 zeigt nur einige wenige Beispiele der letzten Jahre:

Tabelle 5.15: Großbrände von historischen Fachwerkhäusern (Auswahl)

Fachwerk-bauten	Ort	Datum	Nutzung	Brandursache (Brandaus-bruchstelle)	Verluste
Fachwerkhaus	Rottenburg-Wendelsheim / Neckar	27.02.2018	Wohnhaus	unbekannt	Schaden € 500.000, Totalschaden, abgerissen
Fachwerkhaus	Gorxheimertal / Odenwald	03.09.2018	Wohnhaus, Pizzeria	(Zimmer im Obergeschoss)	Fachwerkhaus von 1727 komplett ausgebrannt
Altstadt	Felsberg / Hessen	14.07.2019	Wohnhaus	Fahrlässigkeit (Funkenflug)	Totalschaden, abgerissen
Altstadt	Neudenau / Heilbronn	26.11.2019	Wohnhaus	(Schlafzimmer)	drei Brandtote, einsturzgefährdet, Nachbarhäuser beschädigt, Schaden € 500.000
Innenstadt	Kirn / Nahe	12.05.2020	Wohnhaus	Fahrlässigkeit (Zigarette?)	ein Toter, stark beschädigt, Dachstuhl niedergebrannt
Fachwerkhaus	Leichlingen-Krähwinkel / Rheinland	05.06.2020	Wohnhaus	unbekannt	Totalschaden, niedergebrannt
Bauernhof	Oelde-Stromberg / Münsterland	05.08.2020	Wohnhaus	unbekannt	niedergebrannt, Nachbargebäude beschädigt, Fahrzeug verbrannt
Innenstadt	Backnang / Regio Stuttgart	19.09.2020	Wohnhaus	(Dachstuhl)	eingestürzt, Schaden € 400.000
Altstadt	Hannoversch Münden	07.11.2020	Wohn- und Geschäftshäuser	unbekannt	fünf Fachwerkhäuser stark beschädigt
Altstadt	Wolfsburg-Fallersleben	22.01.2021	Wohnhaus	unbekannt	Totalschaden: niedergebrannt und eingestürzt, Nachbarhaus beschädigt
Fachwerkhaus	Bretten-Ruit /	09.02.2022	Wohnhaus	technischer Defekt	Schaden € 400.000, stark beschädigt
Fachwerk-Ensemble	Dortmund-Mengede	23.06.2022	leerstehend, Unterschlupf	Brandstiftung	Dortmunder „Fachwerk-Schandfleck" ausgebrannt, einsturzgefährdet
Altstadt	Neuwied-Engers / Mittelrhein	07.08.2022	Wohnhaus	unbekannt	total zerstört
Fachwerkhaus	Warendorf-Freckenhorst / Münsterland	24.04.2023	Wohnhaus	unbekannt	bis auf die Grundmauern niedergebrannt
Altstadt	Geisenheim / Rheingau	24.09.2023	Wohnhaus	unbekannt	komplett ausgebrannt, sehr schnelle Brandausbreitung, Schaden € 400.000
Fachwerkhaus	Bad Münder-Eimbeckhausen / Niedersachsen	10.01.2024	Wohnhaus	(Nebengebäude Dachstuhl)	Brandausbreitung auf Wohnhaus, stark beschädigt, unbewohnbar

Fortsetzung Tabelle 5.15:

Fachwerkhaus	Schmalkalden / Südthüringen	14.01.2024	leerstehend	unbekannt	zum Teil abgerissen
Fachwerkhaus	Essen-Kettwig	18.01.2024	Wohnhaus	Brandstiftung (Fassade)	Brandausbreitung auf Dachstuhl, teilweise abgerissen
Altstadt	Stolberg / Südharz	21.01.2024	Wohnhäuser	technischer Defekt (Warmwassergerät)	drei Fachwerkhäuser zerstört, zwei Fachwerkhäuser beschädigt
Altstadt	Wolfhagen-Nothfelden / Kassel	09.04.2024	Wohnhaus mit Werkstatt	unbekannt	bis auf die Grundmauern ausgebrannt, Schaden € 500.000
Fachwerkhaus	Lichterfelde / Altmark	28.04.2024	Wohnhaus	(Dachstuhl)	ausgebrannt
Altstadt	Seligenstadt / Hessen	15.05.2024	Wohnhaus	(Küche Obergeschoss)	Schaden € 500.000, Fachwerkhaus stark beschädigt, zwei Nachbarfachwerkhäuser beschädigt
Fachwerkhaus	Freiensteinau/ Nieder-Moos / MIttelhessen	05.08.2024	Wohnhaus	unbekannt	stark beschädigt
Altstadt	Verden (Aller) / Niedersachsen	07.08.2024	Gaststätte Sotti's, Wohnhaus	(Dachgeschoss)	Fachwerkhaus von 1670 zerstört, Dachstuhl eingestürzt, Nachbargebäude beschädigt
Bahnhofsgebäude	Hessisch-Lichtenau-Walburg / Nordhessen	05.10.2024	Wohnhaus, Werkstatt	unbekannt	Totalschaden
Fachwerkhaus	Sankt Augustin-Menden / Rhein-Sieg	06.10.2024	Wohnhaus, Pizzeria	Brandstiftung (?)	ausgebrannt
Fachwerkhaus	Uslar-Schönhagen / Niedersachsen	24.12.2024	Wohnhaus	(Erdgeschoss)	schnelle Brandausbreitung, ausgebrannt, unbewohnbar

Abb. 5.219: Enge historische Straßenbebauung mit Fachwerkhäusern in Stolberg (Harz)

Die meisten Fachwerkhäuser – in den Städten mehrgeschossig und in den Dörfern als Teile historischer Hofanlagen – waren für Großfamilien konzipiert und gebaut. Die Nebengebäude dienten als Wirtschaftsbauten, die Dachgeschosse waren Speicher und nicht zum Aufenthalt bestimmt. Heute werden Fachwerkhäuser auch für andere Nutzungen als ursprünglich bei ihrer Erbauung gedacht saniert und modernisiert. Nicht selten muss man dabei von einer „Übernutzung" sprechen: Diese erfordert oft einen hohen Aufwand an neuer und somit zusätzlicher Technik und kann dadurch das Fachwerk negativ beeinträchtigen. Hierzu kann auch der Brandschutz gehören, der seine durch die Nutzung vorbestimmten Schutzziele (insbesondere den Personen- und Kulturgutschutz) erreichen muss.

In Hinblick auf die Höhe können Fachwerkhäuser insbesondere in Städten bis zu acht Geschosse und mehrere Geschosse im Dachraum haben (Abb. 5.220-5.221). In ländlichen Gebieten ist charakteristisch, dass sie eingeschossig sind oder höchstens ein Obergeschoss haben, dafür aber größere Geschossflächen aufweisen (z. B. Dielenhäuser), die bei einer Nutzungsänderung 300 Personen und mehr als Versammlungsraum aufnehmen können. Rathäuser, Türme, Kirchen oder Wirtshäuser sind in Fachwerk überliefert (Abb. 5.221).

Abb. 5.220: Fachwerkturm (Schelztor) in Esslingen 13./19. Jh. (Neckar) (Quelle: Elsa / pixelio.de)

Abb. 5.221: Fachwerkrathaus in Lorsch (Bergstraße) von 1714/15 (Quelle: Wilfried Giesers / pixelio.de)

Die Lasten übernimmt beim Fachwerkbau allein die tragende Holzkonstruktion. Die zentrale Bedeutung kommt hier den vertikalen Ständern zu: Werden tragende Teile und insbesondere die Holzverbindungen beschädigt, so kann das ganze Tragsystem gefährdet sein. Die Ausfachung ist lediglich Füllung, wobei Schäden aus brandschutztechnischer Sicht den Raumabschluss beeinträchtigen (insbesondere ein unzureichender Anschluss zwischen der Ausfachung und dem Holzbalken). Auf den Deckenbalken liegen als Fußböden Holzdielen. Die Deckenbalken dienen der Aussteifung der Außenwände, zur Unterstützung können innere Fachwerkwände und Holzunterzüge eingesetzt sein. Anzutreffen sind in den städtischen Fachwerkhäusern auch Gusseisenstützen, die die Holzbalkendecken tragen (Abb. 5.222-5.223).

Die Treppen in Fachwerkhäusern (Stufen, Wangen, Podeste und Geländer) sind ausschließlich (mit Ausnahme der Kellertreppen) aus Holz, viele Treppen und Treppenpodeste wurden bereits bei der Errichtung von unten verkleidet. Sie sind oft steil, schmal und sanierungsbedürftig (Abb. 5.224).

Abb. 5.222-5.223: Gusseisenstützen in einem städtischen Fachwerkhaus

Abb. 5.224: Sanierungsbedürftiges Fachwerkhaus mit einer historischen Holztreppe

Zum **Brandverhalten** von Fachwerkhäusern gehört

- die Brennbarkeit des Holzes, das in Wänden, Dächern, Decken, Treppen und Wandverkleidungen eingebaut ist bzw. verwendet wurde,
- das Verhalten der Fachwerkhäuser und ihrer Bauteile bei realen Bränden,
- der Feuerwiderstand von Fachwerkwänden,
- der Feuerwiderstand von Holzbalkendecken.

Holz ist als Baustoff brennbar und gilt ohne Nachweis als normalentflammbar (B2 nach DIN 4102-1) (Schneider et al., 2000). Bei der Erwärmung von Holz beginnt ab etwa 100-120 °C die chemische Zersetzung (Pyrolyse) der Holzsubstanzen wie Cellulose und Lignin. Es bilden sich dabei Holzkohle und brennbare Gase. Eine Entzündung dieser Gase kann schon bei einer lang dauernden Erwärmung des Holzes bei 120-160 °C erfolgen. Aus der Praxis werden immer wieder Fälle bekannt, bei denen Holzbalken bzw. Holzverkleidungen in Altbauten bei langanhaltender Erwärmung durch Kamine und Rauchgasrohre (Abgase) bzw. Heizungsrohre (Dampf, Wasser) oder aber in Saunen (Luft, sog. „Saunaeffekt") entzündet wurden und zu Bränden führten. Auf die Entzündbarkeit des Holzes haben außerdem seine Rohdichte und der Feuchtigkeitsgehalt direkten Einfluss. Eine hohe Rohdichte (Hartholz) und ein hoher Feuchtigkeitsgehalt verzögern die Entzündung, wobei nach den neuesten Untersuchungen der Einfluss der Rohdichte auf die Abbrandgeschwindigkeit von Holz nicht von so großer Bedeutung ist, wie früher angenommen wurde (Kordina et al., 1994). Eine genaue Entzündungstemperatur von Holz kann nicht festgelegt werden. Sie bewegt sich im Bereich zwischen 120 und ca. 400 °C.

Als tragendes Bauteil verhält sich Holz bei Feuerbeanspruchung günstig. Entscheidend für den Feuerwiderstand von Holzständern und -balken sind ihre Querschnitte. Beim Abbrennen verkohlen die Außenschichten der Holzteile und verringern den Querschnitt, bilden jedoch dadurch eine Schutzschicht, die wiederum zur Verlangsamung der Temperaturerhöhung in den noch verbleibenden tragenden inneren Querschnitten führt. Es kommt dadurch nicht zu plötzlichen Einstürzen der Holzkonstruktionen. Die Bildung von Holzkohle steigert sich oberhalb von 500 °C. Die Abbrandgeschwindigkeit liegt je nach Holzart zwischen 0,5 mm/min und 2 mm/min. Entsprechend dieser Geschwindigkeit wird bei einer Feuereinwirkung der tragende Querschnitt reduziert, bis der verbleibende Rest die vorhandenen Lasten nicht mehr aufnehmen kann.

Holz bleibt jedoch trotzt seines vergleichsweise guten Feuerwiderstandes brennbarer Baustoff und trägt somit wesentlich zur Erhöhung der Brandlast in einem Fachwerkhaus bei. Hier sind insbesondere die dem Feuer offen ausgesetzte Holzbauteile zu nennen: Treppen, Dachstühle, Türen, unverputzte Holzständer und Holzbalken.

„Verkohlte Holzbalken, kaputte Ziegelsteine, zerbrochene Dachpfannen, zerborstene Fenster und Türen, davor Gitterzäune und Flatterband der Polizei" [63a]– dieser Anblick bietet sich meist nach einem Brand in einem Fachwerkhaus.

Aus den Berichten über Brände in Fachwerkhäusern ergeben sich ein bestimmtes Verhaltensbild dieser Gebäudeart und der Brandverläufe sowie der Rettungs- und Löschmaßnahmen (Kabat, 2001):

- Trotzt fehlender einheitlicher Brandstatistiken in Deutschland lässt sich aufgrund von Brandberichten grob annehmen, dass die meisten Brände in Fachwerkhäusern infolge von Brandstiftung, durch elektrische Anlagen und Fahrlässigkeit entstehen. Dabei ist jedoch zu bemerken, dass die Ermittlung von Brandursachen in fast vollständig zerstörten Fachwerkhäusern nach einem Brand eine Herausforderung ist und nicht zu einem eindeutigen Ergebnis führt.
- Die Brandentstehungsorte sind Wohnungen und Treppenräume, letzter ist oft der Ort gezielter Brandlegungen.
- Aus dem Brandraum bewegt sich der Brand zunächst von unten nach oben durch die Holzdecken. Wenn der Entstehungsraum sich im obersten Geschoss befindet, wird nach dem Dachboden sehr schnell der Dachstuhl vom Feuer erfasst; diese Brandlage treffen Feuerwehren in Fachwerkhäusern häufig an.
- In Wohnungen entstandenes Feuer breitet sich an der brennbaren Raumausstattung weiter aus; erreicht es die hölzernen, undichten oder offenstehenden Wohnungsabschlusstüren, wird der Treppenraum schnell verraucht.
- Zudem wird die Holztreppe samt hölzernem Geländer vom Brandgeschoss schnell erfasst und ist nicht mehr als Rettungs- und Angriffsweg verwendbar.
- Ist die Holztreppe vom Feuer erfasst oder brennen die Decken durch, kann der Brand durch die Feuerwehr nur von außen gelöscht werden – was wesentlich uneffektiver ist als ein Innenangriff.
- Entdeckt wird ein Feuer oft viel zu spät und meistens dann, wenn die Treppe nicht mehr begehbar ist. In Deutschland fehlen in den meisten Fachwerkbauten immer noch die lebensrettenden Rauchmelder.
- Brennt es im Inneren weiter, so werden zunächst die Verbindungsstellen zwischen Gefache und Holzständer undicht. Nachdem der Putz abgefallen ist, fallen die Ausfachungen aus; die Holzständer werden in der ersten Phase lediglich einseitig feuerbeansprucht.
- Die Holzständer weisen auch in der Brandpraxis einen vergleichsweise hohen Feuerwiderstand auf: Nach einem gelöschten Vollbrand bleiben die verkohlten Holzständer mit ihren Verstrebungen meist bis zum Schluss stehen.
- Erreicht das Feuer den Dachstuhl, erfolgt schnell seine Ausbreitung auf die dicht angebauten Nachbarfachwerkhäuser; als Feuerbrücken erweisen sich hier Traufen, Holzlatten der Dacheindeckungen, Holzfenster in den Abschlusswänden und Holzverkleidungen der Außenwände. Bei einem Brand in einem Fachwerk-Ensemble ist mit Brandschäden an mindestens zwei bis drei Fachwerkhäusern zu rechnen (Abb. 5.225-5.226).

- Entsteht ein Brand in der Decke (Hohl- bzw. Zwischenraum), so breitet er sich oft lange unbemerkt an der brennbaren Auffüllung aus; es bilden sich viele Brandnester, die von der Feuerwehr schwer erreichbar sind.
- Die Holzbalkendecken brennen auch von oben nach unten durch; vom Feuer stark in Mitleidenschaft gezogene Decken können einstürzen.
- Ein Brandeinsatz ist oft ein sehr lang andauernder Einsatz; die Feuerwehr muss sich nicht nur um die Sicherstellung der Rettungswege bemühen, die schnell für die Obergeschosse abgeschnitten werden, sondern auch einen komplizierten Löscheinsatz im Brandhaus und weitreichende Schutzvorkehrungen für die Nachbarhäuser vornehmen. Außerdem müssen alle Brandnester in den Holzbalkendecken aufgespürt und abgelöscht werden.
- Da die Fachwerkhäuser in Städten meist an schmalen Straßen, u. a. durch Markisen und andere Einbauten noch zusätzlich eingeengt liegen, ist die Zufahrt und das Aufstellen von Feuerwehrfahrzeugen nicht selten ein Problem.
- Durch intensive Löscharbeiten werden die Holzbalkendecken (Lehmdecken) durchfeuchtet und können auch dadurch einstürzen; Löschwasserschäden entstehen auch an den vom Feuer nicht erfassten Unterseiten der Decken – Putz und Stuck platzen ab. Holzbalkendecken tragen in Fachwerkhäusern außerdem dazu bei, dass auch ganze Geschosse, in denen es nicht gebrannt hat, durch Löschwasser stark in Mitleidenschaft gezogen werden.
- Nach einem Vollbrand sind die meisten Ausfachungen zerstört und die tragenden Holzständer und Holzbalken so beschädigt, dass das Fachwerkhaus nicht selten abgerissen werden muss.

Abb. 5.225-5.226: Brandausbreitungsgefahren bei Grenzbebauung und enger Stadtbebauung von Fachwerkhäusern

Tabelle 5.16: Feuerwiderstandsdauer von historischen Fachwerkwänden (Bewertung nach Untersuchungen gemäß DIN 4102-2) (Leimer, 1998) (Ehm et al., 1990)

	Außenbekleidung Kaltseite	**Ausfachung**	**Innenbekleidung Brandseite**	**Feuerwiderstand**
1	Geputzt im Gefach	Lehm	Geputzt (auch) über den Holzteilen	F 60
2	Geputzt (Lehmputz) im Gefach	Lehmbatzen	Geputzt (auch) über den Holzteilen (Lehmputz)	F 60 – F 90
3	Geputzt (Kalkmörtel) im Gefach	Spalierlatten Strohlehm	Geputzt (auch) über den Holzteilen (Wärmedämmputz)	F 60 – F 90
4	Geputzt (Kalkmörtel) im Gefach	Strohlehm	Holzwolle-Leichtbauplatten und geputzt (auch) über den Holzteilen	fast F 90
5		Ziegel		F 30
6	Geputzt im Gefach	Ziegel		F 30
7	Geputzt im Gefach	Ziegel	Geputzt (auch) über den Holzteilen	F 30
8	Geputzt (auch) über den Holzteilen	Ziegel	Geputzt (auch) über den Holzteilen	F 90
9	Geputzt im Gefach	Ziegel	Geputzt (auch) über den Holzteilen	F 30

Da selbst für übliche Fachwerkwände kaum ausreichende Angaben zum Feuerwiderstand und somit auch zu Maßnahmen des vorbeugenden Brandschutzes vorliegen, wurden Brandversuche an Fachwerkwänden durchgeführt. Zuvor wurden in Zusammenhang mit den Versuchshäusern im Freilichtmuseum Hessenpark in Kleinversuchen verschiedene alte und moderne Fachwerkwandkonstruktionen auf ihre Feuerwiderstandsdauer untersucht. Für historische Fachwerkwände wurden dabei folgende Ergebnisse erzielt (siehe Tabelle 5.16).

Für die historischen Fachwerkwände in bestehenden alten Fachwerkhäusern lassen die oben zitierten Untersuchungen sowie weitere Überlegungen u. a. folgende Schlussfolgerungen zu:

- Zur Erzielung einer Feuerwiderstandsdauer von mindestens 30 Min. müssen die tragenden Fachwerkhölzer – Holzständer und Holzriegel – die Querschnittsabmessungen von mindestens 100 mm × 100 mm haben.
- Intakte Fachwerkwände alter Häuser erreichen mit Sicherheit die Feuerwiderstandsdauer von 30 Min.
- Fachwerkwände mit Lehmausfachungen zeigen eine gute Feuerwiderstandsdauer. Lediglich von einer Seite bekleidet (Brandseite) sind sie mindestens F 30, wenn nicht F 60.
- Fachwerkwände mit Ziegelausfachung können sogar ohne Bekleidung auf beiden Seiten als F 30 eingestuft werden.

- Besonderes Augenmerk ist bei den alten Fachwerkwänden auf die Fugen zwischen Holz/Holz und Holz/Gefach zu richten. Im Hinblick auf den Rauchdurchtritt müssen diese Fugen abgedichtet sein.
- Die historischen Fachwerkwände bedürfen aus der Sicht des Brandschutzes keiner zusätzlichen modernen Baumaterialien in Form von Bauplatten oder Kunstputzen, um die Feuerwiderstandsklasse F 30 zu erreichen.

Unter der Voraussetzung, dass bei Holzbalkendecken die Holzbalken eine Breite von mehr als 100 mm aufweisen, erreichen die typischen Einschubdecken mit einer bestehenden unteren Bekleidung eine Feuerwiderstandsdauer von mehr als 30 Min. Sie können ohne Entkernung und Nachrüstung in die Feuerwiderstandsklasse F 30-B eingestuft werden (MPA/IBMB TU Braunschweig, 1996). Bei Decken ohne Einschub kann dies nicht von vornherein angenommen werden.

Historische und insbesondere sanierungsbedürftige Fachwerkhäuser sind brandschutztechnisch zu beurteilen (Abb. 5.227-5.229). Die Feuerwiderstandsdauer der Holzbalkendecken und Fachwerkwände kann nach den vorstehenden Kriterien angenommen werden.

Abb. 5.227: Sanierungsbedürftiges Fachwerkhaus

Abb. 5.228: Sanierungsbedürftige Holzbalkendecke

Abb. 5.229: Sanierungsbedürftige Grenzwand aus Holzfachwerk

Das Holzfachwerk wird heute in Städten geschützt: Die Gestaltungs- bzw. Ortsbausatzungen bestimmen, dass das den Charakter des historischen Stadtkerns prägende Holzfachwerk zu erhalten ist [64]. Das Fachwerk darf nicht immer verputzt werden. Unter Putz liegendes künstlerisch oder bauhistorisch wertvolles Holzwerk ist bei Fassadenerneuerung freizulegen. Die Gefache sind holzbündig glatt zu verputzen, und die Gefachanstriche in der Regel in weißer oder gebrochen weißer Farbe auszuführen. Die vorhandenen sichtbaren oder freigelegten Zeichen, Ornamente, Inschriften und Schnitzwerke sind nach den Regeln der Denkmalpflege zu erhalten. Von öffentlichen Straßen und Plätzen sichtbare Außenwände dürfen nicht mit Blech, Glas, Keramik, Asbestzement, Kunststoffplatten, Schindeln, Kunst- oder Werkstein verkleidet werden. Die schmalen Zwischenräume zwischen den Gebäuden sind in ihrer Breite beizubehalten.

5.6.2 Brandschutzmaßnahmen

Landwirtschaftliche Hofanlagen

Brandschutzmaßnahmen in historischen landwirtschaftlichen Hofanlagen sind in erster Linie von der bestehenden bzw. geplanten neuen Nutzung der einzelnen Gebäude bzw. Gebäudeteile abhängig.

Bestehende Hofanlagen, die nach wie vor ausschließlich landwirtschaftlich genutzt werden, sollten insbesondere in folgenden Bereichen brandschutztechnisch ertüchtigt werden:

1. **Brandabschnittsbildung**

   Die Hofanlage sollte in Hinblick auf eine vorhandene bzw. mögliche Unterteilung in Brandabschnitte untersucht werden. Meistens weisen Brandwände zwischen Wohnteil und Wirtschaftsgebäude Mängel auf: Alle Öffnungen in diesen Wänden müssen zugemauert bzw. mit T 90-Türen versehen werden. Stößt die Brandwand an Holzbalkendecken an, so ist sie entweder hoch bis übers Dach zu ziehen oder die Holzbalkendecken sollten von unten und oben mit Brandschutzplatten verkleidet werden.

   Bei geschlossenen Hofanlagen sind weitere Trennwände erforderlich. Die bestehenden gemauerten Trennwände zwischen den einzelnen Gebäudeteilen sind ebenfalls zu prüfen und ggf. zu ertüchtigen (Schließen der Öffnungen, Einbau von T 30-Türen).

2. **Rauchwarnmelder**

   Wenn nicht in der ganzen Hofanlage, sollten zumindest im Wohnteil Rauchwarnmelder (nach DIN 14676) installiert werden.

3. **Haustechnik**

   Die haustechnischen Anlagen, insbesondere alle elektrischen Geräte und Anlagen, sollten regelmäßig durch Elektrofachkräfte geprüft und gewartet werden. Hier gilt die DIN VDE 0100-705 (Elektrische Anlagen von landwirtschaftlichen und gartenbaulichen Betriebsstätten) und die

Unfallverhütungsvorschrift VSG 1.4 (Elektrische Anlagen und Betriebsmittel).

Außerdem gilt grundsätzlich für landwirtschaftliche Betriebe, dass elektrische Betriebsmittel, die Brände auslösen können, von brennbaren Stoffen freizuhalten und so aufzustellen und zu betreiben sind, dass sie keinen Brand verursachen können und nur bestimmungsgemäß verwendet werden.

4. **Löschwasserversorgung**

   Ist die Löschwasserversorgung nicht ausreichend gesichert, liegt z. B. keine Hydrantenleitung vor, so sollte auf eigenem Grundstück nicht weiter als ca. 100 m entfernt ein Löschwasserteich errichtet werden (Abb. 5.230-5.231). Dieser (nach DIN 14210) muss nicht immer über einen nutzbaren Inhalt von mindestens 1000 m^3 verfügen, jedoch mindestens die Wassermenge für den ersten Löscheinsatz beinhalten und 2 m tief sein. Als Wasserentnahmestelle muss entweder ein Saugschacht mit einer lichten Weite von mindestens 300 mm oder ein Saugrohr mit einer Nennweite von mindestens 125 mm und einer Maximallänge von 10 m vorhanden sein.

Abb. 5.230-5.231: Ein Löschwasserteich mit Teichfolie, Schacht und Saugstutzen (Quelle: Alfons Hennemann)

Bei Nutzungsänderungen von Hofanlagen müssen zunächst die für die jeweilige Nutzung geltenden Vorschriften beachtet werden. Das kann insbesondere die Versammlungsstättenverordnung für die dort erfassten Nutzungsarten sein (Versammlungsstätte, Beherbergungsbetrieb). Für alle anderen Nutzungen bleibt als Rechtsgrundlage die Bauordnung. Es ist jedoch von vornherein offensichtlich, dass die seit Jahrhunderten betriebenen Hofanlagen den heutigen Bau- und Brandschutzvorschriften nicht entsprechen und nicht angepasst werden können. Somit muss für jede neue Nutzung ein **Brandschutzkonzept** erstellt werden, in dem nicht die Anpassung an das Baurecht, sondern der Nachweis der Schutzziele erbracht wird. Die Genehmigungsbehörde kann nach der Bauordnung Abweichungen von bauaufsichtlichen Anforderungen des Baurechts zulassen, wenn sie unter Berücksichtigung des Zwecks der jeweiligen Anforderungen und unter Würdigung der nachbarlichen Interessen mit den öffentlichen Belangen vereinbar sind.

Für konkrete Nutzungen vorgeschriebene Brandschutzmaßnahmen können entsprechend – an die Originalsubstanz der Hofanlage angepasst – durch Kompensationsmaßnahmen ersetzt werden. Folgende **bauliche und**

technische Brandschutzmaßnahmen können sich bei den unterschiedlichen Nutzungsänderungen als erforderlich erweisen:

1. **Sicherstellung der Rettungswege**

   - Die Rettungswege in erdgeschossigen Hofgebäuden können zunächst durch eine ausreichende Anzahl von Ausgängen ins Freie gesichert werden. Es wird insbesondere relevant, wenn Scheunen, Dielen und andere Hofgebäude zu Versammlungsräumen umgenutzt werden. Hierfür gilt ab 200 Besucher pro Raum bzw. zusammen für mehrere Räume mit gemeinsamen Rettungswegen die Versammlungsstättenverordnung. Danach muss jeder Raum mindestens zwei Ausgänge haben, die mindestens 1,20 m je 200 Besucher breit sein müssen. Bei Beherbergungsstätten sind meist zwei bauliche Rettungswege erforderlich (Abb. 5.232-5.234).

Abb. 5.232-5.234: Zwei bauliche Rettungswege auf einem Schulbauernhof für 60 Betten auf dem ehemaligen. Heuboden (Schulbauernhof Künnemann in Versmold)

Abb. 5.235: Nachträglich eingebaute Brandschutzverglasung zwischen einem privat genutzten und einem öffentlich zugänglichen Bereich einer Hofanlage

- Bei mehrgeschossigen Hofbauten muss meist die bestehende Holztreppe kompensiert werden. Sie muss nicht ersetzt oder verkleidet werden, wenn die Rettungswege aus den Obergeschossen ausreichend gesichert sind. Dies ist meist durch eine brandschutztechnische Abtrennung des Treppenraumes von den Geschossen oder/und die Errichtung einer zweiten notwendigen Treppe (auch einer Außentreppe) möglich.

2. **Brandabschnittsbildung**

   In den gesamten Hofanlagen sind Brandabschnitte erforderlich. Zunächst sollten die schon bestehenden historischen Brandmauern ertüchtigt werden. Eine nachträgliche Brandwand ist in einer geschlossenen Hofanlage bautechnisch nicht möglich. Weitere Trennwände ergeben sich aus den neuen Nutzungen. Zumindest sollten Sondernutzungen wie Konzerte oder Partys in Scheunen, Gastronomie und Veranstaltungen in Dielen und Hotel- und Gästezimmer in Stallgebäuden von den sonstigen Nutzungen brandschutztechnisch durch gemauerte Wände bzw. ertüchtigte Fachwerkwände abgetrennt werden.

3. **Automatische Brandmeldeanlage**

   Da tragende Bauteile (Holzbalkendecken, Dachtragwerk, Gusseisenstützen) den heutigen Vorschriften für neue Nutzungen kaum mehr entsprechen, müssten sie brandschutztechnisch ertüchtigt werden. Diese Ertüchtigung kann durch Brandschutzeinrichtungen kompensiert werden, wenn die Rettungswege ausreichend gesichert sind. Das gilt insbesondere für die Nutzung als Versammlungsstätte für Konzerte, Lesungen, Partys oder als Beherbergungsstätte. Eine geeignete Kompensationsmaßnahme ist hier eine automatische Brandmeldeanlage mit Rauchmeldern (nach DIN 14675 / DIN VDE 0833) und Aufschaltung auf die Feuerwehrleitstelle.

4. **Weitere Brandschutzmaßnahmen**

   Weitere Brandschutzmaßnahmen, die für eine Umnutzung geplant und ausgeführt werden müssen, sind insbesondere:

   - Löschwasserentnahmestellen,
   - Sicherheitsbeleuchtung,
   - neue elektrische Anlage,
   - Zufahrt für die Feuerwehr,
   - Rauchableitung in Versammlungsräumen,
   - Alarmierungseinrichtung.

Fachwerkhäuser

Schon im Verlauf ihrer Baugeschichte hat man versucht, Fachwerkbauten aus Feuerschutzgründen insbesondere im 15. und 16. Jh. zu ertüchtigen (Abb. 5.237-5.238):

- Die Außenwände der Fachwerkhäuser wurden mit Lehm verstrichen oder sogar mit Backsteinen ausgemauert.
- Strohdächer sollten zugunsten von Ziegel- bzw. Schieferdächern entfernt werden.

Alte Bauordnungen haben sogar Fachwerk verboten (Abb. 5.236):

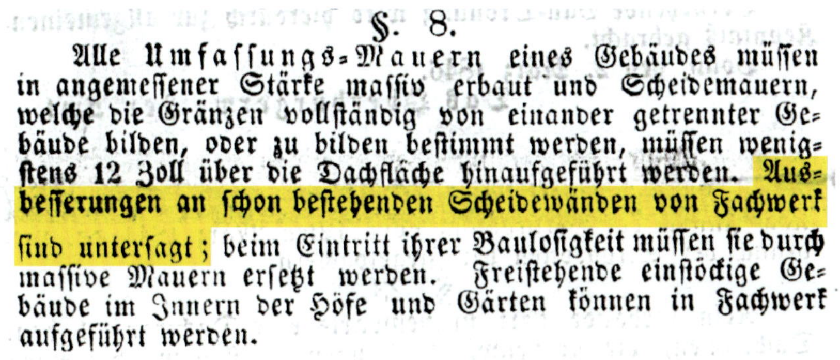

§. 8.

Alle Umfassungs-Mauern eines Gebäudes müssen in angemessener Stärke massiv erbaut und Scheidemauern, welche die Gränzen vollständig von einander getrennter Gebäude bilden, oder zu bilden bestimmt werden, müssen wenigstens 12 Zoll über die Dachfläche hinaufgeführt werden. Ausbesserungen an schon bestehenden Scheidewänden von Fachwerk sind untersagt; beim Eintritt ihrer Baulosigkeit müssen sie durch massive Mauern ersetzt werden. Freistehende einstöckige Gebäude im Innern der Höfe und Gärten können in Fachwerk aufgeführt werden.

Abb. 5.236: Bauordnung für die Stadt Bonn von 1846 mit dem Gebot, Trennwände (Scheidewände) bzw. Grenzwände durch Mauern zu ersetzen

Eine an vielen Fachwerkbauten erforderliche Restaurierung oder Sanierung und die oft sehr weit gehend gewünschte Modernisierung werfen häufig Fragen des (meist baulichen) Brandschutzes auf (Abb. 5.239). So wie in allen anderen Altbauten und Baudenkmälern kann der Brandschutz auch in Fachwerkhäusern nicht punktuell bei einzelnen Bauteilen betrachtet werden. Der Brandschutz im Fachwerkbau bedarf einer komplexen Beurteilung und einer Gesamtlösung.

Abb. 5.237-5.238: Wiederaufgebautes Freudenberg (Siegerland) nach einem Brand von 1666: Wieder in Fachwerkbauweise, jedoch mit vergrößerten Gebäudeabständen

Jedes Fachwerkhaus, das in seinen wesentlichen Teilen oder dessen Nutzung nicht geändert wird, genießt zunächst den baurechtlichen Bestandschutz. Das bedeutet, dass auch an den baulichen Brandschutz in diesen Fällen keine nachträglichen Forderungen gestellt werden dürfen – schon gar nicht solche, die bautechnisch nicht erfüllt werden können. Da jedoch heutzutage die Nutzung in vielen Fällen im Vergleich zu ihrer ursprünglichen und rechtmäßigen Nutzung abweicht und mit höheren Gefahren behaftet ist, stellt sich die Frage: Entsprechen die Fachwerkhäuser den heutigen Vorschriften des baulichen Brandschutzes und wenn nicht, was ist zu tun? Trotz des Bestandsschutzes weichen Fachwerkhäuser oft von den Vorschriften der Landesbauordnung ab. In Tabelle 5.17 sind die typischen Merkmale zusammengefasst, die den heutigen Vorschriften für den baulichen Brandschutz und den geltenden Anforderungen an Gebäude in den Landesbauordnungen meist nicht entsprechen. Bei Sanierung und Modernisierung müssen diese Abweichungen von der jeweils geltenden Landesbauordnung in jedem konkreten Fall dargelegt werden.

Abb. 5.239: Ein Fachwerkgebäude während der Sanierung

Tabelle 5.17: Typische Abweichungen vom heutigen Baurecht bei Fachwerkhäusern

Lage / Bauteil	**Forderung des Baurechts**	**Bestand im Fachwerkhaus**
Zufahrt und Aufstellfläche für die Feuerwehr	Bei Gebäuden mit mehr als 7 m Fußbodenhöhe: • Zufahrt 3 m breit • Aufstellfläche in 3 – 9 m Abstand zum Gebäude • 5,0 m breit	In Altstädten: • schmale und zugebaute Altstadtgassen • keine ausreichenden Aufstellflächen
Gebäudeabstand und Gebäudeabschlusswand	Gebäudeabstand: • Abstandstiefe mind. 3 – 5 m Gebäudeabschlusswand: • Brandwand (F 90-A) bzw. feuerbeständige Wand (F 90-AB) • keine Fenster, evtl. Brandschutzverglasung	Abstand zwischen Fachwerkhäusern: • meist 0,5 – 1 m Gebäudeabschlusswand: • keine Brandwand • Fachwerkwand (F 30-B, nach Ertüchtigung bis F 90-B) • Fenster in der Wand ohne Brandschutzverglasung
Tragende Wände und Stützen, Trennwände und Decken	Bei Gebäuden mit mehr als 7 m Fußbodenhöhe: • feuerbeständig (F 90-AB) In Gebäuden bis 7 m Fußbodenhöhe: • feuerhemmend (F 30-B)	In Fachwerkhäusern mit mehr als 7 m Fußbodenhöhe: • Fachwerkwände (F 30-B, nach Ertüchtigung bis F 90-B) In Fachwerkhäusern bis 7 m Fußbodenhöhe: • feuerhemmend (F 30-B)
Brandwand	• feuerbeständig und aus nichtbrennbaren Baustoffen (F 90-A) • keine brennbaren Bauteile über die Brandwand	• keine Brandwände • an Grundstücksgrenzen Fachwerkwände in den tragenden Teilen aus brennbaren Baustoffen (F 30-B – F 90-B) • Traufen, Holzbalken und -latten über Fachwerkwänden
Treppe	Notwendige Treppe (erster Rettungsweg): • feuerbeständig (F 90-AB) und aus nichtbrennbaren Baustoffen / aus nichtbrennbaren Baustoffen / feuerhemmend (F 30-B)	Meist die einzige Treppe: • aus brennbaren Baustoffen (Holz) • manchmal feuerhemmend (F 30-B)
Treppenraum	Wände des notwendigen Treppenraumes: • in der Bauart der Brandwände (F 90-A) / feuerbeständig (F 90-AB) Ausgang ins Freie: • Wände wie die Wände des Treppenraumes • Rauchschutztüren zu notwendigen Fluren • keine Öffnungen zu anderen Räumen (mit Abweichung T 30-RS-Türen) Türen: • feuerhemmende / rauchdichte / dichtschließende	Holztreppe ohne Treppenraum bzw. Wände des Treppenraumes: • Fachwerkwände in den tragenden Teilen aus brennbaren Baustoffen (F 30-B – F 90-B) Als Ausgang ins Freie: • Fachwerkwände in den tragenden Teilen aus brennbaren Baustoffen (F 30-B – F 90-B) • Holztüren zu Fluren bzw. Nutzungseinheiten Bestehende Türen: • undichte Holztüren

Da Fachwerkhäuser eine gewisse Feuerwiderstandsdauer besitzen und oft Jahrhunderte lang den Bewohnern den Rettungsweg sicherten, müssen sie nicht bei jeder Sanierung und Modernisierung brandschutztechnisch mit den heutigen Mitteln ertüchtigt werden. Ob eine brandschutztechnische Ertüchtigung erforderlich ist, ist in einem Brandschutzkonzept darzulegen, welches nicht einzelne Brandschutzmaßnahmen, sondern den Brandschutz in seiner Gesamtheit aufgreift. Es ist selbstverständlich, dass der Erstellung solch eines Brandschutzkonzeptes eine gründliche Bestandanalyse in statischer und bauphysikalischer Hinsicht vorangehen muss. Das Brandschutzkonzept umfasst folgende Punkte:

- Beurteilung der tatsächlichen Brandschutzlage in Hinblick auf die Vorschriften,
- Erbringung des Nachweises der Erfüllung von Schutzzielen,
- Katalog der erforderlichen nachträglichen baulichen und technischen Brandschutzmaßnahmen,
- technische Einrichtungen und organisatorische Maßnahmen als Kompensierung der erforderlichen, jedoch nicht ausführbaren baulichen Brandschutzmaßnahmen,
- Begründung für entstehende Abweichungen vom geltenden Baurecht.

Ist in einem Fachwerkhaus eine brandschutztechnische Ertüchtigung erforderlich, so sind folgende **Brandschutzmaßnahmen** möglich:

1. Es können folgende Bauteile brandschutztechnisch ertüchtigt werden:
   - **Fachwerkwände**: Tragende Wände, Gebäudeabschluss-, Treppenraum- und Trennwände,
   - **Decken**: Holzbalken- und Kappendecken,
   - **Rettungswege**: Treppen, Treppenräume, Türen, Fenster.

   Zu beachten ist außerdem, dass die in einem Fachwerkhaus nachträglich eingebauten konstruktiven Bauteile wie Stahlstützen und Stahlträger zumindest die Feuerwiderstandsdauer des Fachwerks aufweisen müssen (mindestens F 30-B) (Abb. 5.240).

Abb. 5.240: F 30-beschichtete Stahlkonstruktion in einem Fachwerkhaus

2. Die **Feuerwiderstandsdauer von Fachwerkwänden** kann, wenn erforderlich, nachträglich erhöht werden durch

   a) eine einseitige Bekleidung und/oder

   b) den Austausch der Gefache.

   Klassifizierte Fachwerkwände F 90-B (nach DIN 4102) gibt es nicht. Auf dem Markt liegen allerdings inzwischen verschiedene Bekleidungen vor, die den Nachweis durch eine bauaufsichtliche Zulassung bzw. ein Gutachten einer Materialprüfanstalt für die Feuerwiderstandsklasse F 90-B einer Fachwerkwand erbringen:

   - Gipskarton-Feuerschutzplatten,
   - Gipsfaserplatten,
   - Silikatplatten,
   - Kalziumsilikatplatten.

   All diese Bekleidungen sind für Fachwerkwände mit Mauerwerk (nach DIN 1053, d > 100 mm) als Ausfachung zugelassen. Vorteilhaft ist bei der Bekleidung mit Silikat- und Kalziumsilikatplatten, dass sie lediglich auf einer Seite der Fachwerkwand angebracht werden müssen, obwohl die Wand von beiden Seiten feuerbeansprucht werden kann. Die andere Seite kann dadurch frei sein und das Fachwerk als solches zur Geltung kommen lassen.

   Nicht klassifizierte Fachwerkwände in einer Ausführung aus modernen Baumaterialien zeigten in den zitierten Branduntersuchungen folgendes Brandverhalten (Tabelle 5.18):

Tabelle 5.18: Feuerwiderstandsdauer von modernen Fachwerkausführungen (Bewertung nach Untersuchungen gemäß DIN 4102-2) (Leimer, 1998) (Ehm et al., 1990)

	Außenbekleidung Kaltseite	**Ausfachung**	**Innenbekleidung Brandseite**	**Feuerwiderstand**
1	Wärmedämmputz 5 cm, mineralisch / organisch geputzt im Gefach	Natursteine 14 cm, Kalksteine / Sandsteine	Wärmedämmputz 5 cm, mineralisch / organisch geputzt (auch) über den Holzteilen	F 60 – F 90
2	Kalkmörtel 2 cm (Ober- und Unterputz) geputzt im Gefach	Gasbeton 14 cm	Kalkmörtel 2 cm (Ober- und Unterputz) geputzt (auch) über den Holzteilen	F 90 – F 120
3	Kalkmörtel 2 cm (Ober- und Unterputz) + PU-Ortschaum 6 cm geputzt im Gefach	Strohlehm 8 cm	Putzsystem mit PU 0,5 cm geputzt (auch) über den Holzteilen	fast F 60
4	Gipskartonplatte 1,25 cm + Mineralwolle 5 cm geputzt im Gefach	Vollblock Bims 11,5 cm	Dämmputz 2,5 cm mineralisch / organisch geputzt (auch) über den Holzteilen	F 60 – F 90
5	Kalkmörtel 2 cm (Ober- und Unterputz) geputzt im Gefach	Vollziegel 7,2 cm	Mineralwollplatte 6 cm + mineralischer Putz 1 cm geputzt (auch) über den Holzteilen	F 90
6	Geputz im Gefach	Ziegel	Wärmedämmputz 0,5 cm geputzt (auch über den Holzteilen)	F 90
7	Geputz im Gefach	Gefachemörtel	Brandschutz-Vlies geputzt (auch) über den Holzteilen	F 60
8	Geputz im Gefach	Flotto beidseitig auf einer mittigen HWL-Platte	Flotto 6 cm über den Holzteilen	F 90
9	Geputz im Gefach	Flotto beidseitig auf einer mittigen HWL-Platte		F 30
10	Geputz im Gefach	Flotto beidseitig auf einer mittigen HWL-Platte	Flotto 3 cm über den Holzteilen	F 90
11	Geputz im Gefach	Schlitz / Universalmörtel		F 60
12	Geputz im Gefach	Schlitz / Universalmörtel	Brandschutz-/Putzträger-Platte 1,5 cm, Gewebespachtel 0,2 cm, Edelputz 0,2 cm	F 30
13	Geputz im Gefach	MIFA	GKF, DS 1,25 cm, MIFA 0,3 cm, GKF 1,25 cm	F 90
14	Geputz im Gefach	Porenbeton / MIFA	Geputz im Gefach	F 60
15	Geputz im Gefach	Ziegel	2 GKF 18 cm auf UK, Geputz im Gefach	F 90
16	GKF 1,25 cm auf Trockenputz	Ziegel	Geputz im Gefach GKF 1,25 cm auf UK	F 90
17	Geputz im Gefach	Ziegel	GK-Verbundplatte, PS geklebt	F 60

3. **Höhere Feuerwiderstandsklassen** als F 30-B können für bestehende Holzbalkendecken durch nachträgliches Bekleiden erreicht werden. Die Bekleidung erfolgt mit den gleichen Platten wie bei den Fachwerkwänden, entsprechende Zulassungen sind bei der Ausführung zu beachten. Die bestehenden Holzbalkendecken müssen bei der Bekleidung und Erhöhung der Feuerwiderstandsdauer nicht entkernt werden. Die Feuerwiderstandsklasse F 90-B wird dabei sowohl bei den Decken mit wie auch ohne Einschub erreicht. Somit müssen bei der Sanierung keine neuen Decken, auch keine Stahlbetondecken, eingebaut werden, vorausgesetzt, die bestehenden Holzbalkendecken sind noch intakt oder können saniert werden. Für die Brandbeanspruchung von oben müssen die Holzbalkendecken einen schwimmenden Fußboden bzw. Estrich oder ebenfalls eine Bekleidung mit Bauplatten bekommen.

   Trotz alledem sollte der bauliche und technische Brandschutz ein fachwerkgerechter sein und die Baustoffe, Bauteile und Bauart des Fachwerkbaus für seine Zwecke ausnutzen. Da Fachwerkbauten heute wieder geschätzt werden, ist auch der Brandschutz angehalten, das Fachwerk nicht unnötig zu beeinträchtigen. Zur Verbesserung können Kompensationsmaßnahmen ausgearbeitet und ausgeführt werden. Dazu können gehören:

   - Automatische Brandmeldeanlage mit Rauchmeldern,
   - zweiter baulicher Rettungsweg,
   - Wassernebellöschanlage.

4. Bei der Beurteilung und Sanierung gehört zu den größten Streitpunkten die **Sicherstellung der Rettungswege**: Einerseits werden z. B. in mehrgeschossigen Fachwerkhäusern Nutzungen gewünscht, die mit den bestehenden charakteristischen Gegebenheiten wie Holztreppen oder nicht feuerbeständigen Treppenräumen nicht vereinbar sind und auch nicht den heutigen Anforderungen des Baurechts entsprechen. Andererseits müssen manchmal Maßnahmen zur Erfüllung des geltenden Baurechts zur Sicherstellung der Rettungswege wie z. B. eine Stahlaußen- oder massive Stahlbetoninnentreppe abgelehnt werden, weil sie die Substanz des Fachwerkhauses als Baudenkmal oder sein Erscheinungsbild zu sehr zerstören.

   Akzeptable Lösungen zur Sicherung von Rettungswegen zu finden, sollte das Ziel eines Brandschutzkonzeptes sein, in dem die bestehenden Treppen, Treppenräume / Treppenraumwände und Eingangstüren von Nutzungseinheiten ertüchtigt werden. Für ihre Abschwächung im Vergleich zu der Landesbauordnung sollten zudem Abweichungen erteilt und eventuell Kompensationsmaßnahmen erarbeitet werden.

   Folgende Maßnahmen sind hier möglich:

   - Holztreppen
     Die unterseitige nachträgliche Bekleidung von Holztreppen ist eine langjährige Praxis und gilt als eine bewährte Maßnahme zur Erhöhung des Feuerwiderstandes der Holzstufen, wobei ein Beweis für diese angestrebte Nachbesserung in der Vergangenheit nicht erbracht wurde.

In einigen Versuchsreihen aus den Jahren 1986 und 1995 wurden Holztreppen in alten Wohngebäuden bei Originalbrandbeanspruchung untersucht (Rösler et al., 1993) (Kotthoff, 1995). Die Versuche haben insbesondere ergeben, dass die Bekleidung der Unterseiten von Holztreppen und Podesten mit nichtbrennbaren Gipskartonplatten den Vollbrand im Treppenraum nur um 1 – 5 Minuten verzögert. Der Brand wird durch freiliegende Holzteile (Geländer, Treppenwangen) nach oben geleitet und die Menschenrettung ist sowohl bei geschützten als auch bei ungeschützten Treppenläufen dann praktisch unmöglich, wenn ein Wohnungsbrand auf den Treppenraum übergreift. Daraus zeigt sich, dass eine nachträgliche Verkleidung der Unterseiten von Holztreppen die angestrebte feuerhemmende Wirkung nicht erbringt und somit keine wesentliche Verbesserung des Brandverhaltens im Vergleich zu nichtverkleideten Treppen bietet. Dies betrifft allerdings in erster Linie Holztreppen mit Setzstufen (Holztreppen aus Blockstufen, eingestemmte bzw. aufgesattelte Treppen). Generell sollte auf die Bekleidung der bestehenden Holztreppen von unten nicht in jedem Sanierungsfall verzichtet werden. Insbesondere dann nicht, wenn die Holztreppe den einzigen baulichen Rettungsweg bildet und die Ertüchtigung sonstiger Bauteile im Treppenraum, vor allem der Türen, größere Schwierigkeiten bereitet. Zur Erzielung der Feuerwiderstandsklasse F 30-B kann die Treppe beispielsweise mit einer 18 mm dicken Gipskarton-Feuerschutzplatte oder einer Putzschale aus Drahtgewebe bekleidet werden.

- Türen
  Aus den oben erwähnten Untersuchungen ergibt sich die wirksamste Brandschutzmaßnahme zur Verzögerung des Übergreifens eines Brandes auf den Treppenraum bei alten Gebäuden: Die nachträgliche Ertüchtigung bzw. der gänzliche Austausch der Raumabschlusstüren und der Abtrennungen zwischen Geschossen und Treppenraum. Können die Wohnungseingangstüren nicht gegen rauchdichte Türen ausgetauscht werden, so sollten sie zumindest dicht- (umlaufende Silikondichtung, Doppelfalz) und selbstschließend (Türschließer) werden. Schwachstellen wie Verglasungen, dünne Holzquerschnitte und Oberlichter sollten ausgetauscht werden. Brandschutzverglasungen lassen sich z. B. hinter die bestehende (manchmal historische) Verglasung einbauen.

- Außentreppe
  Bedingt durch die Nutzung der Obergeschosse können auch Außentreppen erforderlich sein (Abb. 5.241-5.242). Diese können dann als erster Rettungsweg dienen, sodass bestehende Holztreppen im Gebäude ohne Änderungen beibehalten werden können.

Abb. 5.241-5.242: Außentreppen an Fachwerkhäusern; Wohnheime und Gästehaus einer Klosteranlage

5. **automatische Brandmeldeanlage**

Eine der wichtigsten nachträglichen Brandschutzmaßnahmen bei der Sanierung und beim Belassen der Treppenraumwände und Holztreppen – und gleichzeitig als Kompensationsmaßnahme für diese Abweichungen vom Baurecht – ist eine autom atische Brandmeldeanlage. Diese ist geeignet für die

- frühzeitige Brandentdeckung und Brandmeldung,
- wesentlich verringerte Reaktionszeit auf den Brandausbruch,
- wesentlich verringerte Eingriffszeit der Feuerwehr,
- wesentlich verringerte Feuerbeanspruchungszeit für die Holzteile.

Abb. 5.243: Brandmeldeanlage (Punkt-Rauchmelder), Rettungsweghinweisschild und Feuerlöscher in einem sanierten Fachwerkhaus (Open Library) (Adam-und-Eva-Haus in Paderborn)

Die automatische Brandmeldeanlage kann ausgeführt werden in Form von

- (Punkt-)Rauchmeldern,
- Rauchansaugsystemen (RAS) (Abb. 5.243),
- Linienmeldern,
- Funkrauchmeldern,
- Batterierauchmeldern.

In Fachwerkhäusern ist dafür zu sorgen, dass an den obersten Stellen ihrer Treppenräume – über dem obersten Treppenpodest – Fenster oder Rauchabzüge eingebaut werden. Aus dem Treppenraum sind die Zählerschränke und Elektroverteiler in Schränken aus Holz zu entfernen. Sie sind zumindest gegen Metallschränke mit Metalltüren zu ersetzen. Am besten ist die Elektroverteilung außerhalb des Treppenraumes zu montieren.

Zusammenfassend kann angeführt werden, dass zu einer **fachwerkgerechten Brandschutzsanierung** folgende bauliche und technische Maßnahmen gehören:

- **Maßnahmen gegen die Brandentstehung:**
  - Austausch oder Erneuerung elektrischer Anlagen,
  - Sanierung oder Stilllegung schadhafter Kamine,
  - Installation einer Blitzschutzanlage.
- **Maßnahmen gegen die Brandausbreitung:**
  - Instandsetzen von Stroh-Lehm/Ziegelstein-Ausfachungen der Fachwerkwände, darunter insbesondere der Dreikant-Randleisten und der Abdichtungen,
  - Bekleiden bzw. Verputzen der Fachwerkwände, auch einseitiges, darunter insbesondere der Treppenraumwände,
  - Ergänzung oder Austausch von schadhaften Holzständern der Fachwerkwände,
  - Reparatur der Deckenbalken,
  - Instandsetzen von Deckenbekleidungen (Deckenverputz) auch nach der vorhandenen Ausführung,
  - Instandsetzen der Holzdielenfußböden bzw. Verlegung einer neuen schwimmenden Dielung oder eines schwimmenden Estrichs,
  - Einbau von neuen feuerhemmenden und rauchdichten Türen zum Treppenraum bzw. Instandsetzen und Nachrüsten der bestehenden Türen (Türschließer, Dichtung, Doppelfalz, Glasaustausch),
  - Verkleidung der Dachunterseiten mit nichtbrennbaren Dämmstoffen und Brandschutzplatten,
  - Abschotten der Durchbrüche für die Haustechnik in den Holzbalkendecken bzw. Verlegung der Installationen in Schächten.

Abb. 5.244: Der Versuch einer Brandschutzabschottung durch F 90-Verkleidung vom Abluftkanal an der Grenze zwischen zwei Fachwerkhäusern

- Maßnahmen zur Sicherstellung der Rettungswege: Alle Maßnahmen gegen die Brand- und Rauchausbreitung, insbesondere aber
  - der Einbau von neuen feuerhemmenden und rauchdichten Türen zum Treppenraum,
  - Instandsetzen und Nachrüsten bestehender Türen (Türschließer, Dichtung, Doppelfalz, Glasaustausch),
  - Einbau von Fenstern bzw. Rauchabzügen über dem obersten Treppenpodest,
  - Instandsetzen und Verbessern von Fenstern in der vorhandenen Fachwerkpfostenstellung.

5.6.3 Beispiele

Infozentrum Kump Hallenberg

Informations- und Kommunikationszentrum im Fachwerkhaus Kump in Hallenberg (Sauerland)

Bauherrschaft	Stadt Hallenberg
Projektleitung	
Entwurfsverfasser/ Planer	Lohmann von Rosenberg Architekten, Brilon: Dipl.-Ing. Architekten: E. Lohmann, R. Wommelsdorf, S. Narten, B. Breloh
Brandschutzplaner	Dipl.-Ing. S. Kabat, Herzebrock-Clarholz

Baubeschreibung

Das historische Baudenkmal Kump wurde vor 1780 erbaut und ist eine zweigeschossige Gebäudegruppe in L-Form unmittelbar am Hallenberger Marktplatz. Es besteht aus einem älteren Fachwerkkernbau mit ausgebautem ersten und nicht ausgebautem zweiten Dachgeschoss, der im 19. und 20. Jahrhundert erweitert wurde (Abb. 5.245). Zum Markt hin bestimmt ein dreigeschossiger Fachwerkturm mit rundbogiger Eingangstür und schmucker Schieferhaube die Ansicht [65]. Die an der Nordwestseite gelegene Längswand steht an der Grundstücksgrenze zum Nachbarhaus.

Die Wände des Erdgeschosses sind massiv ausgeführt. Im Obergeschoss hat das Haus Fachwerkwände (Querschnitt der Ständer ca. 12/12 cm) mit Lehmausfachung und Lehmputz. Die Decken des Gebäudes sind Holzbalkendecken (Querschnitt ca. 14/16 cm) mit unterseitig verputzter Lehmauffüllung. Ein Teil des Anbaus an der Südostseite wurde abgerissen und an seiner Stelle ein Garten erstellt.

Zwei Treppen erschließen die Geschosse: Die bestehende innenliegende und eine neue Holztreppe von der Ausstellung im Erd- zum Foyer im Obergeschoss. Diese Treppe stellt keinen Rettungsweg dar. An der Südostseite wurde zum Garten hin eine neue Außenstahltreppe als Rettungsweg für das Obergeschoss angebaut. Innerhalb des größeren Veranstaltungsraumes im Obergeschoss wurde eine Empore erstellt, die zum Aufenthalt von Personen bestimmt ist.

Der Fußboden der Aufenthaltsräume im Obergeschoss liegt 3,40 m über der Geländeoberfläche (Straßenseite). Die Fenster zur Straße im Erd- und Obergeschoss sind im Lichte ca. 90 cm × 170 cm groß. Aus dem Erdgeschoss führen mehrere Ausgänge ins Freie, aus dem Obergeschoss die besagten drei Treppen, zwei davon als Rettungswege.

Abb. 5.245: Informationszentrum Kump Hallenberg

Nutzung

Ab etwa 1993 stand das Gebäude leer und geriet zunehmend in Verwahrlosung, bis es der Stadt Hallenberg gelang, den Kump zu erwerben und mithilfe öffentlicher Fördermittel, aber auch mit großem bürgerschaftlichen Engagement zu erhalten und für die öffentliche Nutzung herzurichten [66].

Das Gebäude wird wie folgt genutzt:

- Als Informations- und Kommunikationszentrum für Bürger, Gäste und Besucher Hallenbergs. Vorgestellt werden Besonderheiten und individuelle Seiten der Stadt und der Region aus den Bereichen Wirtschaft, Kultur und Brauchtum, Geschichte, Touristik und Natur.
- Das Obergeschoss beherbergt neben weiteren Teilen des Zentrums zwei Veranstaltungsräume, die für Kulturveranstaltungen, Feiern, Vereinsversammlungen etc. genutzt werden – ein großer Saal für ca. 100 Personen und ein kleiner mit Kapazität für ca. 25 Personen. Zusätzlich können sich 20 bis 30 Personen auf der Empore aufhalten (Abb. 5.246).
- Das erste Dachgeschoss wurde zu Lagerzwecken (Archiv und Stuhllager) ausgebaut. Das Archiv wird nicht als Aufenthaltsraum genutzt, der Archivar hat sein Büro im Obergeschoss. Für die Erschließung dieses und des ersten Dachgeschosses wurde ein Aufzug eingebaut.
- Im alten Lagerkeller befindet sich die Mausefallen-Dauerausstellung.

Abb. 5.246: Informationszentrum Kump, Saal mit Empore

Brandschutzmaßnahmen

Bei der Nutzungsänderung und dem Umbau wurden folgende Brandschutzmaßnahmen ausgeführt:

- Das Haus steht mit zwei Seiten an öffentlichen Verkehrsflächen. Auf seiner Nordwestseite steht es weniger als 2,50 m von der Grundstücksgrenze entfernt. Die Nordwestwand des Hauses ist eine Fachwerkwand, hat Fenster – und erfüllt somit nicht die Anforderungen an eine Gebäudeabschlusswand. Da jedoch an den Außenwänden und Fenstern keine Änderungen vorgenommen wurden, bestand an dieser Stelle der baurechtliche Bestandsschutz. Außerdem konnten gemäß Gestaltungssatzung der Stadt Hallenberg vom 21.11.2002 zur Wahrung der historischen Bedeutung oder der sonstigen erhaltenswerten Eigenart des Stadtbildes [67] geringere als in § 6 Abs. 5 und 6 BauO NRW vorgeschriebene Maße zugelassen werden.
- Die bestehenden Holzbalkendecken wurden untersucht und in ihrem ursprünglichen Zustand belassen bzw. instand gesetzt. Die Holzbalkendecke über den Kellerräumen wurde aus statischen Gründen nicht zu einer F 90-B Decke verkleidet.
- Der Aufstellraum für die Feuerstätte im Erdgeschoss und der Lagerraum für die Holzpellets im Obergeschoss wurden jeweils durch feuerhemmende Wände und T 30-Türen abgetrennt. Die Räume wurden als eine Nutzungseinheit angesehen, sodass in der Zwischendecke keine Brandschutzklappe in der Förderleitung der Holzpellets eingebaut wurde.
- Die Fachwerkwände des Hauses wurden untersucht und instandgesetzt. Ihre Fachwerkhölzer haben die Querschnittsabmessungen von mindestens 100 mm × 100 mm. Es konnte daher angenommen werden, dass die Fachwerkwände mindestens die Feuerwiderstandsdauer von 30 Min. erreichen. Die Wände wurden nachträglich nicht in einer höheren Feuerwiderstandsklasse ertüchtigt.

- Die beiden Treppen im Haus wurden brandschutztechnisch durch feuerhemmende und rauchdichte Türen (T 30-RS) voneinander abgetrennt, sodass eine Verrauchung der Geschosse im Brandfall unterbunden werden kann.
- Der erste bauliche Rettungsweg für das Obergeschoss wurde über die Außenstahltreppe an der Südseite sichergestellt (Abb. 5.247).

Abb. 5.247: Informationszentrum Kump, Außentreppe für das Obergeschoss

- Der Rettungsweg von der Empore im Veranstaltungsraum führt über die offene Treppe in den Raum und dann über die Außentreppe ins Freie. Da die Empore kein Geschoss und keinen abgeschlossenen Raum darstellt, braucht sie keinen notwendigen Treppenraum (Abb. 5.248-5.250). Durch die direkte Sichtverbindung mit dem Veranstaltungsraum und die automatische Brandmeldeanlage wird jede Gefahrentstehung im Raum sofort erkannt. Die Rettungsweglänge von der Empore bis ins Freie auf die Außentreppe beträgt 36,42 m. Dies stellt eine Abweichung von der Landesbauordnung dar, wonach der Rettungsweg nicht länger als 35 m lang sein darf. Als zweiter Rettungsweg von der Empore stehen zwei Fenster (90 cm × 117 cm) auf der Traufseite zur Verfügung.
- Der eingebaute Plattformaufzug führt vom Erdgeschoss bis zum Dachgeschoss und soll insbesondere Rollstuhlfahrern zum Erreichen des ersten Obergeschosses dienen. Hier war der Wunsch der Stadt Hallenberg, den Empfangs- und Thekenbereich vor dem Saal einladend zu gestalten. Einige Besonderheiten wurden beim Aufzug realisiert:
  - Aufgrund der beengten Platzverhältnisse wurde auf den Feuerschutzabschluss des Aufzugsschachtes im ersten Obergeschoss verzichtet.

- Da ein Plattformaufzug nicht in einem Schacht verläuft, wurde um den Aufzug ein Aufzugsschacht gebaut. Die Wände des Schachtes wurden in der Feuerwiderstandsklasse F 30-A hergestellt. Außer im ersten Obergeschoss wurden T 30-RS-Türen, im Erdgeschoss mit Feststellanlage und Rauchschalter, zur Abtrennung des Aufzugsschachtes eingebaut. Auf die T 30-RS-Tür zur Abtrennung des Aufzugsschachtes im ersten Obergeschoss konnte aus folgenden Gründen verzichtet werden:
  - Der geplante Aufzugsschacht weist durch die T 30-RS-Türen höhere Brandsicherheit als typische Aufzugsschachtwände auf, weil die für diese Wände zugelassenen Schachttüren keine rauchdichten Türen sind.
  - Durch den Verzicht auf die T 30-RS-Tür im ersten Obergeschoss wurde die erforderliche feuerhemmende und rauchdichte Abschottung des Erdgeschosses vom ersten Obergeschoss und von diesem vom Dachgeschoss nicht unterbrochen. Bei einer Brand- und Rauchentwicklung im Erdgeschoss wird die T 30-RS-Tür im selbigen den Aufzugsschacht schließen, bei einer Brandentwicklung im ersten Obergeschoss die im Dachgeschoss.
  - Der am Aufzug entstehende Brandrauch im ersten Obergeschoss wird über den Aufzugsschacht und den Rauchabzug in der Dachfläche des Schachtes ins Freie abgeführt. Dafür wurde im oberen Abschluss des Schachtes im zweiten Dachgeschoss ein Rauchabzugsschacht erstellt und an eine Rauchabzugsöffnung in der Dachfläche in der Größe von mindestens 2,5 % der Grundfläche des Schachtes angeschlossen.
- Auf eine feuerbeständige Ausführung des Aufzugsschachtes wurde verzichtet, weil alle bestehenden tragenden Bauteile des Gebäudes feuerhemmend sind.

• Zur Kompensierung der verbleibenden Holztreppe, der fehlenden Zulassungen für den Einbau der T 30-RS-Türen, der Überlänge des Rettungsweges von der Empore und aus einem Kellerraum sowie zur frühestmöglichen Branderkennung und -alarmierung wurde eine automatische Brandmeldeanlage (nach DIN 14675 / DIN VDE 0833) installiert. In allen Räumen des Gebäudes wurden Rauchmelder montiert. Die Brandmeldeanlage wurde auf die Leitstelle der Feuerwehr aufgeschaltet.

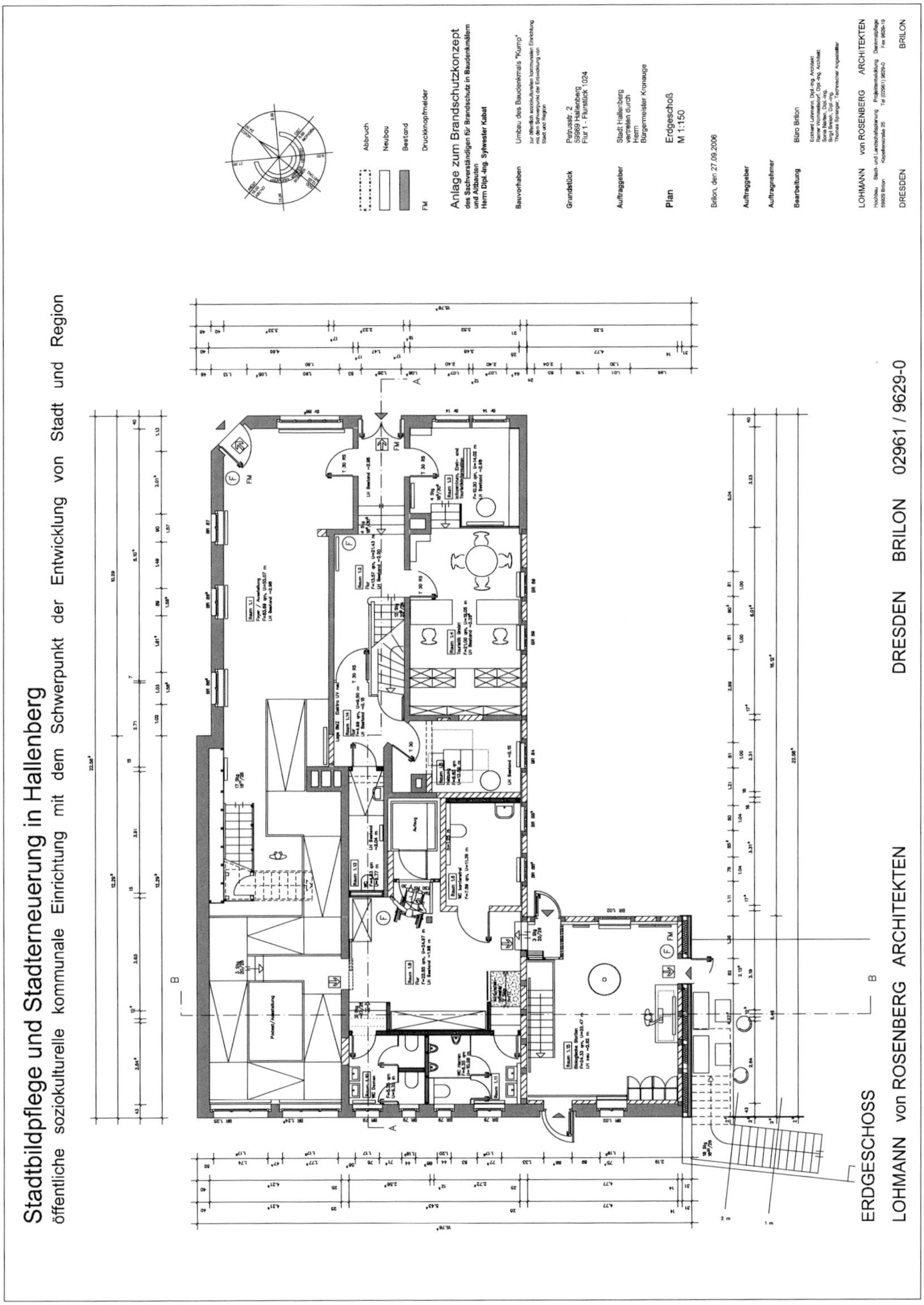

Abb. 5.248: Informationszentrum Kump, Grundriss Erdgeschoss (Quelle: Lohmann von Rosenberg Architekten, Brilon, Dresden, Köln)

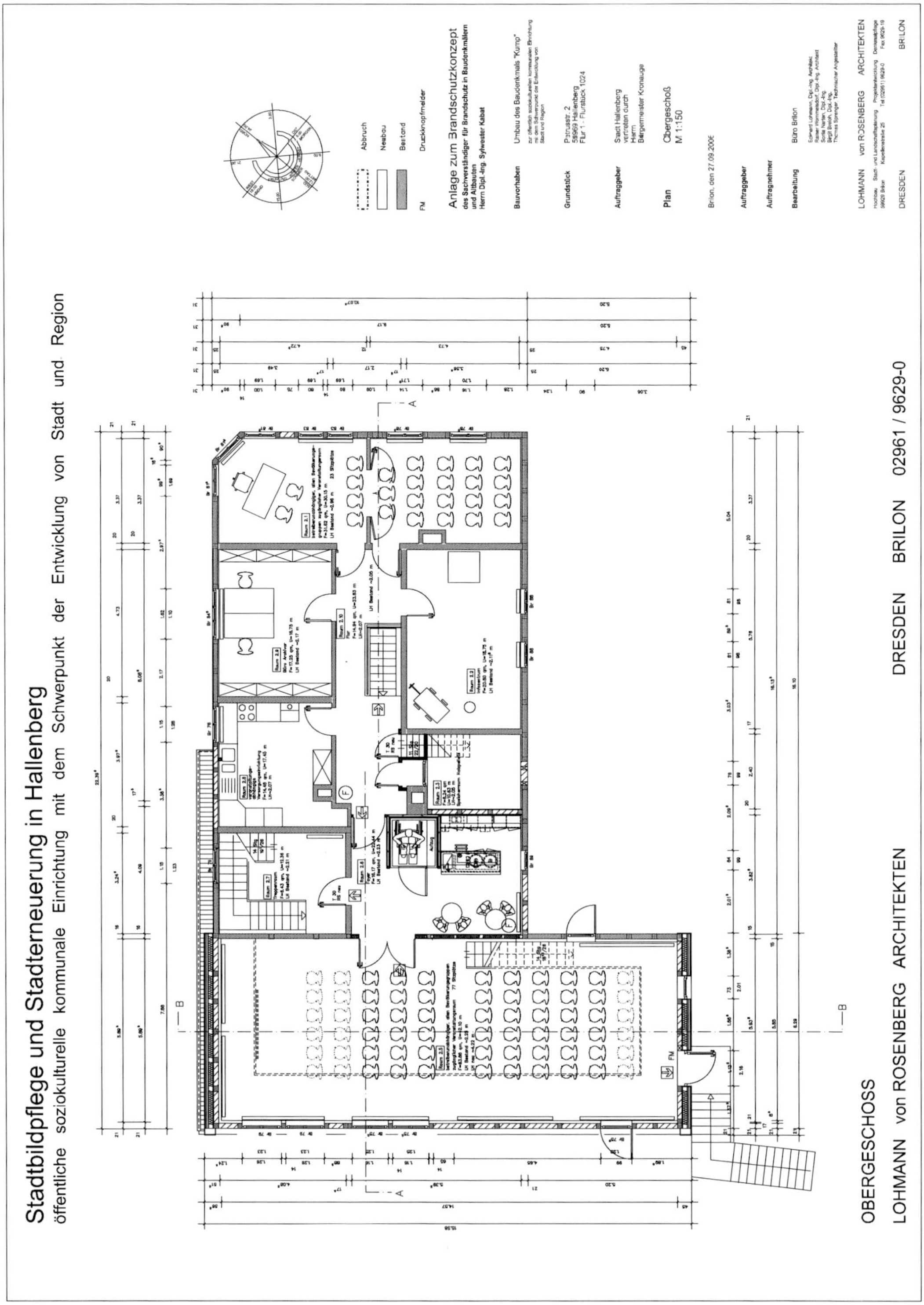

Abb. 5.249: Informationszentrum Kump, Grundriss Obergeschoss (Quelle: Lohmann von Rosenberg Architekten, Brilon, Dresden, Köln)

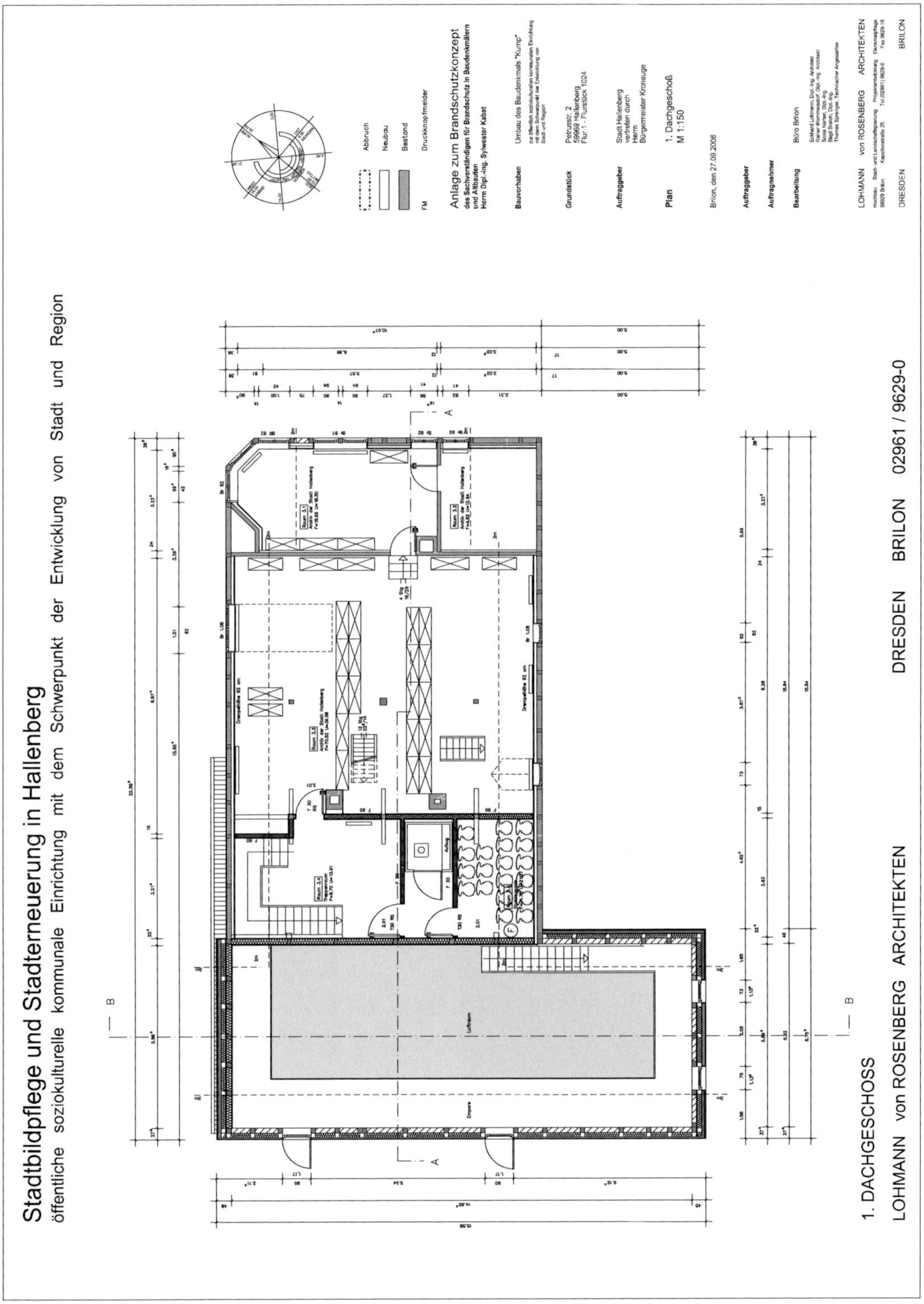

Abb. 5.250: Informationszentrum Kump, Grundriss erstes Dachgeschoss (Quelle: Lohmann von Rosenberg Architekten, Brilon, Dresden, Köln)

Haus Hövener Brilon

Museum im Fachwerkhaus Hövener in Brilon (Sauerland)

Bauherrschaft	Stiftung Briloner Eisenberg und Gewerke, Brilon Stadt Brilon
Projektleitung	
Entwurfsverfasser/ Planer	Lohmann von Rosenberg Architekten, Brilon: Dipl.-Ing`e Architekten E. Lohmann, R. Wommelsdorf
Brandschutzplaner	Dipl.-Ing. S. Kabat, Herzebrock-Clarholz

Baubeschreibung

Das Haus Hövener liegt zentral am Marktplatz der Stadt Brilon (Abb. 5.251). Seit dem 14. Jahrhundert stand auf diesem Grundstück das „Hospital zum Heiligen Geist" [68]. Mit einer großzügigen Schenkung an das LWL-Freilichtmuseum Detmold (1994) und mit der Einrichtung der Stiftung „Briloner Eisenberg und Gewerke – Stadtmuseum Brilon" (1996) machte Wilhelmine Hövener ihr Haus und das wertvolle Inventar der Öffentlichkeit als Museum, welches 2011 eröffnete, zugänglich. Das Gebäude wurde in den Jahren 1803/04 als repräsentatives Wohnhaus erbaut und ab 2002 in Verbindung mit dem Nachbarhaus Partowy für Museumszwecke umgebaut und modernisiert.

Abb. 5.251: Haus Hövener Brilon, Ansicht vom Markt

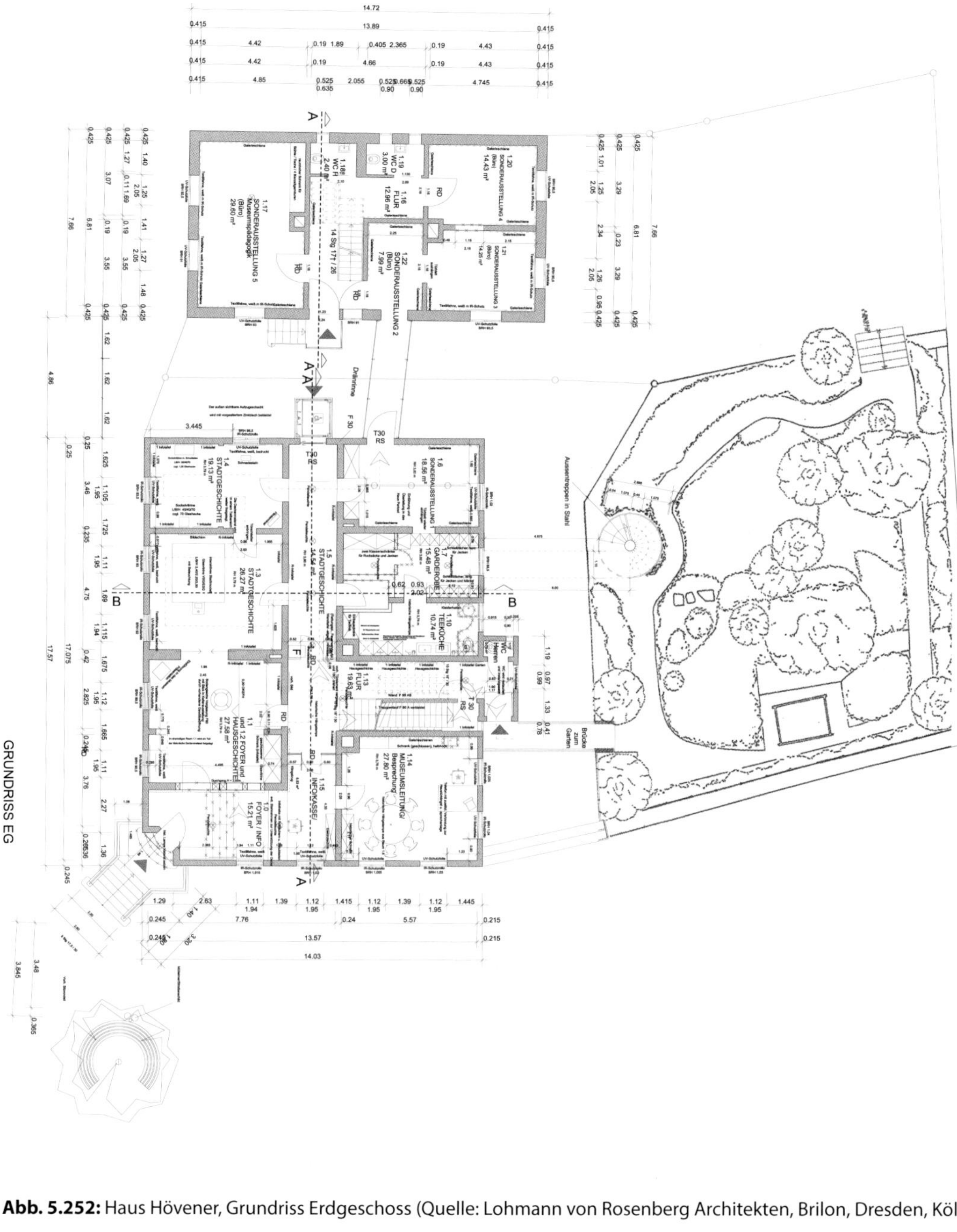

Abb. 5.252: Haus Hövener, Grundriss Erdgeschoss (Quelle: Lohmann von Rosenberg Architekten, Brilon, Dresden, Köln)

Es ist ein zweistöckiger Fachwerkbau auf Kalksandsteinsockel über einem Gewölbekeller und mit einem mächtigen verschieferten Mansardwalmdach überdeckt. Die Außenwände des Hauses sind ebenfalls verschiefert. Die Ausfachung der Außenwände besteht aus Strohlehmbewurf auf Eichenstaken mit beidseitigen Lehmfeinverputzen. Die Grundfläche des Hauses beträgt 245 m^2. Das Haus hat einen Keller, zwei Voll- und drei Dachgeschosse (Abb. 5.252-5.253). Der Fußboden des obersten Geschosses mit Aufenthaltsräumen (erstes Dachgeschoss) liegt 9,94 m über der Geländeoberfläche. Das Kellergeschoss hat eine Gewölbedecke aus Kalkstein, die sonstigen Decken des Gebäudes sind Holzbalkendecken. Es sind Einschubdecken mit 3 cm Eichendielen, Luftschicht, Einschub (Kohlenasche, Lehmstrohgemisch, Häcksel mit Lehm), Eichendeckenbalken 19/20,5-22 cm bzw. 20/20-24 cm, Holzbretter bzw. Eichenfehlboden als Putzträger und Lehmstrohputz mit darauf liegendem Kalk- bzw. Lehmfeinputz. Ein Teil der Decke des ersten Dachgeschosses ist eine einfache Fichtendielendecke. Erschlossen sind die einzelnen Geschosse über ein Treppenhaus mit Holztreppe, das vom Keller bis zum ersten Dachgeschoss führt. Die Dachgeschosse haben ein separates Treppensystem.

Nutzung

Das Haus wird als Stadtmuseum genutzt. Die Ausstellungsräume sind im Keller-, Erd-, Ober- und ersten Dachgeschoss eingerichtet. Im zweiten und dritten Dachgeschoss sind Haustechnikräume untergebracht. Neben der Dauerausstellung finden auch Veranstaltungen wie Vorträge, Lesungen und museumspädagogische Aktionen statt, Sonderveranstaltungen wie Seminare sind geplant. An der Nordseite des Hauses ist vom Keller- bis ins erste Dachgeschoss ein behindertengerechter Aufzug eingebaut.

Brandschutzmaßnahmen

Im Haus Hövener wurden bei der Sanierung und Modernisierung folgende Brandschutzmaßnahmen ausgeführt:

- Die tragenden Bauteile sind im Kellergeschoss Steinwände, im Erd- und in den Obergeschossen Holzfachwerkwände. Die Decken sind Holzbalkendecken (Kellergeschoss massive Gewölbedecke). Die Decke zum zweiten Dachgeschoss wurde brandschutztechnisch ertüchtigt, indem sie von unten bekleidet wurde (F 30-B). Die sonstigen Holzbalkendecken wurden brandschutztechnisch nachträglich nicht ertüchtigt.
- Die im Kellergewölbe verbleibende Öffnung (Raum 1.1 im Erdgeschoss) wurde mit einer Brandschutzverglasung (F 90) verschlossen (Abb. 5.254).

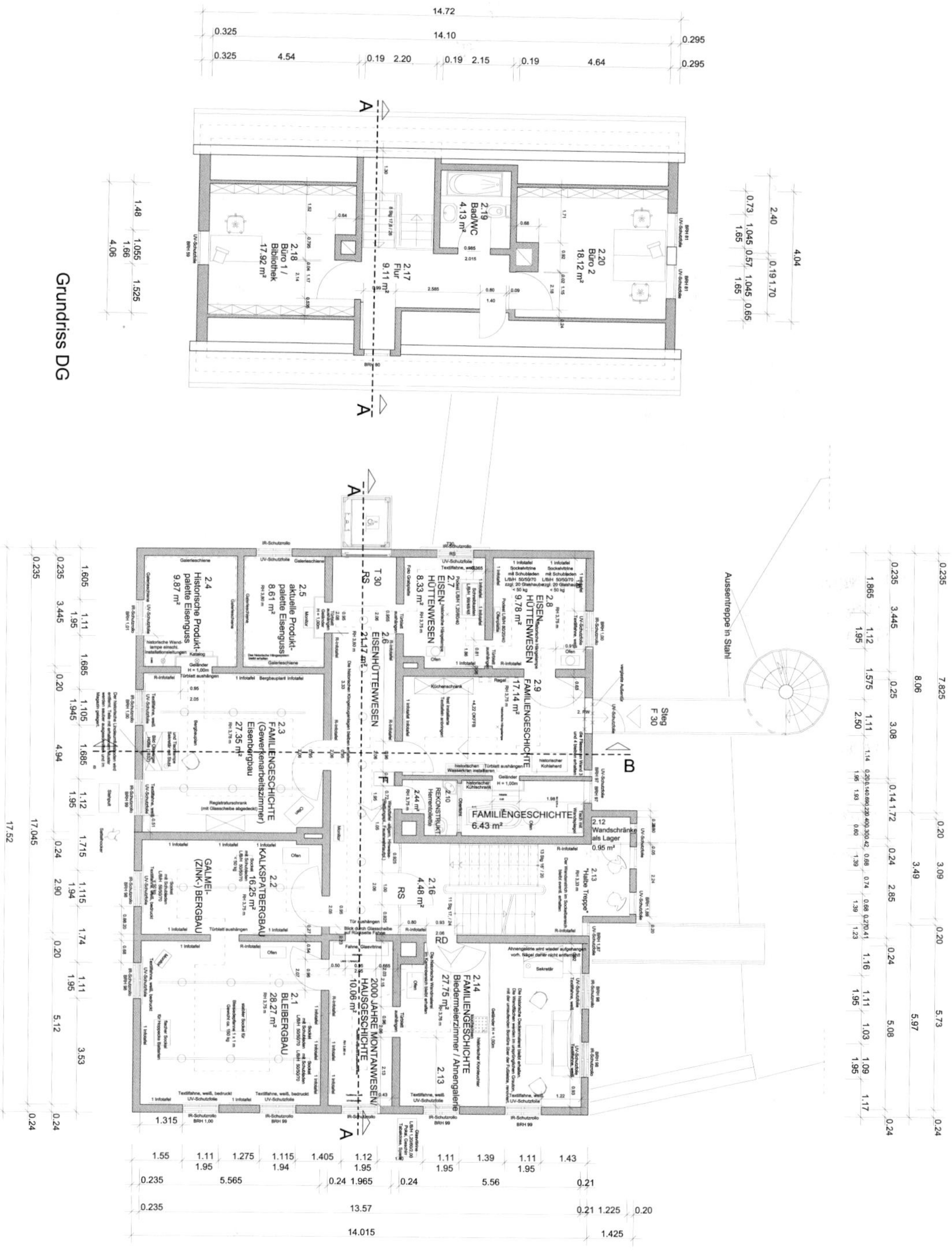

Abb. 5.253: Haus Hövener, Grundriss Obergeschoss (Quelle: Lohmann von Rosenberg Architekten, Brilon, Dresden, Köln)

Abb. 5.254: Haus Hövener, F 90-Brandschutzverglasung in der Kellerdecke

- Der Zugang über die Holztreppe vom ersten zum zweiten Dachgeschoss blieb bestehen, wurde jedoch im zweiten Dachgeschoss durch feuerbeständige Wände (F 90-AB, gemäß DIN 4102; gleichzeitig Wände der Technikräume) und mit einer Feuerschutztür (T 30-RS, gemäß DIN 4102 / DIN 18095) abgetrennt.
- Die Fachwerkwände sind intakt. Ihre Fachwerkhölzer haben die Querschnittsabmessungen von mindestens 100 mm × 100 mm. Es kann daher angenommen werden, dass die Fachwerkwände mindestens die Feuerwiderstandsdauer von 30 Min. erreichen. Sie wurden nachträglich nicht zu einer höheren Feuerwiderstandsklasse ertüchtigt.
- Zwei voneinander unabhängige Rettungswege führen aus dem Kellergeschoss: Der erste Rettungsweg über den Verbindungsgang zum Sonderveranstaltungsraum direkt ins Freie und der zweite über die Treppe ins Erdgeschoss und von dort über den Flur ins Freie. Die bestehende Treppe vom Keller- zum Erdgeschoss wurde gegen eine massive Betontreppe (F 90) ersetzt.
- Die bestehende Holztreppe, die vom Erdgeschoss bis zum ersten Dachgeschoss führt, wurde aus denkmalpflegerischen Gründen unverändert belassen (Der erste Treppenlauf über der Kellertreppe wurde unterseitig F 90-A-bekleidet). Obwohl sie die heutigen Vorschriften für notwendige Treppen nicht erfüllt, wurde eine Verkleidung von unten für nicht erforderlich gehalten. Der Treppenraum wurde allerdings durch feuerhemmende und rauchdichte (T 30 RS nach DIN 4102 / DIN 18095) bzw. rauchdichte Türen (RS nach DIN 18095) von den Geschossen abgetrennt. Die im Treppenraum verbleibenden historischen Türen werden rauchdicht nachgerüstet (Dichtung, Falz, Türschließer).

- Für das Ober- und erstes Dachgeschoss wurde der zweite Rettungsweg baulich sichergestellt. Auf der Gartenseite wurde in einem Abstand von. ca. 4 m eine Außentreppe (Spindeltreppe, nach DIN 18065) aus Metall errichtet. Sie kompensiert den nicht ausreichend gesicherten ersten Rettungsweg (Holztreppe) und ermöglicht die Selbstrettung für alle Besucher (auch Besuchergruppen) des Gebäudes.

Abb. 5.255: Haus Hövener, Ansicht vom Garten mit der Außentreppe

- Der behindertengerechte Aufzug wurde in einem Aufzugsschacht der Feuerwiderstandsklasse F 30-A eingebaut. Im Kellergeschoss wurde der Schacht durch eine T 30-Tür, in den sonstigen Geschossen durch rauchdichte Türen abgeschlossen. Zusätzlich erhielt die Aufzugsanlage eine Brandfallsteuerung (auf der Basis der automatischen Brandmeldeanlage), die es ermöglicht, dass der Fahrkorb im Brandfall nicht im Brandgeschoss anhält.

- Im Treppenraum wurde an der obersten Stelle ein Brandgasventilator für die Rauchableitung eingebaut. Der Ventilator kann im Erdgeschoss eingeschaltet werden (Abb. 5.256).

Abb. 5.256: Haus Hövener, Treppenraum mit Brandgasventilator

- Zur frühestmöglichen Branderkennung und -alarmierung, zur Kompensierung des denkmalgeschützten Bauzustandes, der den heutigen Bauvorschriften nicht entspricht, sowie für den Kulturgutschutz wurde eine automatische Brandmeldeanlage (nach DIN 14675 / DIN VDE 0833) installiert.
- Für das Museumsgebäude wurde in Abstimmung mit der Feuerwehr Brilon ein Feuerwehrplan (nach DIN 14095) erstellt. Darin werden entsprechende Maßnahmen für die Personenrettung und Kulturgutbergung sowie Durchführung eines Löscheinsatzes im Falle eines Brandes festgelegt.

5.7 Türme und Industriebauten

Turm

Diese Bauwerke unterscheiden sich allein aufgrund ihrer Höhe von allen anderen Bauten, wobei der Aufenthalt von Menschen nicht von Anfang an geplant gewesen sein muss. Heute werden historische Türme mit ursprünglich unterschiedlicher Nutzung umgebaut, nachgerüstet und umgenutzt für:

- Besichtigungen (Aussichtsplattformen),
- Veranstaltungen (Konzerte, Lesungen),
- Ausstellungen (Museen, Kunstausstellungen),
- Gastronomie (Restaurants, Cafés),
- Wohnen.

Die Aufenthaltsbereiche liegen meist bei mehr als 13 m und nicht selten bei über 22 m Höhe über der Geländeoberfläche (Hochhausgrenze). Türme ragen somit aus der bebauten Umgebung heraus und haben entweder mehrere Stockwerke, die genutzt werden, oder ein oberstes Stockwerk, das dem kurzzeitigen Aufenthalt dient.

Die Grundflächen und Raumflächen der Türme sind meist nicht allzu groß.

Folgende historische Turmarten (meist in Städten) werden heute für den Aufenthalt von Menschen neu bzw. anders als bei der Erbauung genutzt:

- Stadtmauertürme (Abb. 5.257),
- Pulvertürme,
- Brückentürme,
- Wassertürme,
- Beobachtungstürme,
- Leuchttürme,
- Industrietürme,
- Fernsehtürme,
- Kirchtürme.

Die bekanntesten Türme sind Kirchtürme. Da diese fast immer direkt an der dazugehörigen Kirche angebaut und nicht immer zum Aufenthalt von Menschen bestimmt sind, werden sie im Kapitel 5.2 behandelt.

Abb. 5.257: Reichenturm in Bautzen (Oberlausitz); erbaut 1490-1492, ehemaliger Stadtmauerturm, durch viele Stadtbrände beschädigt, 1718 barocke Haube aus Stein, 1840 Blitzableiter, Höhe 56 m, „Schiefer Turm" von Bautzen (Neigung 1,44 m); heute: Turmbesteigungen, Aussichtsplattform (Quelle: Reinhard Stutz)

Industriebau

„Industriedenkmale sind die Überreste der Industriellen Kultur mit geschichtlicher, technologischer, sozialer, architektonischer oder wissenschaftlicher Bedeutung. Diese Reste bestehen aus Gebäuden und Maschinen, Werkstätten, Mühlen und Fabriken, Bergwerken und Orten der Verhüttung und Veredelung, aus Lagerhäusern und Läden, Orten der Energieerzeugung, -übertragung und -nutzung, aus dem Verkehr und seiner Infrastruktur, sowie aus Orten des sozialen Umfeldes der Industrie wie Wohnen, Gottesdienst und Bildung." Industriedenkmal-Charta von Nischnij Tagil (TICCIH, 2003)

Unter einem Industriedenkmal versteht man eine Industrieanlage, die als Kulturdenkmal anerkannt und in die Denkmalliste aufgenommen wurde. Es soll als technisches Denkmal an die Geschichte der Industrie vor allem im 19. und 20. Jahrhundert (Industrialisierung) erinnern. Nach dem zweiten Weltkrieg rückte die Industriegeschichte hauptsächlich im Zuge des Strukturwandels der Schwerindustrie und Montanindustrie als schützenswerte kulturelle Leistung – über den rein ästhetischen Wert der Ingenieurskunst hinaus – in den Blickpunkt des Denkmalwesens. Insbesondere gehören dazu Produktions- und Verkehrsanlagen einschließlich ihres sozialen Umfeldes, z. B.

- Fabrikgebäude,
- Zechen,
- Eisenhütten,

- Brennereien,
- Mühlen,
- Bahnhöfe,
- Großspeicher,
- Kraftwerke,
- Arbeitersiedlungen und
- andere Zeugnisse der Sozialgeschichte.

„Der Anpassung eines Industriedenkmales an eine neue Nutzung, um es zu erhalten, kann in der Regel zugestimmt werden, außer in Fällen von besonderer historischer Bedeutung. Neue Nutzungen sollten das vorhandene Baumaterial respektieren und frühere Bewegungs- und Nutzungsmuster beibehalten; sie sollten so weit wie möglich vereinbar sein mit der bisherigen oder überwiegenden Nutzung. Empfohlen wird, einen Bereich einzurichten, in dem die frühere Nutzung dargestellt und erläutert wird." (TICCIH, 2003)

Die denkmalgeschützten Industrieanlagen sind meist bereits außer Betrieb und werden heutzutage für folgende Nutzungen saniert, umgebaut und eingerichtet:

- Museen und Ausstellungshallen,
- Veranstaltungseinrichtungen, Kulturzentren, Konzertsäle,
- Verkaufsstätten,
- Hotels mit Gastronomie,
- Schulen und Hochschulen mit Hörsälen und Labors,
- Verwaltungsgebäude.

In all diesen Fällen bleiben sowohl die historische Bausubstanz mit allen für dieses Gebäude charakteristischen Bauteilen als auch die technische Ausstattung des Gebäudes wie Maschinen, Aggregate, Kompressoren etc. erhalten. Ein Industriegebäude wird somit ganz anders genutzt als ursprünglich geplant.

Von den beispielsweise über 79.000 eingetragenen Baudenkmälern in Nordrhein-Westfalen können ca. 3500 dem Bereich Technik und Industrie zugerechnet werden (Abb. 5.258-5.260). Die meisten davon, fast 2500, befinden sich in der durch die Industrialisierung geprägten Region des Ruhrgebiets.

Abb. 5.258: Alte Weberei Greve & Güth in Gütersloh (Ostwestfalen): 1874 aus rotem Vollziegelmauerwerk erbaut; heute Kulturzentrum „Die Weberei" (Jugendzentrum, Kneipe, Kino mit zwei Sälen, zwei Diskoräume, Kleinkinderbetreuung, Räumlichkeiten für kreative Betätigungen, Konzerte, Kleinkunst- und Theateraufführungen)

Abb. 5.259-5.260: Ehemalige Maschinenhalle der Zeche Zollern in Dortmund-Bövinghausen (Ruhrgebiet); ab 1898 als Steinkohle-Bergwerk gebaut, Maschinenhalle aus mit Backsteinen ausgefachtem Eisenfachwerk mit Jugendstilformen; heute Westfälisches Landesmuseum für Industriekultur (Ausstellungen, Museumsshop, Gastronomie, Führungen, Konzerte, Seminare) (Quelle: Abb. 5.259: Lars Paege / fotolia.com, Abb. 5.260: Reinhard Stutz)

5.7.1 Brandgefahren

Türme

In allen Turmtypen werden Turmbesteigungen immer beliebter. Der Aufstieg wird als eine „geistliche Erfahrung“ bezeichnet [69]. Die Türme werden für die Öffentlichkeit geöffnet und können frei oder mit Führung bis in die höchsten Ebenen unter der Turmspitze bestiegen und besichtigt werden. Das Ziel ist meist die Aussicht, die Besteigung häufig mit einem Eintritt verbunden. In den meisten Türmen – mit Ausnahme von offenen Aussichtstürmen – halten sich die Menschen in geschlossenen Räumen auf. Die Räume befinden sich meistens auf der höchsten Ebene des Turms, manchmal auch in Zwischengeschossen. Die Türme stehen meist frei, nicht angebaut an andere Bauwerke.

Die Gefahrenproblematik ist offensichtlich: Die hohe Gefährdung der Turmbesucher beim Ausfall der meist einzigen Turmtreppe im Brandfall. In der überwiegenden Zahl der Türme ist damit zu rechnen, dass die vorhandenen Treppen nicht den heutigen Vorschriften und Richtlinien für sichere Treppen entsprechen.

Für die Brandgefährdung ist Folgendes relevant:

- Rettungshöhen

  Die Rettungshöhen liegen immer über 8 m (maximale Rettungshöhe für tragbare Leitern der Feuerwehr) und oft auch über 22 m (maximale Rettungshöhe für Drehleitern).

- Besucherzahl

  Es müssen im Gefahrenfall mehrere Menschen aus Rettungshöhen überschreitenden Höhen gerettet werden, wenn die vorhandene Treppe nicht begehbar ist. Dies kann die Feuerwehr nicht wirksam leisten.

Verfolgt man die Debatten in den Medien über die gewünschten bzw. seit Jahren betriebenen Nutzungen von Türmen in Städten, so stößt man dabei immer auf die Brandschutzproblematik: Bekannte und unter Denkmalschutz stehende Türme machen immer wieder Schlagzeilen, wenn es um die Nutzung für eine größere Anzahl von Menschen geht. Die Türme sind eben aus den oben genannten Gründen dem heutigen Standard im Hinblick insbesondere auf die Rettungswege oft nicht angepasst. Es existiert meistens kein sicherer zweiter Rettungsweg, da nur eine Treppe vorhanden ist. Diese ist oft eine Wendel- oder gar Spindeltreppe. Die Türme werden dann gänzlich oder in Teilen für eine Aufenthaltsnutzung wie Konzerte, Ausstellungen, Lesungen, Besichtigungen, gesperrt.

Das Beispiel des Stuttgarter Fernsehturms verdeutlicht die Problematik. Das Wahrzeichen der Stadt, der erste Stahlbeton-Fernsehturm dieser Art weltweit, steht seit 1986 unter Denkmalschutz [70]. 1954 bis 1955 erbaut, mit mehreren Preisen ausgezeichnet, wurde der Turm 2013 für Besucher geschlossen. Insbesondere die Nutzung des beliebten Turm-Cafés in 147 m Höhe und der Aussichtsplattform in 150 m Höhe wurde bauaufsichtlich untersagt – Begründung: Fehlende Rettungswege. Nach aufgeregten Debatten bis in die politischen Spitzen des Landes wurde eine brandschutztechnische Beurteilung des Turms mit einem anschließenden Brandschutzkonzept beauftragt. Das Brandschutzkonzept ist inzwischen umgesetzt worden und beinhaltet u. a. (Kirchner, 2014):

- Kapselung der Kabelbrandlasten im Turmschaft durch Einblasdämmung,
- Überwachung der Hochfrequenzkabel,
- Sprinkleranlage,
- Brandmeldeanlage im Vollschutz,
- Gaslöschanlage in Technikzentralen,
- akustische Alarmierung,
- Optimierung der Rauchableitung,
- Ingenieurnachweise zur Evakuierung,
- Rauchfreihaltung,
- Standsicherheit.

Ab dem 30.01.2016 ist der Stuttgarter Fernsehturm wieder für die Öffentlichkeit geöffnet.

Türme können prinzipiell aus unterschiedlichsten Baustoffen errichtet sein. Weit verbreitet sind die im Bauwesen üblichen Baumaterialien: Holz, Metall, Stein, Stahl oder Beton. Auch Fachwerktürme sind anzutreffen (Abb. 5.261). In historischen Türmen sind die Decken fast immer Holzbalkendecken, dabei auch einfache Holzbohlen auf Holzbalken. Sanierte Türme besitzen auch Stahlbetondecken.

Abb. 5.261: Fachwerkturm Possen bei Sondershausen (Kyffhäuser)

Neben den Bränden in Kirchtürmen entstehen Brände auch in allen anderen Turmbauten, auch jenen, die der Öffentlichkeit zugänglich sind (Tabelle 5.19).

Da Türme meist die höchsten Bauten in einem Ort und der Umgebung sind, wird dort die Mobilfunktechnik installiert (Abb. 5.262). Die Sendeantennen werden nicht immer außen am Turm montiert, sondern, wie etwa in Kirchtürmen, hinter den Schallfenstern. Wenn kein Container neben dem Turm aufgestellt wird, wird die gesamte Technik (Kabel und große Schaltschränke) im Turm verlegt und eingebaut, was eine erhebliche Erhöhung der Brandlast mit sich bringt.

Abb. 5.262: Mobilfunktechnik in einem Kirchturm

Tabelle 5.19: Brände in Türmen

Turm	Ort	Datum	Nutzung	Brandursache (Brandausbruchstelle)	Verluste
Goetheturm	Frankfurt/M.-Sachsenhausen	12.10.2017	Aussichtsturm	Brandstiftung	hist. Holzturm vollständig abgebrannt
Turm des Nördlinger Tors	Dinkelsbühl / Mittelfranken	09.08.2023	Ausstellung	technischer Defekt	1.und 2. Stockwerk zerstört, Löschwasserschäden
Römerturm	Kaufbeuren-Großkemnat / Allgäu	30.09.2023	Aussichtturm	Brandstiftung	Brüstung und Dachstuhl aus dem 12. Jh. beschädigt
Neutorturm	Arnstadt / Thüringen	14.04.2024	Ausstellung, Sammlung	Brandstiftung	Kuppel abgebrannt, eingestürzt, Schaden € 500.000
Senioren- und Pflegeheim Vincentinum	München-Lehel	24.12.2024	Kirchturm	(3. OG, Zimmer Pflegeheim)	Brandausbreitung auf Turmdachstuhl, niedergebrannt, Turmuhr zerstört, Geschoss ausgebrannt

Industriebauten

Insbesondere Folgendes ist aus Sicht des Brandschutzes charakteristisch:

- Dimensionen

  Industriedenkmäler wie Fabrikhallen, Mühlengebäude, Gasometer haben oft große Ausmaße, sowohl in der Ausdehnung als auch in der Höhe – die Hochhausgrenzen von 22 m sind häufig überschritten. Diese Ausmaße ergaben sich bei der Erbauung durch die industrielle und gewerbliche Nutzung, Brandabschnitte liegen meist nicht vor.

- historische Bauteile

  Stilprägend sind die historischen, meist tragenden Bauteile wie Gusseisenstützen und -träger, Kappendecken, Dachtragwerke, Holzbalkendecken und die Stahlskelettbauweise. Die Bauteile sollen meistens in ihrem ursprünglichen optischen Zustand belassen werden, haben aber keinen klassifizierten oder nachweisbaren Feuerwiderstand (Abb. 5.263).

Abb. 5.263: Sanierungsbedürftige Tragkonstruktionen in einem Industriegebäude

Die Brandgefahren und Brandgefährdungen ergeben sich dadurch in Industriedenkmälern aus

- der neuen Nutzung, die in Hinblick auf die Besucherzahl fast immer intensiver sein wird, als sie bei der Erbauung geplant oder bis zur Aufgabe der industriellen Nutzung tatsächlich vorhanden war,
- der historischen Bausubstanz, die meist in den konstruktiven Bauteilen den für die gedachte Nutzung geltenden Bau- und Brandschutzvorschriften und Richtlinien nicht entspricht,

- der im Gebäude verbleibenden historischen technischen Ausstattung, wenn sie im Betrieb und funktionsfähig erhalten werden soll,
- der durch die neue Nutzung bedingten modernen Ausstattung wie Haustechnik, Möblierung, brennbare Bau- und Dekorationsstoffe, die neue Gefahrenquellen in das Gebäude bringt.

Fast jedes Industriedenkmal (z. B. Kokerei, Zuckerfabrik, Weberei, Gasometer, Turbinenhalle, Samendarre oder Getreidemühle) braucht eine individuelle Betrachtung.

In historischen Industriebauten, insbesondere in leerstehenden, ereignen sich Brände, die meist große Schäden und Verluste an der Bausubstanz verursachen (Abb. 5.264). Allerdings fällt bei Bränden in Industriedenkmälern auf, dass fast alle Bauten ehemalige Fabrikgebäude waren und leer standen, sodass die Feuer absichtlich oder fahrlässig gelegt wurden. Einige Beispiele sind in der Tabelle 5.20 enthalten.

Abb. 5.264: Nach einem Brand in einer Industriehalle

Tabelle 5.20: Brände in Industriedenkmälern

Industriedenkmal	**Ort**	**Datum**	**Nutzung**	**Brandursache (Brandausbruchstelle)**	**Verluste**
Rapido-Gebäude / Verwaltungsgebäude	Viersen	12.06.2018	Leerstand	Brandstiftung (?) (Dachstuhlbrand)	ausgebrannt
Hoffmannsche Spinnerei & Färberei	Chemnitz-Wittgensdorf	19.10.2021	Leerstand	Brandstiftung (?)	bis auf die Grundmauern ausgebrannt
Kauffmannmühle	Mannheim-Jungbusch	03.02.2023	Leerstand	Brandstiftung (?) (Dachgeschoss)	ausgebrannt, Ruine abgerissen
Salzmann-Textilfabrik	Kassel-Bettenhausen	05.03.2023	Leerstand	Brandstiftung (?) (Obergeschoss)	
Lohnberger Mühle	Lahnstein / Mittelrhein	01.04.2024	Leerstand	Brandstiftung (?)	Paletten, Dachpappe und sonstiger Unrat verbrannt
Chemiefabrik Aerosol Service GmbH	Braunschweig Schöppenstedter Turm	16.04.2024	Chemiefabrik	Verpuffung, Explosionen	starke Zerstörungen, ausgebrannt (Abb. 5.265), Schöppenstedter Turm ausgebrannt
Malzfabrik Niedersedlitz	Dresden-Niedersedlitz	09.05.2024	Leerstand	Brandstiftung (?)	mehrere Gebäude bis auf die Grundmauern abgebrannt

Abb. 5.265: Zerstörungen in der Chemiefabrik in Braunschweig nach Großbrand am 16.4.2024; zerstörte Schöppenstedter Turm (Quelle: TeWeBs, CC BY-SA 4.0, via Wikimedia Commons)

5.7.2 Brandschutzmaßnahmen

Türme

Brandschutzmaßnahmen in Türmen ergeben sich in erster Linie aus einer der folgenden drei Nutzungsarten:

1. Ständige Nutzung, auch in den höchsten Ebenen, durch Menschen in offenen oder geschlossenen Turmräumen und für unterschiedliche Zwecke (u. a. Sitzungen, Lesungen, Konzerte, Ausstellungen),
2. Turmbesteigungen bis auf die höchsten Ebenen durch Besuchergruppen oder Einzelpersonen mit oder ohne Führung (Aussichtsplattform).
3. Sporadische Besteigung zum Zwecke der Wartung und Reparatur durch einzelne Personen (Fachfirmen, Eigentümer).

Da alle drei Nutzungsarten immer in Höhen von über 7 m über Geländeoberfläche und fast immer über 13 m bzw. 22 m stattfinden, ist in jedem Turm die erste und gleichzeitig schwierigste Aufgabe die Sicherstellung der Rettungswege. Hierfür sind – je nach Art der Nutzung des Turms – folgende Brandschutzmaßnahmen erforderlich:

1. Rettungswege bei ständiger Nutzung
   - Erster und zweiter Rettungsweg sind hier baulich zu sichern. Besitzt der Turm nur eine Treppe, muss für den zweiten Rettungsweg eine weitere notwendige Treppe im Turm bzw. als Außentreppe erstellt werden (Abb. 5.266), was weder trivial ist noch die Begeisterung der Denkmalpflege weckt.
   - Wird der zweite Rettungsweg baulich über eine zweite Treppe gesichert, können bezüglich der ersten historischen Treppe bestimmte Zugeständnisse – insbesondere für den Verbleib einer Holztreppe – gemacht werden.
   - Beide notwendigen Rettungswege können über einen Sicherheitstreppenraum im oder am Turm gesichert werden. Dieser muss die Kriterien der baurechtlichen Regeln entsprechend erfüllen [71] – insbesondere darf der Brandrauch nicht in den Treppenraum eindringen können.
2. Rettungswege bei Turmbesteigungen
   - Hier muss zunächst die Gesamtlage in einem Brandschutzkonzept geplant und insbesondere die im Turm vorhandene, oft historische Treppe untersucht und beurteilt werden. Manchmal müssen lediglich die abgenutzten Stufen nachgebessert werden. In Fällen, in denen die Treppe die Sicherheitskriterien in allen wichtigen Punkten nicht erfüllt, muss sie gegen eine neue Stahl- bzw. Stahlbetontreppe ausgetauscht werden (Abb. 5.269-5.270).
   - Wenn die Turmbesteigung ausschließlich der Aussicht dient, Besucher sich auf einer offenen Aussichtsplattform kurz aufhalten und sich im Turm sonst keine abgeschlossenen Räume für den Aufenthalt befinden, kann man der Besteigung über eine Treppe zustimmen.

Abb. 5.266: Wasserturm in Mülheim an der Ruhr (Mülheim-Styrum); 1892/93 von August Thyssen gebaut, bis 1982; seit 1992 Aquarius Wassermuseum mit der spektakulären Außentreppe (Quelle: Babelsberger / fotolia.com)

Dafür ist jedoch die Besucherzahl festzulegen und einzuhalten. Folgende maximale Besucherzahlen, die die Betreiber bzw. Eigentümer von Türmen aus Sicherheitsgründen zulassen, liegen vor (Tabelle 5.21).

Es ergibt sich folgendes Bild:

- Turmbesteigungen sind sehr beliebt und werden an bestimmten Tagen von sehr vielen Besuchern in Angriff genommen. In Kommentaren spricht man vom „unglaublichen Menschenandrang". Jährlich besteigen z. B. mehr als 500.000 Besucher den Südturm des Doms in Köln.
- Die meisten Turmbesteigungen erfolgen gegen Bezahlung einer Eintrittskarte.
- Für Kleinkinder sind die Turmbesteigungen wegen der Höhen, der unregelmäßigen Stufen und der Enge nicht geeignet.
- Mehrere Türme werden ohne Begrenzung oder ohne Angaben über die Besucherzahlen, jedoch zum Teil auch gegen eine Eintrittskarte, bestiegen.
- In fast allen Türmen sind die vorhandenen Treppen sehr beengt und entsprechen nicht den heutigen Normen. Nur selten erfolgen Auf- und Abstieg in den engsten Bereichen über separate Treppen.

Tabelle 5.21: Beispielhafte Turmbesteigungen – maximale Besucherzahlen und zu überwindende Höhen

Ort	Turm	Stufen bis zu Aussichtsplattform	Höhe der Aussichtsplattform/ Turmstube (in m)	max. Besucherzahl (gleichzeitig)
Andechs	Kirchturm der Wallfahrtskirche		60	25
Bautzen	Domturm	238	53	
Bautzen	Lauenturm	136	53	
Bad Doberan	Münsterturm	120	45	30
Berlin	Rathausturm Spandau	241	61	30
Bielefeld	Turm der Sparrenburg		37	40
Bremen	Südturm des Doms	265	98	
Braunschweig	Rathausturm	161	61	25
Braunschweig	Südturm der St. Andreas-Kirche	389	72	
Dessau	Rathausturm	160	42	
Dessau	Turm des Museums für Naturkunde und Vorgeschichte		40	15
Dresden	Kuppelaufstieg in der Frauenkirche	127	67	25
Dresden	Rathausturm		68	
Dresden	Turm der Kreuzkirche		54	20
Frankfurt/M.	Domturm	318	66	
Frankfurt/O.	Turm der St. Marienkirche	237	67	10
Freiburg	Münsterturm	329	70 / 116	
Fürth	Turm der Auferstehungskirche		40	12
Görlitz	Rathausturm	192	60	10

Fortsetzung Tabelle 5.21:

Goslar	Nordturm der Marktkirche	218	66	
Göttingen	Nordturm der St. Johanniskirche	238	50	25
Halle / Saale	Hausmannstürme	225	80	12
Halle / Saale	Roter Turm	148	43	
Hamburg	Turm des Hamburger Michels	452	106	
Hamburg	Turm der Hauptkirche St. Petri	544	123	
Hannover	Döhrener Turm	66		12
Hildesheim	Turm der St. Andreas Kirche	364	75	
Karlsruhe	Schlossturm	165	42	
Kempen	Burgturm	117	28,5	25
Kiel	Rathausturm		67	18
Köln	Südturm des Doms	533	97	
Konstanz	Münsterturm	193	76	
Leipzig	Rathausturm Neues Rathaus	250	114	
Leipzig	Turm der Thomaskirche	253	50	
Magdeburg	Nordturm des Doms	433	80	
Mainz	Turm der St. Stephan Kirche	200		30
München	Turm Alter Peter	306	56	
München	Turm des Neuen Rathauses		85	
Ottweiler	Alter Wehrturm	130	25	10
Pattensen	Turm des Schlosses Marienburg	160	44	20

Fortsetzung Tabelle 5.21:

Ravensburg	Blaserturm	212	51	6 / 20
Ravensburg	Mehlsack	253	51	6
Rostock	Turm der Petrikirche	196	45	
Rothenburg o.d.T.	Rathausturm	220	52	
Speyer	Südwestturm des Doms	304	60	50
Stade	Turm der St. Cosmae et Damiani Kirche	187		12
Ulm	Münsterturm	768	143	
Wemding	Turm der Stadtpfarrkirche St. Emmeram	170	65	30
Wittenberg	Schlosskirchturm	289	63	20

- Manche Türme können neben der Treppennutzung auch barrierefrei mit einem Lift bis zu einer Aussichtsplattform besichtigt werden.
- Die Besucherzahlen werden aus Sicherheitsgründen für den gleichzeitigen Aufenthalt begrenzt und schwanken je nach Lage im Turm.
- Die Turmbesteigungen erfolgen in Gruppen mit Führung oder durch Einzelpersonen.
- Für die Begrenzung der Besucherzahl werden oft Brandschutzgründe genannt, was wohl in erster Linie mit den Rettungsmöglichkeiten zu tun hat.
- Der zweite Rettungsweg von der Aussichtsplattform in Form einer zweiten Treppe ist meist nicht vorhanden. In wenigen Türmen kann im Verlauf des Turmabstiegs zu einer weiteren Treppe geflüchtet werden.
- Viele Türme wurden speziell für die Besteigung aufwendig saniert und brandschutztechnisch ertüchtigt (Abb. 5.267-5.268).
- Die Treppen sind meist steile Spindeltreppen und Wendeltreppen mit einer lichten Breite von bis zu 60 cm.

Abb. 5.267-5.268: Domturm in Frankfurt/M., Brandschutzmaßnahmen für die Turmbesteigung (Feuerschutztür zum Dachboden, Kennzeichnung der Rettungswege, Feuerlöscher, Gegensprechanlage) (Quelle: Monika Kabat, Frankfurt/Main)

3. Für die ständige Nutzung eines Turmes und für Turmbesteigungen können zusätzliche Maßnahmen erforderlich sein:
   - Einbau einer **automatischen Brandmeldeanlage** (Rauchmelder in geschlossenen Türmen),
   - Installation einer **Sprechanlage**,
   - Einbau eines **Rauchabzuges**, je nach Lage und Höhe Brandgasventilator, Fensterumrüstung, Rauchabzugsgeräte,
   - Installation einer **Sicherheitsbeleuchtung**,
   - Einbau einer Vorrichtung für die **Zählung der Besucher**,
   - Einführung der **Brandlastfreihaltung** einschließlich der **Abschottung aller elektrischen Leitungen**,
   - Erstellung und Bekanntmachung einer **Brandschutzordnung**.

Abb. 5.269-5.270: Ertüchtigte und neue Treppen für die Turmbesteigung im Südwestturm des Doms zu Speyer (Quelle: ER+R architektur, Kaiserslautern)

4. Rettungswege bei sporadischer Nutzung

   Wir der Turm lediglich für Wartungs- und Reparaturzwecke ohne Zugang für die Öffentlichkeit bestiegen, gilt er und ggf. seine Räume (Dachboden, Glockenstube, Uhrwerkraum) nicht als Aufenthaltsraum. Die Turmtreppe muss trotzdem sicher begehbar sein und in dieser Hinsicht geprüft und ggf. nachgebessert werden (Stufen, Geländer, Zwischenpodeste).

5. Außer der Sicherstellung der Rettungswege sind weitere Brandschutzmaßnahmen je nach Lage vorzunehmen:

   - **Bauliche Abtrennung** von allen anderen Gebäuden bzw. Gebäudeteilen durch Zumauern von Öffnungen und Durchgängen und den Einbau von Feuerschutztüren (T 90 bzw. T 30),
   - Sicherstellung der **Aufstell- und Bewegungsflächen** für die Feuerwehr vor dem Turm,
   - eventuell **horizontale brandschutztechnische Unterteilung** (T 30),
   - Ausstattung (Räume, Treppenpodeste) mit **Feuerlöschern**,
   - Erstellung eines **Feuerwehrplanes** für den Turm und eventuell angebauten Gebäudeteilen,
   - **regelmäßige Prüfung der elektrischen Anlagen** durch Sachverständige bzw. Fachfirmen und Beseitigung der festgestellten Mängel.

Abb. 5.271: Frauenkirche in Dresden (Quelle: Klaus Brüheim / pixelio.de)

Kuppelaufstieg in der Frauenkirche Dresden

Eine interessante **Hausordnung** gilt beim Kuppelaufstieg der Frauenkirche in Dresden (Abb. 5.271) [72]. Es wird zunächst darauf hingewiesen, dass die Bauweise der Frauenkirche von den heutigen Bauvorgaben abweicht. Daraus ergäben sich beim Kuppelaufstieg Gefahren, die eine besondere Sorgfalt der Besucher erforderten. Dies beträfe insbesondere die Begehung der sehr steilen Leiter- und Wendeltreppen.

Da die Wendelrampe auf einer Länge von 146 m um 19 m ansteigt, wurden zum Ausruhen Sitzgelegenheiten in den Nischen des Wendelganges eingerichtet. Die entsprechenden Ausnahmen und Abstimmungen wurden mit der Bauaufsicht besprochen. In einem Anhang zu der Hausordnung werden die Abweichungen vom Baurecht und der DIN-Norm explizit aufgelistet und die ausgeführten Kompensationsmaßnahmen genannt.

Abweichungen:

- Die maximale Rettungsweglänge ist aufgrund der geometrischen Gegebenheiten und der rekonstruierten Raumstruktur überschritten,
- ab Höhe Chordach fehlt ein zweiter Fluchtweg.

Kompensationsmaßnahmen:

- Der Weg ist mit einer Notrufanlage ausgestattet,
- ein Defibrillator ist für Notfälle vorhanden,
- über Lautsprecher ist jeder Punkt des Aufstiegs erreichbar, sodass im Bedarfsfall Verhaltensanweisungen gegeben werden können.

Abweichungen:

- Die Steigungsverhältnisse der beiden oberen Leitertreppen am Ende der Wendelrampe sowie der beiden Wendeltreppen im Laternenhals weichen von den gesetzlichen Vorschriften ab,
- im Treppenverlauf fehlen die Zwischenpodeste.

Maßnahmen:

- Die Begehung der sehr steilen Leiter- und Wendeltreppen wird nur mit Nutzung des beidseitigen Handlaufes empfohlen,
- da beim Abstieg über die Leitertreppe die Auftrittsflächen zu schmal sind, wird das schräge Aufsetzen des Fußes empfohlen.

Abweichungen:

- Im oberen Teil der Wendelrampe sind aufgrund der rekonstruierten historischen Raumstruktur die Durchgangshöhen unter der geneigten Hauptkuppelschale nicht über die gesetzliche Laufbreite ausreichend.

Maßnahmen:

- Ein Hinweisschild weist auf die reduzierte Durchgangshöhe hin. An den gefährlichen Gewölbekanten sind Filzpolster in Kopfhöhe angebracht.

Industriebauten

Jede Nutzungsänderung eines Industriedenkmals bedarf einer **Baugenehmigung**. Da es für Industriedenkmäler keine allgemein geltenden Brandschutzvorschriften und Lösungen gibt, diese Bauten jedoch unter Denkmalschutz stehen und gleichzeitig einer neuen, meist sehr intensiven Nutzung zugeführt werden sollen, kann der Brandschutz hier nur in einem Brandschutzkonzept sinnvoll geplant werden. Bedingt durch den fehlenden bzw. unbekannten Feuerwiderstand tragender Bauteile und andere Abweichungen vom Baurecht wird jedes Konzept intensiv mit Ersatz- bzw. Kompensationsmaßnahmen arbeiten müssen. Die vielen Abweichungen ergeben sich nach der Bauordnung bzw. je nach geplanter Nutzung nach einer Sonderbauverordnung (Abb. 5.272-5.273).

Abb. 5.272-5.273: Waldorfschule Lippe-Detmold in der ehemaligen Brauerei Falkenkrug in Detmold (Lippe); 1673 Privileg des Bierbrauens, Brauereigebäude 1857-1880 errichtet, 1972 stillgelegt, 1986 Waldorfschule (Quelle: Abb. 5.273: Tsungam, CC BY-SA 3.0, via Wikimedia Commons)

Folgende **Brandschutzmaßnahmen** sind meist in Industriedenkmälern bei ihrer Nutzungsänderung erforderlich:

1. **Rettungswege**

   Es kann aus Gründen der Enge oder der fehlenden Feuerwiderstandsdauer der tragenden Bauteile erforderlich sein, dass am oder im Gebäude ein Feuerwehraufzug mit oder ohne Nottreppe erstellt wird. In hohen und schmalen Bauten oder Hallen in Stahlskelettbauweise wird es meist ohne nachträgliche Außentreppen nicht gehen, wenngleich eine solche Treppe aus Denkmalschutzgründen sehr bedenklich sein kann. Nichtsdestotrotz wurden schon mehrere Projekte dieser Art realisiert. Auch zusätzliche notwendige Treppenräume im Gebäude sind nicht auszuschließen, aus statischen Gründen jedoch oft lediglich aus Stahl möglich. Bei großen Objekten mit intensiver Versammlungsnutzung sind Simulationsrechnungen für die Rauchfreihaltung und Personenstromanalysen erforderlich.

Abb. 5.274: Wasserturm in Fürstenwalde (Spree); ein als Wohnturm ausgebauter Wasserturm bedarf aufwendiger nachträglicher Brandschutzmaßnahmen

2. Tragkonstruktion

Ungeschützte tragende Bauteile, meist Stahlkonstruktionen, können mit großem Aufwand nachträglich beschichtet werden und somit F 30- bzw. F 60-Feuerwiderstandsdauer erreichen. Mit Ingenieurmethoden des Brandschutzes kann alternativ untersucht werden, ob die Tragfähigkeit durch lokale Brände nicht beeinträchtigt wird, um die Beschichtung zu vermeiden (Abb. 5.275). Die dritte Methode ist, die fehlende oder nicht ausreichende Feuerwiderstandsdauer durch andere bauliche oder meist technische Brandschutzmaßnahmen zu kompensieren.

Abb. 5.275: Beschichtete Gussstützen und verkleidete Flansche der Kappendecken in einer zu einem Kulturzentrum umgenutzten ehemaligen Fabrikhalle (Weberei Gütersloh)

3. Rauchabzug

Bei großflächigen oder sehr hohen Bauten, z. B. Produktions- und Eisenbahnausbesserungshallen, ist ein Rauchableitungssystem über gesteuerte bzw. maschinelle Zu- und Abluftöffnungen erforderlich. Insbesondere die Entrauchung von Gebäuden mit Atrien muss durch Brandsimulationsrechnungen nachgewiesen werden. In großen Hallen kann dabei die Unterteilung in Rauchabschnitte durch Rauchschürzen Probleme aus Denkmalschutzgründen bereiten (Abb. 5.276).

Abb. 5.276: Brandgasventilator für die Entrauchung einer Halle mit Empore (Medienfabrik Gütersloh in der ehemaligen Stärke- und Nudelfabrik Niemöller)

4. Brandabschnitte

Eine nach dem Baurecht legitime und der historischen Bausubstanz und geplanten Nutzung nicht widersprechende Unterteilung eines Industriedenkmals in Brandabschnitte durch Brandwände ist meist nicht möglich. Daher sollte versucht werden, eine Gebäudeunterteilung in eventuelle Brandbekämpfungsabschnitte durch Trennwände (F 90) herzustellen, bei der die historischen Gebäudeteile wie Maschinenhalle, Produktionshalle, Lager oder Verwaltung und die angestrebte neue Nutzung aufeinander abgestimmt werden (Abb. 5.277-5.278).

Abb. 5.277-5.278: Brandabschnittsbildung durch Einbau von Feuerschutztüren hinter historischen Türen (Medienfabrik Gütersloh in der ehemaligen Stärke- und Nudelfabrik Niemöller)

5. **Löschanlagen**

   Je nach Nutzung und Feuerwiderstand der tragenden Bauteile können für die historische Bausubstanz und Ausstattung auch Lösch- oder Schutzanlagen als Kompensationsmaßnahmen erforderlich sein. Ebenso kommen Sprinkleranlagen (z. B. Ruhrmuseum Zeche Zollverein Essen) oder Wassernebel- wie auch Gaslöschanlagen (z. B. Archiv im Gasometer Wien) in Betracht. Die Löschanlage kann flächendeckend sein oder nur in bestimmten Bereichen installiert werden.

6. **Brandmeldeanlage**

   Meistens ist eine flächendeckende automatische Brandmeldeanlage (nach DIN 14675 / DIN VDE 0833) in einem Industriedenkmal erforderlich. Die Brandmeldeanlage mit Rauchmeldern bewirkt die frühzeitige Entdeckung eines Brandes sowie die Alarmierung der Besucher und der Feuerwehr. Somit ermöglicht sie auch die Verkürzung der Feuerbeaufschlagung der historischen Tragkonstruktionen, die eine abgeschwächte Feuerwiderstandsdauer aufweisen.

Zeche Zollverein Essen

Abb. 5.279: Kohlenwäsche der Zeche Zollverein in Essen (UNESCO-Weltkulturerbe); Ruhrmuseum mit Versammlungsstätte (Quelle: Reinhard Stutz)

Am Beispiel der Sanierung und Neunutzung der Kohlenwäsche der Zeche Zollverein in Essen (UNESCO-Weltkulturerbe) zum Ruhrmuseum mit Versammlungsstätte wird deutlich, wie komplex der Brandschutz in umgenutzten Industriedenkmälern sein kann (Hagen et al., 2005). Im Gebäude befinden sich Aufenthaltsräume bis zur Ebene 38 (in 38 m Höhe), ab der Ebene 17 (in 17 m Höhe) aufwärts ist das Gebäude mit ungeschützten Stahlbauteilen errichtet worden. Das Museumsgebäude ist mit 60 m Länge, 30 m Breite und 40 m Höhe das größte Gebäude der Zeche Zollverein [73]. Es war im Betrieb eine Großmaschine, die der Sortierung, Klassifizierung, Zwischenspeicherung und Distribution der Steinkohle diente. Die bauliche Gestalt ordnet sich diesen Funktionen vollkommen unter.

Der Umbau des Gebäudes durch die Architekten Rem Koolhaas und Heinrich Böll, mit Brandschutzkonzept vom Büro Hagen Ingenieure für Brandschutz, trägt dem Denkmalschutz Rechnung. Sie haben das Gebäude von oben nach unten – analog zum ursprünglichen Produktionsfluss – erschlossen. Das Publikum wird zunächst mit einer Rolltreppe auf die 24-Meter-Ebene befördert und betritt die Kohlenwäsche im Besucherzentrum, in dem es mit allen Servicefunktionen empfangen wird. Die Ebenen oberhalb dieses Bereiches sind mit ihrem größtenteils erhaltenen Maschinenbestand Teil des „Denkmalpfades Zollverein“ und beherbergen auf der 30-Meter-Ebene das Portal „Industriekultur“. Die Etagen unterhalb des Besucherzentrums sind den Ausstellungsräumen und Depots des Ruhrmuseums vorbehalten. Wo einst Kohle gespeichert wurde, werden nun Kulturgüter bewahrt und präsentiert. In dem ehemaligen Industriegebäude sind spektakuläre Museumsräume entstanden, die ein Neubau nie hätte bieten können. Sie allein stellen eine große Attraktion für die Besucher dar.

Neben der Erschließung der unterschiedlichen Ebenen über einen Sicherheitstreppenraum und zwei innenliegende Treppenräume ist eine sogenannte Gangway als Rettungsweg für das Besucherzentrum in der Ebene 24 realisiert worden (Hagen et al., 2005) (Abb. 5.280-5.281). Diese Gangway verläuft von der Ebene 24 bis zur Geländeoberfläche über eine Länge von ca. 60 m. Dazu mussten Maßnahmen zur Rauchfreihaltung ergriffen werden, deren Dimensionierung anhand von Simulationsrechnungen erfolgte (mit dem CFD-Modell Kobra-3D). Es musste auch eine Personenstromanalyse für verschiedene Räumungsszenarien durchgeführt werden (mit dem Evakuierungsmodell ASERI).

Abb. 5.280-5.281: Zeche Zollverein Essen; Umnutzung der Kohlenwäsche zum Ruhrmuseum mit Versammlungsstätte, Gangway (Quelle: Reinhard Stutz)

In großen historischen Industriehallen werden für neue Nutzungen sogenannte „Haus-im-Haus"-Systeme eingebaut. Das Prinzip dieses Systems beruht auf dem Einbau moderner Bauteile und Baustoffe in die bestehenden historischen Bauten mit bestimmtem Abstand zu den Wänden selbiger. Dadurch bleibt äußerlich die historische Industriehalle bestehen, bekommt aber im Inneren einen eigenständigen, oft mehrgeschossigen Bau mit neuer Nutzung. In dem Einbau entstehen dabei als Verbindungsgänge zwischen den Nutzungseinheiten mehrgeschossige offene Galerien. Die Hallen selbst sind entweder als ungeschützte Stahlkonstruktionen oder als Backsteinbauten ausgeführt. Der Brandschutz kann in solchen Fällen nur durch komplexe Betrachtung des Gebäudes geplant werden und umfasst meist zumindest folgende Maßnahmen:

- Löschanlage,
- Brandmeldeanlage,
- zwei bauliche Rettungswege,
- Rauchableitung,
- Sicherheitsbeleuchtung.

5.7.3 Beispiele

Nibelungenturm Worms

Nibelungenbrückenturm in Worms (Rheinhessen)

Bauherrschaft	Bundesrepublik Deutschland / Verband Christlicher Pfadfinderinnen und Pfadfinder (VCP), Landesverband Rheinland-Pfalz-Saar, Lambsheim
Projektleitung	Dipl.-Ing. Architekt A. Müller, Frankenthal
Entwurfsverfasser/ Planer	Dipl.-Ing. Architekt A. Müller, Frankenthal
Brandschutzplaner	Dipl.-Ing. Architekt A. Müller, Frankenthal

Baubeschreibung

Der Brückenturm der Nibelungenbrücke am linken Rheinufer ist ein Beherbergungsbetrieb. Der Turm ist neben dem Dom zum Wahrzeichen der Stadt geworden. Seit 1976 wird er von den Pfadfindern als Freizeitzentrum mit Übernachtungsmöglichkeiten genutzt. Die Lage ist sehr exponiert: Der Turm steht am Rheinufer über der stark befahrenen Straßenbrücke (Bundesstraße B47) (Abb. 5.282 und 5.283).

Abb. 5.282: Nibelungenturm in Worms; Ansicht von Osten (von Hessen) (Quelle: Monika Kabat, Frankfurt/Main)

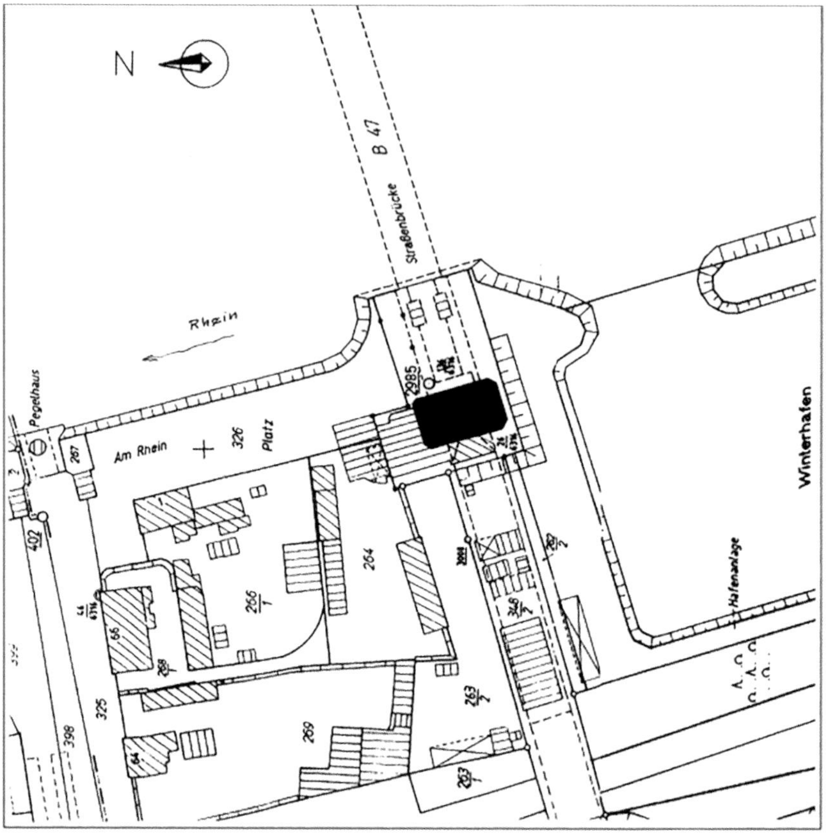

Abb. 5.283: Nibelungenturm in Worms; Lageplan

Der Nibelungenturm ist ein aus Sandstein errichteter Massivbau. Seine Gründung erfolgte im November 1897, 1900 war er fertiggestellt. Der Architekt entlehnte die Form mittelalterlichen Stadttoren. Die Monumentalität wird durch das hohe, aus Holz ausgeführte Walmdach über dem Mitteilteil bekräftigt. Insgesamt hat der Turm über der rundbogigen Straßendurchfahrt vier Obergeschosse, von denen das oberste 21,30 m über der Fahrbahn liegt. Im Dachraum sind drei Geschosse, bei denen der Fußboden des ersten Dachgeschosses (mit Aufenthaltsraum) 24,60 m über der Fahrbahn liegt und somit über der Hochhausgrenze von 22 m. Die Decken sind entweder Stahlträger- (im ersten und zweiten Obergeschoss) oder Holzbalkendecken (die restlichen Geschosse; im vierten Obergeschoss vor der Sanierung auf ungeschützten Stahlträgern). Seitlich wird der Mittelteil von zwei Rundtürmchen mit jeweils einer Steinwendeltreppe begleitet. Die Treppen haben einen Durchmesser von 2,75 m und führen bis zum ersten Dachgeschoss (Spille, 1992).

Nutzung

Bis zur Sanierung waren in den vier Obergeschossen über 60 Betten (90 Schlafplätze mit Matratzen) aufgestellt. Die Dachgeschosse wurden als Lager- und Abstellräume für alles, was beim Betrieb des Turmes gebraucht wurde (z. B. Matratzen, Möbel), genutzt. Im Rahmen der Modernisierung wurde die Bettenzahl auf 47 reduziert und das erste Dachgeschoss als Mehrzweckraum ausgebaut (Müller, 1998). Die Nutzung sieht nach der Modernisierung und Sanierung wie folgt aus [74]:

- 1. Obergeschoss: Schlaftrakt mit 27 Betten,
- 2. Obergeschoss: Küche und Speisesaal,
- 3. Obergeschoss: Großer Seminar- und Medienraum, kleine Küche,
- 4. Obergeschoss: Schlaftrakt mit 20 Betten,
- 5. Obergeschoss: Großer Aufenthaltsraum,
- 1. Dachgeschoss: Mehrzweckraum,
- 2. und 3. Dachgeschoss: leer.

Brandschutzmaßnahmen

Schon frühere Brandschutzüberprüfungen haben einige Brandschutzmängel aufgedeckt, insbesondere im Bereich der Rettungswege und der Brandbekämpfungsmöglichkeiten für die Feuerwehr. Die brandschutztechnische Beurteilung ergab insbesondere folgende Erkenntnisse und Mängel:

- Der Ausbau des ersten Dachgeschosses (Fußbodenhöhe 24,60 m über der Fahrbahn) erfolgt über der Hochhausgrenze von 22 m; dieses Geschoss ist für die Rettungsmaßnahmen über die Drehleiter der Feuerwehr nicht erreichbar,
- die Wendeltreppen aus Stein (eigentlich Spindeltreppen mit 2,75 m Durchmesser) waren von den Geschossen lediglich durch einfache Blechtüren ohne Podeste abgetrennt; die Türen schlugen entgegen der Fluchtrichtung auf,
- die beiden Treppen waren nicht von jedem Geschoss erreichbar; das erste Dachgeschoss war an keine dieser Treppen angeschlossen,
- die Rundtürmchen haben zwar kleine Fenster, eine Verrauchung der Treppen im Brandfall konnte jedoch nicht verhindert werden,
- die zwei obersten Dachgeschosse, die bislang als Lagerräume genutzt wurden, sowie die Holzdachstühle des Turmes sind im Brandfall mit einem wirksamen Löschstrahl von außen nicht erreichbar (28-36,80 m Höhe),
- es musste davon ausgegangen werden, dass die Decken nicht die Feuerwiderstandsdauer von 90 Min. aufweisen (Holzbalken- und Stahlträgerdecken),

- der Turm hatte keine wirksamen Brandschutzeinrichtungen (Brandmeldeanlage, Rauchabzüge, trockene Steigleitung, Sicherheitsbeleuchtung),
- der betriebliche Brandschutz (Brandschutzordnung, Feuerwehrplan) war nicht ausreichend geregelt.

Der Brückenturm wurde insbesondere durch folgende Brandschutzmaßnahmen ertüchtigt:

- Die Treppenräume wurden von jedem Geschoss brandschutztechnisch durch Einbau von leichten Trennwänden (F 90-A) und damals noch feuerhemmenden Türen (T 30) abgetrennt.
- Das erste Dachgeschoss wurde an die beiden Treppen angeschlossen. Dafür mussten aufwendige Durchbrüche in den ca. 0,80-1,20 m dicken Turmwänden geschaffen werden, in die T 30-Türen eingebaut wurden.
- In beiden Treppenräumen (Rundtürmchen) wurde eine Überdruckbelüftungsanlage (SÜLA) installiert. Hierfür erforderliche Zuluftventilatoren, Klappen und Jalousien (als Abluftöffnungen) wurden in bestehende Fensteröffnungen eingebaut.
- Die Decken im dritten und vierten Obergeschoss sind Holzbalkendecken (Balkenquerschnitt 160 × 240 mm), teilweise verstärkt durch Stahlträger. Diese Decken konnten von unten mit entsprechenden Brandschutzplatten (2 mm × 10 mm Promatect H oder 2 mm × 10 mm Fermacell) verkleidet werden, sodass sie eine Feuerwiderstandsdauer von 90 Min. erreichen. Die Auffüllung der Decken wurde auch aus statischen Gründen gegen eine nichtbrennbare Dämmung (Mineralwolle) ausgetauscht.
- Die Decken im ersten und zweiten Obergeschoss sind Stahlträgerdecken mit auf dem Untergurt aufliegenden Bimsbetonplatten. Die Unterseiten, auch der Untergurt, sind verputzt. Auf weitere Verkleidung wurde verzichtet. Die unsichere Klassifizierung des Feuerwiderstandes der Decken wurde durch eine automatische Brandmeldeanlage kompensiert.
- Die inneren Dachflächen im ersten Dachgeschoss wurden zur Erzielung einer Feuerwiderstandsklasse von 30 Min. (F 30-B) mit Brandschutzplatten (20 mm Knauf-Paneel-System) verkleidet.
- Der Brückenturm bekam eine automatische Brandmeldeanlage mit Rauchmeldern, Thermodifferentialmeldern, Druckknopfmeldern und Feuerwehrschlüsseldepot. Bei einer Branderkennung erfolgt gleichzeitig ein akustischer Alarm im Turm und die Überdruckbelüftungsanlagen in den Treppenräumen werden eingeschaltet.
- Die Rettungswege (Treppen, Flure, Ausgänge) wurden mit einer Sicherheitsbeleuchtung (Einzelbatterieleuchten) ausgestattet.
- Für den Turm wurde eine detaillierte Brandschutzordnung erarbeitet und ein Feuerwehrplan erstellt.

Augsburger Kammgarnspinnerei

Stadtarchiv Augsburg in der ehemaligen Augsburger Kammgarnspinnerei (AKS)

Bauherrschaft	Stadt Augsburg
Projektleitung	AGS Augsburger Gesellschaft für Stadtentwicklung und Immobilienbetreuung GmbH
Entwurfsverfasser/ Planer	Hochbauamt der Stadt Augsburg, Schuller + Tham Architekten BDA, Augsburg
Brandschutzplaner	M. Schwarz, M.A./M.Eng. / IngPunkt, Ingenieurgesellschaft für das Bauwesen mbH, Augsburg

Baubeschreibung

Das neue Stadtarchiv der Stadt Augsburg ist in dem Industriedenkmal Augsburger Kammgarnspinnerei (AKS) untergebracht (Abb. 5.284). Das Projekt „Verlagerung des Stadtarchivs und der Stadtarchäologie auf das AKS-Gelände" blickt auf eine lange Vorgeschichte zurück. Das Augsburger Stadtarchiv befand sich seit 1885 in einem Gebäude neben dem Stadtmarkt aus dem letzten Drittel des 19. Jahrhunderts. Untergebracht waren darin wertvolle Bestände vom Mittelalter über reichsstädtische Ratsprotokolle bis hin zu städtischen Akten der jüngsten Geschichte. Im Laufe der Zeit blieben aber sowohl die technische Ausstattung des Gebäudes wie Klimatisierung und Regulierung als auch die Raumkapazitäten hinter den Anforderungen für ein zeitgemäßes Archiv zurück (Stadt Augsburg, 2014). Im Jahr 2003 beschloss der Stadtrat von Augsburg die Umsiedlung des Stadtarchivs. 2010 kam der Beschluss, dass das Stadtarchiv 2013 auf das Gelände der ehemaligen Augsburger Kammgarnspinnerei umziehen soll [75].

Abb. 5.284: Augsburger Kammgarnspinnerei (AKS) mit Stadtarchiv (Quelle: Jost-G. Thorau, Augsburg)

Die AKS war eines der ehemaligen Textilunternehmen im Augsburger Textilviertel. 2002 wurde die Spinnerei eingestellt, 2004 mussten die Pforten der AKS endgültig geschlossen werden.

Im Allgemeinen unterteilen sich die Produktionsstätten in der Textilindustrie in Spinnereihochbauten und für die Weberei verwendete eingeschossige Sheds (Gebäude mit Sheddachkonstruktion). Die Vorzüge der Sheds, deren steile und nach Norden ausgerichtete Dachfenster bestes Tageslicht bei idealen Klimawerten boten, waren in der Augsburger Kammgarnspinnerei so wichtig, dass für die Spinnerei ab etwa 1870 nur mehr Sheds verwendet wurden. Hieraus ergibt sich die für eine Spinnerei untypisch große Anzahl an Shedhallen [76]. In den Shedhallen und dem ehemaligen Bürogebäude ist das neue Stadtarchiv untergebracht.

Die Shedhallen wurden im Jahr 1951 wiederaufgebaut, nachdem die Vorgänger mit Holzdachkonstruktion im Krieg zerstört wurden. Die Shedhalle des Stadtarchivs ist eingeschossig und nur teilweise unterkellert (Abb. 5.286). Die Hallenkonstruktion wurde damals als Stahlbeton-Schalenkonstruktion ausgeführt. Dabei trägt die Kreissegment-Bogenschale von 6,5 cm Dicke die Dachlast über eine Spannweite von 9 m in Querrichtung und ca. 19,20 m in Längsrichtung freitragend ab. Die Schale wird am oberen Längsrand von den Fertigteil-Fenstersprossen des Lichtbandes unterstützt, die sich auf einen Stahlbeton-Rinnenträger abstützen. Weiterhin wird die Schale durch quer verlaufende Bogenträger im Abstand von ca. 19,20 m ausgesteift. Diese Bogenträger gehen dann in die vertikalen Stahlbeton-Hallenstützen über, welche aus dem Kellergeschoss bzw. aus den Fundamenten auskragen.

Die lichte Höhe der Halle beträgt unter den Rinnenträgern 4 m, darüber wölbt sich die Bogenschale mit einer Höhe von weiteren ca. 4 m. Die Schalenkonstruktion ist konstruktiv durchgehend, weitere sechs Sheds schließen in nördlicher Richtung im Textilmuseum und in südlicher Richtung in der Stadtarchäologie an. Dabei wurden damals bestehende Teilunterkellerungen erhalten und integriert. Die Shedgiebelwände bestehen aus Ziegelmauerwerk (24 cm) [77]. Die Betonkonstruktion der Shedhallen wurde laut Statiker als F 30-Konstruktion eingestuft (Schwarz, 2014).

Das Tragsystem im Keller ist vom Raster der Shedhalle und der Shedstützen unabhängig. Die Unterkellerung besteht im Wesentlichen aus zwei je 2,50 m breiten Gängen mit Stahlbetondecken, die in Längs- und Querrichtung unter dem Hallenbereich verlaufen. Die nicht unterkellerten Flächen zwischen den Gängen sind Auffüllungen, auf denen eine nichttragende unbewehrte Bodenplatte lag, die durch eine neue, 30 cm starke Bodenplatte ersetzt wurde, welche auf die Lasten aus dem Archiv mit Rollregalen ausgelegt ist. Weil die hier vorhandenen Bodenauffüllungen nicht tragfähig waren, wurde die neue Bodenplatte punktförmig über Kleinbohrpfähle im Abstand von ca. 4,50 m bis in eine Tiefe von ca. 7 m gegründet, welche diese nicht tragfähigen Bodenschichten durchfahren. Die Gründung der Shedstützen erfolgte auf Stahlbeton-Einzelfundamenten. Die nicht unterkellerten Gangbereiche sind durch ca. 60 cm starke Mauerwerkswände abgetrennt und verfüllt.

Die Shedhalle ist im Erdgeschoss durch die Schale selbst und durch die aus dem Keller bzw. den Fundamenten auskragenden Bogenträgerstützen ausgesteift. Der bisherige Dachaufbau wurde gemäß EnEV (Energieeinsparverordnung) erneuert; zum Einbau kam EPS-Dämmung mit einer Abdichtung aus beschieferten Bitumenbahnen, die im Systemaufbau als harte Bedachung zugelassen sind. Unter Berücksichtigung der Erhaltung des Industriecharakters der denkmalgeschützten Gebäudehülle wurde im Innern ein Archivzweckbau realisiert, der mehr ist als eine Adaption der historischen Bausubstanz (Abb. 5.284). Bei dem Bauvorhaben handelt es sich nach § 2 Abs. 3 BayBO um ein Gebäude der Gebäudeklasse 3.

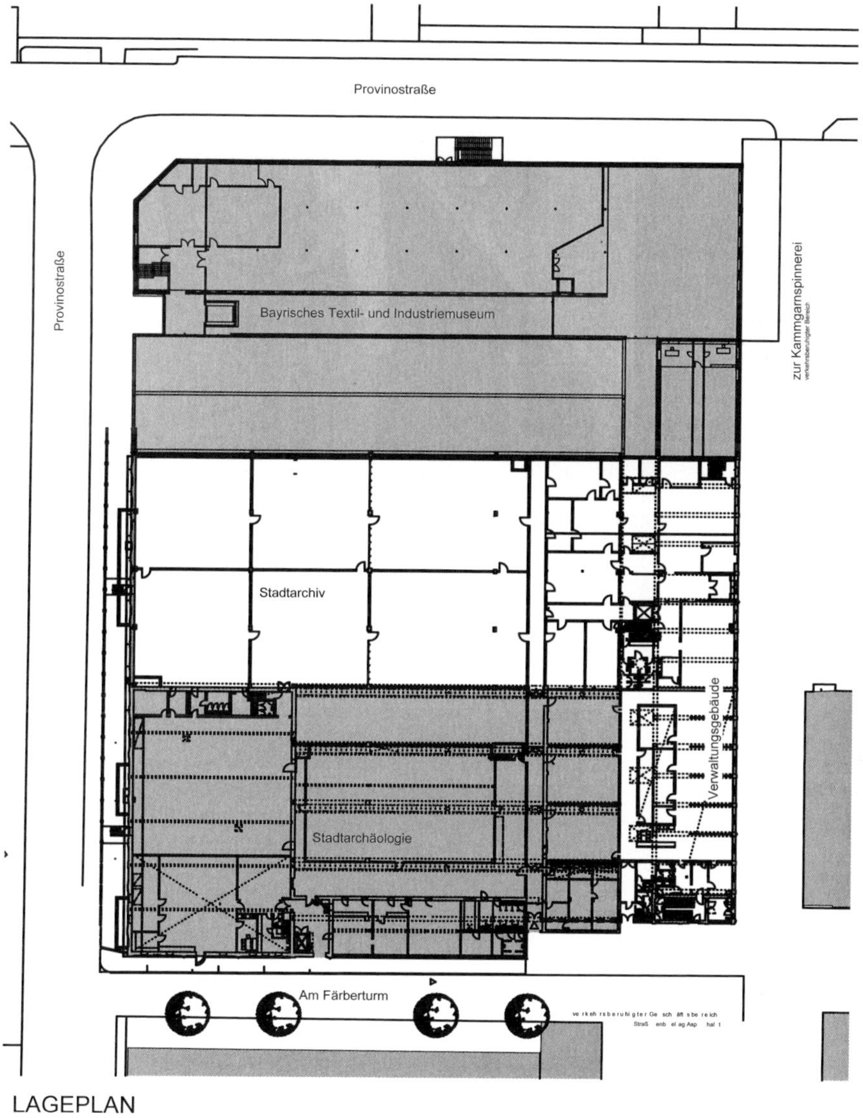

Abb. 5.285: Lageplan der Augsburger Kammgarnspinnerei (AKS) mit Stadtarchiv (Quelle: Architekturbüro Schuller + Tham Architekten BDA)

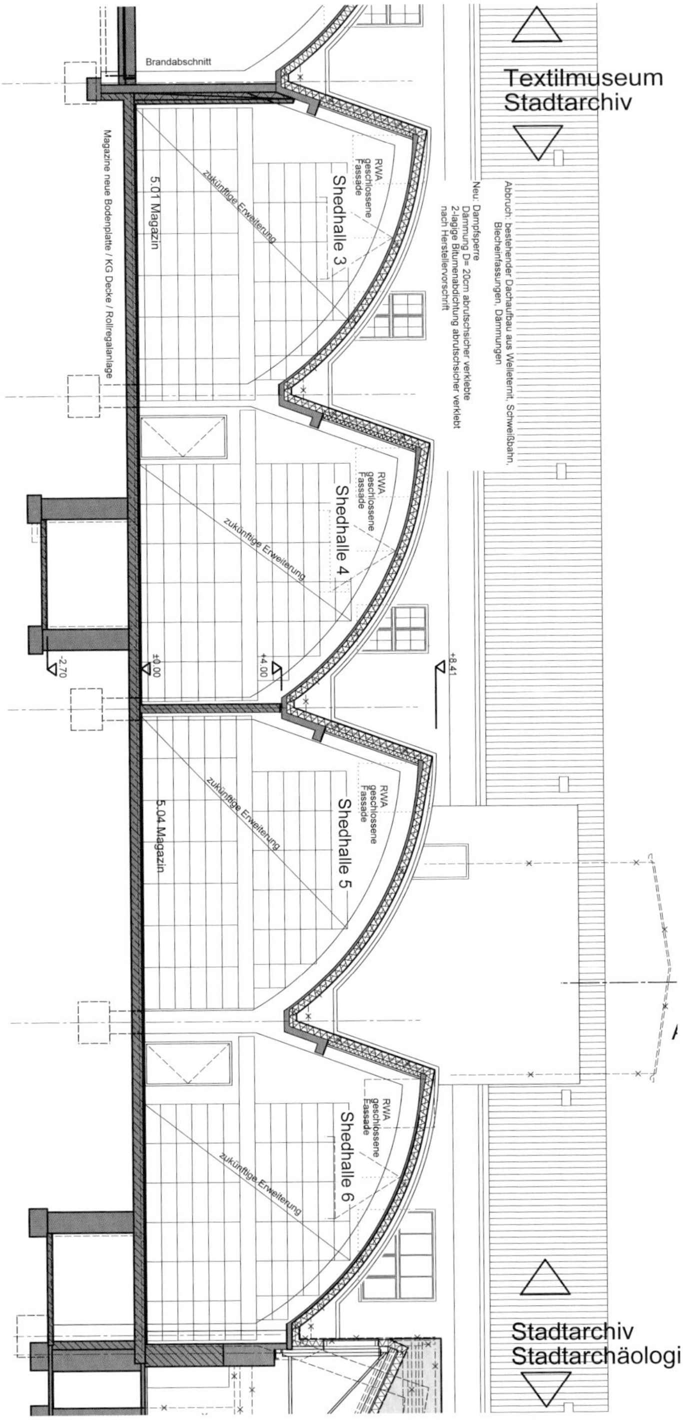

Abb. 5.286: Augsburger Kammgarnspinnerei (AKS) mit Stadtarchiv, Schnitt (Quelle: Architekturbüro Schuller + Tham Architekten BDA)

Nutzung

Die Gebäudeteile in den ehemaligen AKS-Fabrikhallen sind heute gemeinsamer Sitz des Staatlichen Textil- und Industriemuseums Augsburg, des Stadtarchivs Augsburg und der Stadtarchäologie Augsburg (noch im Bau).

Auf einer Gesamtfläche von 4450 m² verteilen sich auf zwei Ebenen die in sechs Brandzellen aufgeteilten, klimatisch geregelten Magazinräume mit insgesamt 3200 Quadratmetern, die mit platzsparenden Fahrregalanlagen auf eine Lagerkapazität von insgesamt rund 26.000 laufenden Regalmetern ausgelegt und mit ca. 13.000 Metern Archivgut belegt sind. Eine Pionierleistung stellt dabei die baulich gelungene Lösung der Platzoptimierung in den Industrie-Shedhallen dar. Mit der doppelstöckigen, gegenseitig verfahrbaren Regalanlage auf einer eigens konstruierten Stahlbühne kann es zumindest für die deutsche Archivlandschaft ein Alleinstellungsmerkmal beanspruchen (Cramer-Fürtig, 2014). Von den übrigen 1250 m² Nutzfläche bietet der Öffentlichkeitsbereich auf über 200 m² einen geräumigen Lesesaal mit zwei eigenen Räumen für Findmittel und Sondernutzungen (Karten und Pläne, audiovisuelle Medien, Mikrofilme). Auf weiteren 125 m² stehen multifunktional nutzbare Veranstaltungsräume zur Verfügung. Mit moderner Medien- und Veranstaltungstechnik bietet das Stadtarchiv die Möglichkeit, historische Bildungsarbeit zeitgemäß für Augsburg und seine Bürger zu präsentieren, vom historischen Vortrag über archivpädagogische Angebote für Schule und Universität bis zur Ausstellung zu stadtgeschichtlichen Themen (Abb. 5.287-5.288). Es wird mit 10 bis 25 gleichzeitig arbeitenden Archivbenutzern gerechnet.

Abb. 5.287-5.288: Stadtarchiv Augsburg in der ehemaligen Augsburger Kammgarnspinnerei (AKS): Magazin 2 und Lesesaal (Quelle: Jost-G. Thorau, Augsburg)

Brandschutzmaßnahmen

Großes Augenmerk wurde bei dem Umbau der AKS zum Stadtarchiv auch auf den Brandschutz gelegt. Eine Aufteilung in mehrere Brandzellen (durch F 30-Wände und T 30-Türen getrennte Räume gleicher Nutzung innerhalb eines Brandabschnittes) der Archivmagazine soll verhindern, dass im Brandfall der Bestand verloren geht (Abb. 5.289).

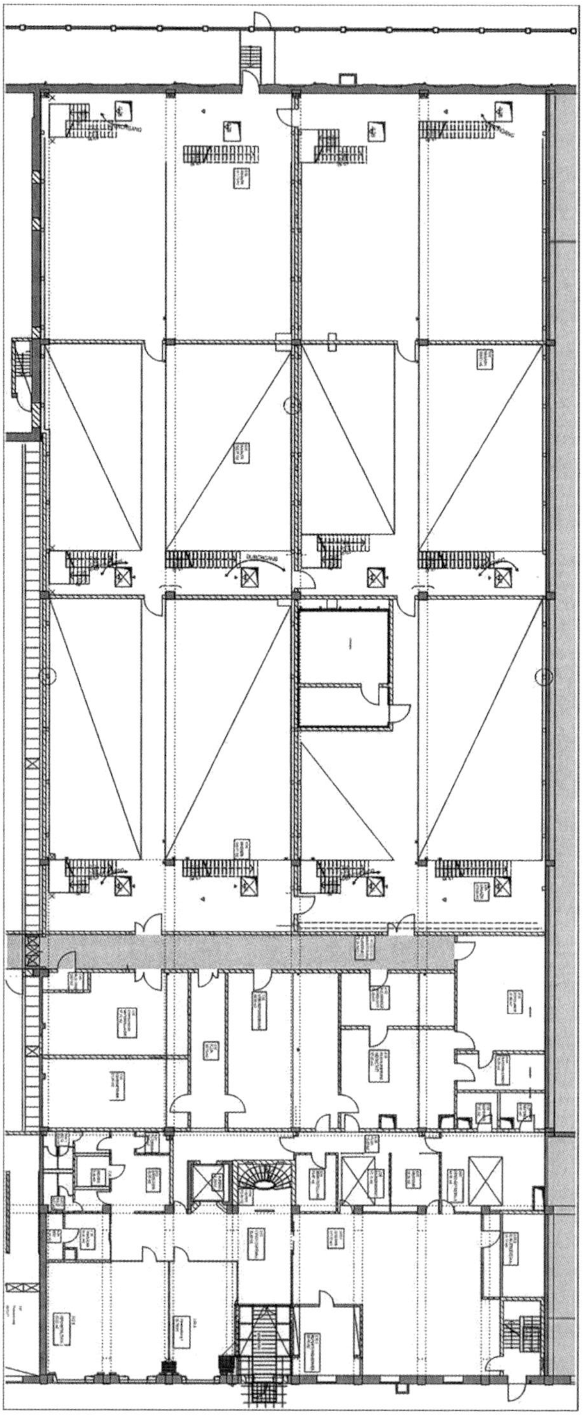

Abb. 5.289: Stadtarchiv Augsburg in der Augsburger Kammgarnspinnerei (AKS), Grundriss (Quelle: Architekturbüro Schuller + Tham Architekten BDA)

Folgende **Brandschutzmaßnahmen** wurden ausgeführt (Schwarz, 2014):

- Das Stadtarchiv ist vom benachbarten Textilmuseum durch eine hochfeuerhemmende Brandwand-Ersatzwand in Trockenbau und von der Stadtarchäologie zum Teil durch eine Brandwand und F 30-Trennwände abgetrennt.
- Da das Stadtarchiv mitten im Hallenkomplex liegt, ist es lediglich von einer Straßenseite für die Feuerwehr anfahrbar. Auf der gegenüberliegenden Seite ist eine eingeschränkte Feuerwehrzufahrt (Außengastronomie) allerdings möglich.
- Die Löschwasserversorgung erfolgt über die städtische Trinkwasserleitung (DN 150) mit Unterflurhydranten.
- Das Stadtarchiv ist in kleinteilige Brandzellen (statt Brandabschnitte) aufgeteilt, darunter sechs Archivmagazine, die durch feuerhemmende bzw. feuerbeständige Trennwände mit T 30-RS-Türen voneinander abgetrennt sind. Die Nutzung von Brandwänden innerhalb des Stadtarchivs war aus statischen Gründen nicht möglich.
- Jedes der sechs Archivmagazine hat innen eine F 60-Beschichtung der gewölbten Stahlbetonsheds, Rauchabzüge und ein Rauchansaugsystem (RAS) als automatische Brandmeldeanlage. Aufgrund unzureichender Zuluftmöglichkeiten (auf Wunsch des Betreibers aus Einbruchsicherungsgründen) wird die Entrauchung eines Magazins nur mit entsprechender Unterstützung durch Hochleistungs-Druckbelüftungsgeräte der Feuerwehr möglich sein. Einige der Magazine sind innenliegend. Zuluft kann im Löscheinsatz für diese Magazine nur über andere Magazine zugeführt werden.
- Das Obergeschoss (Büronutzung) ist über zwei gegenüberliegende notwendige Treppenräume erschlossen (zwei bauliche Rettungswege). Mit dem Erdgeschoss des Archivs besteht außerdem eine Verbindung über eine dritte Treppe (Abb. 5.290).
- Das Tragwerk des Dachs in den Shedhallen besitzt F 30-Feuerwiderstandsdauer. Der Dachbereich des Zwischenbaus bzw. der Sheds vor den aufgehenden Wänden des mehrgeschossigen Massivbaus ist auf einer Breite von 5 m (horizontal von der aufgehenden Wand gemessen) mit F 30-Widerstand ausgeführt. Die Oberlichter und Sheds in diesem Dachbereich besitzen F 30-Verglasung.
- Die Rettungsweg-Lauflängen von 35 m werden zum Teil überschritten. Bereiche im Kellergeschoss mit deutlichen Überschreitungen der Längen sind für Besucher nicht zugänglich. In den für Besucher geöffneten Bereichen (Galerie, Bürobereich) sind die Rettungsweglängen nur gering überschritten. Da stets mehrere unabhängige bauliche Rettungswege vorhanden sind und durch die Brandmeldeanlage eine frühzeitige Alarmierung gegeben ist, wurde dies akzeptiert.
- Im gesamten Stadtarchiv ist eine automatische Brandmeldeanlage mit Rauchmeldern und Druckknopfmeldern (nach DIN 14675, Vollschutz) installiert und auf die integrierte Leitstelle Augsburg aufgeschaltet. Am Haupteingang ist ein Schlüsseldepot (Typ 3) mit Freischaltelement eingebaut.

- Bei der Auslösung der Brandmeldeanlage werden über die Brandfallsteuerung folgende technische Einrichtungen angesteuert:
  - Rauch- und Wärmeabzüge,
  - Sicherheitsbeleuchtung,
  - Einbruchsanlage,
  - Alarmierung.
- Das Stadtarchiv weist eine große räumliche Ausdehnung und große Bereiche ohne natürlichen Tageslichteinfall auf. Deswegen sind die Rettungswege (Hauptgänge in größeren Magazinen bzw. Lagerräumen ohne Tageslichteinfall, Haupterschließungsflur, Hauptgänge im Kellergeschoss) mit einer Sicherheitsbeleuchtung ausgestattet.
- Für das Stadtarchiv sind ein Feuerwehreinsatzplan, Brandschutzordnung (Teile A–C) sowie Flucht- und Rettungswegpläne erstellt worden.

Abb. 5.290-5.291: Stadtarchiv Augsburg in der ehemaligen Augsburger Kammgarnspinnerei (AKS): Abb. 5.290: Obergeschoss T 30-RS-Türanlage zum Treppenraum, Abb. 5.291: Magazin 1; F 60-Beschichtung der gewölbten Stahlbetonsheds, RWA-Flügel in der Shedfassade, RAS-System (Quelle: Jost-G. Thorau, Augsburg)

Beim Umbau der AKS und der Nutzungsänderungen zum Stadtarchiv ergaben sich mehrere Abweichungen von der Bayerischen Bauordnung (BayBO). Diese betrafen insbesondere

- die Ausführung der Brandabschnittsbildung (Brandwand-Ersatzwände),
- die tragende Konstruktion eines Hallenteils als Stahlkonstruktion (ohne klassifizierte Feuerwiderstandsdauer),
- die Bildung von Büro-Nutzungseinheiten von mehr als 400 m² ohne notwendige Flure und
- die Überschreitung der Rettungsweglängen aus den Archivmagazinen und Teilbereichen der Galerie und der Büroräume.

Kompensiert wurden die Abweichungen durch eine automatische Brandmeldeanlage im Vollschutz (Abb. 5.291).

6 Notfallmanagement

6.1 Grundsätze der Notfallplanung

Wenn „*(…) mit der Entstehung eines Brandes praktisch jederzeit gerechnet werden muss*“, ist besonders für Bibliotheken, Archive und Museen, aber zum Teil auch für Klöster, Kirchen, Burgen und Schlösser eine Notfallplanung erforderlich. Denn:

„*Der Umstand, dass in vielen Gebäuden jahrzehntelang kein Brand ausgebrochen ist, beweist nicht, dass insoweit keine Gefahr besteht, sondern stellt für die Betroffenen lediglich einen Glücksfall dar, mit dessen Ende jederzeit gerechnet werden kann.*“ [78]

Die **Notfallplanung** ist eine logistische und planerische Vorbereitung auf einen Notfall, in dem die Bestände (z. B. Bücher, Archivgut, Museumsexponate, Kunstgegenstände) wirksam geschützt bzw. geborgen werden können. Die Notfallplanung sollte sich auf die ersten 48 Stunden nach dem Schadensereignis erstrecken. In dieser Zeit werden die Weichen für erfolgreiche Rettungsmaßnahmen gestellt (VdS, 2005). Diese Notfallplanung und die Gründung von Notfallverbünden sind wichtige Elemente der Schadenvorbeugung im Bestandserhaltungsmanagement der einzelnen Kultureinrichtungen und historischen Objekte. Praktisch bedeutet also eine Notfallplanung sowohl die Prävention möglicher Notfälle als auch die Vorbereitung angemessener und erforderlicher Bergungsmaßnahmen nach Eintritt eines Notfalls.

Eine an die Erfahrungen der kriegsbedingten Auslagerungen und Verluste anknüpfende Tradition der systematischen Notfallvorsorge hat sich jenseits der Sicherungsverfilmung von Archivgut in Deutschland nach dem Zweiten Weltkrieg und bis in die 1990er Jahre hinein nicht entwickelt. Selbst Großschadensereignisse wie der Brand der Burg Trausnitz über Landshut am 21. Oktober 1961, in der große Teile des Staatsarchivs untergebracht waren, haben nicht zu nachhaltigen Diskussionen über Notfallpläne und Hilfe im Verbund geführt (Kistenich, 2011).

6.2 Schritte für die Notfallplanung

Zu einem Notfall gehört insbesondere der Brandfall, der sich in einem historischen Objekt oder einer Einrichtung mit Kulturgut schnell zu einer Katastrophe entwickeln kann. Die Einrichtungen sollten daher Notfallpläne erstellen, in denen entsprechende Maßnahmen, darunter Brandschutzmaßnahmen, erarbeitet werden. Der **Notfallplan** ist ein Leitfaden und zugleich eine dauerhafte Checkliste. Er sichert zunächst die Orientierung der Einsatzkräfte und regelt den Ablauf der Alarmierung der Einsatzgruppen und der Mitarbeiter. Ebenso wird die Kulturgutbergung entsprechend organisiert und die Hilfsmittel dafür festgelegt. Durch grafische Darstellungen (Lageplan, Grundrisse) wird die Rettung und Bergung visualisiert und erleichtert [79].

Folgende Schritte sind bei der Notfallplanung in Hinblick auf den Brandschutz erforderlich:

1. Berufung eines Planungsteams

   Seitens der Leitung des betreffenden Hauses sind zunächst Vertreter und Fachleute vor allem für Brandschutz, Denkmalschutz, Baurecht, Haustechnik, Versicherung, Restaurierung und Transport zusammenzuführen.

2. Brandgefährdungsanalyse des Gebäudes

   Im betreffenden historischen Gebäude sollte vor der Planung für den Notfall eine Analyse der vorhandenen Brandsicherheit vorgenommen werden. Aus der Gefährdungsanalyse werden sich Brandschutzmängel im Gebäude ergeben – baulicher, technischer und organisatorischer Art, die entsprechend behoben werden müssen. Nur funktionierende und aufeinander abgestimmte Brandschutzmaßnahmen sichern das Kulturgut vor Schäden und Verlusten durch Feuer, Löschwasser und Brandrauch.

3. Erstellung einer Brandschutzordnung

   Für die Einrichtung wird eine präzise Brandschutzordnung erstellt, in der das Verhalten der Mitarbeiter und Besucher in Hinblick auf Brandverhütung geregelt sowie Pflichten und Aufgaben der Mitarbeiter festgelegt werden. Die Brandschutzordnung richtet sich nach DIN 14096 und gliedert sich in drei Teile:

   - Aushang mit den allgemeinen Verhaltensregeln für alle Personen (Teil A),
   - schriftlicher Teil für die Mitarbeiter der Einrichtung mit wichtigen Regeln zur Verhinderung von Brand- und Rauchausbreitung und Freihaltung der Rettungswege (Teil B),
   - Unterlagen für Mitarbeiter der Einrichtung mit Brandschutzaufgaben (Brandschutzbeauftragter, Evakuierungshelfer) (Teil C).

4. **Erstellung von Inventarlisten**

   Die Grundvoraussetzung für eine Notfallplanung ist die vollständige Inventarisierung aller Kulturgüter. Neben den grundlegenden Daten (Inventarnummer, Foto, Beschreibung, Künstler bzw. Hersteller, Titel, Jahreszahl) sind relevante Angaben im Inventar die Standortbenennung (Gebäude, Raum, Position), Materialangaben und Zustandsbeschreibung sowie Abmessung, Gewicht und Transportmöglichkeiten [80].

5. **Erstellung eines Alarmplanes**

   Der Alarmplan dient der schnellen Alarmierung der Lösch- und Rettungskräfte und anderer wichtiger Stellen sowie der leitenden Mitarbeiter beim Ausbruch eines Brandes. Der Plan enthält dafür folgende Daten:

   - Verhalten im Brandfall – Brandschutzordnung Teil A (Aushang nach DIN 14096),
   - Verzeichnis der leitenden Mitarbeiter mit folgenden Angaben: Name, Vorname, Funktion, Rufnummern (Einrichtung, privat, mobil), Privatadresse,
   - Adressenliste von Institutionen, Firmen, Hilfsorganisationen, die für den Schutz und die Bergung von Kulturgut vorgesehen sind,
   - Ansprechpartner im Notfallverbund,
   - grundsätzliche Vorgehensweise (Personensicherheit, Schutz des Kulturgutes).

6. **Erstellung eines Feuerwehrplanes**

   Der Feuerwehrplan ist ein Übersichtsplan (nach DIN 14095) zur schnellen Orientierung auf dem Grundstück der baulichen Anlage. Er enthält Geschosspläne in DIN-A3-Querformat, in denen die Kulturgüter dargestellt werden. Meist ist es bei einem Notfall, etwa einem Großbrand, nicht möglich, alle Ausstellungs- und Sammlungsstücke zu bergen. Deswegen sollten die Kulturgüter so kategorisiert werden, dass gezielte Bergungs- und Schutzmaßnahmen durchgeführt werden können. Große und schwere oder fest verankerte Kulturgüter können aus dem Gefahrenbereich beispielsweise nicht herausgetragen und müssen anderweitig und im Raum geschützt werden (bewegliches und nicht bewegliches Kulturgut). Weiterhin sollten die bedeutenden Kulturgüter in entsprechende Kategorien nach Wichtigkeit und Bedeutung eingeteilt und so auch in den Grundrissen gekennzeichnet werden.

   Ein Vorschlag der Berliner Feuerwehr sieht hier folgende Kennzeichnung und Einteilung vor [81] (Abb. 6.1 und 6.2).

   Auf der Rückseite der Grundrisspläne sollte eine Inventarliste der Kulturgüter aus dem dargestellten Geschoss oder Raum mit Bezeichnung, Fotos und eventuell weiteren relevanten Hinweisen erstellt werden.

7. **Erstellung eines Evakuierungs- und Bergungsplanes**

   Das Vorgehen der Einsatzkräfte und insbesondere der Feuerwehr erfolgt bei einem Schadensfall weitgehend standardisiert, sofern keine Hinweise auf die Notwendigkeit einer besonderen Vorgehensweise vorliegen (Abb. 6.3). Gerade bei wasser-, wärme- und rußempfindlichem Kulturgut sind entsprechende Informationen daher sinnvoll. Sie können auch als Ergänzung des Feuerwehr-Einsatzplanes und nicht direkt im Evakuierungs- und Bergungsplan vorliegen.

Kennzeichnung von Kulturgut

Art	Bergung	Kennzeichnung
außerordentlich bedeutendes Kulturgut	unbedingt bergen	ROT
bedeutendes Kulturgut	nach Möglichkeit bergen	GELB
Kulturgut	sollte geborgen werden, wenn Zeit vorhanden ist	GRÜN

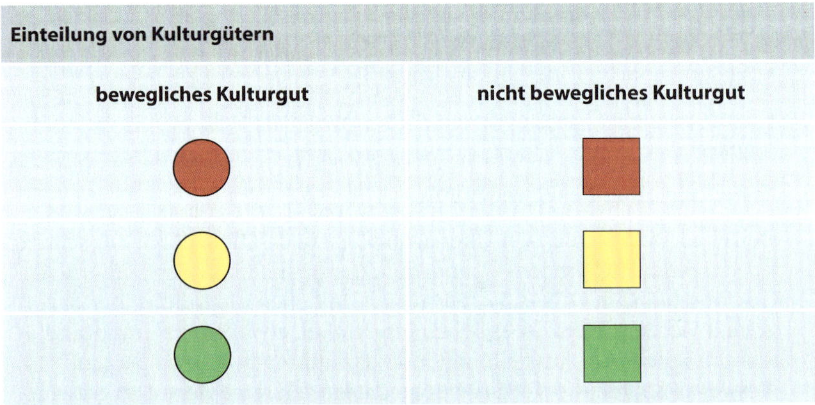

Abb. 6.1: Kennzeichnung und Einteilung von Kulturgut gemäß der Berliner Feuerwehr

Der frühzeitigen und gezielten Räumung und Bergung des Kulturguts kommt eine besondere Bedeutung zu. Im Bergungsplan muss genau festgelegt werden, welche Kulturgüter in welcher Reihenfolge und wohin gebracht werden. Der Plan sollte auch Anweisungen zur Art und Weise der Bergung von Archivgut, Exponaten und Büchern sowie konservatorische Maßnahmen enthalten. Neben Planunterlagen ist hier eine Priorisierung erforderlich, da den Einsatzkräften die Werte der Kunstgegenstände nicht bekannt sein müssen.

In München erstellen hierfür die Kultureinrichtungen freiwillig und nach Vorstellungen der Berufsfeuerwehr Bergungspläne, sogenannte „Information Kulturgutschutz“ (Info-KGS) [82]. Diese beinhalten eine Priorisierungsliste und Objektinformationen (Abb. 6.2). Die Priorisierung der Kulturgüter wird hier mit gelben Sternen (maximal drei Sterne) dargestellt. Entsprechend dieser Reihenfolge, d. h. Anzahl der Sterne, werden die Kulturgüter durch die Einsatzkräfte je Brandabschnitt bzw. Geschoss in Sicherheit gebracht.

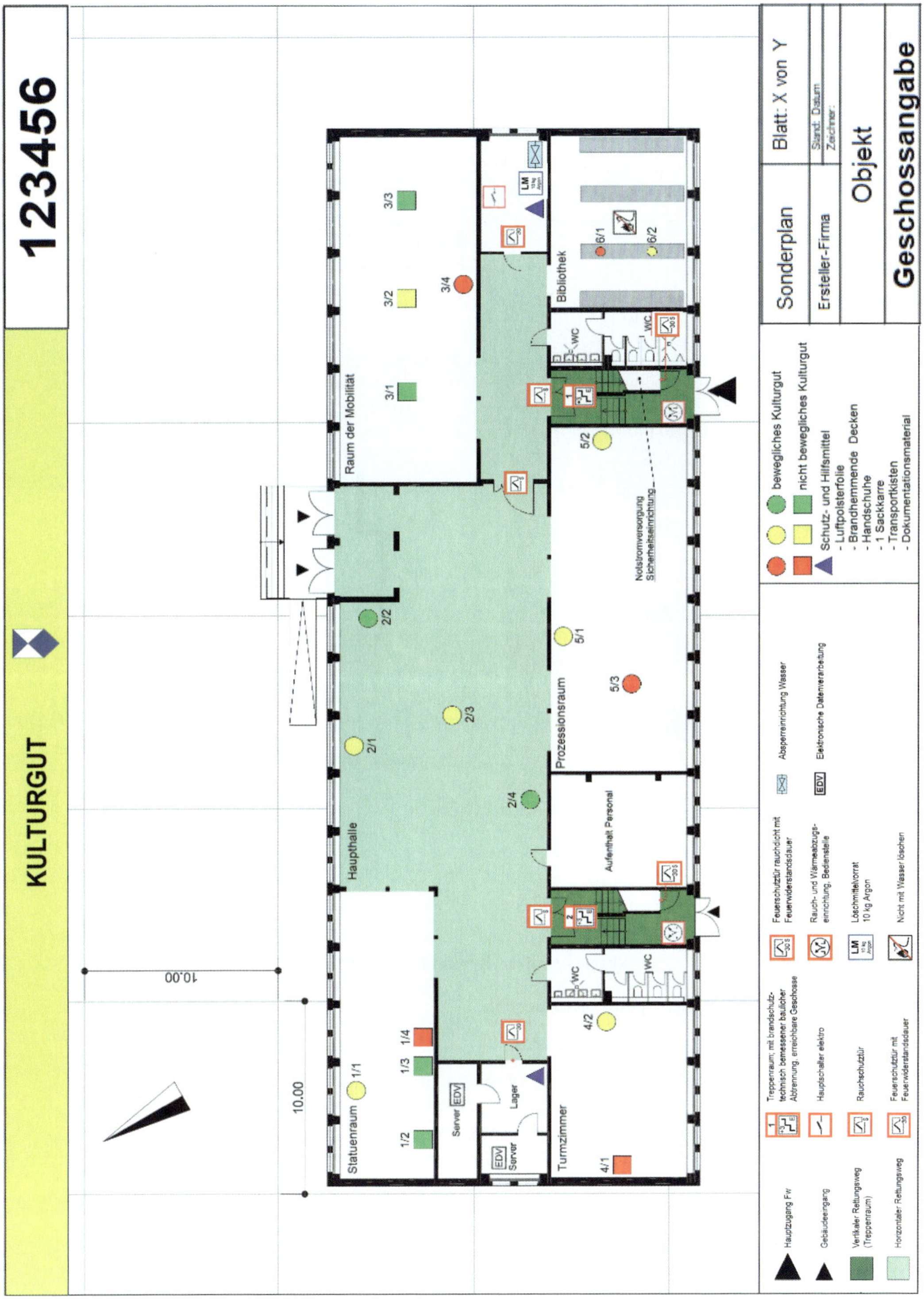

Abb. 6.2: Musterplan: Beispiel eines Sonderplanes Kulturgut (Quelle: Berliner Feuerwehr)

Anlage 3:
Muster „Objektinfo KGS“

Kulturgutschutz Kirche St.-Muster, Musterstr. 9	**Erstellt:** 19.09.2012 **Stand:** 19.09.2012

Priorität: ★★☆

Objekt:
Heiliger Florian

Lage:
Kreuzkapelle, Altar

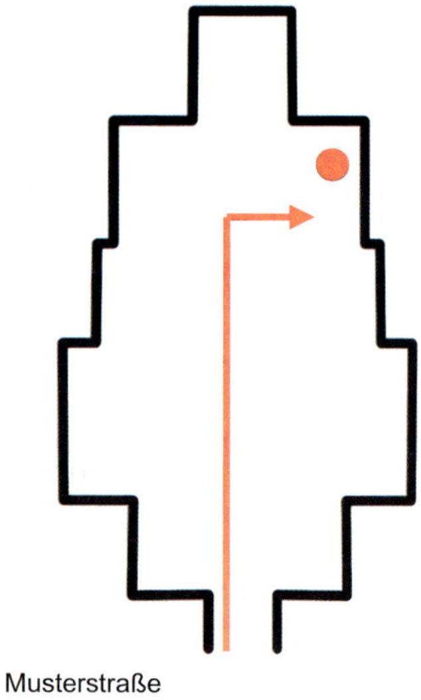

Masse:	**45 cm x 60 cm x 110 cm**
Gewicht:	**ca. #15 kg**
Höhe über Boden:	**95 cm**
Personal:	**4 Personen**
Material:	**Akkuschrauber, Kreuzschlitz Größe 9, Sackkarren**
Zwischenlagerung:	**nicht erforderlich**
Verbringungsart:	**mit Sackkarre**
Verbringungsort:	**Polizeiinspektion 123, Mustermann-Str. 2**
Weitere Hinweise:	**→ darf Wasser nicht ausgesetzt werden** **→ temperaturempfindlich (max. 80 °C)** **→ zerbrechlich**

Vorlage gemäß Empfehlung der Branddirektion München, Vorbeugender Brand- und Gefahrenschutz

Abb. 6.3: Muster einer Objekt-Information (Quelle: Branddirektion München) [82]

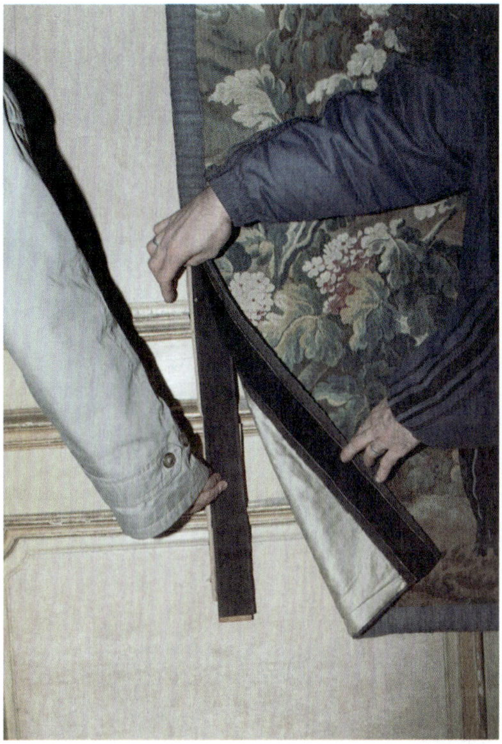

Abb. 6.4: Dank Klettverschlüssen als Befestigungsart ist bei Wandteppichen eine schnelle und einfache Bergung möglich

8. **Beschaffung und Vorbereitung von Bergungshilfsmitteln**

   Für die Durchführung einer Kulturgutbergung im Notfall sind verschiedene Geräte und Utensilien erforderlich. Dazu können gehören: Notfallboxen, Transportkisten, Abdeckplanen, Werkzeugkästen, Verpackungsmaterial, Transportmittel. In den Archiven werden Notfallboxen aus Aluminium mit folgendem Inhalt bereitgehalten (GDA Bayern, 2001) (Frick, 2012):

   - Schutzausrüstung (Einmalhandschuhe, Einwegschürzen, Feinstaubmasken),
   - Informations- und Dokumentationsmaterial (Schreibmaterial, Klebeetiketten, Klebebänder, Scheren, Kamera),
   - Verpackungsmaterial (Stretchfolie, Kunststoffsäcke, Mullbinden, Clipverschlüsse und Clipsgerät),
   - Hilfs- und Reinigungsmaterial (Paketband, Papierhandtücher, Löschkarton),
   - Werkzeug (Lampen, Verlängerungskabel, Cuttermesser).

   Die in den Notfallboxen bereitgehaltenen Werkzeuge und Materialien sind regelmäßig auf ihre Funktionstüchtigkeit zu überprüfen und ggf. durch neue zu ersetzen.

9. **Bildung eines Notfallverbundes**

   Zum Ausbau der erforderlichen Infrastruktur, zur Qualifizierung der Einsatzkräfte und zur Stärkung der institutionenübergreifenden Zusammenarbeit sollte auf lokaler und regionaler Ebene ein Notfallverbund zur gegenseitigen Unterstützung im Falle einer Katastrophe ins Leben gerufen werden. Dieser Notfallverbund gewährleistet eine strukturierte Zusammenarbeit, die Bündelung von Sachverstand und Erfahrungen sowie die effektive Nutzung der zur Verfügung stehenden Hilfsmittel zum Schutz bedrohter oder zum Erhalt bereits beschädigter Kulturgüter. Die angeschlossenen Einrichtungen kooperieren außerdem bei der gemeinsamen Anschaffung von Materialien und der Durchführung von Übungen. Oft wird ein gemeinsames Präventionskonzept erarbeitet.

   Nach Initiativen aus dem Bereich Katastrophenschutz der Feuerwehr der Stadt Halle/Saale zu einem Kulturgutschutzkonzept im Verbund unter Einbeziehung von Museen, Bibliotheken und Archiven (seit 1996/97) entstand zunächst in Berlin-Brandenburg ein Notfallverbund als Konsequenz aus dem Oderhochwasser 1997. Es folgte mit einer mehrjährigen Vorlaufphase nach dem Brand der Herzogin-Anna-Amalia-Bibliothek (2004) der Notfallverbund Weimar, der Pionierarbeit geleistet hat (Kistenich, 2011). Dass bei der Schadenseindämmung nach dem Brand in Weimar Fehler vermieden werden konnten, ist auch dem Zusammenwirken des Notfallverbundes der Weimarer Kultureinrichtungen zu verdanken, der seit 2003 im Aufbau war. Die Bergungsmaterialien waren in den Restaurierungswerkstätten der Stiftung Weimarer Klassik und Kunstsammlungen sowie dem benachbarten Thüringischen Hauptstaatsarchiv deponiert und konnten rasch für die Rettung herangeschafft werden. Außerdem waren in der Brandnacht zahlreiche Baufachleute vor Ort, die an den Planungen für die kurz bevorstehende Sanierung der Bibliothek beteiligt waren und die Feuerwehr in Fragen der Gebäudestatik beraten konnten.

   Im gesamten Bundesgebiet existiert inzwischen eine Vielzahl von regionalen Notfallverbunden. Abhängig von den örtlichen bzw. geographischen Gegebenheiten, die die jeweilige Gefährdungslage ganz entscheidend beeinflussen, definieren sich die Notfallverbunde über eine Stadt, über eine Region oder über beides.

   Eine Notfallvereinbarung bringt eine gewisse Verbindlichkeit in die Kooperation und die Tätigkeit eines Notfallverbundes [83]. In dieser Vereinbarung wird festgelegt, dass jede Institution einen gebäudespezifischen Notfallplan erarbeitet und diesen der Feuerwehr und den übrigen Partnern zur Verfügung stellt. Eine gemeinsame Arbeitsgruppe pflegt dann die Kontakte zu den für den Kulturgutschutz verantwortlichen Aufgabenträger und Behörden, insbesondere den Feuerwehren. Zudem wird vereinbart, dass die beteiligten Institutionen im Notfall gegenseitige und uneigennützige personelle und technische Hilfe leisten. Diese Hilfe betrifft vor allem die Bergung und Sicherung des betroffenen Kulturgutes sowie die Bereitstellung von Ausweichdepotflächen.

10. **Übung des Notfallplanes**

    Mit der Feuerwehr der Stadt oder den zuständigen Feuerwehren der Region sollten in regelmäßigen Abständen institutionsübergreifende Übungen des Notfallplans stattfinden, insbesondere um Meldeketten und Koordinierungsaufgaben im Notfall zu prüfen (Philipp et al., 2013). Dazu wird eine ganz konkrete Bergung und Sicherung von Kulturgut im Brandfall durchgeführt. Nach der Übung wird der Ablauf analysiert und konkrete Schritte zur Verbesserung und Aktualisierung des Notfallplanes und der Bereitstellung erforderlicher Hilfsmittel vereinbart.

11. **Aktualisierung des Notfallplanes**

    Es ist unbedingt erforderlich, dass der Notfallplan mindestens jährlich aktualisiert wird. Alle baulichen, organisatorischen, technischen und personellen Veränderungen sind ebenso einzuarbeiten wie Veränderungen in der Ausstattung der Kultureinrichtung, der Struktur des Sammlungsgutes und der Kunstgegenstände. Diese Aktualisierungen sind für die Effektivität des Notfallplans entscheidend.

7 Anhang

7.1 Literaturverzeichnis

Arnold, E.: Das Brandschutzkonzept für die Sanierung des Stammhauses der HAAB. 2008. URL: https://www.hornemann-institut.de/de/epubl_txt/Skript-HAAB260707.pdf [Zugriff: 18.03.2025]

Ausschuss Bestandserhaltung – Erhaltung am Original und Notfallvorsorge: Notfallvorsorge in Archiven. Hrsg: Landesarchiv Baden-Württemberg. 2010. URL: https://www.landesarchiv-bw.de/sixcms/media.php/120/51980/ARK_Empfehlungen%20zur%20Notfallvorsorge%20in%20Archiven%202010.pdf [Zugriff: 30.08.2016]

Beilicke, G. et al.: Brandschutztechnische Beurteilung und Ertüchtigung von Holzkonstruktionen in bestehenden Gebäuden. Abschlussbericht. Magdeburg: TU Magdeburg, 1993

BMK – Die Beauftragte der Bundesregierung für Kultur und Medien: Bestandsaufnahme zu Maßnahmen des Bundes zum Schutz von Kulturgut bei Katastrophen. Berlin: BKM – Die Beauftragte der Bundesregierung für Kultur und Medien, 2015

Brandschutz Spezial: Archive, Bibliotheken, Museen, Denkmäler. Hrsg.: bvfa. 2010. https://www.bvfa.de/ebooks/34/BSpezial_museen.pdf [Zugriff: 18.03.2025]

Bundesministerium des Innern, für Bau und Heimat: Brandschutzleitfaden für Gebäude des Bundes, 4. Auflage. Berlin, 2019

Bussenius, S.: Brandschutz in Museen, Ausstellungen und Theatern. Hrsg.: Kemper, H. und Lemke, E. Handbuch Brandschutz (Loseblattwerk). Landsberg: ecomed, 1999

Cramer-Fürtig, M.: Vom Industriedenkmal der AKS zum modernen Archivgebäude. Hrsg.: Cramer-Fürtig, M. Das neue Stadtarchiv Augsburg. Ein moderner Wissensspeicher für Augsburgs Stadtgeschichte, S. 8-9. Augsburg: Stadt Augsburg, 2014

Dehio, G.: Handbuch der Deutschen Kunstdenkmäler. Bayern I: Franken. München, Berlin: Deutscher Kunstverlag, 1999

—: Handbuch der Deutschen Kunstdenkmäler. Hessen. München, Berlin: Deutscher Kunstverlag, 1982

EFAS: Mit Feuer und Flamme für den Brandschutz. Hannover: EFAS, 2012

Ehm, Ch. und Haag, R.: Brandschutz von historischen Fachwerkhäusern. 8. Internationales Brandschutz-Seminar. Karlsruhe: vfdb, 1990

Ehrlicher, M. und Koch, Th.: Brandschutzkonzept für den Neubau eines Lesesaales in Verbindung mit einer denkmalgeschützten Bibliothek. vfdb-Zeitschrift 54, Bd. 1, S. 13-16, 2005

Frick, Ch.: Notfallvorsorge und Notfallplan. Unsere Archive. Mitteilungen aus den rheinland-pfälzischen und saarländischen Archiven 57, S. 16-19, 2012

Gabriel, J.: Brandschutzkonzept: Schloss Rhoden; Büronutzung, Umbau und Sanierung. Index B. Paderborn: Thormählen + Peuckert, 2016

GDA Bayern – Generaldirektion der Staatlichen Archive Bayerns: Rahmenplan für Notfallmaßnahmen in den Staatlichen Archiven Bayerns. München: s. n., 2001

Geburtig, G. (Hrsg.). Instandsetzungspraxis an der Herzogin-Anna-Amalia-Bibliothek in Weimar. Stuttgart: IRB, 2009b

Geburtig, G.: Brandschutz im Baudenkmal. Grundlagen. Berlin: Beuth, 2009a

—: Baulicher Brandschutz im Bestand. Brandschutztechnische Beurteilung vorhandener Bausubstanz. Berlin: Beuth, 2008

—: Brand in der Herzogin-Anna-Amalia-Bibliothek in Weimar. Burgen und Schlösser 46, 2005

Gliemann, M.P.: Monumente. Alte Kirche – neue Nutzung. Monumente online Juni 2007. URL: www.monumente-online.de/07/03/leitartikel/03_Interview.php?seite=2 [Zugriff: 18.03.2025]

Hähnel, E. (Hrsg.): Brandschutz. Formeln und Tabellen. Berlin: Staatsverlag, 1977

Hagen, E. und Kraft, M.: Umnutzung der Kohlenwäsche auf Zeche Zollverein zum Ruhrmuseum und zur Versammlungsstätte. Braunschweiger Brandschutz-Tage 2005, 28.-29.09.2005, Tagungsband, S. 241-246. Braunschweig: iBMB/MPA TU Braunschweig, 2005

Hegewaldt, P.: Auf Maß schneiden. B+B: Bauen im Bestand 1, 2016

Herion, S. und Karli, C.: Ein Plan für das Vorgehen im Katastrophenfall bei Bibliotheken: Rettungsmaßnahmen und Ausbildung des Personals der Schweizerischen Nationalbibliothek. B.I.T.online. 4, 2001

Hosser, D. (Hrsg.): Leitfaden Ingenieurmethoden des Brandschutzes. Altenberg: vfdb, 2013

ICOMOS. Charta von Venedig. Internationale Charta zur Konservierung und Restaurierung von Denkmälern und Ensembles. 1964. URL: http://www.charta-von-venedig.de/internationale-charta-zur-konservierung-und-restaurierung.html [Zugriff: 18.03.2025]

Jopp, R.K.: Technische Gebäudeausrüstung. Hrsg.: Danenbauer, I. und Kissling, U. Bibliotheksneubau. Kompendium zum Planungs- und Bauprozess, S. 187-220 (Internetausgabe). Berlin: Deutsches Bibliotheksinstitut, 1994

Kabat, S.: Brandschutz in Baudenkmälern. Stuttgart: Kohlhammer, 1996

—: Kulturschutz als Schutzziel des Brandschutzes. vfdbZeitschrift 47, 1998, Bd. 1, S. 1622

—: Brandschutz in historischen Bauten. Hrsg.: Deutsche Burgenvereinigung e. V. Praxis Ratgeber zur Denkmalpflege Nr. 6. 1999. URL: https://www.deutsche-burgen.org/de/institut/assets/pdf/nr6.pdf [Zugriff: 18.03.2025]

—: Denkmalschonende Brandschutztechnik. Burgen und Schlösser 48, Bd. 4, S. 256-263, 2007

—: Vorbeugender Brandschutz in Bibliotheken. Zeitschrift für Bibliothekswesen und Bibliografie 56, Bde. 34, S. 185194, 2009

—: Brandschutz historischer Sonderbauten. Seminarskript. Düsseldorf: Ingenieurakademie West, 2011

—: Brandschutz in Kirchen. Handbuch Brandschutz (Loseblattwerk). Hrsg.: Kemper, H. und Lemke, E. Landsberg: ecomed, 2012b

—: Brandschutz in Klöstern. Handbuch Brandschutz (Loseblattwerk). Hrsg.: Kemper, H. und Lemke, E. Landsberg: ecomed, 2012c

—: Brandschutz in der Denkmalpflege. Brandgefährdung und brandschutztechnische Ertüchtigung von Baudenkmälern. Seminarskript. Düsseldorf: Ingenieurakademie West, 2013

—: Brandschutzkonzepte für denkmalgeschützte Kirchengebäude. Brandschutz-Tagung 2018, 19. Juni 2018, Tagungsband. Düsseldorf: Ingenieurakademie West, S. 87-105, 2018a

—: Denkmalgerechter Brandschutz: Möglichkeiten in der Umsetzung an Praxisbeispielen.
5. Volkacher Brandschutztag 2018. Brandschutz – Denkmalschutz, 29. Juni 2018, Tagungsband. Volkach: A.S. Training, S. 150-192, 2018b

—: Brandschutz in Kirchen und Klöstern. Brandgefahren – Brandschutzmaßnahmen – Beispiele. Wiesbaden: Springer Vieweg, 2021

—: Brandschutz denkmalgeschützter Bauten. D. J. Martin et al. (Hrsg.): Handbuch Denkmalschutz und Denkmalpflege. München: C.H. Beck, 5. Aufl., T. I. VI. Nr. 5, S. 782-793, 2022a

—: Feuer in der Kirche. Feuer bewahren, vor Feuer schützen. Göppingen: Manuella Kinzel, 2023b

—: Kulturgut vernichtet! Brandzerstörungen in historischen Bauten und Museen in Deutschland. FeuerTrutz Magazin 6, S. 16-23, 2024b

—: Aspekte der Brandschutzvorkehrungen als Kulturgutschutzmaßnahmen in Holzsakralbauten in Polen. Brandmeldeanlagen und Wassernebel-Löschanlagen. das münster 3, S. 51-71, 2024c

Kabat, S, S. Wiederer (Hrsg.): Brandschutzsanierung einer ehemaligen Abtei als Museum, Brandschutz im Bild, WEKA Media GmbH & Co. KG, 2014

—: Aussichtsplattform im Domturm in rund 60 m Höhe, Brandschutz im Bild, WEKA Media GmbH & Co. KG, 2016

—: Schule – Umbau eines Schlosses (Crassenstein) in Schule mit Internat, Brandschutz im Bild, WEKA Media GmbH & Co. KG, 2019a

—: Klöster, Brandschutz im Bild, WEKA Media GmbH & Co. KG, 2019b

—: Bibliotheken, Brandschutz im Bild, WEKA Media GmbH & Co. KG, 2020a

—: Sakralbauten, Brandschutz im Bild, WEKA Media GmbH & Co. KG, 2020b

—: Domsanierung mit Brandschutzertüchtigung, Brandschutz im Bild, WEKA Media GmbH & Co. KG, 2020c

—: Kirchenumnutzung, Brandschutz im Bild, WEKA Media GmbH & Co. KG, 2022b

—: Klosterumnutzung, Brandschutz im Bild, WEKA Media GmbH & Co. KG, 2022c

—: Kirche als Versammlungsstätte, Brandschutz im Bild, WEKA Media GmbH & Co. KG, 2023a

—: Historische Türme, Brandschutz im Bild, WEKA Media GmbH & Co. KG, 2023c

—: Brandschutzertüchtigung eines Schlosses, Brandschutz im Bild, WEKA Media GmbH & Co. KG, 2024a

—: Revitalisierung eines Fachwerk-Ensembles, Brandschutz im Bild, WEKA Media GmbH & Co. KG, 2024d

—: Denkmalschutz und Brandschutz, Brandschutz im Bild, WEKA Media GmbH & Co. KG, 2024e

Kirchner, U.: Der Traum vom Turm. Hrsg.: Zehfuß, J. Braunschweiger Brandschutz-Tage 2014. Tagungsband, S. 139-164. Braunschweig: iBMB/MPA TU Braunschweig, 2014

Kistenich, J.: Lehren aus Köln. Erfahrungen aus dem Aufbau des Notfallverbundes Münster. Archivpflege in Westfalen-Lippe 74, S. 30-36, 2011

Klemenz, B.: Wallfahrtskirche Andechs. Regensburg: Schnell & Steiner, 2014

Knopf, G.: Neue Löschverfahren. Hrsg.: Zehfuß, J. Braunschweiger Brandschutz-Tage 2014. Tagungsband, S. 31-42. Braunschweig: iBMB/MPA TU Braunschweig, 2014

Kölbl, I. und Wagner, S.: Kulturgutschutz. Löschanlagen für Büchereien. Schadenprisma, Bd. 1, S. 4-9, 2010

Kordina, K. und Meyer-Ottens, C.: Holz Brandschutz Handbuch. München: Deutsche Gesellschaft für Holzforschung, 1994

Kotthoff, I.: Sicherheit bei Holztreppen. Bundesbaublatt 7, S. 548-550, 1995

Kunkelmann, J.: Anwendungsbereiche für Wassernebellöschanlagen. Forschungsbericht Nr. 143. Karlsruhe: FFB TU Karlsruhe, 2007

Leimer, H.-P.: Bestimmung der Feuerwiderstandsdauer von Fachwerkwänden. Internationale Zeitschrift für Bauinstandsetzen und Baudenkmalpflege 4, S. 113-124, 1998

Mahlmann, Ch.: Brandschutzkonzepte für bestehende Hochschulgebäude als Basis für Ertüchtigungen. Braunschweiger-Brandschutz-Tage 2008. Tagungsband, S. 175-188. Braunschweig: iBMB TU Braunschweig, 2008

Martin, D.: Voraussetzungen der Denkmalverträglichkeit. Hrsg.: Martin, D. J. und Krautzberger, M. Handbuch Denkmalschutz und Denkmalpflege. München: C.H. Beck, S. 247ff, 2010

Mertin, B.: Lösungsansätze zum Brandschutz im Ausbau bei der Sanierung bestehender Gebäude. Hrsg.: Hosser, D. Brandschutz bei Sonderbauten, Praxisseminar 2006. Tagungsband, S. 23-38. Braunschweig: iBMB TU Braunschweig, 2006

M-HFHHolzR – Muster-Richtlinie über brandschutztechnische Anforderungen an hochfeuerhemmende Bauteile in Holzbauweise. Fassung Juli 2004 (Bauministerkonferenz – ARGEBAU)

MPA/iBMB TU Braunschweig: Gutachterliche Stellungnahme vom 28.08.1996. Brandschutztechnische Beurteilung von Unterdecken in Verbindung mit Holzbalkendecken in vorhandener Altbausubstanz. Braunschweig: TU Braunschweig, 1996

Müller, A.: Bau-Projektbericht. Splitter 8, S. 8-9, 1998

MVI BW: Brandschutz im Denkmal. Konfliktfelder, Lösungsansätze und Informationen. Stuttgart: Ministerium für Verkehr und Infrastruktur Baden-Württemberg, 2014

Nause, P.: Brandschutztechnische Bewertung von historischen Konstruktionen. Bauen im Bestand. Seminar-Skript. Braunschweig: TU Braunschweig, 2004

Notfallvorsorge in Archiven: Empfehlungen der Archivreferentenkonferenz, ausgearbeitet vom Bestands-Erhaltungsausschuss im Jahre 2004, zuletzt überarbeitet 2010

Petzet, M. und Mader, G.: Praktische Denkmalpflege. Stuttgart: Kohlhammer, 1993

Peuckert, L. und Theune, M.: Brandschutzkonzept Sanierung Schloss Waldeck. Paderborn: Thormählen + Peuckert, 2008

Philipp, A. und Straßenmeier, J.: Brand der Anna-Amalia-Bibliothek, Vorstellung der Feuerwehr Weimar und des Notfallverbundes. Hrsg.: vfdb. Jahresfachtagung 27.-29.05.2013, Weimar. Tagungsband, S. 11-24. Altenberge: vfdb, 2013

Pleß, G. und Seliger, U.: Substitution bestimmter umweltschädlicher Feuerlöschmittel in ausgewählten Anwendungsbereichen. Heyrothsberge: Institut der Feuerwehr Sachsen-Anhalt, 2003

Rönn, H.-U.: Versuche zum Brandverhalten von Büchern. Leipzig: MFPA, 1995

Rösler, W. und Stiller, J.: Sicherheitsbetrachtungen für Treppenhäuser mit Holztreppen in mehrgeschossigen Altwohngebäuden. Abschlussbericht. Forschungsbericht F 2228, MFPA Leipzig. Stuttgart: IRB, 1993

Sack, M.: Chronik des Brandschutzes in der Wiener Hofburg. Wien: Betriebsfeuerwehr der Wiener Hofburg. URL: http://www.betriebsfeuerwehr-hofburg.wien/hofburg/die-chronik-der-burgfeuerwehr/ [Zugriff: 18.03.2025]

Schneider, A.: Wassernebel als Bücherschutz. Feuerwehr, Bd. 10, S. 26-28, 2007

Schneider, U. und Lebeda, Ch.: Baulicher Brandschutz. Stuttgart: Kohlhammer, 2000

Schremmer, U.: Innovative Feuerlöschsysteme im Rahmen der Sicherheit für Kunst und Kulturgut. Hrsg.: John, H. und Kopp-Sievers, S. Sicherheit für Kulturgut! Innovative Entwicklungen und Verfahren, neue Konzepte und Strategien. Bielefeld: transcript, 2001a

—: Schutz von Kulturgütern mit technischen Brandschutzanlagen. 2. EIPOS-Sachverständigentag Brandschutz. Dresden: EIPOS, 2001b

Schwarz, M.: Brandschutznachweis: Einrichtung Stadtarchiv und Stadtarchäologie in der ehemaligen AKS. Augsburg: IngPunkt, Index b, 2014

Spille, I.: Denkmaltopographie Bundesrepublik Deutschland: Kulturdenkmäler in Rheinland-Pfalz, Stadt Worms. Hrsg.: Landesamt für Denkmalpflege, S. 134ff. Worms: Wernersche Verlagsgesellschaft, 1992

Stadt Augsburg: Das neue Stadtarchiv Augsburg. Vom Industriedenkmal der AKS zum modernen Archivgebäude. Augsburg: Stadt Augsburg, 2014

TICCIH: Die Nischni-Tagil-Charta für das industrielle Erbe. 2003. URL: https://ticcih.org/about/charter/ [Zugriff: 18.03.2025]

TÜV Rheinland und Fraunhofer ISE: Leitfaden: Bewertung des Brandrisikos in Photovoltaik-Anlagen und Erstellung von Sicherheitskonzepten zur Risikominderung. Köln: TÜV Rheinland, 2015

VBG: Leitfaden für Küster und Mesner. Kirchen. Hamburg: VBG, 2013a

—: Sicherheit und Gesundheit in der Kirchengemeinde – Schritt für Schritt. Ein Leitfaden für Verantwortliche. Hamburg: VBG, 2013b

—: Kein Spiel mit dem Feuer. Hamburg: VBG, 2012

VdL: Brandschutz im Baudenkmal. Münster: Vereinigung der Landesdenkmalpfleger in der Bundesrepublik Deutschland, 2014

—: Solaranlagen und Denkmalschutz. Hrsg.: Vereinigung der Landesdenkmalpfleger in der Bundesrepublik Deutschland, Arbeitsgruppe Bautechnik, 2010

VDR: Einsatzhandbuch Kulturgut. Bonn, 2024

VdS: Evakuierungs- und Rettungspläne für Kunst und Kulturgut. Köln: VdS, 2005

vfdb: vfdb-Richtlinie 01/01:2008-04: Brandschutzkonzept. Köln: VdS, 2008

Viebrock, J.N.: Unterschutzstellung. Hrsg.: Martin, D.J. und Krautzberger, M. Handbuch Denkmalschutz und Denkmalpflege, S. 216ff. München: C. H. Beck, 2010

Vitruv: Zehn Bücher über Architektur. Darmstadt: WBG, 1991

Wesche, J.: Bewertung historischer Bauteile unter Brandbeanspruchung. Hrsg.: Wagener, O. Feuernutzung und Brand in Burg, Stadt und Kloster, S. 70-74. Petersberg: Michael Imhof Verlag, 2015

—: Rettungswege in Bestandsbauten. Umgang mit Abweichungen. Brandschutzkongress Köln 2009. Köln: Feuertrutz, 2009

—: Ertüchtigung von Bauteilen und Brandschutztüren. vfdb-Zeitschrift 55, Bd. 1, S. 11-16, 2006

7.2 Quellenverzeichnis und Anmerkungen

Alle nicht besonders gekennzeichneten Abbildungen stammen vom Autor oder Verlag.

1 Historische Bauten und Baudenkmäler

[1] Siehe z. B. § 2 Abs. 1 Denkmalschutzgesetz Nordrhein-Westfalen (DSchG NRW) oder § 3 Abs. 2 NDSchG (Niedersächsischen Denkmalschutzgesetzes)

[2] Denkmalbegriff und Denkmalwert. Hrsg.: LWL-Denkmalpflege. URL: https://www.lwl.org/de/LWL/Der_LWL/newsroom/dossiers-alt/denkmalpflege/denkmalbegriff/ [Zugriff: 18.03.2025]

[2a] Denkmalschutz in Hessen – URL: https://de.wikipedia.org/wiki/Denkmalschutz_in_Hessen [Zugriff: 19.11.2024]

[2b] https://de.statista.com/statistik/daten/studie/1074253/umfrage/baudenkmaeler-nach-bundeslaendern/ [Zugriff: 13.1.2025]

[3] Siehe z. B. RdErl. des MBV vom 13.04.2010 – Denkmalplakette des Landes Nordrhein-Westfalen (MBl. NRW 2010, S. 310)

[4] Schuler, Thomas: Blue Shield in Deutschland. Hrsg.: Schuler, Thomas. URL: https://www.bbk.bund.de/DE/Themen/Schutz-Kulturgut/Was-ist-Kulturgut/Kennzeichung-Kulturgut/kennzeichung-kulturgut_node.html#:~:text=Die%20Kennzeichnung%20dient [Zugriff: 18.03.2025]

[5] Text der Haager Konvention in deutscher Übersetzung: Haager Abkommen für den Schutz von Kulturgut bei bewaffneten Konflikten. Hrsg.: Schweizerische Eidgenossenschaft/Der Bundesrat. URL: https://www.admin.ch/opc/de/classified-compilation/19540079/index.html [Zugriff: 18.03.2025]

[6] Kulturgutschutz nach Haager Konvention. Hrsg.: Bundesamt für Bevölkerungsschutz und Katastrophenhilfe. URL: https://www.bbk.bund.de/DE/Themen/Schutz-Kulturgut/schutz-kulturgut_node.html [Zugriff: 18.03.2025]

[6a] M. Altenkamp: Kulturgut schützen. Das BRAWA-Projekt. FeuerTrutz Magazin (2023)5, S. 30-34.

[6b] J. Tellenbröker: Kulturgutschutz durch Brand- und Katastrophenschutzrecht. In: VDR: Einsatzhandbuch Kulturgut. Bonn 2024, S. 22 ff.

[7] UNESCO-Welterbestätten. Hrsg.: UNESCO-Welterbestätten Deutschland e.V. URL: https://welterbedeutschland.de/ [Zugriff: 18.03.2025]

2 Brandgefahren in Baudenkmälern

[8] Konrad Fischer: PV-Solarbrand – Zeitbombe Photovoltaik-Dachanlage. Hrsg.: Konrad Fischer.
URL: http://www.konrad-fischer-info.de/7temp23.htm#Solarbrand [Zugriff: 20.08.2016]

[9] Peter Basmer's Brandrauch-Analytik Webseiten, Basmer, P., URL: http://peterbasmer.de/ [Zugriff: 18.03.2025]

[10] Kabat, Sylwester: Kulturgut vernichtet! Brandzerstörungen in historischen Bauten und Museen in Deutschland. In: FeuerTrutz Magazin 6, S. 16-23, 2024b

3 Rechtlicher Rahmen

[11] § 87 Abs. 1 Bauordnung Nordrhein-Westfalen (BauO NRW)

[12] Siehe z. B. § 58 Abs. 2 Sächsische Bauordnung (SächsBO)

[13] Hessischer Verwaltungsgerichtshof – HessVGH Beschluss v. 18.10.1999, Az.: 4 TG 3007/97

[14] Repräsentativ für alle Bundesländer: § 1 Abs. 1 Denkmalschutz- und -pflegegesetz von Rheinland-Pfalz (DSchPflG)

[15] § 7 Abs. 1 Denkmalschutzgesetz (DSchG)

[16] Vgl. z. B. § 17 BauO NRW oder § 14 Musterbauordnung (MBO, Fassung 2012)

[17] Leitfaden Ingenieurmethoden des Brandschutzes. Technischer Bericht, TB 04-01, vfdb. URL: https://www.vfdb.de/media/doc/technischeberichte/TB_04_01_Leitfaden_IngMethoden_4Auflage_2020-03-26.pdf [Zugriff: 18.03.2025]

[17a] Brand in Rouen - vfdb: Kulturgutschutz muss Teil der täglichen Arbeit werden! Münster, vfdb-Pressemitteilung vom 11.7.2024 – URL: https://www.vfdb.de/newsroom/presse/brand-in-rouen-vfdb-kulturgutschutz-muss-teil-der-taeglichen-arbeit-werden [Zugriff: 10.1.2025]

[17b] J. Weidinger: Kulturgutschutz FF Haßfurt. Eine „Einsatztaktische Stadtführung" bildete den Abschluss eines mehrmonatigen Projekts. Brandwacht (2024)6, S. 256-257.

4 Denkmalgerechter Brandschutz

[18] § 23 Abs. 1 BauO NRW

[19] Z. B. sogenannte „große Sonderbauten" in Nordrhein-Westfalen; § 68 Abs. 1 BauO NRW

[20] § 9 Abs. 1 BauPrüfVO NRW (Verordnung über bautechnische Prüfungen Nordrhein-Westfalen)

[21] D15.de Knauf Holzbalkendecken-Systeme, Knauf digital GmbH, URL: https://knauf.com/de-DE/knauf-gips/produkte-systeme/systeme/trockenbau-systeme-ueberblick/decken-und-dachgeschoss-systeme-im-ueberblick/d15-de-holzbalkendecken-systeme [Zugriff: 18.03.2025]

[22] CFS-BL P Brandschutzstein. Hrsg.: Hilti Deutschland AG. URL: https://www.hilti.de/brandschutzsysteme/brandschutzsteine-und-stopfen/r26196 [Zugriff: 18.03.2025]

[23] Brandschutz für Archive, Museen und Bibliotheken. Hrsg.: Wagner Group GmbH. URL: https://www.wagnergroup.com/de/de/loesungen/branchen/kunst-kultur [Zugriff: 18.03.2025]

[24] § 23 Erste Verordnung zum Sprengstoffgesetz (1. SprengV).

[24a] Beispielhaft können hier Städte genannt werden: Lüneburg - https://www.lueneburgaktuell.de/artikel/feuerwerksverbotansilvester/; Weimar, Göttingen und Großstädte - https://www.merkur.de/deutschland/gemeinden-schutz-uebersicht-boeller-verbote-wo-staedte-zr-92751977.html [Zugriff: 16.12.2024]

5 Brandschutz historischer Sonderbauten

[25] Bolsmann, Tobias: Der Brandschutz in Herner Kirchen weist offenbar Lücken auf. In: WAZ vom 10.03.2016.

[26] Siehe auch: Ev.-luth. Landeskirche Hannover, Rundverfügung G 6 / 2005 vom 12.07.2015

[27] Rettungsübung am Dom, 25.4.2014. Hrsg.: Feuerwehr Speyer.

[28] Bericht von Frater Leonhard Winkle OSB, Kloster Andechs, 2016 (im Besitz des Autors)

[29] Die Andechser Wallfahrt. Hrsg.: Klosterbrauerei Andechs. URL: http://andechs.de/die-andechser-wallfahrt/ [Zugriff: 18.03.2025]

[30] Bericht von Frater Leonhard Winkle OSB, Kloster Andechs, 2016 (im Besitz des Autors)

[31] Das Kloster Vinnenberg. Hrsg.: Verein zur Förderung des Klosters Vinnenberg e.V. URL: http://www.kloster-vinnenberg.de/das-kloster-vinnenberg.html [Zugriff: 18.03.2025]

[32] Sack, Michael: Chronik des Brandschutzes in der Wiener Hofburg. Hrsg.: BTF Hofburg Burghauptmannschaft Österreich. URL: http://betriebsfeuerwehr-hofburg.wien/data/documents/Brandschutz-in-der-Hofburg.pdf [Zugriff: 18.03.2025]

[33] Siehe z. B. § 1 Abs. 1 Nr. 2 SBauVO NRW (Sonderbauverordnung)

[34] Die Geschichte der Burg Gnandstein. Hrsg.: Staatliche Schlösser, Burgen und Gärten Sachsens gGmbH. URL: http://www.burg-museum-gnandstein.de/de/burg-gnandstein/geschichte/ [Zugriff: 18.03.2025]

Burg Gnandstein. In: Wikipedia. URL: https://de.wikipedia.org/wiki/Burg_Gnandstein [Zugriff: 18.03.2025]

[35] Burg Gnandstein. Hrsg.: Burgenreich.de, Mike und Holzemer, Annett. URL: http://www.burgenreich.de/burg%20gnandstein%20info.htm [Zugriff: 18.03.2025]

[36] Ausstellungen auf der Burg Gnandstein. Hrsg.: Staatliche Schlösser, Burgen und Gärten Sachsens gGmbH. URL: http://www.burg-museum-gnandstein.de/de/veranstaltungen-ausstellungen/ausstellungen/ [Zugriff: 18.03.2025]

[37] Burg Gnandstein. Café und Restaurant. Hrsg.: Burg Gnandstein Café Restaurant Hotel Gastronomiebetriebs-GmbH & Co. KG. URL: https://www.gnandstein.de/burgrestaurant-burg-gnandstein/ [Zugriff: 18.03.2025]

[38] Hotel Schloss Waldeck. Hrsg.: Schloss Waldeck Hotelbetriebs GmbH & Co. KG. URL: http://www.schloss-hotel-waldeck.de/ [Zugriff: 18.03.2025]

[39] Schloss Rhoden – Sanierung und Umbau. Hrsg.: Müntinga und Puy GbR Dipl.-Ing. Architekten BDA. URL: http://www.müntinga-puy.de/projekte/verwaltung/schloss-rhoden-sanierung-und-umbau.html [Zugriff: 18.03.2025]

[40] Schloss Rhoden – Deckenbalkeninstandsetzung. Hrsg.: HAZ Beratende Ingenieure für das Bauwesen GmbH. URL: https://haz-ingenieure.com/referenzen/schloss-rhoden/ [Zugriff: 18.03.2025]

[41] Schloss Rhoden – Sanierung und Umbau. Hrsg.: Müntinga und Puy GbR Dipl.-Ing. Architekten BDA. URL: http://www.müntinga-puy.de/projekte/verwaltung/schloss-rhoden-sanierung-und-umbau.html [Zugriff: 18.03.2025]

[42] Schriftliches Kulturgut erhalten! Ein Weimarer Appell. Hrsg.: Klassik Stiftung Weimar. URL: https://www.klassik-stiftung.de/einrichtungen/herzogin-anna-amalia-bibliothek/weimarer-appell/?noMobile=1%27A%3D0 [Zugriff: 18.03.2025]

[43] Interview mit dem Mathematiker André Ekama aus Kamerun und der Germanistin Susana Santos aus Spanien. In: Senioren Aktiv im Quadrat in Mannheim 2(2004) Nr. 5, S. 1

[44] Bibliothek der deutschen Identität.' Prof. Dr. Lea Ritter-Santini über den Brand in der Anna-Amalia-Bibliothek. Pressemitteilung Universität Münster vom 03.09.2004

[45] Auch Brandbelastung, nach DIN EN 1991-1-2:2010-12 Anhang E: Brandlastdichten

[46] Vatikan: ‚Schließung der Bibliothek hat Folgen'. Hrsg.: Radio Vatikan – sezione tedesca. URL: http://www.radiovaticana.va/tedesco/tedarchi/2008/August08/ted07.08.08.htm [Zugriff: 18.03.2025]

[47] Geschichte. Hrsg.: Urząd Miasta Zagań. URL: https://urzadmiasta.zagan.pl/de/turystyka/historia/ [Zugriff: 18.03.2025]

[48] Siehe z. B. § 5 Archivgesetz Nordrhein-Westfalen (ArchivG NRW)

[49] Brandmelder – Auswahl leicht gemacht. Hrsg.: BHE Bundesverband Sicherheitstechnik e.V. URL: https://www.bhe.de/_Resources/Persistent/8/a/d/f/8adfcdcc9057a6754b5e5d752e48c36aa515a7b1/2017_11_brandmelderauswahl_1.pdf [Zugriff: 18.03.2025]

[50] Geschichte der Stadtbibliothek. Hrsg.: Stadtbibliothek Mühlhausen. URL: https://www.freundeskreis-jakobi.de/stadtbibliothek/ [Zugriff: 18.03.2025]

[51] Bauantragsunterlagen: Baubeschreibung von Winkler + Dehnel Freie Architekten BDA vom 06.12.2000

[52] Buchbestand der Herzogin-Anna-Amalia-Bibliothek nach dem Brand am 2. September 2004. Hrsg.: Klassik Stiftung Weimar. URL: http://www.anna-amalia-bibliothek.de/pdf/140815_Factsheet_Brand_final.pdf [Zugriff: 18.03.2025]

[53] Historisches Gebäude und Rokokosaal. Hrsg.: Klassik Stiftung Weimar. URL: https://www.klassik-stiftung.de/herzogin-anna-amalia-bibliothek/die-bibliothek/ [Zugriff: 18.03.2025]

[54] Aufgaben und Ziele. Hrsg.: Klassik Stiftung Weimar. URL: https://www.klassik-stiftung.de/einrichtungen/herzogin-anna-amalia-bibliothek/ueber-die-bibliothek/aufgaben-und-ziele/ [Zugriff: 18.03.2025]

[55] Historisches Gebäude und Rokokosaal. Hrsg.: Klassik Stiftung Weimar. URL: https://www.klassik-stiftung.de/herzogin-anna-amalia-bibliothek/ [Zugriff: 18.03.2025]

[56] Besichtigung und Führungen. Hrsg.: Klassik Stiftung Weimar. URL: https://www.klassik-stiftung.de/einrichtungen/herzogin-anna-amalia-bibliothek/rokokosaal/besichtigung/ [Zugriff: 18.03.2025]

[57] Baugeschichte. Vom Fürstentum und Himmelreich. Hrsg.: Kulturkreis Höxter-Corvey gGmbH. URL: http://www.schloss-corvey.de/de/corvey/historisch/baugeschichte/ [Zugriff: 18.03.2025]

[57a] https://www.stimme.de/heilbronn/stadt-heilbronn/feuer-brand-alarm-dammrealschule-toilette-schaden-polizei-feuerwehr-art-4997567 [Zugriff: 7.12.2024]; https://www.fnp.de/frankfurt/feuer-in-mehreren-schultoiletten-geben-raetsel-auf-stecken-tiktok-videos-dahinter-91363909.html [Zugriff: 7.12.2024]

[58] Siehe auch: Erläuterungen zu Nr. 2 Schulbaurichtlinie Nordrhein-Westfalen (SchulBauR) vom 29.11.2000

[59] Brand-/Gefahrenverhütungsschauen in Schulen. Hrsg.: AGBF Bund Arbeitsgemeinschaft der Leiter der Berufsfeuerwehren, Arbeitskreis VBG, Sitzungsergebnis Nr. 2/2001 vom Oktober 2001. Einsatzgrenzen von Drehleitern und tragbaren Leitern in

Abhängigkeit der zu rettenden Personenzahl. DFV-Fachempfehlung Nr. 3/2000 vom April 2000. URL: https://www.agbf.de/downloads-fachausschuss-vorbeugender-brand-und-gefahrenschutz/category/28-fa-vbg-oeffentlich-empfehlungen [Zugriff: 18.03.2025]

[60] Niederschrift über die Dienstbesprechungen mit den Bauaufsichtsbehörden in den Regierungsbezirken Arnsberg, Detmold, Düsseldorf, Köln und Münster im Oktober, November und Dezember 2001. Hrsg.: Ministerium für Bauen, Wohnen, Stadtentwicklung und Verkehr des Landes Nordrhein-Westfalen. URL: https://www.aknw.de/fileadmin/user_upload/Regeln_und_Arbeitshilfen/niederschrift_dienstbesprechung_bauaufsichtsbehoerden_2001.pdf [Zugriff: 18.03.2025]

[61] Siehe auch Urteil des OVG Münster vom 22.02.2010 (7 A 1235/08)

[62] Unter Berliner Schuldächern: Schönheit und Sicherheit. Hrsg.: Reinhard Eberl-Pacan Architekten + Ingenieure Brandschutz. URL: https://brandschutzplus.de/projekt/brandschutz-in-denkmalgeschuetzten-schulen/ [Zugriff: 18.03.2025]

[63] Schriftliche Anfrage: Ghettoisierung verhindern – Keine Beschulung von Kindern und Jugendlichen in den Unterkünften. Hrsg.: Abgeordnetenhaus Berlin, Drucksache 17/18042. URL: http://pardok.parlament-berlin.de/starweb/AHAB/servlet.starweb?path=AHAB/lisshfl.web&id=ahabwebdokfl&format=WEBVORGAFL&search=ID%3DV-269304 [Zugriff: 18.03.2025]

[63a] J. Wiening: Großeinsatz der Feuerwehr. Brand von Fachwerkhaus: Ursache nicht zu ermitteln, Westfälische Nachrichten vom 05.05.2023, URL: https://www.wn.de/muensterland/kreis-warendorf/warendorf/freckenhorst-brand-feuerwehr-feuer-2744339 [Zugriff: 07.03.2025]

[64] Ortsbausatzung der Stadt Melsungen über die Gestaltung und Unterhaltung baulicher Anlagen im historischen Stadtkern der Stadt Melsungen vom 20.12.1977. URL: https://www.melsungen.de/document/ortsbausatzung-ueber-die-gestaltung-und-unterhaltung-baulicher-anlagen-im-historischen-stadtkern/ [Zugriff: 18.03.2025]

[65] Informations- und Kommunikationszentrum Kump. Hrsg.: Stadt Hallenberg. URL: https://www.stadt-hallenberg.de/freizeit-kultur/veranstaltungsraeume/kump [Zugriff: 18.03.2025]

[66] Die Geschichte des Hauses Kump. Hrsg.: Stadt Hallenberg. URL: http://www.kump-hallenberg.de/wp/index.php/die-geschichte-des-hauses-kump/ [Zugriff: 18.03.2025]

[67] Gestaltungssatzung der Stadt Hallenberg – Hochsauerlandkreis vom 21.11.2002. Hrsg.: Stadt Hallenberg. URL: https://www.stadt-hallenberg.de/leben-stadt/bauen-wohnen/gestaltungssatzung [Zugriff: 18.03.2025]

[68] Geschichte des Hauses Hövener. Hrsg.: Stiftung Briloner Eisenberg und Gewerke – Stadtmuseum Brilon.
URL: http://www.haus-hoevener.de/das-haus/geschichte-des-hauses/?navid=545868545868 [Zugriff: 18.03.2025]

[69] Hauptkirche St. Petri. Turmbesteigung. Hrsg.: Hauptkirche St. Petri. URL: https://www.sankt-petri.de/turm-kirche-kunst/petriturm [Zugriff: 18.03.2025]

[70] Fernsehturm Stuttgart. Hrsg.: SWR Media Services GmbH Bereich Fernsehturm Stuttgart. URL: https://www.fernsehturm-stuttgart.de/de/fernsehturm/ [Zugriff: 18.03.2025]

[71] Z. B. nach der Muster-Hochhaus-Richtlinie (MHHR), Fassung April 2008. ARGEBAU. URL: https://www.is-argebau.de/verzeichnis.aspx?id=991&o=759O986O991 [Zugriff: 18.03.2025]

[72] Hausordnung des Kuppelaufstiegs der Frauenkirche. Hrsg.: Stiftung Frauenkirche Dresden. URL: https://www.frauenkirche-dresden.de/hausordnung [Zugriff: 18.03.2025]

[73] Ruhr Museum. Kohlenwäsche. Hrsg.: Stiftung Ruhr Museum. URL: https://ruhrmuseum.de/standorte/auf-zollverein [Zugriff: 18.03.2025]

[74] Nibelungenbrückenturm Worms. Stockwerke. Hrsg.: Stiftung VCP Rheinland-Pfalz/Saar. URL: https://nibelungenturm.de/diestockwerke/ [Zugriff: 18.03.2025]

[75] Stadtarchiv Augsburg. Hrsg.: Augsburgwiki.de Matthias Stöbener. URL: https://www.augsburg.de/kultur/stadtarchiv-augsburg/digitale-praesentationen/das-historische-dokument/aeltere-historische-dokumente/johann-anton-friedrich-merz-und-die-errichtung-der-augsburger-kammgarn-spinnerei-aks [Zugriff: 18.03.2025]

[76] Augsburger Kammgarn-Spinnerei. Hrsg.: Wikipedia. URL: https://de.wikipedia.org/wiki/Augsburger_Kammgarn-Spinnerei [Zugriff: 18.03.2025]

[77] Angaben nach Schuller + Tham Architekten BDA, Augsburg

6 Notfallmanagement

[78] OVG NRW Münster: Beschluss vom 22.7.2002 – 7 B 508/01; siehe auch Urteil vom 28.1.2001 – 10 A 3051/99

[79] [Muster]Notfallplan. Hrsg.: Landschaftsverband Westfalen-Lippe (LWL). URL: https://www.lwl.org/waa-download/pdf/Musternotfallplan.pdf [Zugriff: 18.03.2025]

[80] Dormann, Alke / Siegel, Almut: SiLK – SicherheitsLeitfaden Kulturgut. Hrsg.: Konferenz Nationaler Kultureinrichtungen (KNK). URL: https://silk-project.de/ [Zugriff: 18.03.2025]

[81] Gestaltungshinweise zu Feuerwehrplänen von Objekten mit Kulturgütern. Anhang D. Hrsg.: Berliner Feuerwehr.
URL: https://www.berliner-feuerwehr.de/fileadmin/bfw/dokumente/VB/Merkblaetter/Anhang_D_-_Kulturgut_Gestaltungshinweise.pdf [Zugriff: 18.03.2025]

[82] Information Kulturgutschutz (KGS) der Feuerwehr München. Hrsg.: Betreibergesellschaft Portal München Betriebs-GmbH & Co. KG.
URL: https://www.muenchen.de/rathaus/dam/jcr:a865bde6-c5c3-45d9-b851-5fb681c48efc/KGS_20160110.pdf [Zugriff: 18.03.2025]

[83] Beispiel einer Notallvereinbarung: Vereinbarung zur gegenseitigen Unterstützung in Notfällen (Notfallverbund Münster).
Hrsg.: Landschaftsverband Westfalen-Lippe (LWL).
URL: https://www.lwl.org/waa-download/pdf/Notfallvereinbarung_Muenster.pdf [Zugriff: 18.03.2025]

7.3 Stichwortverzeichnis

A

B